工业和信息化部"十四五"规划教材

新时代复旦大学精品教材

复旦大学研究生教材资助项目

U0175033

航空航天结构智能可靠性设计

费成巍　路　成　闫　成　编著

科学出版社

北　京

内 容 简 介

本书围绕航空航天结构一体化概率设计工程背景,以代理模型为主线,结合机器学习、智能算法、大数据等新兴技术,着重介绍航空航天结构智能可靠性设计的理论方法应用,涉及可靠性的基本知识、数学基础、设计方法等理论,Kriging、支持向量机、人工神经网络等代理模型技术,结构系统智能可靠性设计等方法与实例分析,以及人工智能学习理论在航空航天结构可靠性中的应用发展。本书将基础理论-技术方法-实例分析相结合,采用由易到难、循序渐进的方式进行编写,以便教学和学习。

本书可作为大专院校的教师、研究生及高年级本科生的教材,以及航空航天结构可靠性设计、健康管理与运行维护等专业领域的科研与工程技术人员的参考书。

图书在版编目(CIP)数据

航空航天结构智能可靠性设计 / 费成巍,路成,闫成编著. —北京:科学出版社,2024.3
工业和信息化部"十四五"规划教材
ISBN 978-7-03-077869-7

I. ①航⋯ Ⅱ. ①费⋯ ②路⋯ ③闫⋯ Ⅲ. ①航空工程-工程结构-可靠性设计-高等学校-教材 ②航天工程-工程结构-可靠性设计-高等学校-教材 Ⅳ. ①V

中国国家版本馆 CIP 数据核字(2024)第 023211 号

责任编辑:胡文治 / 责任校对:谭宏宇
责任印制:黄晓鸣 / 封面设计:殷 靓

科学出版社 出版
北京东黄城根北街 16 号
邮政编码:100717
http://www.sciencep.com

南京展望文化发展有限公司排版
苏州市越洋印刷有限公司印刷
科学出版社发行 各地新华书店经销

*

2024 年 3 月第 一 版 开本:787×1092 1/16
2024 年 3 月第一次印刷 印张:19 1/2
字数:449 000
定价:90.00 元
(如有印装质量问题,我社负责调换)

前　言

　　航空航天装备,如航空发动机、飞机、卫星、宇宙飞船、空间站等,对其结构/机构的力学性能和可靠性要求极高。并且,这些装备在复杂、恶劣的环境下工作,不可避免地承受复杂载荷,其结构/机构的可靠性和安全性受到严峻挑战。因此,航空航天结构的可靠性是保障航空航天装备或系统正常运行的基础,也是衡量其安全性能的必要指标之一。为了保障大型装备安全、经济地运行,开展航空航天复杂结构的可靠性设计势在必行。

　　随着人工智能、大数据、物联网等新兴技术的涌现与发展,得以与传统工科知识和技术相融合,促进了新工科门类的产生及迅速发展。为主动应对新一轮科技革命与产业变革,支撑服务"创新驱动发展"等一系列国家战略,迎合"新工科"建设的国家布局,将代理模型方法与近年来蓬勃发展的新兴技术相融合,本书着重介绍航空航天结构智能可靠性设计的理论方法及应用,包括结构可靠性理论基础、结构可靠性设计方法、基于先进机器学习模型的结构可靠性设计方法、基于先进智能算法的结构智能可靠性设计及其他仿生智能算法等内容,涉及可靠性的基本知识、数学基础、设计方法等基础理论,Kriging、支持向量机、人工神经网络、深度学习、智能优化算法等基于智能学习的先进代理模型技术,航空航天结构智能可靠性设计和结构系统智能可靠性设计的方法与实例分析,以及人工智能学习理论在航空航天结构可靠性中的应用与发展。希望本书有助于推动航空航天结构或其他复杂机械机构的智能可靠性设计研究,以及促进新型交叉学科专业的复合型人才培养。

　　本书仅对经典或传统可靠性分析方法的适用范围及其在结构机构可靠性中的实现过程进行简单介绍,着重介绍基于人工智能结构可靠性设计的先进代理模型方法,如 Kriging 模型方法、支持向量机方法、深度学习方法、遗传算法、粒子群优化算法、蚁群优化算法、海洋捕食者算法等,来解决航空航天结构及系统可靠性设计中的高维问题、多源不确定问题、非线性超参数问题、多层次多目标可靠性分析与优化问题等。

　　首先要感谢国家自然科学基金、上海"一带一路"国际合作项目、复旦大学人才引进项目、工业和信息化部"十四五"规划教材项目、新时代复旦大学精品教材项目、复旦大学研究生教材资助项目的资助,使作者顺利开展相关的理论与实例研究工作,并梳理素材、编辑整理,促成本书顺利完成。

　　其次,作者要感谢课题组所有的博士后和研究生,本书的很多内容来源于他们具体而艰辛的工作。感谢相关工程技术人员,他们给予的直接支持和有益的建议使得本书在工程应用方面得到了进一步的完善。同时,也非常感谢持对立意见者,他们善意的批评和建设性的意见使得作者时时反省自己的工作。

最后,在此向本书提供支持、帮助和指导的机构和个人表示崇高的敬意和真挚的感谢!

本书内容涉及跨学科研究,知识面较宽,且对多个学科的功底要求较高。尽管作者慎之又慎,但由于水平有限,书中难免存在不足之处,敬请读者批评指正。

作 者

2023 年 6 月 10 日

目　录

第1章
结构可靠性理论基础

1.1　结构可靠性定义及相关概念

结构可靠性的定义为在规定的时间内和规定的条件下,结构完成规定功能的能力。结构可靠度的定义为在规定的时间内和规定的条件下,结构完成规定功能的概率。结构完成其规定的功能可以看作其行为满足规定要求,也即在规定的时间内和规定的条件下,其响应量满足规定的要求,因此可靠性分析就是系统行为或者说系统的响应量满足规定要求的概率分析。响应量满足规定要求的概率可以看作响应量完整统计规律的一个特征值,完整的统计规律将包含响应量更多的有用信息。目前,大多数可靠性分析方法都是针对可靠度(或失效概率)进行研究的,本书将在主要介绍可靠度(或失效概率)分析方法的同时,兼顾响应量完整统计规律的分析方法。

基本变量(basic variables) $x = \{x_1, x_2, \cdots, x_n\}$:在结构可靠性分析中,将影响系统行为(或响应量)的不确定性因素称为基本变量。基本变量的随机不确定性决定了响应量的随机不确定性。基本变量的随机不确定性是由概率密度函数 $f_X(x, \boldsymbol{\theta}_x)$(其中 $\boldsymbol{\theta}_x$ 为基本变量的分布参数)来描述的。在一般的结构可靠性分析中,基本变量包括几何构成、材料性能和载荷等,这些基本变量的统计规律在可靠性分析之前必须是已知的。如果不了解基本变量的统计规律,作为基本变量函数的响应量的统计规律是不可能得到的。

响应变量(response variables) $r = \{r_1, r_2, \cdots, r_m\}$:在结构可靠性分析中,响应量是用来描述系统行为特性的,它可以包括位移、应力、应变、蠕变、寿命、振动特征量、运动学特征量等,是基本变量的函数,即 $r = r(x)$,基本变量与响应量之间的函数关系是由自然律确定的。可靠性分析的目的就是得到响应量的统计规律,并且响应量的统计规律是由基本变量的统计规律,以及基本变量与响应量之间的自然律确定的。

极限状态函数(limit state function) $g(x) = \{g_1(x), g_2(x), \cdots, g_m(x)\}$:极限状态函数也称功能函数(performance function),它是用来描述系统状态的函数,一般定义极限状态函数为响应量与其阈值 $r^* = \{r_1^*, r_2^*, \cdots, r_m^*\}$ 的差,也即 $g(x) = r(x) - r^*$。目前,针对具有解析表达式极限状态方程的可靠性分析方法已较为成熟。但是对于复杂的结构系统来说,极限状态方程一般都没有解析表达式,即极限状态函数是隐式的,隐式极限状态函数的可靠性分析是目前的难点。

极限状态方程(limit state equation):极限状态方程是极限状态函数等于零的方程,即 $g(x) = r(x) - r^* = 0$,它是失效状态与安全状态的分界面。

失效(failure)是指结构丧失规定功能。对于可修结构(其功能可修复),失效通常称为故障。

失效域 F(failure domain)和安全域 S(safe domain):若结构不能完成规定的功能,则结构处在失效域内。根据结构的功能要求,失效域 F 一般是由结构的响应量满足一定的阈值要求来定义的,安全域 S 为失效域 F 的补集,当定义 $F = \{x: g(x) = r(x) - r^* \leqslant 0\}$ 为失效域时,则 $S = \{x: g(x) = r(x) - r^* > 0\}$ 对应的就是安全域。

结构失效概率(failure probability)P_f:失效概率是指结构失效的概率,在数学上,失效概率 P_f 可表达为下列积分形式:

$$
\begin{aligned}
P_f = P\{F\} &= P\{g(x) = r(x) - r^* \leqslant 0\} \\
&= \int_F f_X(x, \boldsymbol{\theta}_x)\,\mathrm{d}x = \int_{g(x) \leqslant 0} f_X(x, \boldsymbol{\theta}_x)\,\mathrm{d}x
\end{aligned}
\tag{1.1}
$$

结构可靠度(reliability degree)P_r:可靠度是指结构安全的概率,在数学上,可靠度可表达为下列积分形式:

$$
\begin{aligned}
P_r = P\{S\} &= P\{g(x) = r(x) - r^* > 0\} \\
&= \int_S f_X(x, \boldsymbol{\theta}_x)\,\mathrm{d}x = \int_{g(x) > 0} f_X(x, \boldsymbol{\theta}_x)\,\mathrm{d}x
\end{aligned}
\tag{1.2}
$$

且失效概率 P_f 和可靠度 P_r 之间存在以下关系(互补关系):

$$
P_f + P_r = 1
\tag{1.3}
$$

单失效模式(single failure mode):失效模式是与结构的极限状态方程相对应的,当结构只有一个极限状态方程时,则称结构具有单个失效模式。对于单失效模式问题,单个极限状态函数的统计规律就是结构的统计规律,单失效模式的失效概率就是结构的失效概率。

多失效模式(multiple failure mode):当结构具有多个极限状态方程时,则称结构具有多个失效模式,具有多失效模式的结构通常也称为结构系统。多失效模式问题,结构系统的失效与模式的失效具有一定的逻辑关系,如并联关系、备用关系、串联关系、k/n 表决关系、混联关系等,其示意图如图 1.1 所示。在确定了结构系统失效与各模式失效的关系及各模式极限状态函数的统计规律后,就可以确定结构系统的统计规律和结构系统的失效概率了。单失效模式的可靠性分析较简单,多失效模式的可靠性分析方法是建立在单失效模式可靠性分析基础上的更为复杂的分析方法,是解决航空航天等重大装备结构可靠性设计的基础理论与技术关键。

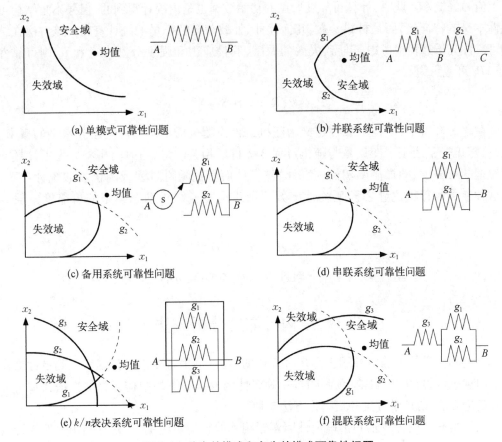

图 1.1　单失效模式和多失效模式可靠性问题

1.2　结构可靠性分类

1.2.1　结构可靠性命名

根据失效的方式,结构可靠性可命名为设计可靠性、制造可靠性、使用可靠性、人的可靠性、参数可靠性等。

根据出现的某种极限状态,结构可靠性可命名为强度可靠性、刚度可靠性、稳定性可靠性、疲劳强度可靠性、耐久性可靠性、蠕变可靠性、密封性可靠性等。

1.2.2　结构可靠性计算模型

结构可靠性计算模型一般可分为数学模型法和物理原因法。

数学模型法是设想结构可靠性的变化遵从某些由实验确定的统计规律,但该方法没有阐明失效产生的原因,并且也不能指出消除失效的可能性。

物理原因法一般包括应力强度静态模型和动态模型。应力强度静态模型认为施加在结构上的应力和强度均为服从一定分布的随机变量,结构可靠度是结构强度大于施加在其上应力的概率。此时,计算可靠度所用的初始数据也是由统计得到的,但并不是结构可靠性本身的特征量,而是材料参数、几何尺寸、外载荷等特征量的统计资料。该方法在结构可靠性分析过程中考虑了导致失效的原因,假设应力和强度分别为 S 和 R,则可靠性(度)P_r 可表示为

$$P_r = P\{R(\boldsymbol{x}) > S(\boldsymbol{y})\} \tag{1.4}$$

在动态模型中,结构可靠性定义为随机过程或随机场不超出规定任务水平的概率。此时,随机变量或基本变量是与随机过程或随机场相关的量,与时间相关。为了计算动态模型的可靠度,同样需要初始的统计资料,从而得到随机过程或随机场的统计参数,但这种参数的得出比静态模型统计参数要困难得多。结构动态模型的可靠度一般表示为

$$P_r = P\{V(t) \in \Omega\} \tag{1.5}$$

其中,$V(t)$ 为结构响应量随时间变化轨迹;Ω 为结构响应量的允许域。

1.3 结构可靠性分析方法

影响响应量的不确定性因素是多种多样的,在本书中将着重讨论随机不确定性因素对结构响应量的影响。目前,预测随机不确定性因素影响下的结构行为的方法大致可分为确定论方法、统计学方法和概率论方法 3 种。

在采用确定论方法预测不确定性因素影响下的结构响应量时,常常利用自然律计算得到响应量的确定值,然后再加一定的安全系数,以考虑不确定性因素对结构行为的影响,但为什么使用这个安全系数而不使用其他的安全系数是没有理论可以指导的。在结构确定性设计中,没有考虑数据参数的分散性,采用安全系数保证安全有一定的盲目性,尤其是对于新结构的设计。一般来说,采用大的安全系数对于提高安全程度是合理的,但这并不意味着能够防止失效的发生,相反,不合理地增大安全系数会造成重量的增加、材料的浪费和性能的降低。另外,与概率设计方法相比,确定论方法所要求的数据少,设计方法简单。

采用统计学方法预测不确定性因素影响下的系统响应量,可以避开选择安全系数的困扰,通过收集具有统计意义的系统响应量的样本数据,并对收集的样本数据进行统计分析,就可得到响应量的概率密度函数,进而全面掌握系统响应量的随机统计规律。但收集数据费时昂贵,且数据量太小时不能准确地反映响应量母体的分布规律。更值得注意的是:在一定时间内和一定条件下,对响应量进行的数据收集和归纳总结不具有一般性,较难推广。

概率论方法则综合了确定论方法和统计学方法的优点,该方法利用自然律得到响应量与影响响应量的基本变量(如材料参数、几何尺寸、载荷等)之间的关系,并利用统计学方法收集基本变量的样本数据,得到基本变量的统计规律,然后采用演绎推理的方法,将基本变量的统计规律传递到响应量,得到响应量的统计规律后也就全面掌握了系统行为

的统计规律。概率论预测方法避免了确定论方法与统计学方法的缺点,收集到的基本变量的统计资料具有推广价值,其所采用的演绎推理方法具有通用性。因此,概率论方法符合客观实际,能够根据结构的可靠性要求,把失效的发生控制在一种可接受的水平,可以减轻重量、降低成本、提高性能,是目前可靠性分析与设计中普遍应用的一种方法。但是,概率论方法所需的原始数据多,比确定论设计方法复杂。

对于复杂的结构系统,影响系统行为的基本变量和描述系统行为的响应量之间的自然律主要是通过有限元、运动仿真等来定义的。可靠性分析的过程就是利用这种基本变量和系统行为响应量之间的自然律,采用概率分析的手段进行可靠性建模,将基本变量的统计规律传递到响应量(图 1.2)[1],可靠性分析的概述框图[1]如图 1.3 所示。

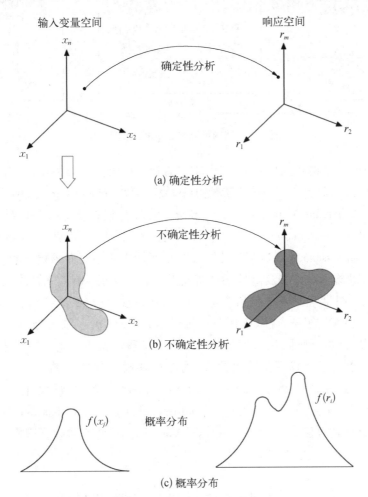

图 1.2　基本变量统计规律向响应量统计规律传递的示意图[1]

基于图 1.3 所示的可靠性分析概述框图,可靠性分析模型大致可以分为直接方法和间接方法两大类,而直接方法又可分为近似解析法和数学模拟法两大类。间接方法主要指函数代替法,即代理模型方法,代理模型方法分为响应面法和机器学习方法。

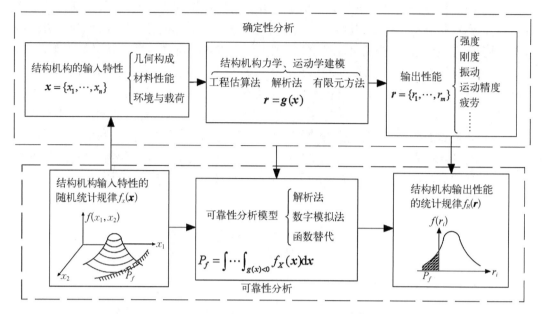

图 1.3　结构可靠性分析概述框图[1]

　　针对航空航天结构智能可靠性设计,本书着重介绍智能可靠性设计的相关方法与算法。针对直接方法,简要介绍一次二阶矩方法、蒙特卡罗(Monte Carlo, MC)法、拉丁超立方抽样(Latin hypercube sampling, LHS)技术、重要度抽样方法、质心沃罗诺伊划分(centroidal Voronoi tessellation, CVT)抽样方法、拉丁质心沃罗诺伊划分(Latinized centroidal Voronoi tessellation, LCVT)抽样方法。间接方法主要介绍响应面(多项式)法、先进高精度的机器学习方法及高效的智能优化算法。其中,响应面法主要介绍二次多项式响应面法。机器学习方法包括克里金(Kriging)模型方法、人工神经网络(artificial neural network, ANN)模型方法、支持向量机模型方法、结构系统可靠性设计模型的多代理模型方法、分布式协同代理模型方法、混合代理模型方法等。在建模过程中,智能优化算法经常用于寻找模型最优参数,确保代理模型的建模精度。因此,本书介绍的智能优化算法有遗传算法(genetic algorithm, GA)、粒子群优化(particle swarm optimization, PSO)算法、多种群遗传算法(multi-population genetic algorithm, MPGA)、量子遗传算法、蚁群优化算法、蜂群算法、鱼群算法等。以上这些方法和算法将在后续章节陆续介绍。

1.4　结构可靠性设计的数学基础

　　概率论是数学科学中应用最广泛的一个分支。应用概率论思想方法分析问题、描述问题通常会对普通和熟悉的现象有新的解释。根据前面介绍,可靠性问题涉及大量的随机事件及其关系的分析、运算、实验观测数据的统计处理、随机过程的表达与预测等。本节将介绍与可靠性设计相关的数学基础[2]。

1.4.1　随机事件及其概率

1. 随机试验与随机事件

无论是自然现象还是工程问题,通常都具有不确定性。对于结果具有不确定性的随机现象,只进行一项试验或只进行一次观测,无法认识其规律(统计规律),因而需要多次重复试验或观测。一次试验结果称为一个样本,所有可能试验结果的集合称为该试验的样本空间,一般用大写字母 S 表示。

随机试验是可以在相同条件下重复进行的试验。随机试验中的不确定事件,即可能发生、也可能不发生的事件称为随机事件(简称事件)。随机试验的一个基本结果是一个简单事件,由多个基本结果构成的事件称为复杂事件。

随机事件一般用大写字母 A, B, C, $\cdots$ 表示。其中有两类特殊随机事件:必然事件(试验中肯定发生的事件)用 Ω 表示,不可能事件(试验中肯定不会发生的事件)用 Φ 表示。

2. 事件之间的关系与运算

1) 事件的包含与相等

两个随机事件 A 和 B,若 A 发生则 B 必然发生,则称事件 B 包含事件 A,或称 A 包含于 B,记为

$$B \supset A \text{ 和 } A \subset B \tag{1.6}$$

若同时有 $B \supset A$ 和 $A \subset B$,则称事件 A 与 B 相等,记为

$$A = B \tag{1.7}$$

(1) 事件的和与积。

若 n 个随机事件 A_1, A_2, $\cdots$, A_n 中至少有一个事件发生,则事件 C 就发生,称事件 C 为事件 A_1, A_2, $\cdots$, A_n 的和,记为

$$C = A_1 \cup A_2 \cup \cdots \cup A_n = \bigcup_{i=1}^{n} A_i \tag{1.8}$$

若只有当随机事件 A_1, A_2, $\cdots$, A_n 同时发生时,事件 D 才发生,则称 D 为事件 A_1, A_2, $\cdots$, A_n 的积,记为

$$D = A_1 \cap A_2 \cap \cdots \cap A_n = \bigcap_{i=1}^{n} A_i \tag{1.9}$$

(2) 事件的差。

表示"事件 A 发生而事件 B 不发生"的事件 E 称为事件 A 与事件 B 的差,记为

$$E = A - B \tag{1.10}$$

(3) 互逆事件与互不相容(互斥)事件。

若事件 B 为非 A 事件,则称 A 是 B 的对立事件或互逆事件,记为

$$A = \bar{B} \text{ 或 } B = \bar{A} \tag{1.11}$$

若事件 A 与事件 B 不能同时发生,称 A 与 B 互不相容,记为

$$A \cap B = \Phi \tag{1.12}$$

两个互不相容的事件没有公共元素。例如,必然事件与不可能事件是互不相容的。互逆的两个事件必为互不相容事件。

（4）事件的独立性。

在随机试验中,若事件 A 发生与否与事件 B 无关（反之亦然）,即事件 A 与事件 B 的发生与否互不影响,则称 A 与 B 是相互独立的随机事件。

2）概率定义

概率是表示随机事件发生可能性大小的数量指标。概率的经典解释是基于各基本事件发生的等可能性,频率解释是基于试验结果,主观解释则是基于信念。随机事件发生的概率通常可以用频率近似表示。如果实验重复进行 n 次,其中事件 A 发生 n_A 次,则当 n 足够大时,A 发生的相对频率 n_A/n 将以高度的确定性接近其概率 $P(A)$,即

$$P(A) = \lim_{n \to \infty} \frac{n_A}{n} \tag{1.13}$$

式（1.13）说明,从大量试验中所得到的随机事件 A 的频率的稳定值 $P(A)$,即为事件 A 发生概率的统计值。显然,$0 \le P(A) \le 1$。

一般来讲,事件 A 的概率是赋予该事件的一个实数 $P(A)$。将概率应用于实际问题时,有时需要区分下列几种情况的不同含义。

情况1:用一个不确定的过程来确定某一事件 A 的概率 $P(A)$。这一过程可用来描述概率与观测之间的关系式[式(1.8)],其概率 $P(A)$ 等于观测值之比 n_A/n。当然,也可以从某种对称性（等可能性）出发进行推理,有时需要根据知识和信息对事件发生的可能性赋值。

情况2:假定概率满足某些公理,通过演绎推理,由某事件 A 的概率 $P(A)$ 确定另一事件 B 的概率 $P(B)$。

情况3:基于所得到的概率 $P(B)$ 进行实际预测。这一情形是把式(1.13)反过来使用。如果重复实验 n 次,则事件 B 发生的次数可以预测为 $n_B \approx nP(B)$。

3）概率基本运算法则

（1）概率互补定理。

某一事件发生与不发生的概率之和必然是1,即

$$P(A) + P(A) = 1 \tag{1.14}$$

（2）概率加法定理。

若 A、B 两事件互不相容,则 A 与 B 的和事件的概率为

$$P(A + B) = P(A \cup B) = P(A) + P(B) \tag{1.15}$$

对于 n 个互不相容事件 $A_1, A_2, \cdots, A_n$,和事件的概率为

$$P(A_1 \cup A_2 \cup \cdots \cup A_n) = P(A_1) + P(A_2) + \cdots + P(A_n) = \sum_{i=1}^{n} P(A_i) \qquad (1.16)$$

若 A 与 B 不是互不相容事件,则 A 与 B 的和事件的概率为

$$P(A \cup B) = P(A) + P(B) - P(A \cap B) \qquad (1.17)$$

对于 n 个非互不相容事件 A_1, A_2, $\cdots$, A_n, 和事件的概率为

$$P(A_1 \cup A_2 \cup \cdots \cup A_n) = \sum_i P(A_i) - \sum_{i<j} P(A_iA_j) + \sum_{i<j<k} P(A_iA_jA_k)$$
$$+ \cdots + (-1)^{n-1}P(A_1A_2\cdots A_n) \qquad (1.18)$$

其中, $P(A_iA_j)$ 为 $P(A_i \cap A_j)$ 的简写,其他类似。

(3) 条件概率。

在事件 A 发生的条件下事件 B 发生的概率,称为事件 B 发生的条件概率,记为 $P(B|A)$;反之亦然。若 $P(A)>0$ 或 $P(B)>0$,则分别有

$$P(B \mid A) = \frac{P(A \cap B)}{P(A)}$$
$$P(A \mid B) = \frac{P(A \cap B)}{P(B)} \qquad (1.19)$$

(4) 概率乘法定理。

相互独立的两个事件 A 和 B,同时发生的概率为两个事件各自发生概率的积,即

$$P(A \cap B) = P(AB) = P(A) \cdot P(B) \qquad (1.20)$$

彼此相关的两个事件 A 和 B 同时发生的概率为

$$P(A \cap B) = P(A) \cdot P(B \mid A)$$
$$P(A \cap B) = P(A) \cdot P(A \mid B) \qquad (1.21)$$

(5) 全概率公式。

如果事件组 A_1, A_2, $\cdots$, A_n 中各事件之间互不相容,且其全部事件的和为必然事件,则称该事件组为完备事件组(或称为对样本空间的一个划分)。设试验 E 的样本空间为 S, B 为试验 E 的样本空间 S 中的任一事件, A_1, A_2, $\cdots$, A_n 为 S 的一个完备事件组,则有

$$P(B) = \sum_{i=1}^{n} P(A_j)P(B \mid A_j) \qquad (1.22)$$

式(1.19)称为全概率公式,它给出了计算某些复杂事件概率的一种方法——只要已知构成某一样本空间的完备事件组的各简单事件的概率,以及在各简单事件发生的条件下某事件发生的概率,则可借助于全概率公式求得该事件发生的概率。

(6) 贝叶斯公式。

若 A_1, A_2, $\cdots$, A_n 为一完备事件组, B 为任一事件,且 $P(B)>0$,则有

$$P(A_i \mid B) = \frac{P(A_i)P(B \mid A_i)}{\sum_{i=1}^{n} P(A_j)P(B \mid A_j)} \tag{1.23}$$

式(1.23)称为贝叶斯公式,它也给出了一个计算某些事件概率的方法。凡是已知试验结果,要确定此结果归结于某种原因的可能性大小的问题,都可采用贝叶斯公式来计算。

1.4.2　随机变量及其分布的数字特征

1. 随机变量

若对于试验样本空间 S 中的每一个基本事件或样本点 e,变量 X 都有一个确定的实数值与 e 相对应,即 $X=X(e)$,则称 X 是随机变量。也就是说,随机变量 X 是一个以基本事件 e 为自变量的实值函数,且与随机试验的结果相关。

随机变量的特征是,试验之前知道其可能的取值范围,以及取其各可能值的概率,或其值位于某一区间的概率,但不能确定其具体值或具体区间。

例如,随机抽检 n 个零件,令其中不合格件数为 X,则 X 的可能值为 $0,1,2,\cdots,n$,可以用 $\{X=k\}$ 表示有 k 件不合格品这一事件。

随机变量可分为离散型随机变量(其全部取值为有限个或可数无限个)和连续型随机变量(可以在某一区间内任意取值)两类。

1)离散型随机变量及其概率分布

若随机变量只取有限个值或可数无限个值,称该随机变量为离散型随机变量。若离散型随机变量 X 的可能值为 $x_1,x_2,\cdots,x_i,\cdots$,相应的取值概率分别为 $p_1,p_2,\cdots$,$p_i,\cdots$,其中,$i=1,2,\cdots$,$0 \leqslant p_i \leqslant 1$ 且 $\sum_i p_i = 1$。将该随机变量 X 取值的概率分布情况用数学表达式表示为

$$p_i = p(X = x_i) \tag{1.24}$$

称为离散型随机变量 X 的分布律(或概率质量函数)。

2)连续型随机变量及其概率分布

设 X 是连续型随机变量,x 是任意实数,其分布函数 $F(x)$ 定义为随机变量 X 小于实数 x 的概率:

$$F(x) = P(X \leqslant x) \tag{1.25}$$

如果对于随机变量 X 的分布函数 $F(x)$,存在非负可积函数 $f(x)$,使得对于任何实数 x,有

$$F(x) = P(X \leqslant x) = \int_{-\infty}^{x} f(x)\,\mathrm{d}x \tag{1.26}$$

则称 $f(x)$ 为随机变量 X 的概率密度函数(probability density function,PDF)。显然,$\int_{-\infty}^{\infty} f(x)\,\mathrm{d}x = 1$。

累积分布函数 $F(x)$ 与概率密度函数 $f(x)$ 之间存在如下关系:

$$\begin{cases} f(x) = \dfrac{\mathrm{d}F(x)}{\mathrm{d}x} \\ P(x_1 \leqslant X \leqslant x_2) = \displaystyle\int_{x_1}^{x_2} f(x)\,\mathrm{d}x = F(x_2) - F(x_1) \end{cases} \tag{1.27}$$

2. 随机变量分布的数字特征

分布函数能够完整地描述随机变量的统计特征,但有时很难写出随机变量的分布函数。同时,在许多实际问题中,并不一定需要知道分布函数,而只需要知道随机变量的某些特征。描述随机变量分布的性态与特征的量称为随机变量的数字特征。

随机变量的特征一般可以用一个或多个实数来描述。例如,在测量一根轴的直径时,测量的结果是随机变量。在实际工作中,往往只用测量出的平均值来代表其直径。又如,对产品的使用寿命,既需要知道一组寿命数据的平均值的大小,也需要考虑各数据偏离其平均值的离散程度。

1) 随机变量的集中趋势

假定有 n 个数值,从小到大依次排列为 $(x_1, x_2, \cdots, x_n)$。这组数分散在 $[x_n, c]$,当有某一数值可作为这组数的代表时,则这一数值就成为这一组数的表征值。在数理统计中,通常选择接近中心的值为表征值,即能代表集中趋势的值。

(1) 均值或期望(expectation):随机变量的平均值。它是各取值以其概率为加权系数的加权算术平均值,也是使用最多、最具代表性的表示集中趋势的值。

对离散型随机变量 X,其均值 μ_x 为

$$\mu_x = E(X) = \sum_i x_i p_i \tag{1.28}$$

其中,$E(X)$ 表示随机变量 X 的数学期望(平均值);概率 p_i 表示随机变量 X 取值 x_i 的概率。

对于连续型随机变量:

$$\mu_x = E(X) = \int_{-\infty}^{+\infty} x f(x)\,\mathrm{d}x = 1 \tag{1.29}$$

(2) 中位数(median, middle):在一组数中,若该组数的个数为奇数,中位数就是这组数从小到大排列后数值位于中间的那个数;若该组数的个数为偶数,则这组数从小到大排列后数值位于中间位置的两个数的算术平均值称为中位数。

当数据的个数较多时,中位数有较强的集中趋势,也容易求得,但数据的个数较少时,中位数则未必具有集中趋势,使用时应注意。中位数是累积概率分布函数值 $F(x) = 0.5$ 时所对应的 x 值,记为 $x_{0.5}$。

(3) 众数(mode):也称为最频繁值,是概率密度 $f(x)$ 取最大值时随机变量 X 的值。在 x 取众数处,有

$$\frac{\mathrm{d}f(x)}{\mathrm{d}x} = 0 \tag{1.30}$$

图1.4 给出了一个随机变量的均值、中位数和众数三者之间的关系。当随机变量的

概率分布具有对称性时,这三个参数是一致的。

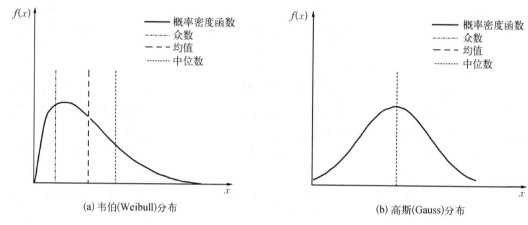

(a) 韦伯(Weibull)分布　　　　　　　　　(b) 高斯(Gauss)分布

图 1.4　随机变量分布的集中趋势及参数

2) 分散性

在一组数据中,各数相对其集中趋势的分散程度可用方差或标准差等特征值表示。

(1) 方差: 指随机变量与其均值差的均方值。

离散型随机变量 X 的方差 σ_X^2 为

$$\sigma_X^2 = D(X) = \sum_i (x_i - \mu_X)^2 p_i \tag{1.31}$$

连续型随机变量 X 的方差 σ_X^2 为

$$\sigma_X^2 = D(X) = \int_{-\infty}^{+\infty} (x - \mu_X)^2 f(x)\,\mathrm{d}x \tag{1.32}$$

(2) 标准差: 指方差的算术平方根。随机变量 X 的标准差用 σ_X 表示,即

$$\sigma_X = \sqrt{D(X)} \tag{1.33}$$

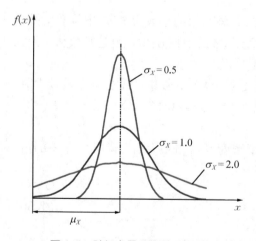

图 1.5　随机变量分布的分散性

标准差是在表示随机变量的分散性中使用最多的一种参数。若固定 μ_X,则 x 越小, $f(x)$ 将会越大,概率密度函数的图形越高、越陡峭,如图 1.5 所示,说明 X 的取值越集中于 μ 附近。

(3) 变异系数: 随机变量的标准差与均值之比,即

$$C_X = \frac{\sigma_X}{\mu_X} \tag{1.34}$$

(4) 极差: 一组数据中最大值与最小值之差,即

$$\Delta = x_{\max} - x_{\min} \tag{1.35}$$

3. 寿命分布特征参数统计

一般情况下,产品寿命是一个服从某种概率分布的随机变量,其概率密度函数用 $f(t)$ 表示。在一定程度上,一批产品的寿命分布的概率特征可以用表示其平均趋势的参数和表示个体与均值偏离程度的参数表示。有关参数的统计意义如下。

1)均值(平均寿命/平均无故障工作时间)

寿命均值(一般用 θ 表示)是一批产品寿命的算术平均值,由各产品的寿命(或称"失效时间")t_1, t_2, $\cdots$, t_n 按式(1.36)求出:

$$\theta = \frac{t_1 + t_2 + \cdots + t_n}{n} = \frac{1}{n}\sum_{i=1}^{n} t_i \tag{1.36}$$

均值对与其偏离较大的样本值很敏感,也就是说,一个寿命极短或极长的个体会显著地影响一批产品的均值大小。

2)方差

方差 σ^2 表征个体与母体均值的平均偏差,用以衡量个体指标与均值 θ 的离散程度,由式(1.37)计算:

$$\sigma^2 = \frac{1}{n-1}\sum_{i=1}^{n} (t_i - \theta)^2 \tag{1.37}$$

3)标准差

标准差 σ 是方差的算术平方根:

$$\sigma = \sqrt{\frac{1}{n-1}\sum_{i=1}^{n} (t_i - \theta)^2} \tag{1.38}$$

寿命标准差与失效时间(或寿命)有相同的量纲。

4. 矩发生函数

随机变量的分布特征值可以通过矩发生函数获得。如果 X 是一个连续型随机变量,那么原函数的第 n 阶矩为

$$E(x^n) = \int_{-\infty}^{\infty} x^n f(x)\,dx \tag{1.39}$$

如果 X 是一个离散型随机变量,那么原函数的第 n 阶矩为

$$E(x^n) = \sum_i x_i^n p_i \tag{1.40}$$

函数的一阶矩是分布的均值(期望值),关于均值的二阶矩是方差,关于均值的三阶矩是分布的偏度。如果一个单峰分布有一个向右延伸的长尾,则称为正偏(偏度大于零)。均值的第四阶矩是对峰态的度量。

5. 随机变量的条件分布、全概率公式与贝叶斯定理

在随机事件 A 发生的条件下,随机变量 X 的条件分布函数 $F(x|A)$ 定义为事件 $\{X \leqslant$

x} 的条件概率：

$$F(x \mid A) = P\{X \le x \mid A\} = \frac{P\{X \le x, A\}}{P(A)} \tag{1.41}$$

条件概率密度 $f(x \mid A)$ 是条件概率分布函数的导数，定义为

$$f(x \mid A) = \frac{\mathrm{d}F\{x \mid A\}}{\mathrm{d}x} = \lim_{\Delta x \to 0} \frac{P\{x \le X \le x + \Delta x\} \mid A}{\Delta x} \tag{1.42}$$

例如，在 $x < a$，即 $A = \{X < a\}$ 的条件下 $[F(a) > 0]$，有

$$f(x \mid A \le a) = \frac{f(x)}{F(a)} = \begin{cases} \dfrac{f(x)}{\displaystyle\int_{-\infty}^{a} f(x)\,\mathrm{d}x}, & x < a \\ 0, & x \ge a \end{cases} \tag{1.43}$$

若随机变量 X 服从正态分布 $N(\mu, \sigma)$，则有如下"截尾正态分布"的概率密度函数：

$$f(x \mid |X - \mu| \le a) = \frac{1}{\sqrt{2\pi}\,\sigma P(|X - \mu| \le a)} \exp\left[-\frac{(x - \mu)^2}{2\sigma^2}\right] \tag{1.44}$$

随机变量的全概率公式为

$$\int_{-\infty}^{\infty} P(A \mid X = x) f(x)\,\mathrm{d}x = P(A) \tag{1.45}$$

随机变量的贝叶斯定理为

$$f(x \mid A) = \frac{P(A \mid X = x)}{P(A)} f(x) = \frac{P(A \mid X = x) f(x)}{\displaystyle\int_{-\infty}^{\infty} P(A \mid X = x) f(x)\,\mathrm{d}x} \tag{1.46}$$

6. 二维随机变量及其分布

1）离散型随机变量

一维离散随机变量 X 的分布律（概率质量函数）表示 X 取各可能值的概率。二维离散随机变量 X 和 Y 的联合分布律（联合概率质量函数）表示这两个随机变量分别取相应值 [用 (x, y) 表示] 的概率。令 X 和 Y 为定义在样本空间 S 上的两个离散型随机变量，则联合概率质量函数 $p(x, y)$ 定义为

$$\begin{cases} p(x, y) = P(X = x, Y = y) \\ \text{s. t.} \begin{cases} p(x, y) \ge 0 \\ \sum_x \sum_y p(x, y) = 1 \end{cases} \end{cases} \tag{1.47}$$

离散型随机变量 X 或 Y 的边缘分布 $p_x(x)$ 和 $p_y(y)$ 分别定义为

$$\begin{cases} p_x(x) = \sum_y p(x, y) \\ p_y(y) = \sum_x p(x, y) \end{cases} \tag{1.48}$$

2）连续型随机变量

令 X 和 Y 为定义在样本空间 S 上的两个连续型随机变量，则在任一集合 A 上，其联合概率密度函数 $f(x, y)$ 具有以下性质：

$$\begin{cases} \iint\limits_{A} f(x, y)\mathrm{d}x\mathrm{d}y = P\big[\,(X, Y)\, \in A\,\big] \\ \text{s. t.} \begin{cases} f(x, y) \geqslant 0 \\ \int_{-\infty}^{\infty} \int_{-\infty}^{\infty} f(x, y) = 1 \end{cases} \end{cases} \tag{1.49}$$

连续型随机变量 X 或 Y 的边缘分布 $f_x(x)$ 和 $f_y(y)$ 分别定义为

$$\begin{cases} f_x(x) = \int_{-\infty}^{\infty} f(x, y)\mathrm{d}y \\ f_y(y) = \int_{-\infty}^{\infty} f(x, y)\mathrm{d}x \end{cases} \tag{1.50}$$

1.4.3 随机变量的函数分布

1. 一维随机变量函数的分布

设 X 为一维随机变量，$f(x)$ 为一元函数，那么，$Y = f(x)$ 也是一个随机函数，对于实轴上任意一个集合 S，$[\,Y \in S\,] = [\,f(x) \in S\,] = [\,X \in f^{-1}(S)\,]$，这里，$f^{-1}(S)$ 表示能使 $f(x) \in S$ 的全体 x 组成的集合。由此，可以从 x 的分布及函数 f 得出 $Y = f(x)$ 的分布。

1）离散型随机变量

若随机变量 X 有以下分布律：

X	-1	0	1	2
P	0.2	0.3	0.1	0.4

则随机变量 $Y = (X - 1)^2$ 的所有可能取值为 0、1、4。

由如下公式：

$$\begin{cases} P(Y = 0) = P\big[(X - 1)^2 = 0\big] = P(X = 1) = 0.1 \\ P(Y = 1) = P\big[(X - 1)^2 = 1\big] = P(X = 0) + P(X = 2) = 0.7 \\ P(Y = 4) = P\big[(X - 1)^2 = 4\big] = P(X = -1) = 0.2 \end{cases} \tag{1.51}$$

可得 Y 的分布律为

Y	0	1	4
P	0.1	0.7	0.2

2）连续型随机变量

设随机变量 X 的概率密度函数为 $f_X(x)(-\infty < x < +\infty)$，则 $Y = g(X)$ 的分布函

数为

$$F_Y(y) = P(Y \leqslant y) = P[g(X) \leqslant y] = \int_{g(x) \leqslant y} f_X(x)\,\mathrm{d}x \tag{1.52}$$

Y 的概率密度函数 $f_Y(y)$ 为

$$f_Y(y) = \frac{\mathrm{d}F_Y(y)}{\mathrm{d}y} \tag{1.53}$$

设 $Y = g(X)$ 严格单调且其反函数 $g^{-1}(y)$ 有连续导数,若 $g(X)$ 单调增加,则 $g^{-1}(y)$ 也单调增加,从而有 $[g^{-1}(y)]' > 0$。对于函数值域 (α, β) 内的任意 y,有

$$F_Y(y) = P(Y \leqslant y) = P[g(X) \leqslant y] = P[X \leqslant g^{-1}(y)] = \int_{-\infty}^{g^{-1}(y)} f_X(x)\,\mathrm{d}x \tag{1.54}$$

对式(1.54)求导,得

$$f_Y(y) = f_X[g^{-1}(y)] \cdot [g^{-1}(y)]' \tag{1.55}$$

若 $g(X)$ 单调减小,则 $[g^{-1}(y)]' < 0$,可得

$$f_Y(y) = -f_X[g^{-1}(y)] \cdot [g^{-1}(y)]' = f_X[g^{-1}(y)] \cdot |[g^{-1}(y)]'| \tag{1.56}$$

故 Y 的概率密度函数 $f_Y(y)$ 为

$$f_Y(y) = \begin{cases} f_X[g^{-1}(y)] \cdot |[g^{-1}(y)]'|, & \alpha < y < \beta \\ 0, & \text{其他} \end{cases} \tag{1.57}$$

其中,区间 (α, β) 为 Y 的值域。

2. 二维随机变量函数的分布

1)离散型随机变量

设 (X, Y) 是二维离散型随机变量,有联合分布律 $p_{ij} = P(X = x_i, Y = y_j)(i, j = 1, 2, \cdots)$,设 $Z = g(X, Y)$,是 (X, Y) 的函数,则 Z 也是离散型随机变量,其可能的取值是 $x_{ij} = g(x_i, y_j)(i, j = 1, 2, \cdots)$。类似于一维随机变量分布,可以写出 Z 的分布律:

Z		$\cdots$	$g(x_i, y_j)$	$\cdots$
P_k		$\cdots$	p_{ij}	$\cdots$

同样,若有几个 $g(x_i, y_j)$ 的值相等,则把它们合并为一项,并把相应的概率加起来。

2)连续型随机变量

设随机变量 (X, Y) 的联合概率密度函数为 $f(x, y)$,X、Y 的函数 $Z = g(X, Y)$ 是一维随机变量,Z 的分布函数为

$$F_Z(z) = P(Z \leqslant z) = P(g(X, Y) \leqslant z) = \iint_{g(x, y) \leqslant z} f(x, y)\,\mathrm{d}x\mathrm{d}y \tag{1.58}$$

即 $F_Z(z)$ 可以用 $f(x, y)$ 在平面区域 $g(X, Y) \leqslant x$ 上的二重积分得到,由此可得 Z 的概率

密度函数为

$$f_Z(z) = \frac{\mathrm{d}}{\mathrm{d}z}F_Z(z) = \frac{\mathrm{d}}{\mathrm{d}z}\iint\limits_{g(x,\,y)\leqslant z} f(x,\,y)\,\mathrm{d}x\mathrm{d}y \tag{1.59}$$

3）条件数学期望与概率

概率论中最有用途的概念之一是条件概率和条件数学期望。在实际问题中，往往要在已知部分信息的条件下计算事件发生的概率和数学期望，因此所求的是条件概率或条件期望。另外，为了求某事件的概率或数学期望，往往也需要借助条件事件来实现。

根据条件事件概率运算法则，可以得出在 $Y=y$ 的条件下，离散随机变量 X 的条件期望为

$$E(X \mid Y = y) = \sum_x xP\{X = x \mid Y = y\} = \sum_x xP_{X|Y}(x \mid y) \tag{1.60}$$

其中，

$$P_{X|Y}(x \mid y) = P\{X = x \mid Y = y\} \tag{1.61}$$

在 $Y=y$ 的条件下，连续随机变量 X 的条件期望为

$$E(X \mid Y = y) = \int_{-\infty}^{\infty} xf_{X|Y}(x \mid y)\,\mathrm{d}x \tag{1.62}$$

其中，$f_{X|Y}(x \mid y)\,\mathrm{d}x = \dfrac{f(x,\,y)}{f_Y(y)}$，借助条件概率可以计算数学期望。若 X、Y 为随机变量，则 $E(X|Y)$ 为 Y 的函数，也为随机变量，且有

$$E[E(X \mid Y)] = E(X) \tag{1.63}$$

对于离散随机变量：

$$E(X) = \sum_y E(X \mid Y = y)P(Y = y) \tag{1.64}$$

对于连续随机变量：

$$E(X) = \int_{-\infty}^{\infty} E(X \mid Y = y)f_Y(y)\,\mathrm{d}y \tag{1.65}$$

借助条件事件也可以计算概率。对任一离散型或连续型随机事件 E，分别有

$$\begin{cases} P(E) = \sum_y P(E \mid Y = y)P(Y = y) \\ P(E) = \int_{-\infty}^{\infty} P(E \mid Y = y)f_Y(y)\,\mathrm{d}y \end{cases} \tag{1.66}$$

设 X、Y 为相互独立的连续随机变量，其概率密度函数分别为 $f_x(x)$ 和 $f_y(y)$，则有

$$P\{X < Y\} = \int_{-\infty}^{\infty} P\{X < Y \mid Y = y\}f_Y(y)\,\mathrm{d}y = \int_{-\infty}^{\infty} P\{X < y\}f_Y(y)\,\mathrm{d}y$$

$$\qquad = \int_{-\infty}^{\infty} \int_{-\infty}^{y} f_X(x) f_Y(y) \mathrm{d}x\mathrm{d}y \qquad\qquad (1.67)$$

后面将会看到,式(1.67)是表达可靠度与载荷及强度关系的基本公式。

一般地,令随机变量 X 的概率密度函数为 $f(x)$,随机变量 Y 的概率密度函数为 $g(y)$,X、Y 的联合概率密度函数为 $h(x, y)$。若 X、Y 相互独立,则有

$$h(x, y) = f(x)g(y) \qquad\qquad (1.68)$$

随机变量 X 小于随机变量 Y 的概率为

$$P\{X < Y\} = \iint_{x<y} h(x, y)\mathrm{d}x\mathrm{d}y = \int_{-\infty}^{\infty} \int_{-\infty}^{y} f(x)g(y)\mathrm{d}x\mathrm{d}y \qquad (1.69)$$

3. 随机变量的可加性

设互相独立的随机变量 X、Y 同服从某一种分布,若它们的和 $X+Y$ 也服从该分布(分布参数不同),就说该分布具有可加性。此概念可以推广到多个随机变量之和。

定理 1.1(离散型卷积公式):设 X、Y 为互相独立的离散型随机变量,其可能的取值均为 0,1,2,$\cdots$,则 $Z=X+Y$ 的分布律为

$$P(Z = k) = \sum_{i=0}^{k} P(X = i)P(Y = k - i), \quad k = 0, 1, 2, \cdots \qquad (1.70)$$

定理 1.2(二项分布的可加性):设 X、Y 相互独立,且 $X \sim B(m, p)$,$Y \sim B(n, p)$,可得

$$Z = X + Y \sim B(m + n, p) \qquad\qquad (1.71)$$

定理 1.3:设 X_1,$\cdots$,X_n 是相互独立的随机变量,且对于每个 $i=0, 1, 2, \cdots, n, X \sim B(n_i, p)$,令 $Z = \sum_{i=1}^{n} X_i$,则有

$$Z \sim B\left(\sum_{i=1}^{n} n_i, p\right) \qquad\qquad (1.72)$$

推论:设 X_1,$\cdots$,X_n 是相互独立的随机变量,且对于每个 $i=0, 1, 2, \cdots, n$,记 $Z = \sum_{i=1}^{n} X_i$,则 $Z \sim B(n, p)$。

定理 1.4(泊松分布的可加性):设 $X \sim P(\lambda_1)$,$X \sim P(\lambda_2)$,且 X 与 Y 独立,则有

$$Z = X + Y \sim (\lambda_1 + \lambda_2) \qquad\qquad (1.73)$$

定理 1.5(正态分布的可加性):设 $X \sim N(\mu_1, \sigma_1^2)$,$Y \sim N(\mu_2, \sigma_2^2)$,且 X 与 Y 独立,则 $Z = X + Y \sim N(\mu_1 + \mu_2, \sigma_1^2 + \sigma_2^2)$。

定理 1.6:设随机变量 X_1,X_2,$\cdots$,X_n 相互独立,且都服从正态分布,即 $X_i \sim N(\mu_i, \sigma_i^2)$,$i=0, 1, 2, \cdots, n$,则它们的线性组合也服从正态分布,即

$$\sum_{i=1}^{n} c_i X_i \sim N\left(\sum_{i=1}^{n} c_i \mu_i, \sum_{i=1}^{n} c_i^2 \sigma_i^2\right) \qquad\qquad (1.74)$$

其中，c_1, c_2, $\cdots$, c_n 为常数。

定理 1.7：设随机变量 X_1, X_2, $\cdots$, X_n 相互独立，且都服从 Γ 分布：$X_i \sim \Gamma(\alpha_i, \beta)$，$i = 0,1, 2, \cdots, n$，令 $Z = \sum_{i=1}^{n} X_i$，则 $Z \sim \Gamma(\sum_{i=1}^{n} \alpha_i, \beta)$。

1.4.4　统计量与统计方法

1. 母体与样本

在数理统计中，母体是研究对象的全体，组成母体的个体称为样本。例如，研究一批轴承的质量，则该批轴承为母体，其中每一个轴承都是一个样本。在实际问题中，我们关心的是产品的某个数量指标。这时，指标值可以看作样本，所有指标值就构成了一个母体。

根据不同指标值出现的可能性大小，可以获得一个概率分布，这个分布反映母体的统计规律。这样，就把母体与一个随机变量联系了起来，这个随机变量的取值就是母体中一切可能的值，这个随机变量取值的统计规律性就是母体的分布规律。

从母体中抽取一个样本，就是进行一次试验观察。在数理统计中，要用样本来对母体的各种特征进行推断，因而从母体中抽取的样本要有代表性。样本的代表性在数理统计中指的就是样本与母体有相同的分布。只有这样，经过多次抽样才能较全面地了解母体，做出正确的判断。样本是一个随机变量，常用大写字母 X 表示。当观察到结果时，就是一个具体数值，常用小写字母 x 表示，称为样本 X 的观察值。

在数理统计学中，与母体分布相同且相互独立的样本称为从母体中抽出的简单随机样本。若无特别说明，本书涉及的都是简单随机样本。通常，把一组子样 X_1, X_2, $\cdots$, X_n 看作相互独立且与母体有相同分布的 n 个随机变量。

2. 统计量与样本分布

样本是从总体中抽出来的，在一定程度上反映总体的特征。完全由样本决定的量称为统计量。统计量可以看作对样本的一种加工，它把样本中所包含的关于母体的某一方面的信息体现了出来。常用的统计量是样本的数字特征。若样本容量为 n，其观测值为 x_1, x_2, $\cdots$, x_n，则可得如下参数。

样本均值：

$$\bar{x} = \frac{1}{n} \sum_{i=1}^{n} x_i \tag{1.75}$$

样本方差：

$$s^2 = \frac{1}{n-1} \sum_{i=1}^{n} (x_i - \bar{x})^2 \tag{1.76}$$

样本标准差：

$$s = \sqrt{\frac{1}{n-1} \sum_{i=1}^{n} (x_i - \bar{x})^2} \tag{1.77}$$

样本变异系数:

$$C_x = \frac{s}{\bar{x}} \tag{1.78}$$

3. 次序统计量

次序统计量(或称顺序统计量)是数理统计学中具有广泛应用的一类统计量。若有 n 个独立同分布的随机变量 X_1，X_2，$\cdots$，X_n，样本的次序统计量 X 表示样本中由小到大排列的第 k 个样本的统计特征。

次序统计量计算简便。更为重要的是,在有些场合,次序统计量具有特有的优良性质。例如,观测数据中的某些数据受某种影响而不可靠,或者丢失。此时,一些通常使用的统计量,如样本均值、方差等将产生较大偏差,而基于次序统计量的方法仍然保持有效。例如,设 $n=10$,即使 $X_{(9)}$ 和 $X_{(10)}$ 未知,也不妨碍样本中位数的计算。

在寿命试验中经常遇到的截尾数据,也需要使用次序统计量进行分析。设想对 n 个元件同时进行寿命试验,一般会有少数的几个寿命特别长,如果要等到这些元件都失效,试验时间就会过长。这时,通常根据一定的准则,定时或定数进行截尾处理,这样得到的数据只是次序统计量前面的若干个观测值。

有些试验观测仪器只能记录下反映强度达到一定界限以上的数据(这是有广泛应用背景的情形),此时得到的只是次序统计量后面若干个的观测值。

1.4.5 泊松随机过程

在概率论中,研究的主要是相互独立的随机变量。简单地讲,一组无穷多个相互关联的随机变量就构成了一个随机过程。

泊松随机过程作为一种重要的计数过程,可以很好地用于描述"顾客流""粒子流""信号流"等事件的概率特性。设 $\{N(t), t \geqslant 0\}$ 为一计数过程,且满足以下条件:

(1) 当 $t=0$ 时,$N(0)=0$;

(2) $\{N(t), t \geqslant 0\}$ 是一个独立增量过程,即任取 $0<t_1<t_2<\cdots<t_m$ 时,$N(t_1)$，$N(t_2) - N(t_1)$，$\cdots$，$N(t_m) - N(t_{m-1})$ 相互独立;

(3) 对于充分小的 $\Delta t > 0$,有

$$\begin{cases} P[N(t + \Delta t) - N(t) = 1] = \lambda(t)\Delta t + o(\Delta t) \\ P[N(t + \Delta t) - N(t) \geqslant 2] = o(\Delta t) \end{cases} \tag{1.79}$$

满足上述条件的计数过程 $\{N(t), t \geqslant 0\}$ 即为服从参数为 $\{\lambda(t) > 0, t \geqslant 0\}$ 的非时齐泊松随机过程,且 $\forall w, t \geqslant 0, m \geqslant 0$,有

$$P[N(w + t) - N(w) = m]$$

$$= \frac{\left[\int_0^{t+w} \lambda(t)\,\mathrm{d}t - \int_0^w \lambda(t)\,\mathrm{d}t\right]^m}{m!} \exp\left\{-\left[\int_0^{t+w} \lambda(t)\,\mathrm{d}t - \int_0^w \lambda(t)\,\mathrm{d}t\right]\right\} \tag{1.80}$$

当 $w = 0$ 时,有

$$P[N(t) - N(0) = m] = \frac{\left[\int_0^t \lambda(t)\mathrm{d}t\right]^m}{m!}\exp\left[-\int_0^t \lambda(t)\mathrm{d}t\right] \tag{1.81}$$

特殊地,当 $\lambda(t)$ 为常数时,满足上述条件的计数过程 $\{N(t), t \geq 0\}$ 为时齐泊松随机过程:

$$P[N(t) - N(0) = m] = \frac{(\lambda t)^m}{m!}\mathrm{e}^{-\lambda t} \tag{1.82}$$

图 1.6 为参数 $\lambda(t) = 0.5\ \mathrm{h}^{-1}$(即时齐泊松随机过程)时,泊松随机过程的概率密度分布。

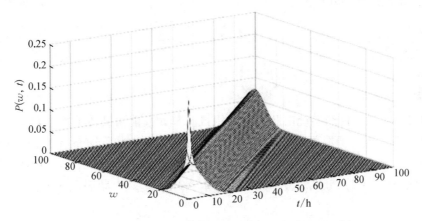

图 1.6　泊松随机过程的概率密度分布 $[\lambda(t) = 0.5\ \mathrm{h}^{-1}]$

1.4.6　发生函数方法

1. 发生函数的定义

发生函数(generating function)也称为生成函数或母函数。发生函数方法是现代离散数学领域中的重要方法,它能以统一的程序方式处理和解决众多不同类型的问题。

对于可靠性问题,发生函数的实质是建立了变量的取值与其取值概率之间的联系。例如,离散多状态模型的基本信息是所有元件的性能分布[性能值 g_j 和概率值 $p_j(t)$, $j = 1, 2, \cdots, n$],以及系统的性能结构函数 Φ,即

$$\Phi(G_1, G_2, \cdots, G_n) \tag{1.83}$$

其中,任意元件 j 都可以有 m 种不同的状态,将性能分布描述成有序集 $g_j = \{g_{j1}, g_{j2}, \cdots, g_{jm_j}\}$, $p_j = \{p_{j1}(t), p_{j2}(t), \cdots, p_{jm_j}(t)\}$。这样,就把元件各状态的性能值与其处于各状态的概率值联系了起来。为评估整个系统的性能分布 g 和 p,需求出系统的所有可能的性能值及其对应的状态概率。系统状态对应所有元件状态的组合,总组合数为

$$K = \prod_{j=1}^{n} m_j \tag{1.84}$$

当系统中的各元件统计独立时,各元件状态组合的概率值就等于所对应的各元件状态概率值的乘积,系统性能值可通过性能结构函数求出。假设系统处于状态 i,各元件的对应状态为 i_j,$j = 1$,2,$\cdots$,n,则系统处于状态 i 的概率值为

$$p_i = \prod_{j=1}^{n} p_{ji_j} \tag{1.85}$$

相应的系统性能值为

$$g_i = \Phi(g_{1i_1}, \cdots, g_{ni_n}) \tag{1.86}$$

因此,系统的性能分布为

$$\begin{cases} g_i = \Phi(g_{1i_1}, \cdots, g_{ni_n}) \\ p_i = \prod_{j=1}^{n} p_{ji_j} \end{cases} \tag{1.87}$$

例 1.1 某燃气传输系统由两个单元组成。单元性能由其传输能力定义,根据流量控制元件的状态变化而取不同的离散值。单元 1 有 3 种可能状态($m_1 = 3$),分别对应单元性能值 $g_{13} = 1.0$,$g_{12} = 0.7$,$g_{11} = 0$,状态概率值 $p_{13} = 0.8$,$p_{12} = 0.15$,$p_{11} = 0.05$。单元 2 有 2 种可能状态($m_2 = 2$),分别对应单元性能值 $g_{22} = 1.0$,$g_{21} = 0$,状态概率值 $p_{22} = 0.9$,$p_{21} = 0.1$。

解:由式(1.84)可知,元件状态组合的总数为 $K = m_1 \times m_2 = 6$,每种组合都对应着一个系统状态。因此,K 值也确定了系统状态的数量,系统状态如表 1.1 所示。

表 1.1 并联系统性能分析

系统状态序号	元 件 状 态	系统性能 $\Phi(G_1, G_2) = G_1 + G_2$	系统状态概率
1	$\{g_{13}, g_{22}\} = \{1.0, 1.0\}$	$g_1 = g_{13} + g_{22} = 2.0$	$p_1 = p_{13}p_{22} = 0.720$
2	$\{g_{13}, g_{21}\} = \{1.0, 0.0\}$	$g_1 = g_{13} + g_{21} = 1.0$	$p_2 = p_{13}p_{21} = 0.080$
3	$\{g_{12}, g_{22}\} = \{0.7, 1.0\}$	$g_1 = g_{12} + g_{22} = 1.7$	$p_3 = p_{12}p_{22} = 0.135$
4	$\{g_{12}, g_{21}\} = \{0.7, 0.0\}$	$g_1 = g_{12} + g_{21} = 0.7$	$p_4 = p_{12}p_{21} = 0.015$
5	$\{g_{11}, g_{22}\} = \{0.0, 1.0\}$	$g_1 = g_{11} + g_{22} = 1.0$	$p_5 = p_{11}p_{22} = 0.045$
6	$\{g_{11}, g_{21}\} = \{0.0, 0.0\}$	$g_1 = g_{11} + g_{21} = 0.0$	$p_6 = p_{11}p_{21} = 0.005$

设两单元并联连接,系统总传输能力等于各单元传输能力之和,系统的性能结构函数为 $\Phi(G_1, G_2) = G_1 + G_2$,$G_1 \in \{g_{11}, g_{12}, g_{13}\}$,$G_2 \in \{g_{21}, g_{22}\}$。系统输出性能分布的计算结果见表 1.1。

如果系统两单元串联连接,系统总传输能力由传输能力较差的单元决定,系统的性能结构函数为 $\Phi(G_1, G_2) = \min\{G_1, G_2\}$,则系统输出性能分布的计算结果如表 1.2 所示。

表 1.2　串联系统性能分析

系统状态序号	元 件 状 态	系统性能 $\Phi(G_1, G_2) = \min\{G_1, G_2\}$	系统状态概率
1	$\{g_{13}, g_{22}\} = \{1.0, 1.0\}$	$g_1 = \min\{g_{13}, g_{22}\} = 1.0$	$p_1 = p_{13}p_{22} = 0.720$
2	$\{g_{13}, g_{21}\} = \{1.0, 0.0\}$	$g_1 = \min\{g_{13}, g_{21}\} = 0.0$	$p_2 = p_{13}p_{21} = 0.080$
3	$\{g_{12}, g_{22}\} = \{0.7, 1.0\}$	$g_1 = \min\{g_{12}, g_{22}\} = 0.7$	$p_3 = p_{12}p_{22} = 0.135$
4	$\{g_{12}, g_{21}\} = \{0.7, 0.0\}$	$g_1 = \min\{g_{12}, g_{21}\} = 0.0$	$p_4 = p_{12}p_{21} = 0.015$
5	$\{g_{11}, g_{22}\} = \{0.0, 1.0\}$	$g_1 = \min\{g_{11}, g_{22}\} = 0.0$	$p_5 = p_{11}p_{22} = 0.045$
6	$\{g_{11}, g_{21}\} = \{0.0, 0.0\}$	$g_1 = \min\{g_{11}, g_{21}\} = 0.0$	$p_6 = p_{11}p_{21} = 0.005$

通过类似于多项式相乘的运算规则,也可以得到与表 1.2 所列基于各元件的性能分布和系统性能结构函数描述的系统性能分布相同的结果。采用如下多项式表示元件 j 的性能分布 $g_j = \{g_{j1}, g_{j2}, \cdots, g_{jm_j}\}$, $p_j = \{p_{j1}(t), p_{j2}(t), \cdots, p_{jm_j}(t)\}$:

$$\sum_{i_j=1}^{m_j} p_{ji_j} s^{g_{ji_j}} \tag{1.88}$$

把代表不同元件性能分布的多项式相乘,得到以下形式:

$$\prod_{j=1}^{n} \left(\sum_{i_j=1}^{m_j} p_{ji_j} s^{g_{ji_j}} \right) = \sum_{i=1}^{m_1} \sum_{i=2}^{m_2} \cdots \sum_{i=n}^{m_n} \prod_{j=1}^{n} \sum_{i_j=1}^{m_j} p_{ji_j} s^{\sum_{i=1}^{n} g_{ji_j}} \tag{1.89}$$

在该运算中,多项式各项系数相乘而指数相加,表示系统输出量为各元件性能参数之和(表 1.1),即

$$\Phi(G_1, \cdots, G_n) = \sum_{j=1}^{n} G_j \tag{1.90}$$

各项系数表示系统处于某确定状态的概率,指数表示系统处于该状态的性能值。多项式(1.89)共含有 n 项。式(1.88)描述的多项式称为发生函数,它能表达任何具有性能分布 (g, p) 的随机变量。

当多状态问题具有式(1.90)所描述的结构时,可采用对元件发生函数进行乘积运算的方法得到系统性能分布。例如,当燃气传输系统为并联连接时(例 1.1),系统性能结构函数为 $\Phi(G_1, G_2) = G_1 + G_2$,分别利用多项式表示元件 1、2 的性能分布:

$$\begin{cases} p_{11}s^{g_{11}} + p_{12}s^{g_{12}} + p_{13}s^{g_{13}} = 0.8s^{1.0} + 0.15s^{0.7} + 0.05s^{0} \\ p_{21}s^{g_{21}} + p_{22}s^{g_{22}} = 0.9s^{1.0} + 0.1s^{0} \end{cases} \tag{1.91}$$

同时利用以下多项式表示系统的性能分布:

$$\begin{aligned} & (p_{11}s^{g_{11}} + p_{12}s^{g_{12}} + p_{13}s^{g_{13}})(p_{21}s^{g_{21}} + p_{22}s^{g_{22}}) \\ = {} & p_{13}p_{22}s^{g_{13}+g_{22}} + p_{13}p_{21}s^{g_{13}+g_{21}} + p_{12}p_{22}s^{g_{12}+g_{22}} + p_{12}p_{21}s^{g_{12}+g_{21}} \\ & + p_{11}p_{22}s^{g_{11}+g_{22}} + p_{11}p_{22}s^{g_{11}+g_{21}} \end{aligned} \tag{1.92}$$

代入已知参数后,得

$$(p_{11}s^{g_{11}} + p_{12}s^{g_{12}} + p_{13}s^{g_{13}})(p_{21}s^{g_{21}} + p_{22}s^{g_{22}})$$
$$= 0.72s^{1.0+1.0} + 0.08s^{1.0+0} + 0.135s^{0.7+1.0} + 0.015s^{0.7+0} + 0.045s^{0+1.0} + 0.005s^{0+0}$$
$$= 0.72s^{2.0} + 0.08s^{1.0} + 0.135s^{1.7} + 0.015s^{0.7} + 0.045s^{1.0} + 0.005s^{0} \tag{1.93}$$

式(1.93)的各项系数表达了系统的状态概率(表1.1中的第4列),各项的指数表达了系统在各状态下的输出性能(表1.1中的第3列)。若已知系统的性能分布数据,也可直接由这些数据得到以上多项式运算结果。系统性能分布多项式的最终形式为

$$\sum_{i=1}^{M} p_i s^{g_i} \tag{1.94}$$

为了适应具有任意形式性能结构函数 Φ 的多状态系统分析,对式(1.89)描述的多项式乘积公式作如下扩展:

$$\Omega_\Phi\Big(\sum_{i_1=1}^{m_j} p_{1i_1}s^{g_{1i_1}}, \cdots, \sum_{i_n=1}^{m_n} p_{ni_n}s^{g_{ni_n}}\Big) = \sum_{i_1=1}^{m_1}\sum_{i_2=2}^{m_2}\cdots\sum_{i_n=n}^{m_n}\prod_{j=1}^{n} p_{ji_j}s^{\Phi(g_{1i_1}, \cdots, g_{ni_n})} \tag{1.95}$$

对系统各元件发生函数进行具有性能结构函数 $\Phi(G_1, G_2) = \min\{G_1, G_2\}$ 的 Φ_Ω 运算,即可得到燃气传输系统为串联连接时(例1.1)的系统性能分布:

$$\Omega_\Phi(p_{11}s^{g_{11}} + p_{12}s^{g_{12}} + p_{13}s^{g_{13}}, p_{21}s^{g_{21}} + p_{22}s^{g_{22}})$$
$$= p_{13}p_{22}s^{\min\{g_{13},g_{22}\}} + p_{13}p_{21}s^{\min\{g_{13},g_{21}\}} + p_{12}p_{22}s^{\min\{g_{12},g_{22}\}} + p_{12}p_{21}s^{\min\{g_{12},g_{21}\}}$$
$$+ p_{11}p_{22}s^{\min\{g_{11},g_{22}\}} + p_{11}p_{22}s^{\min\{g_{11},g_{21}\}} \tag{1.96}$$

代入已知参数后,得

$$\Omega_\Phi(0.8s^{1.0} + 0.15s^{0.7} + 0.05s^{0}, 0.9s^{1.0} + 0.1s^{0})$$
$$= 0.72s^{\min\{1.0, 1.0\}} + 0.08s^{\min\{1.0, 0\}} + 0.135s^{\min\{0.7, 1.0\}} + 0.015s^{\min\{0.7, 0\}}$$
$$+ 0.045s^{\min\{0, 1.0\}} + 0.005s^{\min\{0, 0\}}$$
$$= 0.72s^{1.0} + 0.08s^{0} + 0.135s^{0.7} + 0.015s^{0} + 0.045s^{0} + 0.005s^{0} \tag{1.97}$$

式(1.97)的各项系数表达了系统的状态概率(表1.2中的第4列),各项的指数表达了系统在各状态下的输出性能(表1.2中的第3列)。若已知系统的性能分布数据,也可直接写出以上多项式运算结果。

包含算子的发生函数称为广义发生函数,通常,用 $u_j(s)$ 表示元件发生函数,$j=1, \cdots, n$;用 $U(s)$ 表示系统发生函数。尽管发生函数具有与多项式类似的形式,但并不是多项式,这是因为:

(1)发生函数的指数不一定是普通的数值变量,可以表示任意数学对象;

(2)发生函数的复合运算与多项式的乘积运算不完全相同,式(1.90)表示的算子只是算子 Ω_Φ 的一种相对简单的特殊形式。

其实,发生函数继承了多项式的一个极其重要的特征,即同类项的合并。在发生函数

$\sum\limits_{i=1}^{M} p_i s^{g_i}$ 的各项中,若存在 $g_k = g_j$, k, $j = 1$, $\cdots$, M, 则所对应的 $p_k s^{g_k}$、$p_j s^{g_j}$ 项为同类项。在运算过程中,发生函数[式(1.91)]中时常会出现同类项,可按与多项式合并同类项类似的规则进行合并处理。例如,同类项为 $p_k s^{g_k}$ 和 $p_j s^{g_j}$, 由于:

$$P_r\{(G = g_k) \cup (G = g_j)\} = P_r\{G = g_k\} + P_r\{G = g_j\} = p_k + p_j \qquad (1.98)$$

则两项合并后为 $(p_k + p_j) s^{g_k}$ 或 $(p_k + p_j) s^{g_j}$。

上面例子中,燃气传输系统的发生函数可通过合并同类项得到简化。当系统为并联连接时,系统发生函数为

$$U(s) = 0.72 s^{2.0} + 0.135 s^{1.7} + 0.125 s^{1.0} + 0.015 s^{0.7} + 0.005 s^0 \qquad (1.99)$$

对应的系统输出性能分布为

$$g = \{2.0,\ 1.7,\ 1.0,\ 0.7,\ 0\} \qquad (1.100)$$

$$p = \{0.72,\ 0.135,\ 0.125,\ 0.015,\ 0.005\} \qquad (1.101)$$

当该系统为串联连接时,系统的发生函数为

$$U(s) = 0.72 s^{1.0} + 0.135 s^{0.7} + 0.145 s^0 \qquad (1.102)$$

对应的系统输出性能分布为

$$g = \{1.0,\ 0.7,\ 0\} \qquad (1.103)$$

$$p = \{0.72,\ 0.135,\ 0.145\} \qquad (1.104)$$

2. 发生函数法的计算复杂度

通常,系统的发生函数需通过各元件发生函数的复合运算得到。在运算过程中,可采用状态枚举法。该方法不需要对各项进行不交化处理,简单而方便,但运算量大。

在实际运算中,设 $K = \prod\limits_{j=1}^{n} m_j$, 系统发生函数的最终表达式中只含有 m 项,这却需要进行 $(n-1) \times K$ 次概率乘积运算和 K 次关于性能结构函数 Ω_ϕ 的运算。采用基于同类项合并技术的简化算法,可大大减小计算量。

在进行系统分析时,若系统含有较复杂的性能结构函数 Ω_ϕ 或大量元件,那么运算复杂度增大,特别是对 Ω_ϕ 的求导、积分等运算占据了大量的资源空间。庆幸的是,许多典型工程系统都具有递进式的层次化结构,在各元件状态独立的条件下可用次级子系统的发生函数表达系统的发生函数,而把各次级子系统看作单一元件,在运算过程中及时对各次级子系统的发生函数进行同类项合并,可实现减小运算量的目的。

3. 基于发生函数法的系统可靠度计算

由于发生函数代表了多状态系统的稳态性能分布,可用来计算系统可靠性参数,如系统瞬时可用度、瞬时平均性能等。$t(t \geqslant 0)$ 时刻,系统的输出性能分布可用发生函数表示为

$$U(s,\ t)=\sum_{i=1}^{M}p_i(t)s^{g_i} \tag{1.105}$$

根据可用度的定义,多状态系统的 w^- 可用度就是在时刻 t 系统性能指标大于 w 的概率。为得到系统在性能水平 w 下的可用度,发生函数 $U(z)$ 的系数需在一定条件下取和,即 δ 运算:

$$A^w(t)=P_r\{G(t)\geqslant w\}=\delta[U(s,\ t),\ w]=\sum_{i=1}^{M}p_i(t)s^{g_i}I[F(g_i,\ w)>0] \tag{1.106}$$

其中, $I[F(g_i,\ w)>0]$ 为示性函数,当 $g_i>w$ 时等于 1,否则为 0。

时刻 t 的系统瞬时平均性能可通过对发生函数的 δ_E 运算求出:

$$E(t)=\delta_E[U(s,\ t)]=\delta_E\Big[\sum_{i=1}^{M}p_i(t)s^{g_i}\Big]=\sum_{i=1}^{M}p_i(t)g_i \tag{1.107}$$

当系统性能表示为一般数值时,发生函数就成了一个幂级数多项式, δ_E 运算可通过发生函数在 $s=1$ 处的一阶导数求出,即

$$\delta_E[U(s,\ t)]=\frac{\mathrm{d}U(s,\ t)}{\mathrm{d}z}(1)=U'(1,\ t)=\sum_{i=1}^{M}p_i(t)g_i \tag{1.108}$$

时刻 t 的系统瞬时性能方差值可利用发生函数的前两阶导数计算:

$$\sigma^2(t)=\frac{1}{M}\sum_{i=1}^{M}[g_i-E(t)]^2p_i(t)=\frac{1}{M}\sum_{i=1}^{M}[g_i^2-2g_iE(t)+E^2(t)]p_i(t)$$
$$=U''(1)+U'(1)-[U'(1)]^2 \tag{1.109}$$

在某时间间隔 $[0,\ T]$ 内,系统输出性能的期望值为

$$E_T=\frac{1}{T}\int_0^T E(t)\mathrm{d}t=\frac{1}{T}\sum_{i=1}^{M}g_i\int_0^T p_i(t)\mathrm{d}t \tag{1.110}$$

对于式 (1.104) 和式 (1.105),当 $t\to\infty$ 时,分别表示系统的稳态可用度和稳态性能均值。

4. 发生函数复合算子的特性

发生函数复合算子 Ω_Φ 的特性完全取决于系统性能结构函数 Φ 的特性。在发生函数的复合运算过程中,通常要对各种状态组合进行概率相乘计算,而这些计算往往要求复合算子具有递推性和交换性。设多状态系统由 n 个元件组成,其中包含前 j 个元件 $(2\leqslant j\leqslant n)$ 的子系统的随机性能可由式 (1.111) 表示:

$$\Phi(G_1,\ G_2,\ \cdots,\ G_n)=\Phi[\Phi(G_1,\ G_2,\ \cdots,\ G_{n-1}),\ G_n] \tag{1.111}$$

则子系统的发生函数可表示为

$$\Omega_\Phi[u_1(s),\ \cdots,\ u_n(s)]$$
$$=\Omega_\Phi\{\Omega_\Phi[(u_1(s),\ \cdots,\ u_j(s)],\ \Omega_\Phi[u_{j+1}(s),\ \cdots,\ u_n(s)]\} \tag{1.112}$$

式(1.111)描述了性能结构函数的递推性。

只要满足式(1.111)和式(1.112),发生函数的复合运算就具有逐层递推特性,可以方便地通过以下方法逐层得到整个系统的发生函数:

$$U_j(s) = \Omega_\Phi[U_{j-1}(s), u_j(s)], \quad j = 2, 3, \cdots, n \tag{1.113}$$

若系统性能结构函数具有以下性质:

$$\Phi(G_1, G_2, \cdots, G_j, G_{j+1}, \cdots, G_n) = \Phi[\Phi(G_1, G_2, \cdots, G_j), \Phi(G_{j+1}, \cdots, G_n)] \tag{1.114}$$

则对于任意j,发生函数复合算子Ω_Φ也具有类似性质:

$$\Omega_\Phi[u_1(s), \cdots, u_n(s)] = \Omega_\Phi\{\Omega_\Phi[u_1(s), \cdots, u_j(s)], \Omega_\Phi[u_{j+1}(s), \cdots, u_n(s)]\} \tag{1.115}$$

式(1.115)描述了性能结构函数的可分性。

可分性允许在系统中选择任意相邻元件构成系统分析中的子系统,只要满足条件[式(1.115)],系统就可根据需要分成各子系统,而各被分割的子系统同样具有类似性质,继续分割,直至系统的元件层。

若系统性能结构函数除了具有式(1.115)描述的可分性以外,还具有以下特性:

$$\Phi(G_1, G_2, \cdots, G_j, G_{j+1}, \cdots, G_n) = \Phi(G_1, G_2, \cdots, G_{j+1}, G_j, \cdots, G_n) \tag{1.116}$$

则对于任意j,发生函数复合算子Ω_Φ具有如下性质:

$$\Omega_\Phi[u_1(s), \cdots, u_j(s), u_{j+1}(s), \cdots, u_n(s)]$$
$$= \Omega_\Phi[u_1(s), \cdots, u_{j+1}(s), u_j(s), \cdots, u_j(s)] \tag{1.117}$$

式(1.114)和式(1.116)描述了性能结构函数的互换性。当性能结构函数具备互换性时,即可选择任意元件构成系统分析中的各级子系统,使系统分析变得方便而灵活。

1.4.7　结构可靠性常用分布函数

在概率论的发展过程中,涌现出了多种分布函数。不同的分布函数是在不同背景下提出来的,适用于不同的场合。例如,正态分布是对众多同量级不确定影响因素共同作用产生的随机性的描述,适合于表征零部件尺寸、材料性能等。Weibull 分布是基于多环节链条失效原理构造的,适用于描述零部件的寿命、强度等。数学形式简单的指数分布对应于恒定的失效率,曾在传统的电子可靠性领域中有过广泛应用。指数分布在数学运算上虽然简单易行,但并不能很好地描述产品寿命分布规律。

对于可靠性问题,涉及的主要是小概率事件。因此,更关心概率密度函数在其定义域的两端(对应于小概率事件)部分的细节特征。总体上相近或低阶数字特征(如均值和标准差)相同的两种分布,在小概率问题中可能表现出很大的差别。例如,对于图 1.7(a)中所示的两种分布形式(一种为 Weibull 分布,另一种为正态分布),虽然它们的概率密度函数曲线差别很小,但其累积分布函数(更直接地反映可靠性特征)在小概率区域(有实际意义的可靠度范围)的差别却十分显著,如图1.7(b)所示。

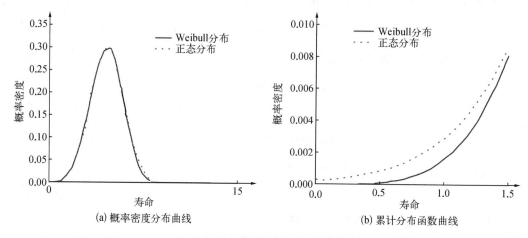

(a) 概率密度分布曲线   (b) 累计分布函数曲线

图 1.7　不同分布函数细节同异比较

1. 二项分布

二项分布是一种单参数离散型分布。设试验 E 只有两种可能的结果,分别用随机事件 A 和 $\overline{A}$ 表示。每次试验中,结果 A(或 $\overline{A}$)出现的概率相同,分别记为 $P(A)=p$,$P(\overline{A})=1-p$,且各次试验结果相互独立。用 X 表示在 n 次独立试验中事件 A 发生的次数,则 X 是一个随机变量,其可能取值为 $0,1,2,\cdots,n$。在这种情形下,随机变量 X 服从的概率分布称为二项分布(图1.8),记为 $X\sim B(n,p)$,其分布律为

$$P\{X=k\}=C_n^k p^k (1-p)^{n-k},\quad k=0,1,2,\cdots,n \tag{1.118}$$

二项分布的均值 $E(X)=np$,标准差 $D(X)=np(1-p)$。二项分布的用途广泛,在可靠性建模问题中可用于描述表决系统的可靠性。

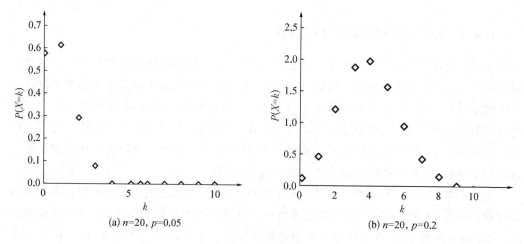

(a) $n=20$, $p=0.05$ (b) $n=20$, $p=0.2$

图 1.8　二项分布

二项分布具有可加性。设 X_1，$\cdots$，X_n 是服从二项分布的相互独立的随机变量，即 $X_i \sim B(n_i, p)(i=0, 1, 2, \cdots, n)$，令 $Z = \sum_{i=1}^{n} X_i$，则有 $Z \sim B\left(\sum_{i=1}^{n} n_i, p\right)$。

2. 泊松分布

泊松分布也是一种单参数离散型分布，常用于描述不存在上限的随机试验结果，其概率分布为

$$P\{X = k\} = \frac{\mu^k \mathrm{e}^{-\mu}}{k!} \tag{1.119}$$

如图 1.9 所示，泊松分布的数字特征为 $E(X)=\mu$，$D(X)=\sqrt{\mu}$。泊松分布也具有可加性，即设 $X \sim (\lambda_1)$，$Y \sim P(\lambda_2)$，且 X 与 Y 独立，则有 $Z=X+Y \sim P(\lambda_1+\lambda_2)$。

3. 指数分布

指数分布是一种形式简单的连续型分布。指数分布随机变量的定义域为 $(0, \infty)$，其概率密度函数为

$$f(x) = \begin{cases} \lambda \mathrm{e}^{-\lambda x}, & x \geqslant 0 \\ 0, & x < 0 \end{cases} \tag{1.120}$$

指数分布的概率密度曲线见图 1.10。

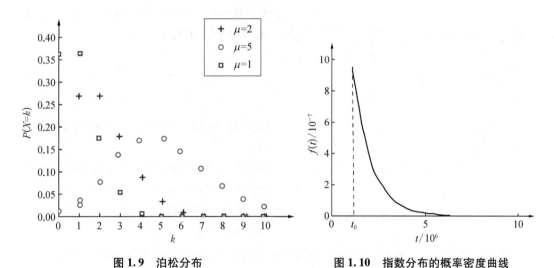

图 1.9　泊松分布　　　　　　　图 1.10　指数分布的概率密度曲线

指数分布随机变量的累积分布函数为

$$F(x) = 1 - \mathrm{e}^{-\lambda x}, \quad x \geqslant 0 \tag{1.121}$$

指数分布的参数 $\lambda > 0$，其倒数 $1/\lambda$ 为指数分布随机变量的均值。对于产品寿命问题，常用 θ 表示平均寿命（即 $\theta = 1/\lambda$），用 t 表示失效时间随机变量。这时，指数分布的概率密度函数和累积分布函数可分别表示为

$$f(t) = \frac{1}{\theta} \mathrm{e}^{-t/\theta} \tag{1.122}$$

$$F(t) = 1 - \mathrm{e}^{-t/\theta} \tag{1.123}$$

指数分布的数字特征为

$$E(x) = \frac{1}{\lambda} \quad \text{或} \quad E(t) = \theta \tag{1.124}$$

$$D(x) = \frac{1}{\lambda^2} \quad \text{或} \quad D(t) = \theta^2 \tag{1.125}$$

指数分布的可靠度函数为

$$R(t) = \mathrm{e}^{-t/\theta} = \mathrm{e}^{-\lambda t} \tag{1.126}$$

指数分布的失效率为常数,即

$$\lambda(t) = \frac{1}{\theta} = \lambda \tag{1.127}$$

指数分布的一个重要性质是无记忆性,可表达为

$$P(\{T > t_0 + t\} \mid \{T > t_0\}) = P(T > t) = \mathrm{e}^{-\lambda t} \tag{1.128}$$

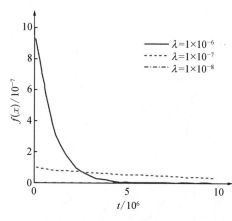

图 1.11 双参数指数分布的概率密度曲线

将指数分布函数的定义域调整为 (t_0, ∞),就变成了双参数(失效率 λ 和最小寿命 t_0)指数分布,其概率密度函数为

$$f(x) = \begin{cases} \lambda \mathrm{e}^{-\lambda(t - t_0)}, & t \geqslant t_0 \\ 0, & t < t_0 \end{cases} \tag{1.129}$$

双参数指数分布的概率密度曲线见图 1.11。

传统上,指数分布函数常用于表述电子元器件或电子产品的寿命分布规律。然而,这种选择更多地出于数学简单性,而不是真正能很好地描述这些产品的寿命分布规律。

若某产品在一定时间区间内的失效数服从泊松分布,则该产品的寿命服从指数分布。由此可知,泊松分布也不一定能很好地描述产品在一定时间区间内失效次数的分布形式。

若产品的寿命服从指数分布,则其失效率为常数。对于大多数产品,老化是一种不可避免的失效机制,因此失效率多为递增的,而假设失效率为常数的做法通常是存在疑问的。

4. 正态分布

正态分布也称为 Gauss 分布,其概率密度函数为

$$f(x) = \frac{1}{\sigma\sqrt{2\pi}} \exp\left[-\frac{1}{2}\left(\frac{x - \mu}{\sigma}\right)^2 \right], \quad -\infty < x < \infty \tag{1.130}$$

其中,μ 为分布的均值,是对中心趋势或中点的度量;σ 为分布标准差,是对分散性的度量。

正态分布的概率密度曲线见图 1.12,其均值和标准差可由样本值估计:

$$\mu = \frac{\sum\limits_{i=1}^{n} x_i}{n} \qquad (1.131)$$

$$\sigma = \sqrt{\frac{n\sum\limits_{i=1}^{n} x_i^2 - \left(\sum\limits_{i=1}^{n} x_i\right)^2}{n(n-1)}} \qquad (1.132)$$

$$\sigma = \sqrt{\frac{\sum\limits_{i=1}^{n} (x_i - \mu)^2}{(n-1)}} \qquad (1.133)$$

1) 标准正态分布

均值为 0、标准差为 1(即 $\mu = 0$, $\sigma = 1$)的正态分布称为标准正态分布,其概率密度函数为

$$f(x) = \frac{1}{\sigma\sqrt{2\pi}} e^{-x^2/2}, \quad -\infty < x < \infty$$
$$(1.134)$$

通过以下变换,可以实现一般正态分布(均值为 μ、标准差为 σ)向标准正态分布的转换:

$$z = \frac{x-\mu}{\sigma} \qquad (1.135)$$

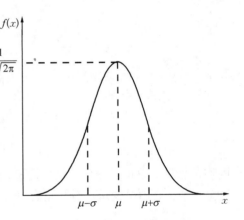

图 1.12 正态分布的概率密度曲线

即通过这个变换得到的随机变量 z 为均值等于 0、标准差等于 1 的标准正态随机变量。

正态可靠度函数为

$$R(x) = \int_x^{\infty} \frac{1}{\sigma\sqrt{2\pi}} \exp\left[-\frac{1}{2}\left(\frac{x-\mu}{\sigma}\right)^2\right] \mathrm{d}x = 1 - \Phi(z) \qquad (1.136)$$

其中,$\Phi(z)$ 为标准正态累积分布函数。

2) 截尾正态分布

工程实际中有很多试验或观察数据近似服从正态分布,但正态分布的取值范围 $(-\infty, +\infty)$ 不符合实际情况。再考虑到许多试验或观察数据无负值,因此用截尾正态分布来表示较为合理。截尾正态分布的定义如下。

若 X 是一个非负的随机变量,且其密度函数为

$$f(x) = \frac{1}{\alpha\sigma\sqrt{2\pi}} \exp\left[-\frac{1}{2}\left(\frac{x-\mu}{\sigma}\right)^2\right], \quad 0 \leqslant x < \infty \qquad (1.137)$$

则称 X 服从截尾正态分布。其中,α 为正规化常数,用以保证 $\int_0^{\infty} f(x)\mathrm{d}x = 1$。截尾正态

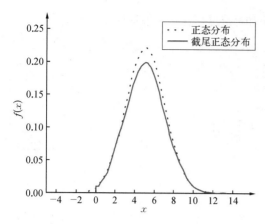

图 1.13　截尾正态分布的概率密度曲线

分布的概率密度曲线见图 1.13。

3）正态分布的可加性

若 $X \sim N(\mu_1, \sigma_1^2)$，$Y \sim N(\mu_2, \sigma_2^2)$，且 X 与 Y 独立，则有

$$Z = X + Y \sim N(\mu_1 + \mu_2, \sigma_1^2 + \sigma_2^2) \tag{1.138}$$

一般地，若随机变量 X_1，X_2，$\cdots$，X_n 相互独立，且都服从正态分布，即 $X_1 \sim N(\mu_i, \sigma_i^2)$，$i = 0, 1, 2, \cdots, n$，则其线性组合也是正态随机变量，即

$$\sum_{i=1}^{n} c_i X_i \sim N\left(\sum_{i=1}^{n} c_i \mu_i, \sum_{i=1}^{n} c_i^2 \sigma_i^2 \right) \tag{1.139}$$

其中，c_1，c_2，$\cdots$，c_n 为常数。

5. 对数正态分布

若 X 是一个随机变量，$Y = \ln X$，服从正态分布，即

$$Y = \ln X \sim N(\mu, \sigma^2) \tag{1.140}$$

则称 X 服从对数正态分布。也就是说，如果 x 是一个对数正态随机变量，那么变量 $y = \ln x$ 就是一个正态随机变量。对数正态分布的概率密度函数为

$$f(x) = \begin{cases} \dfrac{1}{\alpha\sigma\sqrt{2\pi}} \exp\left[-\dfrac{1}{2}\left(\dfrac{x - \mu}{\sigma} \right)^2 \right], & x > 0 \\ 0, & x \leqslant 0 \end{cases} \tag{1.141}$$

其中，μ 和 σ 并不是对数正态分布的均值和标准差，分别称为其对数均值和对数标准差，且有

$$\mu = \frac{\sum_{i=1}^{n} \ln x_i}{n} \tag{1.142}$$

$$\sigma = \sqrt{\frac{n\sum_{i=1}^{n} \ln x_i^2 - \left(\sum_{i=1}^{n} \ln x_i \right)^2}{n(n-1)}} \tag{1.143}$$

其中，n 为样本容量。通常用 T_{50} 代表对数正态分布的中位数，$\ln T_{50}$ 与 μ 可以互换。对数正态分布的概率密度曲线如图 1.14 所示。

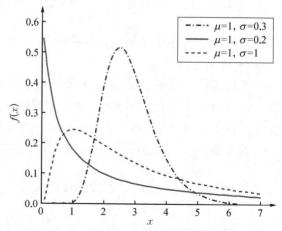

图 1.14　对数正态分布的概率密度曲线

对数正态分布的均值为

$$E(x) = \exp\left(\mu + \frac{\sigma^2}{2}\right) = T_{50}\exp\left(\frac{\sigma^2}{2}\right) \tag{1.144}$$

对数正态分布的方差为

$$V(x) = \exp(2\mu + \sigma^2)\left[\exp(\sigma^2) - 1\right] = T_{50}\exp\left(\frac{\sigma^2}{2}\right)\left[\exp(\sigma^2) - 1\right] \tag{1.145}$$

对数正态可靠性函数为

$$R(x) = 1 - \Phi\left(\frac{\ln x - \mu}{\sigma}\right), \quad x > 0 \tag{1.146}$$

6. Weibull 分布

Weibull 分布有三参数和两参数两种形式。其中,三参数 Weibull 分布的概率密度函数为

$$f(x) = \begin{cases} \dfrac{\beta(x - \alpha)^{\beta-1}}{\theta^\beta}\exp\left[-\left(\dfrac{x - \alpha^\beta}{\theta}\right)\right], & x \geqslant \alpha \\ 0, & x < \alpha \end{cases} \tag{1.147}$$

三参数 Weibull 分布的累积分布函数为

$$F(x) = 1 - \exp\left[-\left(\frac{x - \alpha}{\theta}\right)^\beta\right], \quad x > \alpha \tag{1.148}$$

三参数 Weibull 分布记为 $X \sim W(\beta, \theta, \alpha)$,其中 β 为形状参数,θ 为尺度参数,α 为位置参数,其取值范围都是 $(0, \infty)$。令三参数 Weibull 分布的位置参数 $\alpha = 0$,则简化为两参数 Weibull 分布,其概率密度函数为

$$f(x) = \frac{\beta x^{\beta-1}}{\theta^\beta}\exp\left[-\left(\frac{x}{\theta}\right)^\beta\right], \quad x \geqslant 0 \tag{1.149}$$

累积分布函数为

$$F(x) = 1 - \exp\left[-\left(\frac{x}{\theta}\right)^\beta\right], \quad x > 0 \tag{1.150}$$

当形状参数 $\beta = 1$ 时,Weibull 分布退化为指数分布。

1)Weibull 分布的形状参数

随形状参数 β 不同,Weibull 概率密度函数可以呈现不同的形状,如图 1.15 所示。

根据 β 的不同,Weibull 分布能等价或近似于其他分布。例如,当 $\beta = 0.5$ 时,Weibull 分布等同于指数分布;当 $\beta = 2$ 时,

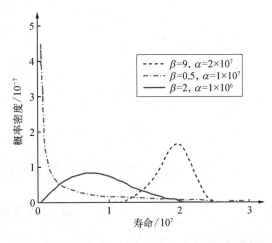

图 1.15　不同 β 下的 Weibull 概率密度函数形状

Weibull 分布近似于对数正态分布;当 $\beta = 9$ 时,Weibull 分布近似于正态分布。

2) Weibull 分布的均值和方差

Weibull 分布的均值为

$$E(x) = \theta \Gamma \left(1 + \frac{1}{\beta} \right) \qquad (1.151)$$

Weibull 分布的方差为

$$V(x) = \theta^2 \left[\Gamma \left(1 + \frac{2}{\beta} \right) - \Gamma^2 \left(1 + \frac{1}{\beta} \right) \right] \qquad (1.152)$$

如果 $\beta < 1$,那么 Weibull 分布的均值将大于 0;如果 $\beta = 1$,Weibull 分布的均值等于 0;如果 $\beta > 1$,Weibull 分布的均值小于 0。随着 β 增加到无穷,Weibull 分布的方差减小,且无限接近于 0。

7. 次序统计量及其分布

次序统计量(或称顺序统计量)是数理统计学中具有广泛应用的一类统计量,对于由 n 个独立同分布的元件构成的系统,各元件的强度 X_1, X_2, $\cdots$, X_n 可看作来自一个母体的样本,而该样本的次序统计量 X 表示系统中第 k 弱的元件强度。

由概率论可知,若母体的概率密度函数为 $f(x)$,累积分布函数为 $F(x)$,即 $F(x) = \int_{-\infty}^{x} f(x) \mathrm{d}x$,则 $X_{(k)}$ 的概率密度函数为

$$g_k(x) = \frac{n!}{(k-1)!\,(n-k)!} \left[F(x) \right]^{k-1} \left[1 - F(x) \right]^{n-k} f(x) \qquad (1.153)$$

由式(1.153)可获取次序统计量分布,$f(x)$ 和 $g(x)$ 的次序统计量分布如图 1.16 所示。

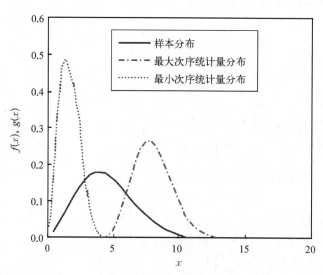

图 1.16 次序统计量分布

特别地,有

$$g_1(x) = n[1 - F(x)]^{n-1}f(x) \tag{1.154}$$

$$g_n(x) = n[1 - F(x)]^{n-1}f(x) \tag{1.155}$$

另外，$X_{(k)}$ 与 $X_{(j)}$ 的联合概率密度函数 $g(x_k, x_j)$ 为

$$g(x_k, x_j) = \frac{n!\,[F(x)]^{k-1}[F(x_j) - F(x_k)]^{j-1-k}[1 - F(x_k)]^{n-j}f(x_k)f(x_j)}{(k-1)!\,(j-1-k)!\,(n-j)!}$$

$$\tag{1.156}$$

　　由次序统计量出发定义的统计量，其特点之一是计算简便。更为重要的是，在有些场合，这样的统计量显示出特有的优良性质。例如，当观测数据中的某些数据不可靠或者丢失时，一些通常使用的统计量，如样本均值、方差等将产生较大偏差，而次序统计量则不然。例如，设 $n = 10$，即使 $X_{(9)}$ 和 $X_{(10)}$ 未知，也不妨碍样本中位数（一种次序统计量）的计算。

　　在可靠性试验中经常遇到的截尾数据，需要使用次序统计量进行分析。例如，用 n 个元件同时进行寿命试验，一般都会有少数几个元件的寿命特别长，如果要等到这些元件都失效，试验时间就会过长。这时，通常根据一定的准则，在试验进行到一定程度时即可停止，这样得到的数据只是次序统计量前面的若干个观测值。还有些试验观测仪器只能记录强度超过某一界限的数据，这样得到的是次序统计量中后面的若干个观测值。

　　8. 极值分布

　　极值分布有不同类型。Ⅰ型极值分布是对应于大量子样的最小值或最大值的分布，主要用来描述一个随机变量出现极小值或极大值的现象及规律，常用在以下问题的处理中：建筑结构抗力的最小值分布、结构载荷的最大值分布；机械系统中导致机械产品失效的零部件强度或寿命的最小值分布、短期过载的最大值分布、串联系统的最弱元件的强度分布、并联系统的最强元件的强度分布等。

　　表 1.3 中列出的是某随机变量的 12 组样本值（每组数据中带上划线的表示组中样本的最大值，带下划线的表示组中样本的最小值）。每组数据（8 个）可以解释为 12 个某种零件分别在 8 次使用中测得的载荷值，或 12 个某种串联系统中 8 个零件各自的强度值。当然，我们可能会对样本的整体分布[用（12×8）个样本数据进行统计分析]感兴趣，但也可能只对每组样本中的最大值的分布感兴趣（数据解释为载荷样本值的情形），或只对每组样本中的最小值的分布感兴趣（数据解释为系统中零件强度的情形）。根据使用要求不同，可以根据这些数据作出样本母体分布 $f(x)$ 的极大值分布 $f_{max}(x)$ 或极小值分布 $f_{min}(x)$，如图 1.17 所示。

表 1.3　随机样本数据

样　本	数　　据							
1	30	31	$\overline{41}$	29	39	36	38	30
2	31	34	$\underline{23}$	27	29	32	$\overline{35}$	35
3	$\underline{26}$	33	35	32	31	29	30	34
4	$\underline{27}$	33	30	31	31	36	28	$\overline{40}$
5	$\underline{18}$	$\overline{39}$	25	32	31	34	27	37
6	$\underline{22}$	36	$\overline{42}$	27	33	27	31	31

样　本	数　据						
7	$\overline{39}$	35	32	39	32	27	28	32
8	33	34	32	30	34	$\overline{35}$	33	<u>28</u>
9	32	32	$\overline{37}$	25	33	35	35	<u>19</u>
10	28	32	36	37	<u>17</u>	31	$\overline{42}$	32
11	26	<u>22</u>	32	23	33	$\overline{36}$	36	31
12	36	31	$\overline{45}$	<u>24</u>	30	27	24	27

Ⅰ型极值分布又分为Ⅰ型极大值分布和Ⅰ型极小值分布两种,下面介绍在可靠性工程中应用较多的Ⅰ型极值分布。

1) Ⅰ型极大值分布概率密度函数

Ⅰ型极大值分布概率密度函数为

$$f(x) = \frac{1}{\sigma}\exp\left(-\frac{x-\mu}{\sigma}\right)\exp\left[-\exp\left(-\frac{x-\mu}{\sigma}\right)\right] \tag{1.157}$$

其中, $-\infty < x < \infty$; μ 为极值分布的位置参数, $-\infty < \mu < \infty$; σ 为极值分布的尺度参数, $\sigma > 0$ 。Ⅰ型极大值分布概率密度函数见图1.18。

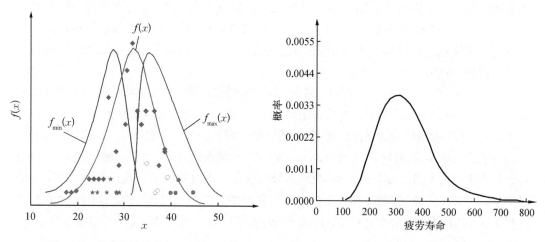

图1.17　样本母体分布与极值分布　　　　图1.18　Ⅰ型极大值分布概率密度函数

Ⅰ型极大值分布的均值与方差分别为: $E(x) = \mu + 0.577\sigma$, $D(x) = 1.644\sigma^2$ 。

2) Ⅰ型极小值分布

Ⅰ型极小值分布概率密度函数为

$$f(x) = \frac{1}{\sigma}\exp\left(\frac{x-\mu}{\sigma}\right)\exp\left[-\exp\left(\frac{x-\mu}{\sigma}\right)\right], \quad -\infty < x < \infty, \sigma > 0, -\infty < \mu < \infty \tag{1.158}$$

其中, μ 为极值分布的位置参数; σ 为极值分布的尺度参数。I 型极小值分布概率密度函数见图 1.19。

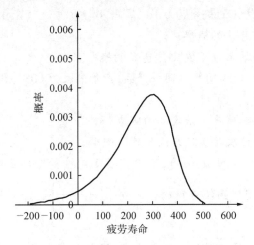

图 1.19　I 型极小值分布概率密度函数

思　考　题

1.1　如何定义结构可靠性与可靠度?

1.2　如何定义极限状态函数,极限状态方程的意义是什么?

1.3　在多失效模式问题中,结构系统的失效与模式的失效具有哪些逻辑关系?

1.4　详细描述结构可靠性计算模型中的物理原因法。

1.5　简述 3 种预测不确定性因素影响下的结构响应量方法各自的优劣。

1.6　简述如何定义可靠性灵敏度并阐述分析灵敏度的意义。

1.7　随机变量的数字特征有哪些? 随机变量的数学期望和方差在随机变量的研究及实际应用中有何种重要意义?

1.8　为什么说正态分布是概率论中最重要的分布?

1.9　标准正态分布的概率密度、分布函数有哪些主要性质? 标准正态分布与一般正态分布的关系是什么?

1.10　如何求一维随机变量的分布函数? 如何求一维随机变量在某一区间的概率?

1.11　如何求二维连续型随机变量的概率密度,其概率密度有哪些主要性质? 如何求一维随机变量在某一区间的概率?

1.12　何谓总体、个体、简单随机样本? 何谓统计量? 为什么要引进统计量?

1.13　何谓发生函数? 何谓串联系统,有什么特点? 何谓并联系统,有什么特点?

习　　题

1.1　从数字 0, 1, …, 9 中任选三个不同的数字,计算下列事件的概率:

$$A_1 = \{\text{不含 3 和 7}\}, A_2 = \{\text{含 3 或 7}\}, A_3 = \{\text{含 3 但不含 7}\}$$

1.2   将信息编码为 A 和 B 传送,由于信号干扰,接收站收到信息时,A 被误收作 B 的概率为 0.02;B 被误收作 A 的概率为 0.01,编码 A 与 B 传送频繁程度为 2:1,计算:

（1）接收站收到信息 A 的概率;

（2）在收到信息 A 的条件下发出信息 B 的概率。

1.3   某公司甲、乙、丙车间生产同一产品,产量依次为 60%、30%、10%;次品率依次为 3%、4%、6%。计算:

（1）总产品中任取一件产品是次品的概率;

（2）随机检出的一件次品是乙车间生产的概率。

1.4   设随机变量 $X \sim N(\mu, \sigma^2)$,计算变量 $Y = e^X$ 的密度函数。

1.5   设变量 X 的密度函数为 $f(x) = \dfrac{x}{\sigma^2} \exp\left\{-\dfrac{x^2}{2\sigma^2}\right\}$, $\sigma > 0$, $x > 0$,计算变量 $Y = X^2$ 的分布和密度。

1.6   某产品表面的疵点数服从泊松分布,规定没有疵点为特等品,有 1 个疵点为一等品,2~4 个疵点为二等品,4 个以上疵点为废品。经检测,特等品的概率为 0.449 3,则试求产品的废品率。

1.7   设系统 L 由两个相互独立的子系统 L_1、L_2 串联而成,且 L_1、L_2 的寿命分别服从参数为 α、$\beta (\alpha \neq \beta)$ 的指数分布。求系统 L 的寿命 Z 的密度函数。

1.8   证明:若 $P(B \mid \overline{A}) = P(B \mid A)$,则事件 A 与 B 相互独立。

1.9   飞机在第一次飞行后必须进行检修的概率是 0.4,在之后的两次飞行中,每一次飞行后其被检修的概率各增加 0.1,求三次飞行后修理次数的数学期望。

参 考 文 献

[1] 吕震宙,宋述芳,李洪双,等.结构机构可靠性及可靠性灵敏度分析[M].北京:科学出版社,2009.

[2] 谢星阳,王正,周金宇,等.机械可靠性基本理论与方法[M].北京:科学出版社,2012.

第 2 章
结构可靠性设计方法

2.1　近似解析方法

一次二阶矩(first order and second moment, FOSM)方法是可靠性分析中一种最简单的方法,其基本思想就是将非线性的功能函数进行线性化,然后通过基本变量的一阶矩和二阶矩来计算线性化后的功能函数的一阶矩和二阶矩,进而近似得到功能函数的失效概率。一次二阶矩方法包括均值一次二阶矩(mean value FOSM, MVFOSM)方法和改进一次二阶矩(advanced FOSM, AFOSM)方法。均值一次二阶矩方法和改进一次二阶矩方法的区别在于两者线性化的点是不同的,前者是在基本变量的均值点处进行线性化,而后者则是在对失效概率贡献最大的点,即最可能(失效)点(most probable point, MPP)——设计点(design point)处线性化。由于篇幅限制,本书仅介绍均值一次二阶矩方法。

可靠性分析实际上就是利用基本变量的统计规律,以及功能函数与基本变量的关系,来求解功能函数的统计规律。简单地说,就是将基本变量的统计规律传递到功能函数,求得功能函数的概率密度函数,进而由功能函数的概率密度函数解析地求得失效概率。功能函数是基本变量的函数,由概率论基本原理可知,当功能函数为基本变量的线性函数且基本变量服从正态分布时,功能函数也服从正态分布,并且功能函数的分布参数可以由基本变量的一阶矩和二阶矩简单推导求得。基于这一原理,均值一次二阶矩方法在基本变量的均值点处将非线性的功能函数用泰勒级数展开成线性表达式,用线性功能函数代替原非线性功能函数,求解线性方程的可靠度指标,从而得到原功能函数的近似失效概率[1-4]。

设功能函数为

$$Z = g(x_1, x_2, \cdots, x_n) \tag{2.1}$$

并设上述功能函数中的基本随机变量服从正态分布,即 $x_i \sim N(\mu_{x_i}, \sigma_{x_i}^2)(i = 1, 2, \cdots, n)$,其中 g 表示功能函数,$\boldsymbol{x}$ 表示随机变量,n 为随机变量总数,i 表示第 i 个随机变量。

2.1.1　线性功能函数情况下的可靠性分析

若功能函数 $Z = g(\boldsymbol{x})$ 是随机变量 $\boldsymbol{x} = (x_1, x_2, \cdots, x_n)^{\mathrm{T}}$ 的线性函数,即

$$Z = g(\boldsymbol{x}) = a_0 + \sum_{i=1}^{n} a_i x_i \tag{2.2}$$

其中，$a_i(i=0,1,2,\cdots,n)$ 为常数。则功能函数的均值 μ_g 和方差 σ_g^2 可表示为

$$\mu_g = a_0 + \sum_{i=1}^{n} a_i \mu_{x_i} \tag{2.3}$$

$$\sigma_g^2 = \sum_{i=1}^{n} a_i^2 \sigma_{x_i}^2 + \sum_{i=1}^{n} \sum_{\substack{j=1 \\ j \neq i}}^{n} a_i a_j \mathrm{cov}(x_i, x_j) \tag{2.4}$$

其中，$\mathrm{cov}(x_i, x_j) = \rho_{x_i x_j} \sigma_{x_i} \sigma_{x_j}$ 表示 x_i 和 x_j 的协方差，$\rho_{x_i x_j}$ 为相关系数。

当基本变量相互独立时，方差 σ_g^2 简化为

$$\sigma_g^2 = \sum_{i=1}^{n} a_i^2 \sigma_{x_i}^2 \tag{2.5}$$

依据正态变量线性组合后仍然服从正态分布，且正态分布的密度函数由均值和方差唯一确定的原理，可得到功能函数服从如下正态分布的结论：

$$Z \sim N(\mu_g, \sigma_g^2) \tag{2.6}$$

将功能函数的均值 μ_g 和标准差 σ_g 的比值记为可靠度指标 β，则有

$$\beta = \frac{\mu_g}{\sigma_g} = \frac{a_0 + \sum_{i=1}^{n} a_i \mu_{x_i}}{\sqrt{\sum_{i=1}^{n} a_i^2 \sigma_{x_i}^2 + \sum_{i=1}^{n} \sum_{\substack{j=1 \\ j \neq i}}^{n} a_i a_j \mathrm{cov}(x_i, x_j)}} \tag{2.7}$$

由此可得一次二阶矩方法的可靠度 P_r 和失效概率 P_f 分别为

$$P_r = P\{g > 0\} = P\left\{\frac{g - \mu_g}{\sigma_g} > -\frac{\mu_g}{\sigma_g}\right\} = \Phi(\beta) \tag{2.8}$$

$$P_f = P\{g \leqslant 0\} = P\left\{\frac{g - \mu_g}{\sigma_g} \leqslant -\frac{\mu_g}{\sigma_g}\right\} = \Phi(-\beta) \tag{2.9}$$

其中，$\Phi(\cdot)$ 为标准正态变量的累积分布函数。

2.1.2 非线性功能函数情况下的可靠性分析

当功能函数 $Z = g(\boldsymbol{x})$ 与随机变量 $\boldsymbol{x} = (x_1, x_2, \cdots, x_n)^{\mathrm{T}}$ 是非线性函数时，均值一次二阶矩方法是将功能函数在基本变量的均值点 $\boldsymbol{\mu_x} = (\mu_{x_1}, \mu_{x_2}, \cdots, \mu_{x_n})$ 处线性展开成泰勒级数，即

$$Z = g(x_1, x_2, \cdots, x_n) \approx g(\mu_{x_1}, \mu_{x_2}, \cdots, \mu_{x_n}) + \sum_{i=1}^{n} \left(\frac{\partial g}{\partial x_i}\right)_{\boldsymbol{\mu_x}} (x_i - \mu_{x_i}) \tag{2.10}$$

其中，$\left(\dfrac{\partial g}{\partial x_i}\right)_{\boldsymbol{\mu_x}}$ 表示功能函数的导函数在均值点 $\boldsymbol{\mu_x}$ 处的函数值。

然后由式(2.10)的线性化功能函数,近似得到功能函数的均值 μ_g 和方差 σ_g^2 分别为

$$\mu_g = g(\mu_{x_1}, \mu_{x_2}, \cdots, \mu_{x_n}) \tag{2.11}$$

$$\sigma_g^2 = \sum_{i=1}^n \left(\frac{\partial g}{\partial x_i}\right)_{\mu_x}^2 \sigma_{x_i}^2 + \sum_{i=1}^n \sum_{\substack{j=1 \\ j \neq i}}^n \left(\frac{\partial g}{\partial x_i}\right)_{\mu_x} \left(\frac{\partial g}{\partial x_j}\right)_{\mu_x} \mathrm{cov}(x_i, x_j) \tag{2.12}$$

若各基本变量相互独立,则 σ_g^2 简化为

$$\sigma_g^2 = \sum_{i=1}^n \left(\frac{\partial g}{\partial x_i}\right)_{\mu_x}^2 \sigma_{x_i}^2 \tag{2.13}$$

非线性功能函数情况下,可靠度指标 β 和失效概率 P_f 分别为

$$\beta = \frac{\mu_g}{\sigma_g} = \frac{g(\mu_{x_1}, \mu_{x_2}, \cdots, \mu_{x_n})}{\sqrt{\sum_{i=1}^n \left(\frac{\partial g}{\partial x_i}\right)_{\mu_x}^2 \sigma_{x_i}^2 + \sum_{i=1}^n \sum_{\substack{j=1 \\ j \neq i}}^n \left(\frac{\partial g}{\partial x_i}\right)_{\mu_x} \left(\frac{\partial g}{\partial x_j}\right)_{\mu_x} \mathrm{cov}(x_i, x_j)}} \tag{2.14}$$

$$P_f = \Phi(-\beta) \tag{2.15}$$

2.1.3 均值一次二阶矩可靠性分析方法的优缺点

从上述过程可以看出,对于功能函数为线性函数且基本变量为正态的问题,均值一次二阶矩方法可以得到失效概率的精确解。当基本变量的分布形式未知,但其均值(一阶矩)和标准差(二阶矩)已知时,由均值一次二阶矩方法可以求得失效概率的近似解。尽管均值一次二阶矩方法的适用范围非常有限,而且它还需要求解功能函数的导函数,但由于其容易实现,且仅需要知道基本变量的一阶矩和二阶矩,因此在工程中有一定的应用价值。必须指出的是,该方法具有致命的弱点,那就是它对于物理意义相同而数学表达式不同的非线性问题有可能得到完全不同的失效概率,这就要求在选择功能函数时,应尽量选择线性化程度较好的形式,以便采用均值一次二阶矩法时可以得到精度较高的解。对于显式功能函数,其导函数求解较容易,而对于复杂工程结构可靠性分析中面对的隐式功能函数问题,其导函数则较难求解。针对均值一次二阶矩方法存在的致命弱点,可靠性研究者提出了改进一次二阶矩方法[5,6]、点估计方法[7-10]、矩估计方法等[11-14],这些方法在处理隐式功能函数可靠性设计问题时更具优势。另外,干涉面积法[15]、雷-霏(Rackwitz-Fiessler,R-F)法[16]、二次可靠度算法[17]等也是很好的结构可靠性分析的近似解析方法。

2.2 数学模拟方法

数学模拟方法的基本思路是:根据样本来推断母体的某些统计规律。由大数定理可知,当样本量较大时,母体的统计规律可以由样本来替代。最通用的可靠性分析的数学模

拟方法是 MC 法,该方法将求解可靠性的多维积分问题转化为数学期望的形式,然后由样本均值来估计数学期望。此外,在基于代理模型的结构可靠性设计中,代理模型的逼近精度不仅取决于所采用的数学插值方法,还与试验设计方法有关。如果所抽取的插值样本点不能均匀地涵盖整个参数空间,即使数学模型的逼近能力再强,也无法得到很高的逼近精度。因此,对于试验设计的一个基本要求是样本点在参数空间中分布均匀,在参数空间中各个部分的样本点密度基本一致,样本点之间的相对距离也基本相同,并且样本点的分布应该满足各向同性。直观地说,就是在样本点"没有重复,也没有遗漏"地充满整个参数空间。用直接蒙特卡罗方法进行可靠性和可靠性灵敏度分析的适用范围很广,且对于复杂的隐式功能函数问题,十分易于通过编程实现。然而,这种方法在样本量趋于无穷时可得到精确解,但其计算量非常大,对于工程上常见的小概率问题,必须抽取大量的样本才能得到收敛的结果,抽样效率极低,导致该方法在实际工程问题中的应用严重受限。但在理论研究中,MC 法的解常作为标准解来检验其他新方法解的准确性,为了减少 MC 法的计算工作量,又出现了各种高效的数学模拟方法,如拉丁超立方抽样法、CVT 抽样、LCVT 抽样、重要抽样法等。本节将介绍以上几种数学模拟方法。

2.2.1 MC 法

1. 蒙特卡罗模拟的理论基础

在结构可靠性设计的数学模拟方法中,概率统计分析是可靠性设计分析的数学基础。概率统计分析的 MC 法也称随机模拟方法或统计试验方法,通过随机抽样的手段来解决在未知极限状态方程的情况下进行概率分析,它通常被认为是最简单、最直观的随机模拟方法。在第二次世界大战期间,美国为研制核武器而首次提出了 MC 法,其奠基人是数学家冯·诺伊曼(von Neumann)[18]。蒙特卡罗的取名来源于摩纳哥城市 Monte Carlo[19]。MC 法的理论基础是概率论中的两个重要定理,即切比雪夫(Chebyshev)定理和伯努利(Bernoulli)定理。

根据 Chebyshev 定理:设 $x_1, x_2, \cdots, x_n$ 是同一个概率空间的 n 个独立的随机变量,且具有有限的数学期望 μ 和方差 σ^2,则对于任意 $\varepsilon > 0$ 有[19]

$$\lim_{n \to \infty} P\left\{ \left| \frac{1}{n} \sum_{i=1}^{n} x_i - \mu \right| < \varepsilon \right\} = 1 \tag{2.16}$$

即,当 n 足够大时,随机变量的平均值 $\frac{1}{n} \sum_{i=1}^{n} x_i$ 将以概率 1 收敛于期望值 μ。

根据 Bernoulli 定理:若随机事件 A 发生的概率为 $P(A)$,假设在 n 次独立试验中,事件 A 发生的频数为 n_A,则对于任意 $\varepsilon > 0$ 有[19]

$$\lim_{n \to \infty} P\left\{ \left| \frac{n_A}{n} - P(A) \right| < \varepsilon \right\} = 1 \tag{2.17}$$

也就是说,当 n 足够大时,频率 $\frac{n_A}{n}$ 以概率 1 收敛于 $P(A)$ [20]。

概率统计分析的 MC 法就是根据这两个定理的基本思想(即样本均值依概率收敛于母体均值,以及事件发生的频率依概率收敛于事件发生的概率)进行大量抽样,从而求得目标函数的统计分布、失效概率或者可靠性。可见,采用 MC 法进行可靠性及可靠性灵敏度分析时,首先要将求解的问题转化成某个概率模型的期望值,然后对概率模型进行随机抽样,在计算机上进行模拟试验,抽取足够的随机数并对需求解的问题进行统计求解。求解出结果后,还应对所得结果的精度(方差)进行必要的估计,因为所得的估计结果的理论依据是大数定律,而大数定律精确成立的前提是要求样本趋于无穷多,这在实际操作中是不可能达到的。在基于 MC 法的概率分析中,常常使用有限个样本使估计结果达到一定的精度。

2. 基于 MC 法的概率分析原理

假设含有 n 个随机变量 $\boldsymbol{x} = (x_1, x_2, \cdots, x_n)$ 的系统功能函数为

$$Z = g(\boldsymbol{x}) = g(x_1, x_2, \cdots, x_n) \tag{2.18}$$

则极限状态方程 $g(x_1, x_2, \cdots, x_n) = 0$ 将结构的基本变量空间分为失效区域和可靠区域两部分。假设随机变量 $\boldsymbol{x} = (x_1, x_2, \cdots, x_n)$ 的联合概率密度为 $f(\boldsymbol{x})$,则系统的失效概率 P_f 为

$$\begin{aligned} P_f &= \int_D \cdots \int f(\boldsymbol{x}) \, \mathrm{d}\boldsymbol{x} \\ &= \int_D \cdots \int f_X(x_1, x_2, \cdots, x_n) \, \mathrm{d}x_1 \mathrm{d}x_2 \cdots \mathrm{d}x_n \end{aligned} \tag{2.19}$$

其中,D 为失效域,即 $g(\boldsymbol{x}) \leqslant 0$。

若各基本变量是相互独立的,则有

$$P_f = \int_D \cdots \int f_{X_1}(x_1) f_{X_2}(x_2) \cdots f_{X_n}(x_n) \, \mathrm{d}x_1 \mathrm{d}x_2 \cdots \mathrm{d}x_n \tag{2.20}$$

其中,$f_{X_i}(x_i) (i = 1, 2, \cdots, n)$ 为随机变量 x_i 的概率密度函数。

通常,式(2.19)和式(2.20)只在极其特殊的情况(如线性极限状态方程和正态基本变量情况)下才能够得出解析的积分结果,对于一般的多维数问题及复杂积分域或隐式积分域问题,失效概率的积分式是没有解析解的,此时可采用蒙特卡罗数学模拟方法来解决这个问题,只要基本变量样本量足够大,就能保证蒙特卡罗可靠性分析有足够的精度。

MC 法求解失效概率 P_f 的思路是:由基本随机变量的联合概率密度函数 $f_X(\boldsymbol{x})$ 产生 N 个基本变量的随机样本 $x_j (j=1, 2, \cdots, N)$,将这 N 个随机样本代入功能函数 $g(\boldsymbol{x})$,统计落入失效域 $D = \{x : g(x) \leqslant 0\}$ 的样本点数 N_f,用失效发生的频率 N_f/N 近似代替失效概率 P_f,就可以近似得出失效概率估计值 $\hat{P}_f$。根据该思路可得

$$\hat{P}_f = \frac{N_f}{N} \tag{2.21}$$

$$E(\hat{P}_f) = P_f \tag{2.22}$$

$$D(\hat{P}_f) = \frac{P_f(1 - P_f)}{N} \approx \frac{\hat{P}_f(1 - \hat{P}_f)}{N} \tag{2.23}$$

MC 法适用于各种分布的抽样统计,在抽样统计时,不需要知道随机变量的分布类型,甚至不必知道随机变量的数据特征(概率参数)。采用计算机模拟时,通常仅需要知道随机变量的分布类型和数据特征,然后用计算机生成符合分布规律和数据特征的伪随机数来代替随机数,进行统计计算分析。采用 MC 法求解函数的概率统计分析的步骤通常如下[19,21,22]:

(1)设定或构造随机变量的分布类型和数字特征;

(2)基于所确定随机变量的分布类型和数字特征抽取足够的随机样本,然后进行数值计算分析,得出相应的输出响应;

(3)针对所有样本的相应的输出响应及统计分析模拟试验结果,得到随机变量的均值和方差等,进而给出问题的估计以及精度估计。

MC 法在一定程度上避开了概率分析中的数学困难,不考虑功能函数的非线性和极限状态曲面的复杂性,具有直观、精确、通用性强等显著优点。而且,在理论研究中,MC 法的解常作为标准解来检验其他新方法解的准确性。因此,在本书后面章节的方法比较中都以 MC 法为基准。MC 法的缺点是计算量比较大,效率比较低。特别对于高度非线性且瞬态(动态)函数的概率分析,往往涉及成千上万次高度非线性、动态性分析,如果直接采用 MC 法,需要对每批产生的随机变量或随机过程进行相应的非线性动态分析,大大增加了计算工作量,计算效率低,不能保证计算精度。为了利用 MC 法对复杂函数进行概率分析,寻找一个能代替原复杂函数进行模拟的简便代理计算模型是必然的选择,即在各随机变量分布特征相同的情况下仍然保持原复杂函数的基本特征,也就是需要找到合适的方法通过输入端的输入参数得到函数的响应值,这就是响应面法的出发点。

2.2.2 拉丁超立方抽样

LHS 是一种多维分层抽样方法,它将超立方空间的每一维按照等概率原则分为 n 个区间,若维数为 m,则整个超立方空间被划分为 nm 个单元。该方法遵循下列两个原则取样本点:一是样本点在每个单元内随机选取;二是在超立方空间的每一维都有 n 个区间,每个区间内有且仅有一个样本点的投影。

LHS 可用下面的算法产生。对于 $j = 1$,$\cdots$,m,令 π_j 表示 0,$\cdots$,$n-1$,共 n 个整数的独立随机排列。显然,π_j 共有 $n!$ 种不同的排列形式,且每种排列形式出现的概率相等。令 U_{ij} 为 $[0,1]$ 上的随机数,其中 $i = 1$,$\cdots$,n,$j = 1$,$\cdots$,m,则可得到矩阵 X,使得

$$X_{ij} = \frac{\pi_j(i) + U_{ij}}{n} \tag{2.24}$$

由此得到的 n 行 m 列的矩阵 X 就形成了 m 维超立方空间中的 n 个样本点。图 2.1 给出了在二维空间里样本点数为 25 时的一组 LHS 点集,其中以每个样本点为圆心的圆半径表征了该点与最邻近样本点之间的距离,坐标轴上的短线段标记了样本点在

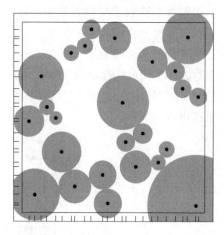

图 2.1 二维空间的 LHS 样本点分布

该坐标轴上的投影。从图 2.1 中可以看出样本点具有非常均匀的边缘分布,但是在空间上并没有形成均匀的分布,留下了较大的空白面积。

2.2.3　CVT 抽样

设 $\{z_i\}(i = 1, \cdots, n)$ 是在 m 维超立方空间 Ω 中的 n 个点,与 z_i 相对应的沃罗诺伊(Voronoi)单元 V_i 定义为

$$V_i = \{x \in \Omega, |x - z_i| < |x - z_j|, j = 1, \cdots, n, j \neq i\}, \quad i = 1, \cdots, n \quad (2.25)$$

其中,$|x - z_i|$ 表示 x 与 z_i 间的欧几里得(Euclid)距离;$\{z_i\}(i = 1, \cdots, n)$ 称为母点;$\{V_i\}(i = 1, \cdots, n)$ 称为 Voronoi 图。

对于每个 Voronoi 单元 V_i,其重心 z_i^* 定义为

$$z_i^* = \frac{\int_{V_i} x \mathrm{d}x}{\int_{V_i} \mathrm{d}x} \quad (2.26)$$

当且仅当一个 Voronoi 图满足 $z_i = z, (i = 1, \cdots, n_i^*)$ 条件时,就称为重心 Voronoi 图,即在重心 Voronoi 图中每个 Voronoi 单元 V_i 的母点 z_i 恰好就是它的重心,此时 $\{z_i\}_{i=1}^{n}$ 即构成一组 CVT 点集。

图 2.2 给出了在二维空间里样本点数为 25 时的一组 CVT 点集,从图中可以看出样本点具有很好的空间分布,但其在坐标轴上投影的均匀性则较差,甚至有的投影相互重合。

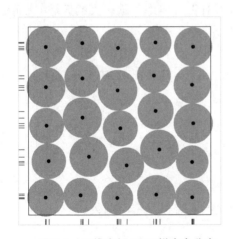 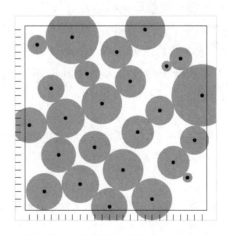

图 2.2　二维空间 CVT 样本点分布　　　　图 2.3　二维空间 LCVT 样本点分布

2.2.4　LCVT 抽样

LCVT 抽样是一种兼具 LHS 和 CVT 优点的抽样方法,既拥有很好的边沿分布特性,又具有良好的空间分布特性。它的基本思想是首先按照指定的空间维数 m 和样本点数 n 在超立方空间中生成一组 CVT 点集,然后按照拉丁超立方的规则对其中每一个样本点的

坐标进行重新赋值。图 2.3 为在二维空间中样本点数为 25 时的一组 LCVT 点集,从图中可以发现,它拥有较完美的边沿分布特性,与此同时空间分布特性较 LHS 有了很大的改善。

2.2.5　重要度抽样

用直接蒙特卡罗方法进行可靠性分析的适用范围很广,且对于复杂的隐式功能函数问题,十分易于编程实现。然而,对于工程上常见的小概率问题,必须抽取大量的样本才能得到收敛的结果,抽样效率极低。针对小概率问题中 MC 法计算效率低的问题,研究人员提出了改进的数学模拟技术,其中重要抽样法是基于 MC 法的一种最常用的改进数学模拟方法,其抽样效率高且计算方差小,因而得到广泛应用。重要抽样法的基本思路为通过采用重要抽样密度函数来代替原来的抽样密度函数,使得样本落入失效域的概率增加,以此来获得高的抽样效率和快的收敛速度[23-29]。重要抽样法需要解决的关键问题是构造重要抽样密度函数,根据数理统计的知识可知,要构造最优的重要抽样密度函数,必须知道失效概率,而失效概率却正是我们需要通过重要抽样法进行求解的,因此直接构造最优的重要抽样密度函数是不可行的。

目前,构造重要抽样密度函数的一般方法是:将重要抽样的密度函数中心放在极限状态方程的设计点,从而使得按重要抽样密度函数抽取的样本点有较大的概率落在对失效概率贡献较大的区域,进而使得数学模拟算法的失效概率结果较快地收敛于真值,这种构造方法的缺点是依赖于其他方法来寻找设计点,如模拟退火[30,31]等寻优方法。文献[32]中建议扩大原概率密度函数中变量的方差来构造重要抽样概率密度函数,使得按重要抽样密度函数抽取的样本点有较大的概率落入对失效概率贡献较大的区域,从而提高计算的效率,但这种构造方法比较难以确定方差的扩大倍数。

1. 重要抽样法的基本原理和计算公式

重要抽样法通过引入重要抽样密度函数 $h_X(\boldsymbol{x})$,可将失效概率积分变换为如下表达式:

$$P_f = \int \cdots \int_{R^n} I_F(\boldsymbol{x}) f_X(\boldsymbol{x}) \, \mathrm{d}\boldsymbol{x} = \int \cdots \int_{R^n} I_F(\boldsymbol{x}) \frac{f_X(\boldsymbol{x})}{h_X(\boldsymbol{x})} h_X(\boldsymbol{x}) \, \mathrm{d}\boldsymbol{x} = E\left[I_F(\boldsymbol{x}) \frac{f_X(\boldsymbol{x})}{h_X(\boldsymbol{x})}\right]$$

$$(2.27)$$

其中,R^n 为 n 维变量空间;$f_X(\boldsymbol{x})$ 为基本随机变量的联合概率密度函数;$h_X(\boldsymbol{x})$ 为重要抽样密度函数。

重要抽样法构造重要抽样密度函数的基本原则是:使得对失效概率贡献大的样本以较大的概率出现,这样可以减小估计值的方差。由于设计点是失效域中对失效概率贡献最大的点,一般选择密度中心在设计点的密度函数作为重要抽样密度函数。二维标准正态空间中的重要抽样密度函数与原概率密度函数的对比如图 2.4 所示。

从重要抽样密度函数 $h_X(\boldsymbol{x})$ 抽取 N 个样本点 $\boldsymbol{x}_i (i = 1, 2, \cdots, N)$,则式(2.27)中用数学期望形式表达的失效概率可由式(2.28)的样本均值来估计:

$$\hat{P}_f = \frac{1}{N}\sum_{i=1}^{N}\left\{I_F[\boldsymbol{x}_i]\frac{f_X(\boldsymbol{x}_i)}{h_X(\boldsymbol{x}_i)}\right\} \tag{2.28}$$

2. 重要抽样法失效概率估计值的收敛性分析

由式（2.28）可以看出，失效概率估计值 $\hat{P}_f$ 为样本 $\boldsymbol{x}_i(i=1,2,\cdots,N)$ 的函数，因此 $\hat{P}_f$ 也是一个随机变量，为了对计算出的 $\hat{P}_f$ 值的收敛性有一个清楚的认识，有必要对 $\hat{P}_f$ 的方差进行分析[28]。

首先求 $\hat{P}_f$ 的数学期望，对式（2.28）两边求数学期望，可得失效概率估计值 $\hat{P}_f$ 的期望 $E(\hat{P}_f)$ 为

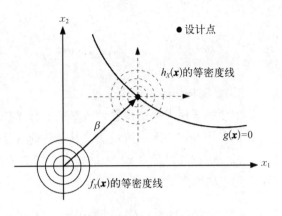

图 2.4　标准正态空间中的重要抽样密度函数 $h_X(\boldsymbol{x})$ 与原概率密度函数 $f_X(\boldsymbol{x})$ 对比

$$E(\hat{P}_f)=E\left[\frac{1}{N}\sum_{i=1}^{N}\left\{I_F[\boldsymbol{x}_i]\frac{f_X(\boldsymbol{x}_i)}{h_X(\boldsymbol{x}_i)}\right\}\right]=E\left[I_F(\boldsymbol{x})\frac{f_X(\boldsymbol{x})}{h_X(\boldsymbol{x})}\right]=P_f \tag{2.29}$$

式（2.29）表明，重要抽样法求得的失效概率的估计值为无偏估计，在数学模拟过程中，$E(\hat{P}_f)$ 也是近似由 $\hat{P}_f$ 来估计的。

为分析失效概率估计值 $\hat{P}_f$ 的方差，对式（2.28）两边求方差，其结果如下：

$$\mathrm{var}(\hat{P}_f)=\mathrm{var}\left[\frac{1}{N}\sum_{i=1}^{N}\left\{I_F[\boldsymbol{x}_i]\frac{f_X(\boldsymbol{x}_i)}{h_X(\boldsymbol{x}_i)}\right\}\right]\overset{x_i独立}{=}\frac{1}{N^2}\sum_{i=1}^{N}\mathrm{var}\left[I_F[\boldsymbol{x}_i]\frac{f_X(\boldsymbol{x}_i)}{h_X(\boldsymbol{x}_i)}\right] \tag{2.30}$$

样本 $\boldsymbol{x}_i$ 与母体 $\boldsymbol{x}$ 独立同分布，因此有

$$\mathrm{var}(\hat{P}_f)=\frac{1}{N}\mathrm{var}\left[I_F[\boldsymbol{x}_i]\frac{f_X(\boldsymbol{x}_i)}{h_X(\boldsymbol{x}_i)}\right]=\frac{1}{N}\mathrm{var}\left[I_F(\boldsymbol{x})\frac{f_X(\boldsymbol{x})}{h_X(\boldsymbol{x})}\right] \tag{2.31}$$

由于样本方差依概率收敛于母体的方差，方差 $\mathrm{var}\left[I_F[\boldsymbol{x}]\dfrac{f_X(\boldsymbol{x})}{h_X(\boldsymbol{x})}\right]$ 可以用 $I_F[\boldsymbol{x}]\dfrac{f_X(\boldsymbol{x})}{h_X(\boldsymbol{x})}$ 的样本方差代替，即有

$$\begin{aligned}\mathrm{var}(\hat{P}_f)&=\frac{1}{N}\mathrm{var}\left[I_F[\boldsymbol{x}]\frac{f_X(\boldsymbol{x})}{h_X(\boldsymbol{x})}\right]\\&\approx\frac{1}{N-1}\left\{\frac{1}{N}\sum_{i=1}^{N}\left[I_F[\boldsymbol{x}_i]\frac{f_X(\boldsymbol{x}_i)}{h_X(\boldsymbol{x}_i)}\right]^2-\left[\frac{1}{N}\sum_{i=1}^{N}I_F[\boldsymbol{x}_i]\frac{f_X(\boldsymbol{x}_i)}{h_X(\boldsymbol{x}_i)}\right]^2\right\}\\&\approx\frac{1}{N-1}\left\{\frac{1}{N}\sum_{i=1}^{N}I_F[\boldsymbol{x}_i]\frac{f_X^2(\boldsymbol{x}_i)}{h_X^2(\boldsymbol{x}_i)}-\hat{P}_f^2\right\}\end{aligned} \tag{2.32}$$

求得估计值 $\hat{P}_f$ 的数学期望和方差后，即可以由式（2.33）求得 $\hat{P}_f$ 的变异系数 $\mathrm{cov}(\hat{P}_f)$：

$$\text{cov}(\hat{P}_f) = \frac{\sqrt{\text{var}(\hat{P}_f)}}{E(\hat{P}_f)} \qquad (2.33)$$

3. 重要抽样法的计算步骤

重要抽样法求解结构失效概率的具体实施步骤如下：

（1）用改进一次二阶矩法或其他优化算法计算极限状态方程的设计点 x^*；

（2）依据以设计点 x^* 为抽样中心构造的重要抽样密度函数 $h_X(x)$，并由 $h_X(x)$ 产生 N 个随机样本点 $x_i(i = 1, 2, \cdots, N)$；

（3）将随机样本 x_i 代入功能函数，根据状态指示函数 $I_F[x_i]$ 对 $\dfrac{f_X(x_i)}{h_X(x_i)}$ 和 $\left[\dfrac{f_X(x_i)}{h_X(x_i)}\right]^2$ 进行累加；

（4）按式（2.28）求得失效概率估计值 $\hat{P}_f$；

（5）由式（2.29）、式（2.32）和式（2.33）分别求估计值的数学期望、方差及变异系数。

重要抽样法停止抽样有两种方式，其一是设定总的抽样次数，当抽样次数达到给定值时停止抽样，输出失效概率的估计值；其二是设定估计值变异系数的上限，当失效概率估计值的变异系数小于给定的上限值时停止抽样，输出结果。两种停止方式对应的计算流程图如图 2.5 所示。

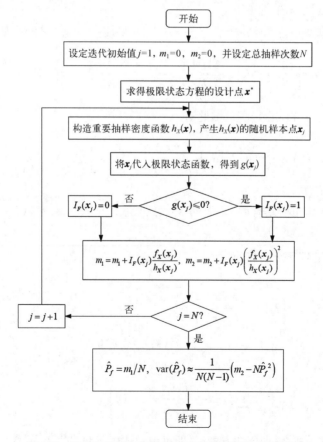

图 2.5　以给定抽样次数为结束条件的重要抽样流程图

除此之外,结构可靠性设计的数学模拟方法还有描述抽样方法、β 球截断抽样法、线抽样方法、子集模拟法、方向抽样法等。其中,线抽样方法、子集模拟法和方向抽样法是高维小失效概率可靠性分析的高效数学模拟方法,对于超参数、高非线性、小失效概率可靠性分析问题很有效,在这里不再对这些方法一一介绍。

2.3　结构可靠性设计的代理模型方法

在实际工程问题中,可靠性设计的功能函数往往具有高度非线性、隐式的特点。目前,现存的解析方法,如一次二阶矩法、点估计法、矩方法等,很难对这样复杂的功能函数进行概率分析,因为功能函数的高非线性及隐式关系会影响到分析效率和分析精度。面对大型复杂结构隐式极限状态方程分析时遇到的难以克服的困难,研究人员希望在保证结构概率设计的计算精度的前提下,发展一种可以凭借少量运算,来改善结构可靠性设计效率的方法,在概率上是替代真实隐式极限状态函数的逼近函数。在这种情况下,寻求合理的代理模型(也称响应面模型)来逼近原始模型是可靠性设计的必然选择,其基本思想如下:通过一系列确定性实验产生若干样本,在此基础上用拟合的逼近函数来代替原来的复杂结构的因素功能函数,通过合理选取试验点及迭代策略,来保证逼近函数所得到的失效概率收敛于真实的隐式功能函数的失效概率[33]。

随着大型复杂结构可靠性设计的代理模型技术发展,涌现出了多种代理模型方法。本节主要介绍结构可靠性设计中的先进响应面法,包括结构可靠性设计的先进响应面法及其改进方法,以及多目标结构系统可靠性设计的先进代理模型方法及其改进方法。本小节以二次多项式为基础,介绍传统响应面法及其改进方法。

2.3.1　传统响应面法

响应面法(response surface method,RSM)也称代理模型方法,该方法的基本原理就是重构功能函数。RSM 不考虑系统内部原有的复杂关系,只利用简易的响应面函数来模拟系统的输入输出关系。RSM 的具体使用步骤一般如下:

(1)假设一个极限状态变量(输出响应或输出变量)与基本输入变量之间的简单解析(函数)表达式(响应面);

(2)通过一系列确定性实验,合理地选取试验点和迭代策略,确定表达其中的未知系数,获得确定的解析表达式;

(3)利用蒙特卡罗模拟响应面函数进行概率统计分析。

RSM 模型主要包括二次多项式响应面模型、泰勒级数模型、支持向量机模型、神经网络模型、Kriging 模型等,其中应用较多的是二次多项式响应面模型。在二次多项式响应面法的研究中,目前应用最广泛的是经典二次函数响应面法(quadratic function-response surface method,QF－RSM)[33-37],该方法应用的是不含交叉项的二次多项式函数来代替真实系统模型。假设真实系统的基本输入随机变量 $x = (x_1, x_2, \cdots, x_n)$,其隐式状态函数为 $g(x)$,则该经典 QF－RSM 的一般分析步骤如下[38]。

(1)选取二次多项式函数作为响应面函数。假设用不含交叉项的二次多项式(也可用含有交叉项的二次多项式）：

$$\hat{g}(\boldsymbol{x}) = a_0 + \sum_{i=1}^{n} b_i x_i + \sum_{i=1}^{n} c_i x_i^2 \tag{2.34}$$

其中，x_i 为基本输入随机变量；a_0 为响应面函数的常数项；b_i 为响应面函数的一次项系数；c_i 为响应面函数的二次项系数，$i \in [0, 2n+1]$（n 为随机变量的数量）。

式（2.34）的矩阵形式可以表示为

$$\hat{g}(\boldsymbol{x}) = a_0 + \boldsymbol{Bx} + \boldsymbol{x}^{\mathrm{T}} \boldsymbol{Cx} \tag{2.35}$$

其中，a_0 为常数项；$\boldsymbol{B}$ 为一次项系数的向量；$\boldsymbol{C}$ 为二次项系数的方矩阵（对角矩阵，也可是任何形式的方矩阵）。

（2）基于数值仿真技术，对随机变量样本抽取样本点进行迭代。在 $(\mu_x - f\sigma_x, \mu_x + f\sigma_x)$ 区间内，以均值点为中心抽取足够多（至少 $2n+1$ 个）样本点代入式（2.21）或式（2.22）中，对 $2n+1$ 个方程组成的方程组求解，得到响应面函数的所有待定系数（一般为 $2n+1$ 个）。

（3）求解响应面函数的未知系数。目前，最小二乘法、加权最小二乘法和直接求解系数法是确定响应面函数系数常用的几种方法。

（4）确定响应面函数系数后，基于 MC 法，用建立的响应面函数 $\hat{g}(\boldsymbol{x})$ 代替真实的原函数进行概率分析，得到概率分析结果，如设计点 $| \boldsymbol{x}^{*(k)}, g(\boldsymbol{x}^{*(k)}) |$、可靠性指标 β、可靠度等，进而完成原函数的概率设计。

（5）判断迭代精度[21]。得到新的中心点后，对随机变量进行重新抽样，构建新的响应面、得到新的设计验算点和计算新的可靠度指标。每次迭代完成后，一般利用第 k 次和第 $k+1$ 次迭代后的可靠度指标之差，来判定可靠度指标精度是否满足要求，也就是在新的中心点处，响应面函数的相邻迭代的可靠度指标之差的绝对值小于给定（要求）精度值 $\varepsilon(\varepsilon > 0)$：

$$\Delta = | \beta^{(k)} - \beta^{(k+1)} | < \varepsilon \tag{2.36}$$

其中，ε 为预先设定的可靠度指标精度；k 为允许迭代次数。

如果第 k 次迭代得到的可靠度指标满足所需精度要求后，可以近似地认为新的设计验算点 $\boldsymbol{x}_M^{(k+1)}$ 在极限状态曲面上，即 $\boldsymbol{x}^* \approx \boldsymbol{x}_M^{(k+1)}$。用新的中心点处所得到的响应面的可靠度指标 $\beta^{(k+1)}$ 近似代替未知的极限状态方程的可靠度指标 β 来计算可靠度 R，即

$$\begin{cases} \beta \approx \beta^{(k+1)} \\ R = \Phi[\beta^{(k+1)}] \end{cases} \tag{2.37}$$

QF-RSM 具有建模简单、收敛性好、计算效率高的优点，对于大多数函数的概率分析问题均能取得比较满意的效果。但是 QF-RSM 也存在着很多不足和缺点，即随着随机变量个数的增加，为了确定响应面函数的系数，所需的抽取样本点的个数成倍增加，导致计算成本大大增加，计算效率低下。另外，在非线性程度较高、极限状态方程比较复杂的情况下，QF-RSM 往往不能有效地逼近真实曲面，影响了响应面模型的计算精度。因此，在

计算精度上和计算效率上,二次多项式响应面法还有待于进一步提高。许多科学工作者和相关学者在这方面进行了深入探讨并对传统经典响应面法进行了改善,从响应面求解的角度,发展出了多种先进的高精度响应面法,包括加权响应面法、移动响应面法、极值响应面法等。目前,最小二乘法、加权最小二乘法、移动最小二乘法和直接求解系数法是求解响应面函数和确定响应面函数系数常用的几种方法。

2.3.2　加权响应面法

加权响应面法的基本思想[39]:用多项式来近似对失效概率贡献大区域(重要区域)内的隐式极限状态方程 $g(x) = 0$,因此落在不同区域的样本点对提高失效概率近似精度的贡献是不同的。为了使响应面 $\bar{g}(x) = 0$ 在重要区域内更好地近似 $g(x) = 0$,以提高失效概率的近似精度,应在确定响应面时给不同区域的样本点赋予不同的权重,用加权最小二乘法来确定响应面。加权响应面法分为加权线性响应面法和加权非线性响应面法。加权线性响应面法不能反映非线性对可靠性的影响,本节则将加权回归与非线性响应面函数相结合,探讨加权非线性响应面法。

由于 Bucher[25] 提出的不含交叉项的二次多项式可较好地折中计算工作量与计算精度,因此本小节也选取不含交叉项的二次多项式,如式(2.34),作为非线性响应面函数的形式。传统的响应面法,在每次迭代中都选取新的试验点,而前面迭代中产生的点在后续计算中都将被淘汰。虽然这样做是希望在后续拟合响应面时不引入劣值试验点,但实际上却浪费了大量关于极限状态函数的有用信息,特别是在响应面即将收敛的后几次迭代中,产生的试验点已经非常接近真实失效面。本小节将考虑重复利用试验点,并通过加权最小二乘法来确定响应面中的待定系数,这样既不会浪费已有试验点中的有用信息,又不致引入劣值试验点使响应面的拟合精度变差。此外,通过重复利用前面迭代中的试验点,可以考虑在响应面法即将收敛的后几次迭代中通过减少新增试验点个数来减少计算量,这将会提高可靠性分析响应面法的计算效率。

试验点的权重决定了其在回归分析中所起的作用,越重要的点,应对其赋以越大的权重。由于可靠性分析精度的提高依赖于响应面对真实极限状态方程在设计点区域的拟合精度,而真实极限状态方程的设计点可通过迭代来逐渐逼近,可以参考加权线性响应面法权重的构造,用试验点距极限状态方程 $g(x) = 0$ 的远近程度来构造权重。最简单的方法是通过各试验点 $x_i(i = 1, \cdots, m)$ 处的真实功能函数值的绝对值 $|g(x_i)|$ 大小来赋权,$|g(x_i)|$ 越小,即 x_i 越接近 $g(x) = 0$,给 x_i 赋的权重就越大,反之则越小。

1. 权重形式

根据可靠性分析的特点给出了几种可以采用的权重形式。

1) 功能函数分式型权重(算例中称为权重 1):

$$\begin{cases} g_{\text{best}} = \min\limits_{i=1}^{m} |g(x_i)| \\ w_i = \dfrac{g_{\text{best}}}{|g(x_i)|} \end{cases}, \quad i = 1, \cdots, m \qquad (2.38)$$

2）指数型权重（算例中称为权重2）：

$$\begin{cases} g_{\text{best}} = \min_{i=1}^{m} \mid g(x_i) \mid \\ w_i = \exp\left(-\dfrac{g(x_i) - g_{\text{best}}}{g_{\text{best}}} \right) \end{cases}, \quad i = 1, \cdots, m \qquad (2.39)$$

3）功能函数与密度函数的比值型权重（算例中称为权重3）：

$$\begin{cases} h_i = \mid g(x_i)/f(x_i) \mid \\ h_{\text{best}} = \min_{i=1}^{m} h_i \\ w_i = h_{\text{best}}/h_i \end{cases}, \quad i = 1, \cdots, m \qquad (2.40)$$

其中，$f(x_i)$ 是各试验点 x_i 处的联合概率密度函数值。

从上述三种权重的构造可知，第1和第2种情况只考虑了试验点与 $g(\boldsymbol{x}) = 0$ 的贴近程度，第2种情况还增大了接近 $g(\boldsymbol{x}) = 0$ 试验点权重与远离 $g(\boldsymbol{x}) = 0$ 试验点权重的区别；而第3种情况则同时考虑了试验点对 $g(\boldsymbol{x}) = 0$ 的接近程度与该试验点本身的概率密度函数值。显然，试验点越接近 $g(\boldsymbol{x}) = 0$ 且概率密度值越大，该点就越重要，因而也应赋予越大的权。权重3充分体现了响应面法可靠性分析精度高的要求。

2. 可靠性分析加权非线性响应面法的步骤

（1）第一步迭代时采用经典响应面法确定 $\bar{g}^{(1)}(x)$ 和设计点 $x_D^{(1)} = \{x_{D1}^{(1)}, x_{D2}^{(1)}, \cdots, x_{Dn}^{(1)}\}$；

（2）第 $k(k \geqslant 2)$ 次迭代时，以第 $k-1$ 次的设计点 $(x_D^{(k-1)}, g(x_D^{(k-1)}))$ 与均值点 $[\mu_x, g(\mu_x)]$ 线性插值得到的 $g(x_1^{*(k)}) \approx 0$ 的点 $x_1^{*(k)}$ 为抽样中心点，并围绕 $x_1^{*(k)}$ 选取新增试验点 $(x_{11}^{*(k)}, x_{12}^{*(k)}, \cdots, x_{11}^{*(k)} \pm f^{(k)} \sigma_{x_i}, \cdots, x_{1n}^{*(k)})$（$f^{(k)}$ 为第 k 次迭代的插值系数，随着迭代过程的收敛，$f^{(k)}$ 可取越来越小的数值；$i = 1, \cdots, n$）共 $2n$ 个，加上 $x_1^{*(k)}$ 共 $2n+1$ 个新增试验点，再加上前面 $k-1$ 次迭代中的 $(k-1) \times (2n+1)$ 个试验点，共同构成第 k 次加权最小二乘回归分析的试验点；

（3）采用上述构造试验点权重的方法，计算第 k 次迭代的 $k \times (2n+1)$ 个试验点的权重；

（4）以 $\boldsymbol{x}_i = \{x_{i1}, x_{i2}, \cdots, x_{in}\}$（$i = 1, 2, \cdots, l$）记 $l = k \times (2n+1)$ 个试验点，由 l 个试验点构成回归矩阵（记为 $\boldsymbol{a}$），由试验点处的真实功能函数值构成列向量 $\boldsymbol{y}$，并由每个试验点的权重为对角线元素构成权重矩阵 $\boldsymbol{W}$，就可采用加权最小二乘法确定二次不含交叉项的多项式第 k 次迭代的待定系数向量 $\boldsymbol{b}$，即

$$\boldsymbol{b} = (\boldsymbol{a}^{\text{T}} \boldsymbol{W} \boldsymbol{a})^{-1} \boldsymbol{a}^{\text{T}} \boldsymbol{W} \boldsymbol{y} \qquad (2.41)$$

其中，

$$\begin{cases}
\boldsymbol{b} = \left[\, b_0, \cdots, b_{2n} \right]^{\mathrm{T}} \\[2mm]
\boldsymbol{a} = \begin{bmatrix}
1 & x_{11} & \cdots & x_{1n} & x_{11}^2 & \cdots \\
1 & x_{21} & \cdots & x_{2n} & x_{21}^2 & \cdots \\
\vdots & \vdots & \cdots & \cdots & \cdots & \vdots \\
1 & x_{l1} & \cdots & x_{ln} & x_{l1}^2 & \cdots
\end{bmatrix} \\[6mm]
\boldsymbol{W} = \begin{bmatrix}
w_1 & & & \\
& w_2 & & \\
& & \ddots & \\
& & & w_l
\end{bmatrix} \\[6mm]
\boldsymbol{y} = \left[\, g(x_1), g(x_2), \cdots, g(x_l) \right]^{\mathrm{T}}
\end{cases} \tag{2.42}$$

(5) 运用显式极限状态函数的可靠性分析方法求得第 k 次迭代的响应面方程 $\bar{g}^{(k)}(x) = 0$ 的设计点 $x_D^{(k)}$ 和可靠度指标 $\beta^{(k)}$；

(6) 判断前后两次迭代计算的可靠度指标的相对误差是否满足要求，即如果 $\left| \dfrac{\beta^{(k)} - \beta^{(k-1)}}{\beta^{(k-1)}} \right| < \xi$ (ξ 为预先给定的误差要求) 成立，则转入第 (7) 步；否则，令 $k = k + 1$，$f^{(k)} = (f^{(k)})^{0.5}$，返回第 (2) 步；

(7) 输出响应面法算得的失效概率。采用响应面法已使隐式极限状态方程显式化，因此可以采用任何一种可靠性分析方法来计算失效概率，如 MC 法。鉴于 MC 法的稳健性，本小节的算例均在响应面法收敛后采用 MC 法来计算失效概率。

在加权非线性响应面可靠性分析的过程中，随着迭代过程的逐渐收敛，可以减少新增的试验点，以达到提高计算效率的目的。具体实现方法是在第 (6) 步中，给定一个稍大于 ξ 的收敛判别值 ξ_0，当 $\left| \dfrac{\beta^{(k)} - \beta^{(k-1)}}{\beta^{(k-1)}} \right| < \xi_0$ 时，就认为响应面法即将收敛，之后在下面的迭代中可只增加一个样本点，即前一步迭代中的设计点，采用此方法来减少新增试验点。

3. 算例

算例 2.1 四次极限状态函数 $g(x) = \dfrac{1}{40}x_1^4 + 2x_2^2 + x_3 + 3$，其中 $x_i \sim N(0,1)$ ($i = 1, 2, 3$)。表 2.1 给出了不同权重情况下算例 2.1 的计算结果比较[40]。

表 2.1　算例 2.1 的可靠性分析结果

方　法	失效概率/10^{-4}	试验点数	误差/%
MC 法	3.008 0	10^7	0
权重 1	3.132 0	168	4.122
权重 2	—	—	—
权重 3	3.067 0	147	1.961

权重 1、权重 2 和权重 3 分别表示按照式(4.13)~式(4.15)构造的加权非线性响应面法中的权函数。从计算结果可以看出,用权重 1 和权重 3 构造权重的加权非线性响应面法能对算例 4.3 所示的高次极限状态方程得出较精确的可靠性分析结果,误差都小于 5%。还可以看出,减少后续迭代中的新增试验点,获得的计算效率提高得非常明显。权重 2 处的结果没有给出,是因为用权重 2 构造权重得到的结果是错误的。权重 2 为指数型权重,它对于偏离最优试验点稍远的试验点赋的权重就会非常小,以至于在拟合响应面时只有距最优点较近的少数几个点发挥了作用,进而使得响应面拟合无法获得足够的信息而变得不准确。由于权重 2 型权重在后续算例中均没有得到误差较小的结果,在后续算例中将不再列出该权重的结果。

算例 2.2 指数型极限状态函数 $g(x) = \exp(0.2x_1 + 1.4) - x_2$,其中 $x_i \sim N(0, 1)(i = 1, 2)$。表 2.2 给出了不同计算方法结果的比较[40]。

表 2.2 算例 2.2 可靠性分析结果

方　法	失效概率/10^{-4}	试 验 点 数	误差/%
MC 法	3.578 0	10^7	0
权重 1	3.644 0	30	1.845
权重 3	3.486 0	25	-2.571

算例 2.3 含倒数项的极限状态函数 $g(x) = x_1 - x_2/x_3$,其中 $x_1 \sim N(600.0, 30.0)$,$x_2 \sim N(1\,000.0, 33.0)$,$x_3 \sim N(2.0, 0.1)$,表 2.3 给出了不同计算方法结果的比较[40]。

表 2.3 算例 2.3 可靠性分析结果

方　法	失效概率/10^{-4}	试 验 点 数	误差/%
MC 法	1.211 4	10^5	0
权重 1	1.221 3	35	0.817
权重 3	1.221 5	28	0.834

算例 2.4 含倒数和交叉项的极限状态函数 $g(x) = 1.016\sqrt{\dfrac{x_1x_3^2}{x_2x_4^4}} - 400$,其中基本变量 $x_i(i = 1, 2, 3, 4)$ 均服从正态分布,其均值向量和标准差向量分别为 $\mu_x = (10^7, 2.5 \times 10^{-4}, 0.98, 20.0)$ 和 $\sigma_x = (3.00 \times 10^5, 1.25 \times 10^{-5}, 4.90 \times 10^{-2}, 1.00)$,表 2.4 给出了不同计算方法结果的比较[40]。

表 2.4 算例 2.4 的可靠性分析结果

方　法	失效概率/×10⁻⁴	试 验 点 数	误差/%
MC 法	2.610 3	10⁶	0
权重 1	2.444 0	72	−6.371
权重 3	2.433 7	54	−6.766

算例 2.5 含交叉项的高度非线性极限状态函数 $g(x) = 2.0\,x_1 x_2 x_3 x_4 - x_5 x_6 x_7 x_8 + x_9 x_{10} x_{11} x_{12}$，其中 $x_i \sim N(8, 1)(i = 1, 2, \cdots, 12)$，表 2.5 给出了不同计算方法结果的比较[40]。

表 2.5 算例 2.5 可靠性分析结果

方　法	失效概率/10⁻⁴	试 验 点 数	误差/%
MC 法	1.489 6	10⁷	0
权重 1	1.555 0	600	4.390
权重 3	1.716 0	101	15.200

从上述算例的结果可以看出，权重 1 型权重对于真实极限状态为高度非线性(算例 2.1~算例 2.5)、指数型(算例 2.2)、含有倒数项(算例 2.3 和 2.4)及交叉项(算例 2.3 和算例 2.5)的情况都能得到比较满意的结果。权重 3 型权重对算例 2.1~算例 2.4 也能得到很好的结果，但在计算例 2.5 时的误差却比较大，这是因为算例 2.5 中试验点功能函数值与密度函数值的离散性使得权重过于平均化，不能正确区分各个点的贡献大小。

算例 2.6 十杆结构如图 2.6 所示，其中水平杆和竖直杆的长度均为 L；每根杆的截面积为 $A_i(i = 1, 2, \cdots, 10)$，$E$ 和 $P_i(i = 1, 2, 3)$ 为 15 个服从正态分布的基本随机变量，分布参数见表 2.6。以 2 节点纵向位移不超过 4 mm 建立极限状态函数，失效概率计算结果列于表 2.7 中[40]。

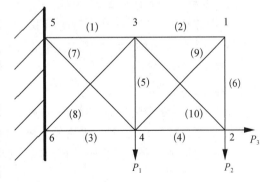

图 2.6 十杆结构示意图

表 2.6 十杆结构基本随机变量的分布参数

分布参数	L	A_i	E	P_1	P_2	P_3
均值	1 m	0.001 m²	100 GPa	80 kN	10 kN	10 kN
变异系数	0.05	0.15	0.05	0.05	0.05	0.05

表 2.7　十杆可靠性分析结果

方　法	失效概率/10^{-4}	试验点数	误差/%
MC 法	4.643 0	10^6	0
权重 1	4.686 2	402	0.930
权重 3	5.451 7	124	17.421

从十杆结构的可靠性分析结果可以看出,权重 1 得到的结果非常精确,但是计算量较大。权重 3 得到的结果也比较好,并且大大减少了计算代价。

本小节对三种形式的权重进行了讨论,验证了重复利用试验点和非线性加权相结合的响应面法。从算例的结果可以看出:权重 1 型权重的运用范围最广,在所给算例中均可以得到较满意的结果;权重 3 型权重在试验点的分散性较小时可给出较满意的结果,并且其计算量比权重 1 型权重小;权重 2 型权重只适用于数据离散性非常小的情况,不适用于工程运用。需要指出的是,响应面法的计算工作量会随着基本随机变量个数的增加而增加,当基本随机变量较多时(如算例 2.5),响应面法的工作量还是比较大的,但是与直接蒙特卡罗法相比,其效率还是很高的。

2.3.3　移动响应面法

经典响应面法采用二次不含交叉项的多项式作为隐式极限状态方程的近似,但是由于函数形式已经固定,在拟合真实极限状态方程时的误差比较大,尤其对非线性程度高的极限状态方程,其计算精度较差。将移动最小二乘法引入可靠性分析中,能够克服以上困难。

1. 移动响应面法原理

采用移动最小二乘法在进行曲面拟合时,其拟合函数形式不是固定的,而是由一个系数向量 $\boldsymbol{\alpha}(\boldsymbol{x})$ 和基函数 $\boldsymbol{p}(\boldsymbol{x})$ 构成,并且认为点 $\boldsymbol{x}$ 处的函数值只受 $\boldsymbol{x}$ 附近子域内节点的影响,在这个影响区域上定义权函数 $w(\boldsymbol{x} - \boldsymbol{x}_j)(j = 1, 2, \cdots, n)$,从而使得在曲面拟合时具有非常高的拟合精度[41]。

在可靠性分析中应用移动最小二乘法时,其思路与响应面可靠性分析类似,都是将隐式极限状态方程显式化,然后采用显式极限状态方程的方法进行可靠性分析。

在移动最小二乘法拟合中,拟合函数 $u(\boldsymbol{x})$ 的形式为

$$u(\boldsymbol{x}) = \sum_{i=1}^{m} p_i(\boldsymbol{x})\alpha_i(\boldsymbol{x}) = \boldsymbol{p}^{\mathrm{T}}(\boldsymbol{x})\boldsymbol{\alpha}(\boldsymbol{x}) \qquad (2.43)$$

其中,m 为基函数的个数;$p_i(\boldsymbol{x})$ 为基函数;$\alpha_i(\boldsymbol{x})$ 为相应的系数。为确保一定的逼近精度,通常需要选用完备多项式基,以二维情形为例,可得如下公式。

线性基:

$$\boldsymbol{p}^{\mathrm{T}}(x) = [1, y, z], \quad m = 3 \qquad (2.44\mathrm{a})$$

二次基:

$$\boldsymbol{p}^{\mathrm{T}}(x) = [\, 1, \; y, \; z, \; y^2, \; yz, \; z^2 \,], \quad m = 6 \tag{2.44b}$$

三次基：

$$\boldsymbol{p}^{\mathrm{T}}(x) = [\, 1, \; x, \; y, \; x^2, \; xy, \; y^2, \; x^3, \; x^2 y, \; xy^2, \; y^3 \,], \quad m = 10 \tag{2.44c}$$

定义加权离散 L_2 范式的模 $J(\boldsymbol{x})$（可理解为拟合的加权平方误差）为

$$J(\boldsymbol{x}) = \sum_{j=1}^{n} w(\boldsymbol{x} - \boldsymbol{x}_j) [\, u(\boldsymbol{x}) - \bar{u}(\boldsymbol{x}_j) \,]^2 = \sum_{j=1}^{n} w(\boldsymbol{x} - \boldsymbol{x}_j) [\, \boldsymbol{p}^{\mathrm{T}}(\boldsymbol{x}_j) \boldsymbol{\alpha}(\boldsymbol{x}) - \bar{u}(\boldsymbol{x}_j) \,]^2 \tag{2.45}$$

其中，$w(\boldsymbol{x} - \boldsymbol{x}_j)$ 为节点 $\boldsymbol{x}_j$ 的权函数；n 为坐标 $\boldsymbol{x}$ 的影响区域内节点的数目；$u(\boldsymbol{x})$ 为拟合函数；$\bar{u}(\boldsymbol{x}_j)\,(j = 1, 2, \cdots, n)$ 为 $\boldsymbol{x} = \boldsymbol{x}_j$ 处的节点值。

为使近似解最佳地逼近真实解，$J(\boldsymbol{x})$ 应取最小值，即

$$\frac{\partial J(\boldsymbol{x})}{\partial \boldsymbol{\alpha}(\boldsymbol{x})} = \boldsymbol{A}(\boldsymbol{x}) \boldsymbol{\alpha}(\boldsymbol{x}) - \boldsymbol{B}(\boldsymbol{x}) \bar{u}(\boldsymbol{x}) = 0$$

$$\Rightarrow \boldsymbol{\alpha}(\boldsymbol{x}) = \boldsymbol{A}^{-1}(\boldsymbol{x}) \boldsymbol{B}(\boldsymbol{x}) \bar{u}(\boldsymbol{x}) \tag{2.46}$$

其中，

$$\begin{cases} \boldsymbol{A}(\boldsymbol{x}) = \displaystyle\sum_{j=1}^{n} w(\boldsymbol{x} - \boldsymbol{x}_j) \boldsymbol{p}(\boldsymbol{x}_j) \boldsymbol{p}^{\mathrm{T}}(\boldsymbol{x}_j) \\ \boldsymbol{B}(\boldsymbol{x}) = [\, w(\boldsymbol{x} - \boldsymbol{x}_1) \boldsymbol{p}(\boldsymbol{x}_1), \; w(\boldsymbol{x} - \boldsymbol{x}_2) \boldsymbol{p}(\boldsymbol{x}_2), \; \cdots, \; w(\boldsymbol{x} - \boldsymbol{x}_n) \boldsymbol{p}(\boldsymbol{x}_n) \,] \end{cases} \tag{2.47}$$

2. 权函数性质

移动最小二乘法中的权函数 $w(s)$（记 $s = \boldsymbol{x} - \boldsymbol{x}_j$，$j = 1, \cdots, n$）具有如下性质。

（1）紧支（compact support）性，即权函数在 $\boldsymbol{x}$ 的一个子域内不等于零，在这个子域外全为零，这个子域称为权函数的支持域（也就是 $\boldsymbol{x}$ 的影响区域，一般选为圆形，其半径记为 r）。

（2）半正定性，即在支持域内满足权函数非负，$w(s) \geqslant 0$。记 $\bar{s} = s/r$，$w(\bar{s})$ 的常用形式如下。

指数型：

$$w(\bar{s}) = \begin{cases} \mathrm{e}^{-(\bar{s}/a)}, & \bar{s} \leqslant 1 \\ 0, & \bar{s} > 1 \end{cases} \tag{2.48}$$

式中，a 为常数。

三次样条：

$$w(\bar{s}) = \begin{cases} \dfrac{2}{3} - 4\bar{s}^2 + 4\bar{s}^3, & \bar{s} \leqslant \dfrac{1}{2} \\[2mm] \dfrac{4}{3} - 4\bar{s} + 4\bar{s}^2 - \dfrac{4}{3}\bar{s}^3, & \dfrac{1}{2} < \bar{s} \leqslant 1 \\[2mm] 0, & \bar{s} > 1 \end{cases} \tag{2.49}$$

（3）权函数 $w(s)$ 是距离 $d = || \boldsymbol{x} - \boldsymbol{x}_j ||$ 的单调递减函数。

（4）光滑性。由于拟合函数会继承权函数的连续性，如果权函数 $w(s)$ 是 C^1 阶连续的，那么拟合函数也是 C^1 阶连续的。

在移动最小二乘法对极限状态函数进行拟合时，影响区域半径 r 的选取对拟合效果有直接影响。二维节点在互相垂直的两个方向上等距分布（步长为 h）的情况下，半径 r 的选取条件如下。

（1）线性基情形。当 $p(\boldsymbol{x})$ 为线性基时，影响区域内的节点不能少于 3 个，且这些节点不共线。

（2）二次基情形。当 $p(\boldsymbol{x})$ 为二次基时，影响区域内的节点不能少于 6 个，且这些节点不共二次曲线。

（3）对条件数的影响条件（1）、（2）仅保证矩阵 $\boldsymbol{A}(\boldsymbol{x})$ 不奇异，但 $\boldsymbol{A}(\boldsymbol{x})$ 可能是病态的，即 $\boldsymbol{A}(\boldsymbol{x})$ 的条件数很大，这就要求在选取影响半径时，应适当大一些，以保证至少 3 个不共线（或 6 个不共二次曲线）的节点不靠近影响区域的边界。

3. 算例验证

分别利用 MC 法、移动线性响应面法和移动非线性响应面法计算算例 2.1 和算例 2.3 的失效概率 P_f 和可靠度指标 β，计算结果如表 2.8 和表 2.9 所示。注：误差指相对于 MC 法结果的相对误差。

表 2.8　算例 2.1 的不同算法结果对比

方　法	失效概率/10^{-4}	试验点数	误差/%
MC 法	3.008 0	10^7	——
移动线性	3.900 0	训练：10^5 试验：10^5（×100 次）	29.65
移动非线性响应面法（二次）	3.100 0	训练：10^5 试验：10^5（×100 次）	3.058

表 2.9　算例 2.3 的不同算法结果对比

方　法	失效概率/10^{-4}	试验点数	误差/%
MC 法	1.489	10^7	——
移动线性响应面法	2.2	训练：10^3 试验：10^3（×10 次）	47.69
移动非线性响应面法（二次）	1.56	训练：10^3 试验：10^3（×10 次）	4.73

由表 2.8 和表 2.9 可知，用二次移动最小二乘法得到的结果精确度较高，但当基函数为线性时，误差较大，原因可能是：功能函数较为复杂，线性基函数拟合程度不够。

2.3.4　极值响应面法

航空航天复杂机械系统的运动构件分析往往具有动态性(时变性),需要在时域内进行动态分析,而且还常常涉及多个学科和非线性的问题。相对于确定性分析,如此复杂结构的动态概率设计的计算量将会大大增加。诸如航空发动机典型构件(如压气机叶盘、涡轮叶盘等)和高压涡轮叶尖径向运行间隙等复杂装配体,由于载荷的动态性、材料参数和边界条件的非线性,其结构响应分析问题是一个随机过程问题,其概率分析是瞬态分析。另外,由于结构响应概率分析的极限状态方程不能表示为显示函数,即隐式函数,目前机械结构概率分析只能用数值模拟法或者代理模型法。因此,用传统的数值模拟方法进行机械结构动态概率分析的计算量极大,而且如果将数值方法应用于装配对象结构响应动态概率优化设计,其计算量更大,在实际工程中应用是不可取的。

目前的代理模型法主要是响应面法及其改进方法,虽然与有限元相结合的响应面法比传统的数值模拟方法(如 MC 法)的计算效率有所提高,基本上能满足一般结构的确定性分析或稳态概率分析。然而,装配对象结构响应概率分析是一个随机过程分析,用响应面法进行动态概率分析的方法有两种:一种是先通过动态确定性分析选取某一时间点作为概率分析点,以该点的稳态概率分析代替动态概率分析[42];另一种是在分析时域内建立多个响应面模型,分别对其进行概率分析,近似作为动态(过程)概率分析[43]。然而,在动态概率分析过程中,第一种方法虽然能提高计算效率,但由于不能保证每次仿真的输出有效值(即极值)的时刻始终落在所选择的时刻,会导致计算误差较大;而第二种方法需要对多个响应面模型进行概率分析,会导致概率分析的计算效率低下,甚至无法实现相应的概率分析。另外,计算精度与响应面数正相关,如果想得到理想精度,需要建立尽可能多的响应面模型,导致计算效率更低。

为了解决传统响应面法在结构瞬态概率分析中的局限性,提高结构瞬态概率分析的建模精度和仿真效率,Zhang 等针对柔性机构可靠性分析问题提出了基于二次函数的极值响应面法(extremum response surface method, ERSM)或 QF - ERSM[44],该方法将随机过程的概率分析转化为随机变量的概率分析,不但能解决动态可靠性精度问题,也能克服动态可靠性分析的计算效率问题。基于 ERSM 的结构瞬态概率分析流程如图 2.7 所示。

由图 2.7 可知,基于 ERSM 的结构瞬态概率分析步骤如下。

首先,采用 MC 法小批量抽取输入参数随机样本,对每个抽样样本在分析时域 $[0, T]$ 内求解机械结构有限元模型,得到在分析时域 $[0, T]$ 内的机械结构动态输出响应。

其次,将全部抽样输入样本对应在时域 $[0, T]$ 内的动态输出响应分析的极值作为新的输出响应——称为极值输出响应,并与输入样本数据一起构造分析时域 $[0, T]$ 内的样本集。

然后,选取极值响应面模型一般形式,并从样本集中选取足够的样本拟合极值响应面函数,求得极值响应面的模型参数,确定极值响应面函数,即极值响应面模型。

最后,将极值响应面模型代替机械结构的有限元模型,基于 MC 法进行大量抽样,将抽样数据代入极值响应函数,计算系统的动态极值输出响应,从而进行概率分析,这种方法称为 ERSM。

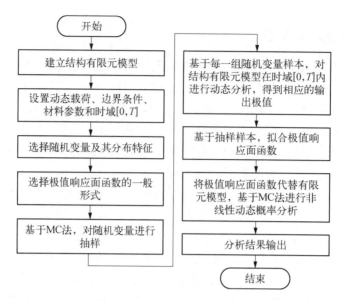

图 2.7　基于 ERSM 的结构瞬态概率分析流程图

采用 ERSM 进行机械结构概率分析时,不计算系统每一时刻的输出响应,只计算分析时域 $[0, T]$ 内不同输入随机变量对应的输出响应的极值,从而进行机械结构动态概率分析,即将随机过程的概率分析转化为随机变量的概率分析。极值响应面法也可以应用于结构响应的概率优化设计。由图 2.7 可以看出:非线性动态性结构响应概率分析的极值响应面法是将原来非线性复杂机械装配结构响应分析的随机过程问题转化为随机变量问题,极大地减少了计算时间,提高了计算效率,使得从前一些难以实现的可靠性分析问题成为可能。

本节将介绍一种基于二次多项式的极值响应面法,为基于 ERSM 的结构优化设计方法奠定理论基础。

首先针对非线性和动态随机变量选取问题,介绍随机变量的极值选取法[44],该方法能提高计算速度,节约计算时间,改善计算效率。然后重点介绍 QF－ERSM 数学模型及基于这些方法的机械结构概率分析的基本原理。最后以航空发动机高压涡轮叶尖径向运行间隙(blade-tip radial running clearance, BTRRC)为研究对象,考虑温度和离心力载荷、材料属性参数的随机性,基于 QF－ERSM,从概率的角度对其机械结构(径向变形)进行动态概率设计分析,并以 MC 法机械结构(径向变形)动态概率设计分析的结果为基准,验证这两种方法的计算效率和计算精度。

1. ERSM 的数学模型

ERSM 的基本原理[44,45]如图 2.8 所示,对于在时域 $[0, T]$ 内的动态装配对象结构响应概率分析,对随机变量参数抽样后,假设第 j

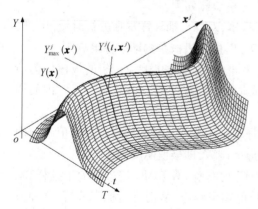

图 2.8　ERSM 示意图

组的输入样本为 $\boldsymbol{x}^j$，在时域 $[0, T]$ 内的输出响应为 $Y^j(t, \boldsymbol{x}^j)$，该响应在 $[0, T]$ 时域内的最大值为 $Y^j_{\max}(\boldsymbol{x}^j)$。若将时域 $[0, T]$ 内由不同输入样本所对应的输出响应最大值所构成的集合表示为 $\{Y^j_{\max}(\boldsymbol{x}^j), j = \mathbf{Z}_+\}$，则由全部数值点 $\{Y^j_{\max}(\boldsymbol{x}^j)\}$ 和相应的输入样本拟合的曲线称为新的输出响应曲线 Y，即极值响应曲线，则 $\boldsymbol{x}^j$ 与 Y 的函数关系可以表示为

$$Y(\boldsymbol{x}) = f(\boldsymbol{x}) = \{Y^j_{\max}(\boldsymbol{x}^j)\} \tag{2.50}$$

其中，$j = 1, 2, \cdots, M$，M 为样本个数。

将式 (2.50) 写成二次响应面函数形式为

$$Y(\boldsymbol{x}) = a_0 + \boldsymbol{B}\boldsymbol{x} + \boldsymbol{x}^{\mathrm{T}}\boldsymbol{C}\boldsymbol{x} \tag{2.51}$$

其中，a_0、$\boldsymbol{B}$、$\boldsymbol{C}$ 为待定系数，分别为常数项、一次项系数向量和二次项系数矩阵，即

$$\boldsymbol{B} = [b_1, b_2, \cdots, b_r] \tag{2.52}$$

$$\boldsymbol{C} = \begin{bmatrix} c_{11} & & \\ & \ddots & \\ & & c_{rr} \end{bmatrix} \tag{2.53}$$

其中，r 为输入变量数；$\boldsymbol{C}$ 为对角矩阵。

$$\boldsymbol{x} = [x_1, x_2, \cdots, x_r] \tag{2.54}$$

这种函数称为二次极值响应面函数，由该函数确定的输入输出关系曲线称为极值响应曲线。

在求解二次极值响应面函数系数时，在极值输出响应中选取足够数量的试验点代入式 (2.51) 中，确定二次极值响应面函数的系数，得到二次极值响应面函数。然后用该极值响应面函数代替有限元模型，进行相应的概率分析，这种方法称为 QP‑ERSM，属于全局响应面法。基于 ERSM 概率分析得到的是整个分析时域 $[0, T]$ 的极值，能保证概率分析的精度。参考图 2.7 中基于 ERSM 动态概率分析的基本思想，可以实现基于 QP‑ERSM 的结构瞬态概率分析。

2. 参数的极值选取法

航空航天系统结构概率分析需要考虑随机变量的非线性和动态性 (随时间变化)，然而这些非线性或瞬态参数的处理是非常关键的，直接影响着结构动态概率设计的有效性。针对该问题，常采用极值选取法处理这些参数变量[46]。假如以下两个非线性变量之间存在一一对应关系：

$$\boldsymbol{X} = (x_1, x_2, \cdots, x_k) \leftrightarrow \boldsymbol{Y} = (y_1, y_2, \cdots, y_k) \tag{2.55}$$

为了有效地选择变量，应对其进行处理变换，具体步骤如下。

首先，选取变量 $\boldsymbol{X}$ 中的元素最大值，记作 $x_{\max}$，$\boldsymbol{X}$ 中的元素除以 $x_{\max}$，即

$$\alpha = (\alpha_1, \alpha_2, \cdots, \alpha_k) = (x_1, x_2, \cdots, x_k)/x_{\max} \tag{2.56}$$

再用 α 和 $x_{\max}$ 表示 $\boldsymbol{X}$ 中的各个元素，即

$$X = (x_1, x_2, \cdots, x_k) = \alpha x_{max} = (\alpha_1, \alpha_2, \cdots, \alpha_k) x_{max} \qquad (2.57)$$

这样就把 X 中各个元素之间的关系转换为 X 中各个元素分别与最大值 x_{max} 的关系。在选取非线性或动态随机变量时,就可以用最大值 x_{max} 代替 X 中的各个元素来分析对输出响应的影响,再根据 X 中各个元素与 x_{max} 之间的相关性来确定 X 中各个元素对系统输出的影响,该方法称为随机变量极值选取法。如果 Y 也表示成式(2.57)的形式,那么 X、Y 中各个元素之间仍然存在一一对应关系。该方法只考虑了一类变量的最大值对输出响应的影响,大大减少了随机变量的个数,很大程度上提高了概率分析的计算效率。相邻元素间的分析可通过插值方法处理。

假设 X,Y 两个随机变量相邻两点分别为 $[x_i, x_{i+1}]$ 和 $[y_i, y_{i+1}]$,并且存在一一对应关系,则 $[y_i, y_{i+1}]$ 中任一点 y_{ik} 相对应的 x_{ik} 为

$$x_{ik} = x_i + (x_{i+1} - x_i) \left(\frac{y_{ik} - y_i}{y_{i+1} - y_i} \right), \quad k \in \mathbf{Z}_+ \qquad (2.58)$$

3. 实例分析

选取航空发动机某级涡轮叶尖径向运行间隙所对应的涡轮盘、叶片和机匣径向变形实例。在航空发动机的实际工作中,影响涡轮盘、叶片和机匣径向变形的随机参量有转子转速、材料密度、弹性模量、热膨胀系数、导热系数,以及各装配对象不同位置的温度和对流换热系数等。各装配对象的材料属性、对流换热系数存在非线性,转子转速和温度载荷随时间变化存在动态性,为了进行各装配对象径向变形的非线性、动态概率分析,采用随机变量极值选取法选择其最大值进行概率分析,如表 2.10 所示。假设表中参数均服从正态分布且相互独立。其中,涡轮盘各部位的温度和换热系数根据涡轮盘换热特点[47-57]计算出来,并选取最大值作为随机变量,这种方法能在保证计算精度的前提下大大提高计算效率。表 2.10 中,T 表示温度,α 表示对流换热系数,ω 表示转子转速,ρ 表示材料密度。

表 2.10　各装配对象结构响应动态概率分析的随机变量选取

变量名称	涡轮盘			涡轮叶片			涡轮机匣		
	符号	均值 μ	标准差	符号	均值 μ	标准差	符号	均值 μ	标准差
转速/(rad/s)	ω	1 168	23.36	ω	1 168	23.36			
燃气温度/℃	T	1 050	21	T	1 050	21	T	1 050	21
导热系数/[W/(m·℃)]	λ_d	27	0.81	λ_b	27	0.81	λ_c	27	0.81
膨胀系数/10⁻⁵℃	κ_d	1.4	0.042	κ_b	1.4	0.042	κ_c	13	0.39
对流换热系数/[W/(m²·K)]	α_d	1 500	45	α_b	11 756	352.7	α_c	6 000	180
密度/(kg/m³)	ρ_d	8 210	246.3	ρ_b	8 210	246.3	ρ_c	8 400	252

基于二次多项式极值响应面模型(QP – ERSM)进行轮盘、叶片和机匣径向位移概率分析,其分析思路为首先根据表 2.10 中随机变量参数及其抽样统计特征,利用 MC 法对随机参量进行小批量抽样,并基于每组变量样本,对各装配对象有限元模型进行动态分

析,提取每个输出响应的最大值作为极值输出响应,构造输出响应样本集;然后选择二次极值响应面函数的一般形式[式(2.51)],基于随机变量样本集和相应的极值输出响应样本集,拟合极值响应面系数,建立极值响应面模型;最后结合 MC 法,利用极值响应面函数代替有限元模型,对各径向变形量进行动态概率分析和灵敏度分析。

将表 2.10 中各对象的随机变量的统计特征和边界条件导入各有限元模型中,以动态响应的极值作为新的输出响应,进行各装配对象径向变形的动态概率分析。首先利用 Box-Behnken 矩阵取样法,依据表 2.10 中盘、叶片和机匣的随机变量分布特征,分别抽取 49 组、49 组和 41 组样本点。再利用最小二乘法对这些样本点值拟合极值响应面函数[式(2.51)],分别确定响应面函数系数[式(2.52)~式(2.54)],得到响应面模型[式(2.59)~式(2.61),忽略小于 10^{-5} 的系数]。响应面模型建立后,不但得出输出响应与随机变量之间的关系,也可得出与某两个随机变量的函数关系,为输出响应的设计和控制提供依据。其中,涡轮盘径向变形 Y_d、叶片径向变形 Y_b 和机匣径向变形 Y_c 的部分输入变量之间的关系云图如图 2.9 所示。

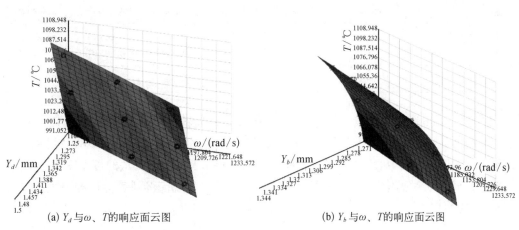

(a) Y_d 与 ω、T 的响应面云图　　　　　　(b) Y_b 与 ω、T 的响应面云图

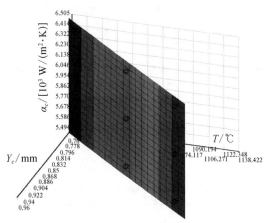

(c) Y_c 与 α_c、T 的响应面云图

图 2.9　输出响应与输入变量的关系

$$Y_d = 1.368\,57 + 6.637\,07 \times 10^{-2}\omega + 3.391\,98 \times 10^{-2}T - 6.330\,43 \times 10^{-4}\alpha_d$$
$$+ 1.557\,46 \times 10^{-3}\omega^2 + 6.876\,1 \times 10^{-4}T^2 \tag{2.59}$$

$$Y_b = 1.291\,35 + 6.820\,44 \times 10^{-3}\omega + 1.282\,69 \times 10^{-2}T$$
$$+ 3.019\,73 \times 10^{-4}\omega^2 + 4.146\,08 \times 10^{-3}T^2 \tag{2.60}$$

$$Y_c = 0.865\,078 + 5.126\,13 \times 10^{-2}T - 2.019\,92 \times 10^{-4}\alpha_c$$
$$- 3.678\,21 \times 10^{-4}T^2 \tag{2.61}$$

极值响应面确定后,利用 MC 法对各对象的极值响应面模型进行 10 000 次抽样,3 个对象的输出响应均满足正态分布。方便比较,也采用蒙特卡罗仿真对三个结构进行了 1 000 次仿真,分布特征如表 2.11 所示。

表 2.11　基于 ERSM 的装配对象结构的径向变形动态概率分析输出响应分布特征

方　法	涡 轮 盘		涡 轮 叶 片		涡 轮 机 匣	
	均值/mm	方差/mm	均值/mm	方差/mm	均值/mm	方差/mm
蒙特卡罗仿真	1.369 1	0.031 639	1.293 5	0.009 589 4	0.865 14	0.033 181
QF - RSM	1.369	0.031 987	1.292 2	0.006 317 1	0.865 01	0.022 039
精度	0.999 9	0.989 0	0.999 9	0.660 3	0.999 8	0.664 2

根据表 2.11 提供的参数,当置信区间为 0.95,得出涡轮盘径向变形量为 1.47 mm 时,可靠度 R 为 0.997 754;叶片径向变形量为 1.32 mm 时,可靠度 R 为 0.990 894;机匣径向变形量为 0.94 mm 时,可靠度 R 为 0.999 672,与蒙特卡罗直接仿真法的可靠度相差不大。

基于 ERSM,对涡轮盘、叶片和机匣的径向变形进行分析,得到各参量的灵敏度及其分布,如表 2.12 所示。

表 2.12　随机变量的灵敏度

涡 轮 盘			涡 轮 叶 片			涡 轮 机 匣		
变　量	灵敏度	影响概率	变　量	灵敏度	影响概率	变　量	灵敏度	影响概率
ω	0.881 88	0.648 7	ω	0.457 26	0.338			
T	0.436 64	0.321 2	T	0.865 75	0.64	T	0.999 99	0.978 8
λ_d	-0.006 897	0.005 1	λ_b	-0.017 764	0.013 1	λ_c	0.000 32	0.000 3
κ_d	0.008 98	0.006 6	κ_b	0.005 02	0.003 7	κ_c	0.018 3	0.017 9
α_d	-0.024 73	0.018 2	α_b	-0.002 167 5	0.001 6	α_c	0.002 16	0.002 1
ρ_d	0.000 24	0.000 2	ρ_b	0.004 682 6	0.35	ρ_c	0.000 86	0.000 8

2.3.5　结构可靠性优化设计方法

选取某型航空发动机高压涡轮 1 级高压涡轮为研究对象,基于 QP - ERSM 进行涡轮盘、叶片和机匣径向变形可靠性优化设计,进一步为高压涡轮 BTRRC 可靠性优化设计奠定基础。首先,基于结构响应的两个动态可靠性优化设计模型,分别建立涡轮盘、叶片和机匣径向变形的可靠性优化模型,并给出其可靠性优化设计流程;然后,基于 QP‑ERSM 对 3 个装配对象的径向变形进行概率分析,得出随机变量对机械结构输出响应的影响概率和灵敏度,以及机械结构输出响应的可靠度,并选取重要的影响参数(随机变量)作为设计变量;最后,利用 QP‑ERSM 分别对 3 个装配对象径向变形进行直接可靠性优化和基于重要度的可靠性优化,比较两种可靠性优化设计的结果。

1. 结构可靠性优化设计模型

在航空发动机高压涡轮 BTRRC 的设计中,涡轮盘和叶片径向变形的变化与 BTRRC 成正变化,涡轮机匣径向变形与 BTRRC 成反变化。因此,为了更有效地控制 BTRRC, BTRRC 应尽量小,则要求涡轮盘和涡轮叶片在时域$[0, T]$内的最大径向变形尽量小,而涡轮机匣在时域$[0, T]$内的最小径向变形尽量大。于是,如果基于 QF‑ERSM 求出时域$[0, T]$内的涡轮盘和叶片的最大径向变形的极值响应面函数和涡轮机匣最小径向变形的极值响应面函数,那么 3 个装配对象的径向变形动态可靠性优化设计模型为

$$\begin{cases} \min H_i(\boldsymbol{x}) = \delta_{\max} - Y_i(\boldsymbol{x}) = \delta_{i,\,\max} - a_0 - B\boldsymbol{x} - \boldsymbol{x}^{\mathrm{T}}C\boldsymbol{x} \\ \text{s. t.} \begin{cases} \dfrac{\mu_{i,0} - \mu_i}{\sqrt{\delta_{i,0}^2 - \delta_i^2}} \geqslant \boldsymbol{\Phi}^{-1}(R_{i,\,0}) \\ g_i(\boldsymbol{x},\, t) = 0 \\ \boldsymbol{x} \in [a,\, b] \end{cases} \end{cases} \tag{2.62}$$

其中,$i = 1, 2$分别代表涡轮盘径向变形和涡轮叶片径向变形。式(2.62)表示涡轮盘和涡轮叶片径向变形可靠性优化模型。

根据涡轮机匣径向变形与 BTRRC 的变化关系,则机匣径向变形动态可靠性直接优化模型为

$$\begin{cases} \min H_c(\boldsymbol{x}) = Y_c(\boldsymbol{x}) - \delta_{c\max} = \delta_{c\max} - a_0 - B\boldsymbol{x} - \boldsymbol{x}^{\mathrm{T}}C\boldsymbol{x} \\ \text{s. t.} \begin{cases} \dfrac{\mu_{c0} - \mu_c}{\sqrt{\delta_{c0}^2 - \delta_c^2}} \geqslant \boldsymbol{\Phi}^{-1}(R_{c0}) \\ g_c(\boldsymbol{x},\, t) = 0 \\ \boldsymbol{x} \in [a,\, b] \end{cases} \end{cases} \tag{2.63}$$

其中,下标c表示涡轮机匣径向变形。

根据基于重要度结构动态可靠性优化设计模型,可建立基于重要度的涡轮盘和叶片径向变形动态可靠性优化设计模型,以及涡轮机匣径向变形动态可靠性优化设计模型,分别为

$$
\begin{cases}
\min H_i(\boldsymbol{x}') = \delta_{\max} - Y_i(\boldsymbol{x}') = \delta_{i,\max} - a_0 - B\boldsymbol{x}' - \boldsymbol{x}'^{\mathrm{T}}C\boldsymbol{x}' \\
\text{s. t.} \begin{cases}
\dfrac{\mu_{i,0} - \mu_i}{\sqrt{\delta_{i,0}^2 - \delta_i^2}} \geqslant \Phi^{-1}(R_{i,0}) \\
g_i(\boldsymbol{x}', t) = 0 \\
\boldsymbol{x}' \in [a, b] \text{ 且 } \boldsymbol{x}' \subseteq \boldsymbol{x}
\end{cases}
\end{cases}
\tag{2.64}
$$

$$
\begin{cases}
\min H_c(\boldsymbol{x}') = Y_c(\boldsymbol{x}') - \delta_{c\max} = \delta_{c\max} - a_0 - B\boldsymbol{x}' - \boldsymbol{x}'^{\mathrm{T}}C\boldsymbol{x}' \\
\text{s. t.} \begin{cases}
\dfrac{\mu_{c0} - \mu_c}{\sqrt{\delta_{c0}^2 - \delta_c^2}} \geqslant \Phi^{-1}(R_{c0}) \\
g_c(\boldsymbol{x}', t) = 0 \\
\boldsymbol{x}' \in [a, b] \text{ 且 } \boldsymbol{x}' \subseteq \boldsymbol{x}
\end{cases}
\end{cases}
\tag{2.65}
$$

2. 结构可靠性设计流程

根据结构动态可靠性优化的基本思想和涡轮盘、叶片和机匣径向变形动态可靠性优化模型,建立其动态可靠性优化设计流程图,如图 2.10 所示。

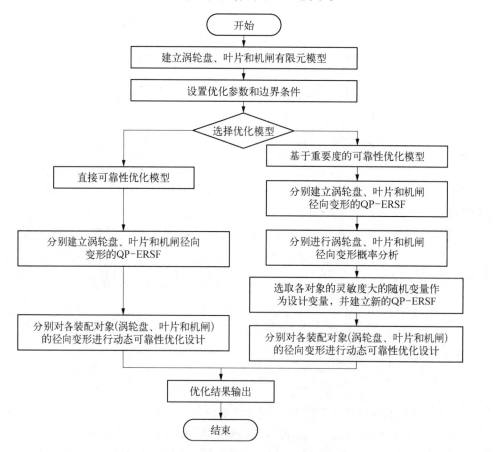

图 2.10　基于 ERSM 的涡轮盘、叶片和机匣径向变形可靠性优化流程图

QP － ERSF 表示基于二次多项式的极值响应面函数

3. 实例分析

1) 结构直接可靠性优化设计

在进行各装配对象的径向变形动态可靠性优化之前,先选择各装配对象的设计变量,参照 2.3.4 节结构径向变形动态概率分析,选取转子转速、燃气温度、导热系数、膨胀系数、换热系数和材料密度为设计变量,如表 2.10 所示。设计变量的变化范围为 $[\mu-\delta/2,\ \mu+\delta/2]$,其中 μ 为设计变量的均值,δ 为设计变量的标准差。2.3.4 节已经完成了基于 QP‐ERSM 的装配对象径向变形的动态概率分析,得到了涡轮盘、叶片和机匣的极值响应面函数(extremum response surface function,ERSF),如式(2.59)~式(2.61)所示。因此,本小节基于式(2.59)~式(2.61),根据结构径向变形动态可靠性优化设计模型,进行各构件径向变形的可靠性优化设计。由第 2.3.4 节分析结果可得:$\mu_{d0} = 1.369\,3$ mm,$\mu_{b0} = 1.292\,2$ mm,$\mu_{c0} = 0.865\,01$ mm。在可靠性优化中,假设 $\delta_{d0}=\delta_{b0}=\delta_{c0}=0$,$R=0.99$,$\delta_{dmax} = 1.31$ mm,$\delta_{bmax} = 1.25$ mm,$\delta_{cmax} = 0.8$ mm。基于 QP‐ERSM,分别对涡轮盘、叶片和机匣的径向变形进行优化设计,在每次迭代中,对各 ERSF 仿真 10 000 次。待结构可靠性优化的设计变量最优解都满足设计要求后,优化结果(包括目标值、计算精度、消耗时间和迭代次数)如表 2.13 所示(其中 SVM‐ERSM 表示基于支持向量机的极值响应面函数)。

表 2.13　基于 QP‐ERSM 和 SVM‐ERSM 的装配对象径向变形可靠性优化结果

装配对象	目标值 Y/mm			可靠度	迭代次数	消耗时间/s
	优化前	优化后	减少量			
涡轮盘	1.369 3	1.304 5	0.064 8	0.995 6	47	8 237
涡轮叶片	1.291 3	1.236 3	0.055 0	0.994 4	29	6 987
涡轮机匣	0.865 1	0.813 5	0.051 6	0.995 6	23	8 237

2) 结构重要度的可靠性优化设计

与结构径向变形的直接动态可靠性优化相比,基于重要度的装配对象径向变形动态可靠性优化设计是先通过概率分析选取对径向变形影响较大的随机变量作为设计变量,再以这些随机变量重新建立新的 ERSF,最后以新的 ERSF 为基础,再进行装配对象径向变形可靠性优化设计。根据 2.3.4 节基于 QP‐ERSM 结构径向变形概率的分析结果可知,对涡轮盘、叶片和机匣径向变形影响较大(影响概率大于 0.01)的参数分别为转子转速、燃气温度、表面换热系数,转子转速、燃气温度、热膨胀系数、导热系数、表面换热系数,燃气温度、热膨胀系数、导热系数。由此可见:涡轮盘径向变形优化的设计参数由 6 个减少为 3 个,涡轮叶片径向变形优化设计设计参数由 6 个减少为 5 个,涡轮机匣径向变形可靠性优化设计参数由 6 个减少为 3 个。根据 2.3.4 节中建立 ERSF 的思想,基于这些设计变量分别建立涡轮盘、叶片和机匣的 QP‐ERSF 和 SVM‐ERSF,其中三个装配对象径向变形的 QP‐ERSF 如式(2.66)~式(2.68):

$$Y_d = 0.256\,4 - 1.408 \times 10^{-5}\omega + 9.235 \times 10^{-5}T + 0.238\,2\alpha_d + 5.288\,6 \times 10^{-7}\omega^2$$
$$+ 2.866\,5 \times 10^{-7}T^2 - 4.410\,4\alpha_d^2 \tag{2.66}$$

$$Y_b = 2.881\,2 - 8.057 \times 10^{-5}\omega + 0.003\,4T + 0.534\,5\lambda_b + 2.084\,4 \times 10^{-4}\kappa_b$$
$$+ 8.821\,7 \times 10^{-8}\omega^2 + 1.743\,9 \times 10^{-6}T^2 - 9.613\,6\lambda_b^2 - 170.77\alpha_b^2 \quad (2.67)$$

$$Y_c = 0.403\,522 - 1.372\,819 \times 10^{-3}T + 0.520\,112\alpha_c + 2.800\,8 \times 10^{-14}\kappa_c$$
$$+ 1.540\,609 \times 10^{-7}T^2 - 3.144\,792\alpha_c^2 \quad (2.68)$$

基于式(2.66)~式(2.68),通过各个构件结构径向变形进行可靠性分析得到:$\mu_{d0} = 1.369$ mm,$\mu_{b0} = 1.293$ mm,$\mu_{c0} = 0.865$ mm。在可靠性优化中,假设 $\delta_{d0} = \delta_{b0} = \delta_{c0} = 0$,$R = 0.99$,$\delta_{d\max} = 1.31$ mm,$\delta_{b\max} = 1.25$ mm,$\delta_{c\max} = 0.8$ mm。基于 QP-ERSM,分别对涡轮盘、叶片和机匣的径向变形进行优化设计,在每次迭代中,对各 ERSF 仿真 10 000 次,优化结果如表 2.14 所示。

表 2.14　基于 ERSM 和重要度的装配对象径向变形概率优化结果

装配对象	目标值 Y/mm			可靠度	迭代次数	消耗时间/s
	优化前	优化后	减少量			
涡轮盘	1.369	1.299 7	0.069 3	0.998 8	7	2 223
涡轮叶片	1.293	1.234 1	0.058 9	0.999 3	13	2 716
涡轮机匣	0.865	0.820 1	0.044 9	0.999 7	5	821

优化结果显示:基于 QP-ERSM 优化的设计变量最优解都满足设计要求,各装配对象的径向变形都服从正态分布,最优解也都在其相对应的变化范围之内。各构件动态可靠性优化之后,各构件径向变形都服从正态分布,且可靠度都大于 0.99,满足可靠性的要求。相比优化前,各装配对象的径向变形都有所减少,减少量都大于 0.05 mm,即 0.05~0.07 mm,这在一定程度上改善了 BTRRC 的可控性。从计算时间来看,都处于可接受范围之内。

基于重要度的各构件的动态可靠性优化结果都满足设计要求,可靠度都大于 0.99。与直接动态可靠性优化结果相比,各构件的径向变形最优值与其减少量大致相同,这表明:不考虑不太重要的影响参数,仅仅考虑对输出响应影响大的参数作为设计参数进行重要度的动态装配可靠性优化设计,几乎对优化精度和优化效果没有影响。但相对于直接动态可靠性优化,基于重要度可靠性优化的迭代次数和消耗时间大大减少,迭代次数相当于前者的 1/3,花费时间为前者的 1/7~1/4。这是因为各构件的结构响应概率优化仅仅考虑了对结构响应影响较大的随机参数,不是全部的随机变量,这样能大大减少设计变量的数量,从而减少可靠性优化设计的计算量,提高计算效率。

可见,相比结构动态可靠性直接优化设计,基于重要度的结构可靠性优化设计能在保证优化精度的前提下,大大减少计算时间,提高优化效率。同时,也验证了 ERSM 在机械结构动态可靠性优化设计中的有效性和可行性。

2.4　结构系统多目标可靠性设计的高精度代理模型方法

在航空航天、重大装备等复杂机械产品中,结构系统优化和可靠性设计往往是一个涉及多个对象、多个学科的复杂分析问题,计算量极大。如果将结构系统直接作为一个整体进行优化和设计,一般的计算平台无法承受如此大的计算负担,设计效率无法令人接受,甚至无法实现。实际上,由于结构系统各部分之间通常存在复杂的相互作用,因而系统具有"涌现"属性等复杂行为。同时,也有著名的观点认为"整体比部分之和更简单"。在机械结构系统可靠性问题中,传统做法是根据各构件的可靠度计算系统的可靠度。根据各部分性能确定整体性能这种在确定性意义上很有效的方法,应用于概率问题时可能会遇到难以克服的困难。

为了改善计算效率,寻求代理模型代替真实结构模型进行分析设计是目前研究工作者的惯用做法。由于复杂结构的多对象、多学科分析还涉及大规模设计参数,以及设计目标与设计参数之间呈高度非线性等问题,如果对真实复杂结构建立一个"大"代理模型来进行分析设计,尽管计算载荷相对于有限元方法(或真实结构模型)有所减少,但所建立的"大"代理模型很难合理地反映输出响应与输入参数之间的非线性关系,也不能有效地处理大规模参数等问题,模型精度得不到保证,满足不了工程要求。对于成千上万次迭代循环的结构优化与可靠性设计问题,"大"代理模型也会面临着严峻的计算效率问题。近年来,系统工程的思想、方法在许多领域都得到了更大的发展和更多的应用。在系统可靠性分析中,也提出了"系统级"或"系统层"的可靠性分析、建模方法。应用这样的思想和方法,既可以很简洁地建立系统可靠性精确模型,又可以避免在建模过程中作"构件失效相互独立"这种不符合实际情况的假设,的确显示出了在建模方面"整体比部分之和更简单"的内涵,同时也界定了传统系统可靠性模型的适用范围。

针对航空航天结构系统可靠性设计,本节首先介绍系统可靠性设计理论,包括系统可靠性经典模型、系统层可靠性分析与建模方法,然后介绍系统可靠性设计的几种先进代理模型方法,包括分布式协同响应面法、分布式协同极值响应面法、矢量代理模型方法,最后从维式的角度介绍矢量代理模型方法,并对每种方法通过实例分析加以深入剖析。

2.4.1　系统可靠性经典模型

机械结构系统是由构件组成的。在确定性意义上,可以说系统状态完全取决于其构件的状态。然而,系统可靠性则不是完全由构件的可靠性决定的,系统可靠性与构件可靠性之间的关系还与构件之间的失效相关性大小有关。在可靠性问题中,各构件独立失效的系统称为独立失效系统。在这样的系统中,各构件(或构成系统的某一层次的任一组成部分,如子系统、零部件等,可以统称为"单元")失效是相互独立的随机事件。然而,几乎所有的机械系统都不是独立失效系统。只有当系统中各构件承受的载荷互不相关(各载荷之间没有逻辑联系、彼此独立)或载荷是一个确定性量(没有随机性)时,系统中各构件的失效才是彼此独立的。一般情况下,系统中各构件的失效事件是统计相关的随机事件。系统中各构件失效的相关程度取决于载荷(工作负载)的不确定性和强度(构件抵抗失效的能力)不确定性的相对大小。下面主要介绍几种系统可靠性经典模型[58]。

1. 串联系统可靠性模型

串联系统是指系统中的任何一个构件失效都将导致系统失效,或者说只有全部单元都正常工作时系统才能正常工作的系统。大多数机械系统都是串联系统,串联系统的可靠性框图如图 2.11 所示,组成系统的 n 个单元(子系统或构件)用 $X_i(i = 1, 2, \cdots, n)$ (n 为系统所包含的单元数)表示。

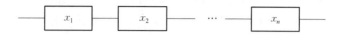

图 2.11　串联系统可靠性框图

"串联系统处于正常工作状态"这一事件 A_S 与其各"单元处于正常工作状态"的事件 $A_i(i = 1, 2, \cdots, n)$ 之间的关系为 $A_S = A_1 \cap A_2 \cap \cdots \cap A_n$。

由此,串联系统可靠度 R_S 的表达式为

$$R_S = P(A_S) = P(A_1 \cap A_2 \cap \cdots \cap A_n) \tag{2.69}$$

其中,R_S 为系统可靠度;A_S 为系统处于正常状态的事件;A_i 为第 i 个单元处于正常状态的事件,$i = 1, 2, \cdots, n$,n 为系统中单元总数;$P(A)$ 为事件 A 发生的概率。

在"各单元失效事件是相互独立的随机事件"的假设条件下,式(2.69)可简化为

$$R_S = P(A_1)P(A_2)\cdots P(A_n) = \prod_{i=1}^{n} P(A_i) \tag{2.70}$$

用 R_i 表示单元 i 的可靠度,即 $R_i = P(A_i)$,则由独立失效的单元构成的串联系统可靠度模型可表达为

$$R_S = \prod_{i=1}^{n} R_i, \quad i = 1, 2, \cdots, n \tag{2.71}$$

对于串联系统,构成系统的单元数越多,系统失效率或失效概率越高,可靠度越低。在构件失效之间存在相关性的情况下,系统可靠度随构件数量增加而降低的速率会有所降低。在这种情况下,系统可靠度不仅与构件可靠度及构件数量有关,还在很大程度上取决于构件之间失效相关的程度。

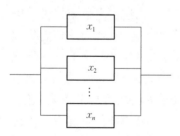

图 2.12　并联系统可靠性框图

2. 并联系统可靠性模型

并联系统是指,若系统中的 n 个单元中只要有一个不失效,系统就不失效,或者说只有当 n 个单元全部都失效时,系统才失效的系统。在这个子系统层次上,整个系统是一个并联系统。并联系统的可靠性框图如图 2.12 所示。

并联系统处于正常状态的事件 A_S 与其各组成单元处于正常状态的事件 A_i 之间的关系为 $A_S = A_1 \cup A_2 \cup \cdots \cup A_n$。因而,并联系统可靠度 R_S 的表达式为

$$R_S = P(A_1 \cup A_2 \cup \cdots \cup A_n) = 1 - P(\bar{A}_1 \cap \bar{A}_2 \cap \cdots \bar{A}_n) \tag{2.72}$$

若各单元的失效是相互独立的,则并联系统可靠性模型可简化为

$$R_S = 1 - \prod_{i=1}^{n} F_i = 1 - \prod_{i=1}^{n} (1 - R_i) \tag{2.73}$$

其中,R_S 为系统可靠度;F_i 为第 i 个单元的失效概率;R_i 为第 i 个单元的可靠度。由式 (2.73)可知,并联系统的可靠度高于其中任何一个单元的可靠度。

3. 串-并联系统可靠度模型

图 2.13 是由多个并联子系统构成的串联结构,简称串-并联系统。计算串-并联系统的可靠度时,可以将并联子系统看作一个等效单元,并将整个系统当作一个串联系统来对待。设有 m 个子系统,第 i 个子系统由 n_i 个单元并联组成。第 i 个子系统中的第 j 个单元的可靠度为 R_{ij},$i = 1, 2, \cdots, m$;$j = 1, 2, \cdots, n_i$。假设各单元的失效是相互独立的,则串-并联系统的可靠度为

$$R_S = \prod_{i=1}^{m} \left[1 - \prod_{j=1}^{n_i} (1 - R_{ij}) \right] \tag{2.74}$$

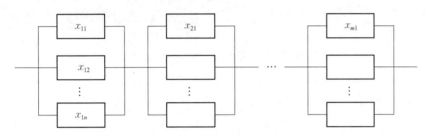

图 2.13　串-并联系统

4. 并-串联系统可靠度模型

并-串联系统如图 2.14 所示。计算并-串联系统可靠度的方法是首先将每一串联子系统转化为一个等效单元,然后把整个系统看作并联系统。

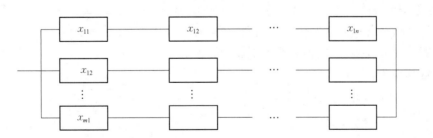

图 2.14　并-串联系统

假设有 m 个子系统,第 i 个子系统有 n_i 个单元,第 i 个子系统中第 j 个单元的可靠度为 R_{ij},$i = 1, 2, \cdots, m$;$j = 1, 2, \cdots, n_i$。且各单元的失效相互独立,则串-并联系统的可靠度为

$$R_S = 1 - \prod_{i=1}^{m} \left(1 - \prod_{j=1}^{n_i} R_{ij} \right) \tag{2.75}$$

若 $n_i = n$, $R_{ij} = R$, 则系统的可靠度为

$$R_S = 1 - (1 - R^n)^m \tag{2.76}$$

5. 表决系统可靠度模型

k/n 表决系统的属性是, 在组成系统的 n 个单元中, 只要能正常工作的单元不少于

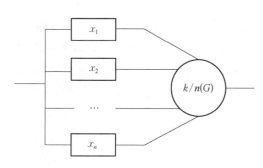

图 2.15 $k/n(G)$ 系统可靠性原理框图

$k(k = 1, 2, \cdots, n)$ 个, 系统就不失效, 也称 $k/n(G)$ 冗余系统 (G 表示"完好")。图 2.15 所示为典型的 $k/n(G)$ 系统可靠性原理。

在一般 $k/n(G)$ 表决系统中, 若 $k = n$, 即 n/n 系统, 则等价于 n 个单元构成的串联系统; 若 $k = 1$, 即 $1/n$ 系统, 则等价于 n 个单元构成的并联系统。若表决系统中的各单元独立失效且各单元的可靠度相同, 即 $R_i = R(i = 1, 2, \cdots, n)$, 则系统可靠性模型为

$$R_S = \sum_{i=k}^{n} \binom{n}{i} R^i (1 - R)^{n-i}, \quad k \leqslant n \tag{2.77}$$

其中, $\binom{n}{i} = \dfrac{n!}{i! \ (n-1)!}$。

6. 储备系统可靠度模型

储备系统由 n 个单元组成, 在初始时刻, 一个单元处于工作状态, 其余 $n - 1$ 个单元作为储备单元。当工作单元发生故障时, 用一个储备单元去替换故障单元, 直至所有 n 个单元均发生故障, 系统才失效。图 2.16 为储备系统的可靠性框图, 图中 SW 表示开关元件。

对于系统的 n 个单元中只要求有 k 个单元工作的储备系统, 当各单元的寿命均为指数分布时, 失效率均为 λ, 忽略监测、转换装置不可靠的影响时, 可靠性模型为

$$R_S = e^{-k\lambda t} \sum_{i=0}^{n-k} \frac{(k\lambda t)^i}{i!}, \quad k \leqslant n \tag{2.78}$$

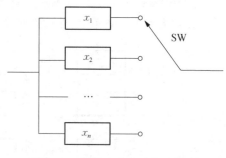

图 2.16 储备系统的可靠性框图

7. 复杂系统可靠性分析方法

在实际问题中, 有许多系统不是简单地由串联、并联子系统构成的, 这样的系统统称为复杂系统。例如, 图 2.17 所示的桥路系统即为一典型的复杂系统。不难看出, 在桥路系统中, 单元 E 具有比较特殊的地位。如果没有单元 E, 原系统就成为一个简单的并-串联系统; 反之, 如果单元 E 不失效 (1 和 2 之间直接联通), 原系统则相当于一个串-并联系统。桥路系统中, 有特殊地位的单元 E 称为中枢单元。分别考虑中枢单元处于工作状态和失效状态这两种情况, 就可以把原系统化简。如果化简后的各分系统的可靠度可以求

出,原系统的可靠度就可以根据全概率公式计算,即

$$R_S = P(S) = P(X)P(S \mid X) + P(\bar{X})P(S \mid \bar{X}) \tag{2.79}$$

其中,S 表示系统正常事件;X 表示系
统中的单元 X 正常事件;$\bar{X}$ 为系统中
的单元 X 失效事件;$P(S \mid X)$ 表示单
元 X 正常(相当于图 2.17 中的单元 E
正常,即 1、2 两点直接联通)时系统正
常的条件概率;$P(S \mid \bar{X})$ 表示单元 X
失效(相当于图 2.17 中的单元 E 失
效,即 1、2 两点直接断路)时系统正常
的条件概率。

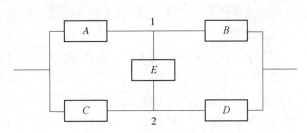

图 2.17　桥路系统可靠性框图

2.4.2　系统层可靠性分析与建模方法

在机械结构系统中,根据构件的行为性能分析系统的行为性能,是近代科学分析的
基本思路。体现在机械结构系统可靠性分析的典型做法是,首先借助载荷-强度干涉模
型计算构件的可靠度,或通过可靠性试验确定构件的可靠度;然后在"系统中各构件失
效相互独立"的假设条件下,根据系统的逻辑结构(串联、并联、表决等),由构件可靠度
计算系统可靠度。然而,由于机械系统中各构件的失效具有明显的统计相关性,采用构
件独立失效假设条件下的系统可靠性模型计算系统可靠度往往会产生很大的误
差[58-60]。由 n 个相同构件构成的串联系统的可靠度 R_n 的值一般在各构件可靠度之积
R^n 与构件可靠度 R(假设各构件的可靠度相等)之间。系统可靠度取其上限 R 的条件
是构件强度的标准差趋于 0,而系统可靠度取其下限 R^n 的条件是载荷的标准差趋于 0。
一般情况下,由不同构件组成的系统的失效概率 $P(n)$ 与构件失效概率 p_i 之间的关系
可表述如下[61]。

对于串联系统,则有

$$\max p_i < P(n) < 1 - \prod_{i=1}^{n}(1 - p_i) \tag{2.80}$$

下限适用于各构件失效是完全相关的情况,上限适用于各构件相互独立失效的情况。
一般说来,当载荷的不确定性远大于强度的不确定性时,系统的失效概率接近上限,反
之则接近下限。

对于并联系统,则有

$$\prod_{i=1}^{n} p_i < P(n) < \min p_i \tag{2.81}$$

当各构件失效为相互独立事件时,下限是精确值;当各构件失效完全相关时,上限是
精确值。

现代科学方法论更强调以系统的观点来分析、解决问题。在系统层面上直接进行系

统行为与性能分析,能够更直接、更简便地建立系统可靠性模型,不再根据构件可靠度来计算系统可靠度,因而也就不需要作"构件失效相互独立"假设。而且,还可以看到系统可靠度不是简单地由构件可靠度决定的,根据构件可靠度计算系统可靠度的思想方法只是出于简单的逻辑判断,这样的逻辑在确定性框架下可能是正确的,但在概率框架下却存在明显缺陷。

对于工程实际中的绝大多数系统,组成系统的各构件多处于同一随机载荷环境下,它们的失效一般不是相互独立的。事实上,失效相关性是在各类系统中普遍存在的,是构件之间的一种非独立失效形式,会明显削弱冗余系统的安全作用,也使得一般系统的可靠性模型变得更为复杂。环境载荷和构件性能都是随机变量,因而系统中各构件的失效一般既不是相互独立的,也不是完全相关的。系统失效的相关性来源于载荷的随机性,构件性能的分散性则有助于减轻构件间的失效相关程度。系统层载荷-强度干涉模型有以下几种。

1. 特殊情况下的系统失效问题

在传统的可靠性干涉分析、计算方法中,并不区分应力分散性与强度分散性对导致系统中各构件间的失效相关性的不同意义。例如,构件失效概率 p(构件强度 X 小于应力 Y 的概率)是借助应力-强度干涉关系模型计算的:

$$p = \int_0^{+\infty} h(y) \left[\int_0^y f(x)\,\mathrm{d}x \right] \mathrm{d}y \tag{2.82}$$

在确定性载荷条件(确定性的载荷用 Y 表示)下,各构件的失效是完全独立的,构件失效概率可表示为

$$\pi(Y) = P(X < Y) = \int_0^Y f(x)\,\mathrm{d}x \tag{2.83}$$

而系统的 n 个构件中有任意 k 个失效的概率为

$$p_s^{k/n} = \frac{n!}{k!\,(n-k)!} \pi(Y)^k \left[1 - \pi(Y)\right]^{n-k} \tag{2.84}$$

式(2.84)在形式上等同于传统的表决系统的可靠性模型(在这样的特殊条件下,传统的系统可靠性模型是严谨的)。

对于构件性能为确定性常量 X(即各构件的性能完全一样,没有分散性的理想情况),而载荷为随机变量的情形,系统中所有的构件或者同时失效,或者都不失效(失效与否取决于载荷随机变量的实现)。这是构件失效完全相关的情形,系统的 n 个构件同时失效的概率 p_s 与一个构件失效概率 p 相同,即

$$p_s = p = \int_X^{+\infty} h(y)\,\mathrm{d}y \tag{2.85}$$

显然,在这种情况下,传统的系统可靠性模型远远偏离真实情况。

2. 系统层载荷-强度干涉分析及并联系统可靠性模型

构件性能与环境载荷是可靠性分析中的一对矛盾(图2.18为环境载荷 s 与构件性能

S 之间的干涉关系)。在通过应力-强度干涉分析进行失效概率计算的过程中,既要考虑环境载荷与构件性能这两方面因素,又对两者所起的作用区别对待,就可以清晰地揭示产生失效相关性的原因,建立能反映相关失效影响的系统可靠性模型。

　　构件失效概率 p 定义为构件性能(强度)S 小于环境载荷 s 的概率,可表达为 $p = P(S < s)$。构件可靠度可以看作应力的函数。在应力与强度均为随机变量的情况下,可以定义构件的条件失效概率(以应力为条件)如下:

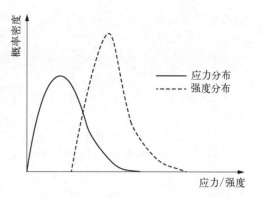

图 2.18　环境载荷 s 与构件性能 S 之间的干涉关系

$$\prod_{i=1}^{n} p_i < P(n) < \min p_i \pi(s) = \int_0^s f(S)\,dS \tag{2.86}$$

应用以上定义的构件条件失效概率,可以很容易地构造出能反映失效相关性的系统失效概率模型。

　　显然,在一个确定的应力 s[可以看作以概率 $h(s)\Delta s$ 出现的一个应力样本值]作用下,构件的条件失效概率完全是由其强度分布决定的。系统中的各构件的强度一般可以看作同分布随机变量,因此在确定性的应力下,各构件的失效是相互独立的。对于一个指定的应力样本 s 而言,系统中 n 个构件同时失效这一事件发生的概率为

$$[\pi(s)]^n = \left[\int_0^s f(S)\,dS\right]^n \tag{2.87}$$

其中,$[\pi(s)]^n$ 相当于 n 重并联系统的条件失效概率。系统的 n 个构件在随机应力 s 作用下同时失效的概率是其条件失效概率函数 $[\pi(s)]^n$ 的数学期望,可以解释为"系统条件失效概率"在全部可能的应力区间 $0 < s < +\infty$ 上的统计平均值,其表达式为

$$p_S^n = \int_0^{+\infty} [\pi(s)^n]\,h(s)\,ds = \int_0^{+\infty} h(s)\left[\int_0^s f(S)\,dS\right]^n ds \tag{2.88}$$

式(2.88)是在系统层面上,通过系统层的应力-强度干涉分析建立的能反映失效相关性影响的并联系统失效概率模型(在建立模型的过程中,没有作"构件失效相互独立"假设)。关于其反映失效相关性的能力,可以很容易地从式(2.88)与不能反映失效相关性的传统的并联系统失效概率模型($p^n = \left\{\int_0^{+\infty} h(s)\left[\int_0^s f(S)\,dS\right]^n ds\right\}^n$,其中 p 为构件失效概率)的差别中看出。

　　相应的,n 个构件并联系统的可靠度模型为

$$R_S^n = 1 - \int_0^{+\infty} h(s)\left[\int_0^s f(S)\,dS\right]^n ds \tag{2.89}$$

3. 串联系统可靠性模型

采用系统层的分析、建模方法,容易得出如下能反映失效相关性的串联系统失效概率

和串联系统可靠度公式：

$$p_S^{1/n} = 1 - \int_0^{+\infty} h(s) \left[\int_s^{+\infty} f(S)\,\mathrm{d}S \right]^n \mathrm{d}s \tag{2.90}$$

$$R_S^{1/n} = \int_0^{+\infty} h(s) \left[\int_s^{+\infty} f(S)\,\mathrm{d}S \right]^n \mathrm{d}s \tag{2.91}$$

4. 表决系统可靠性模型

同理，应用系统层干涉分析与建模方法，可以得出系统的 n 个构件中恰有 k 个失效的概率为

$$R_S^{k/n} = C_r^n \int_0^{+\infty} h(s) \left[\int_s^{+\infty} f(S)\,\mathrm{d}S \right]^k \left[\int_s^{+\infty} f(S)\,\mathrm{d}S \right]^{n-k} \mathrm{d}s \tag{2.92}$$

其中，$C_r^n = \dfrac{n!}{k!\,(n-k)!}$。

显然，除非各构件失效相互独立，系统的 n 个构件中有任意 k 个失效的概率 $p_S^{k/n}$ 一般不能按各构件失效相互独立计算，即

$$p_S^{k/n} \neq \frac{n!}{k!\,(n-k)!} p^k (1-p)^{n-k} \tag{2.93}$$

其中，p 为构件失效概率。

也就是说，传统的表决系统失效概率的公式 $\dfrac{n!}{k!\,(n-k)!} p^k (1-p)^{n-k}$ 只适用于各构件失效相互独立的情况。

2.4.3　分布式协同响应面法

复杂结构设计分析涉及多个层次的多个对象、多个学科的分析，并与它们之间的协同分析设计息息相关。如果要使整体结构得到更合理的设计，势必需要先分层次地对各对象、各学科的子模型进行单独研究，再进行整体结构的多层次、多模型协同分析设计。针对涉及多个构件的机械动态装配关系的可靠性设计，本小节介绍一种分布式协同响应面法（distributed collaborative response surface method，DCRSM）[62,63]，实现多对象、多学科的机械动态装配可靠性（概率）设计。归根结底，多层次多模型协同分析设计的分布式协同代理模型的研究实质上是复合函数逼近问题。复合函数逼近的代理模型的有效性直接决定着多层次、多模型结构系统协同优化与可靠性设计的精度和效率，迫切需要从数学层次研究多层复合函数逼近的高精度分布式协同代理模型，为解决多层次、多模型工程优化与可靠性设计这一类问题提供方法和手段。

1. DCRSM 的基本思想

DCRSM 的基本思想是：首先，建立分布式响应面模型，即根据各层次子函数分析模型的特点，分别构造各自合理的响应面模型，这相当于将涉及的多层次、多子函数协同概率分析的"大"模型分解成若干单层次单函数的"小"模型，即分布式响应面模型；然后，对分布式响应面模型（"小"模型）进行协同概率分析，这相当于再将各层次、各子函数的若

干个"小"模型重新加以整合,来处理多层次、多子函数之间的协同关系,实现各层次各子函数的协同响应概率分析。这样一分一合,能为提高复合函数概率分析的精度和效率带来很多方便。基于 DCRSM 的复合函数概率分析流程如图 2.19 所示。

2. DCRSM 的数学模型

复合函数往往涉及多层次的多子函数,本书以三层(一级子系统层、二级子系统层和变量层)复合函数为例,分析 DCRSM 的基本原理和数学模型。假设三层复合函数的输出响应和输入变量分别用 Y 和 $\boldsymbol{x}$ 表示,则该复合函数的表达式为

$$Y = f(\boldsymbol{x}) = f[f_1(\boldsymbol{x}), f_2(\boldsymbol{x}), \cdots, f_m(\boldsymbol{x})] \quad (2.94)$$

其中,$f(\boldsymbol{x})$ 为复合函数。

假设该三层复合函数分析问题可分解为 $m(m \in \mathbf{Z})$ 个一级子函数,即

$$Y = f[Y^{(1)}, Y^{(2)}, \cdots, Y^{(m)}] \quad (2.95)$$

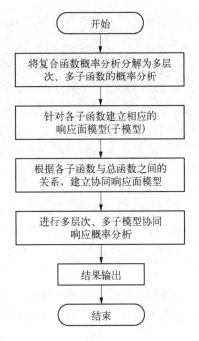

图 2.19　基于 DCRSM 的复合函数概率分析流程图

该函数关系称为总协调函数,该层次称为系统层,其中 $Y^{(i)}$($i = 1, 2, \cdots, m$)是一级子函数。第 i 个一级子函数又可分解 $n(n \in \mathbf{Z})$ 个二级子函数,即

$$Y^{(i)} = f[Y^{(i1)}, Y^{(i2)}, \cdots, Y^{(in)}] \quad (2.96)$$

该函数关系称为一级协调函数,该层次称为一级子系统层,其中 $Y^{(ij)}$($i = 1, 2, \cdots, m; j = 1, 2, \cdots, n$)。第 i 个一级子函数的第 j 个二级子函数与原始变量的关系为

$$Y^{(ij)} = f[\boldsymbol{x}^{(ij)}] \quad (2.97)$$

该函数关系称为二级协调函数,该层次称为二级子系统层,其中 $\boldsymbol{x}^{(ij)}$ 是相应的原始变量向量。本书将一级子系统层和二级子系统层统称为子系统层,将原始变量层称为变量层。三层复合函数的分解示意图如图 2.20 所示。

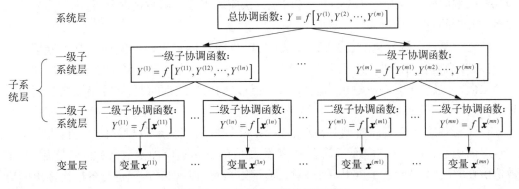

图 2.20　三层复合函数分解示意图

通过以上分析可得到 $\boldsymbol{x}$ 和 $\boldsymbol{x}^{(ij)}$ 的关系,即

$$\boldsymbol{x} = \bigcup_{i=1}^{i=m} \bigcup_{j=1}^{j=n} \boldsymbol{x}^{(ij)} \tag{2.98}$$

这样就把一个复杂的复合函数问题分解为多个层次的多个子函数问题。实际上,在基于 DCRSM 进行复合函数概率分析时,响应面函数(模型)是关键,它直接影响着概率分析的计算效率和精度。以二次多项式作为响应面模型建立 DCRSM 数学模型,因此,将二次多项式作为响应面模型可建立二级子系统协调响应面模型:

$$\overline{Y}^{(ij)} = \overline{f}(\boldsymbol{x}^{(ij)}) = A_0^{(ij)} + \boldsymbol{B}^{(ij)}\boldsymbol{x}^{(ij)} + \boldsymbol{x}^{(ij)\mathrm{T}}\boldsymbol{C}^{(ij)}\boldsymbol{x}^{(ij)} \tag{2.99}$$

式(2.99)为二级子系统的协调二次多项式响应面模型(函数)。其中,$A_0^{(ij)}$、$\boldsymbol{B}^{(ij)}$、$\boldsymbol{C}^{(ij)}$ 分别是该响应面函数的常数项、一次项系数矩阵和二次项系数矩阵(即可有交叉项也可无交叉项,本书用到的是无交叉项的,即对角矩阵)。

在二级子系统协调响应面模型建立之后,将其输出响应 $\overline{Y}^{(ij)}[\boldsymbol{x}^{(ij)}]$ 作为一级子系统协调响应面模型的输入随机变量 $\boldsymbol{x}^{(i)}$,建立一级子系统协调响应面模型。假设其输出响应为 $\overline{Y}^{(i)}(\boldsymbol{x}^{(i)})$,一级子系统协调二次响应面函数可表示为

$$\overline{Y}^{(i)} = f[\boldsymbol{x}^{(i)}] = f(\{\overline{Y}^{(ij)}\}_{j=1}^n) = A_0^{(i)} + \boldsymbol{B}^{(i)}\boldsymbol{x}^{(i)} + \boldsymbol{x}^{(i)\mathrm{T}}\boldsymbol{C}^{(i)}\boldsymbol{x}^{(i)} \tag{2.100}$$

同理,一级子系统层的协调响应面模型的输出响应 $\overline{Y}^{(i)}(\boldsymbol{x}^{(i)})$ 可以作为总系统层响应面模型的输入随机变量 $\bar{\boldsymbol{x}}$,建立总协调响应面模型。假设其输出响应为 $\overline{Y}(\bar{\boldsymbol{x}})$,总协调响应面函数可表示为

$$\overline{Y}(\bar{\boldsymbol{x}}) = f(\bar{\boldsymbol{x}}) = f(\{\overline{Y}^{(i)}\}_{i=1}^m) = A_0 + \boldsymbol{B}\bar{\boldsymbol{x}} + \bar{\boldsymbol{x}}^{\mathrm{T}}\boldsymbol{C}\bar{\boldsymbol{x}} \tag{2.101}$$

这种关系称为总协调响应面函数。其中,A_0、$\boldsymbol{B}$、$\boldsymbol{C}$ 分别为多对象、多学科响应面函数的常数项、一次项系数矩阵和二次项系数矩阵。

同理,将总体响应面模型重写为二次多项式形式,可得

$$\overline{Y} = f(\boldsymbol{x}) = \tilde{A}_0 + \tilde{\boldsymbol{B}}\boldsymbol{x} + \boldsymbol{x}^{\mathrm{T}}\tilde{\boldsymbol{C}}\boldsymbol{x} \tag{2.102}$$

其中,$\tilde{A}_0$、$\tilde{\boldsymbol{B}}$ 和 $\tilde{\boldsymbol{C}}$ 分别是该响应面函数的常数项、一次项系数和二次项系数矩阵。

各层次的响应面函数都是基于二次多项式建立的,该方法称为基于二次多项式的分布式协同响应面法(QP-DCRSM)。若将该方法应用于复合函数概率分析,则称为复合函数概率分析的 QF-DCRSM。

在进行复合函数分析时,也可以以式(2.102)为总体响应面模型进行概率分析。然而,与总协调响应面模型[式(2.101)]相比,式(2.102)含有的输入随机变量更多,计算效率会很低,并且也不易解决输出响应与输入变量之间的非线性问题,计算精度会受到很大影响。

在建立各层次响应面模型时,首先选择足够数量的试验点(试验样本),代入各层次的响应面函数,确定其响应面函数系数,得到相应的确切响应面函数表达式。之后,基于数值仿真方法(如 MC 法),可以用该响应面函数进行模拟试验,进而进行各层次输出响应概率分析。

3. 分布式协同响应面法的优点

由复合函数概率分析的 DCRSM 原理和数学模型可知：DCRSM 是将一个难以实现的复合函数整体分析问题先分解为多层次、多子函数的分布式响应问题，对不同层次的不同子函数建立相应的多个子响应面模型（分布式）；再对多个分布式响应面模型进行协同概率分析，这样一分一合，有效地解决变量数目增加、计算效率低和精度难以保证等各方面问题，具体原因表现在：① 相对于复合函数概率分析整体模型，单模型所含的随机变量数大大减少，计算量也大大减少，有利于减少响应面拟合时间，提高响应面拟合速度和效率；另外，在概率分析中，简单的响应面模型能提高仿真速度和效率；② 响应面模型模拟仿真的计算速度提高，有利于增加模拟仿真次数，甚至可以直接用随机模拟（抽样）方法对原函数进行抽样仿真，来改善概率分析精度；③ 单模型分析能很好地解决输出响应与输入变量间的非线性问题，可更容易、更全面、更具体、更客观地考虑随机变量的影响，来提高计算精度；④ 将"大"模型分解为若干个"小"模型，有利于实现自动运算和并行计算，节约计算时间和提高计算效率；⑤ 可根据各层次的各子函数分析的特点和各方面要求，利用不同的响应面函数（如 QF‑RSM、SVM 模型、ANN 模型等）分别建立各自合理的响应面模型，能避免单个响应面模型的局限性，可大大提高概率分析的精度和有效性。另外，DCRSM 也为进一步进行复合函数概率优化设计提供了保证。通过复合函数概率分析，得到影响复合函数的主要因素，有利于在概率优化设计时利用自动运行和并行计算方法对各个子模型和主要影响因素进行重点控制，既能达到优化效果又能提高计算效率。

4. 实例分析

以一个高度非线性的二层复合函数 [式(2.103)][62] 来验证 DCRSM 的计算精度和计算效率，所有计算都在 2.13 GHz CPU 和 8 GB RAM 的英特尔奔腾 4（Intel Pentium 4）32 位台式计算机环境下完成（在后面章节，所有分析都是在该计算机环境中完成）。

1）DCRSM 验证

$$F(x) = F[f_1(x), f_2(x), f_3(x)]$$

$$= 2 + \exp\left[-\frac{f_1(x)^2}{10}\right] + \left[\frac{f_2(x)}{5}\right]^4 - f_3^3(x)\sin[f_2^2(x)] \qquad (2.103)$$

其中，

$$\begin{cases} f_1(x) = 2 + 0.01(x_2 - x_1^2)^2 + (1 - x_1)^2 + 2(2 - x_2)^2 + 7\sin(0.5x_1)\sin(0.7x_1x_2) \\ f_2(x) = \left(x_4 - \frac{5.1}{4\pi^2}x_3^2 + \frac{5}{\pi}x_3 - 6\right)^2 + 10\left(1 - \frac{1}{8\pi}\right)\cos x_3 + 10 \\ f_3(x) = \left(4 - 2.1x_5^2 + \frac{1}{3}x_6^3\right)x_5^2 + x_5x_6 - (4 - 4x_6^2)x_5^2 \end{cases}$$

$$(2.104)$$

式(2.104)中变量的概率分布特征如表 2.15 所示。

表 2.15　变量的概率分布特征

变 量	均 值	标 准 差	分布类型	变 量	均 值	标 准 差	分布类型
x_1	3	0.1	正态	x_4	5	0.1	正态
x_2	4	0.1	正态	x_5	0.5	0.1	正态
x_3	2.5	0.1	正态	x_6	-0.5	0.1	正态

基于 MC 法和各变量的分布特征,为每个子函数[式(2.104)]分别抽取 40 组样本向量,对复合函数的子函数分别建立分布式的二次响应面模型(不含交叉项,下同):

$$\begin{cases} \bar{f}_1(x) = -662.031\,7 + 276.052\,7x_1 + 114.397\,7x_2 - 61.648x_1^2 - 3.043\,6x_2^2 \\ \bar{f}_2(x) = 48.819\,2 - 31.314\,2x_3 - 2.371\,7x_4 + 6.824\,6x_3^2 + 0.227\,7x_4^2 \\ \bar{f}_3(x) = 0.959\,5 + 0.467\,9x_5 + 0.699\,4x_6 - 3.124\,8x_5^2 - 0.818\,9x_6^2 \end{cases} \quad (2.105)$$

然后,根据各子函数中 40 组输出响应的分布特征,对复合函数的系统函数[式(2.103)]进行计算,得到输出响应值,提取 40 组样本向量,来拟合复合函数的二次协调响应面模型,如式(2.106):

$$\begin{aligned} \bar{F}(f_1, f_2, f_3) = {} & 120.397\,7 - 0.914\,5f_1(x) - 65.532\,9f_2(x) - 19.097\,1f_3(x) \\ & + 0.025\,1f_1^2(x) + 10.114\,5f_2^2(x) - 27.294\,1f_3^2(x) \end{aligned} \quad (2.106)$$

为了验证 DCRSM 在复合函数概率分析中的计算效率和计算精度,将 MC 法和二次多项式响应面法应用于复合函数概率分析,以便比较和验证。值得注意的是:基于 MC 法的概率分析是直接对原复合函数进行分析计算的;基于二次多项式响应面法的概率分析是将复合函数直接作为一个整体复杂函数,建立一个整体响应面模型,将该响应面模型代替原复合函数完成概率分析和计算。通过分析,建立的复合函数的整体响应面模型如下:

$$\begin{aligned} \bar{F}(x) = {} & -12.978\,9 - 2.935x_1 - 2.087\,7x_2 - 3.546\,5x_3 - 1.535\,7x_4 - 0.560\,5x_5 \\ & + 52.585x_6 + 0.347\,4x_1^2 + 0.462\,2x_2^2 + 0.463\,0x_3^2 + 0.599\,2x_4^2 + 496.641\,3x_5^2 \\ & + 298.087\,1x_6^2 \end{aligned} \quad (2.107)$$

为了验证 DCRSM 的计算精度,基于 MC 法对原复合函数的变量抽取 20 组测试样本,分别输入式(2.105)~式(2.107)来验证 DCRSM 和二次多项式响应面法的响应面模型精度,其中测试样本和比较结果如表 2.16 所示。

表 2.16　分布式协同响应面法的计算精度验证结果

样本编号	变量向量 x(20 组)						$F(x)$ 计算误差		
	x_1	x_2	x_3	x_4	x_5	x_6	MC 法	二次多项式响应面法	DCRSM
1	2.956 7	3.956 7	2.456 7	4.956 7	0.456 7	-0.543 3	145.225 0	-0.920 5	0.018 4
2	2.833 4	3.833 4	2.333 4	4.833 4	0.333 4	-0.666 6	132.997 0	0.527 9	0.013 0

样本编号	变量向量 x(20组)						F(x)计算误差		
	x_1	x_2	x_3	x_4	x_5	x_6	MC 法	二次多项式响应面法	DCRSM
3	3.012 5	4.012 5	2.512 5	5.012 5	0.512 5	−0.487 5	157.062 1	0.079 0	0.016 2
4	3.028 8	4.028 8	2.528 8	5.028 8	0.528 8	−0.471 2	161.385 4	0.422 5	**0.009 9**
5	2.885 4	3.885 4	2.385 4	4.885 4	0.385 4	−0.614 6	136.019 9	−0.908 8	0.011 9
6	3.119 1	4.119 1	2.619 1	5.119 1	0.619 1	−0.380 9	194.037 5	1.402 3	0.050 1
7	3.118 9	4.118 9	2.618 9	5.118 9	0.618 9	−0.381 1	193.960 0	1.402 0	0.048 0
8	2.996 2	3.996 2	2.496 2	4.996 2	0.496 2	−0.503 8	153.138 9	−0.260 2	0.018 1
9	3.032 7	4.032 7	2.532 7	5.032 7	0.532 7	−0.467 3	162.503 5	0.506 9	0.010 0
10	3.017 5	4.017 5	2.517 5	5.017 5	0.517 5	−0.482 5	158.334 6	0.179 5	0.010 5
11	2.981 3	3.981 3	2.481 3	4.981 3	0.481 3	−0.518 7	149.896 6	−0.546 4	0.017 2
12	3.072 6	4.072 6	2.572 6	5.072 6	0.572 6	−0.427 4	175.256 2	1.241 5	0.023 6
13	2.941 2	3.941 2	2.441 2	4.941 2	0.441 2	−0.558 8	142.683 2	−1.077 0	0.016 5
14	3.218 3	4.218 3	2.718 3	5.218 3	0.718 3	−0.281 7	252.246 0	**−4.876 4**	**−0.111 9**
15	2.986 4	3.986 4	2.486 4	4.986 4	0.486 4	−0.513 6	150.957 8	−0.456 2	0.014 9
16	3.011 4	4.011 4	2.511 4	5.011 4	0.511 4	−0.488 6	156.773 0	**0.056 1**	0.017 7
17	3.106 7	4.106 7	2.606 7	5.106 7	0.606 7	−0.393 3	188.629 4	1.417 3	−0.013 0
18	3.005 9	4.005 9	2.505 9	5.005 9	0.505 9	−0.494 1	155.424 7	−0.062 2	0.015 7
19	2.990 4	3.990 4	2.490 4	4.990 4	0.490 4	−0.509 6	151.839 6	−0.376 1	0.017 2
20	2.916 8	3.916 8	2.416 8	4.916 8	0.416 8	−0.583 2	139.312 8	−1.157 0	0.014 4

注：计算误差的最大值和最小值已加粗表示；误差均值分别为 0.170 3（二次多项式响应面法）和 0.010 9（DCRSM）。

为了验证 DCRSM 的计算效率，利用 MC 法、二次多项式响应面法和 DCRSM 分别对原复合函数、复合函数的整体响应面模型，以及分布式子函数模型和系统函数模型进行不同次数仿真，结果如表 2.17 和图 2.21 所示。其中，基于 DCRSM 的复合函数概率分析是在三台相同的计算机上进行自动并行计算的。

表 2.17　MC 法、二次多项式响应面法和 DCRSM 的计算时间比较

仿真方法	仿　真　次　数				
	100 次	1 000 次	3 000 次	5 000 次	10 000 次
MC 法	0.138 s	0.303 s	2.51 s	6.53 s	15.531 s
二次多项式响应面法	0.122 s	0.26 s	1.87 s	4.91 s	12.336 s
DCRSM	0.016 s	0.028 s	0.11 s	0.37 s	1.85 s

2）讨论

由表 2.16 可知：DCRSM 概率分析的绝对误差的最大值仅相当于响应面法的 1/45，绝对误差的最小值大约为响应面法的 1/6，平均误差件相当于响应面法的 1/16，基本上与

MC 法的计算结果一样。因此,相对于响应面法,DCRSM 的概率分析误差小、精度高,该结果验证了 DCRSM 能很好地解决复杂复合函数的高度非线性问题。这是因为 DCRSM 能将含有多变量的高度非线性的复杂复合函数分解为非线性程度不太高、含有变量数目较少的简单子函数,所建立的子函数的响应面模型能最大程度地保留原函数的特征,较好地逼近原函数的功能。另外,对非线性程度不高、变量较少的子函数进行抽样分析时,目前的方法能够很好地解决子函数的非线性问题,使得提取的样本更精确。

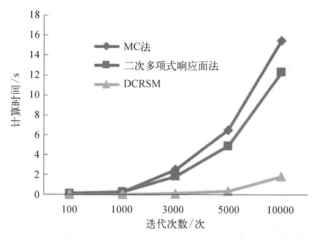

图 2.21   MC 法、二次多项式响应面法和 DCRSM 计算时间曲线

由表 2.17 和图 2.21 可得:DCRSM 的概率分析计算时间远低于二次多项式响应面法和 MC 法,显示了 DCRSM 在概率分析方面的高效性。这是因为:一方面,子函数的非线性程度低、变量少,使得 DCRSM 的计算速度较快;另一方面,基于 DCRSM 的概率分析更容易在多台计算机上实现自动并行计算,这样就能大大提高计算效率。

综上所述,该算例验证了 DCRSM 是一种高效率、高精度的概率分析方法。该算例是一个高非线性复杂的显示稳态(静态,即与时间无关)复合函数,事实上,DCRSM 不但能应用于高度非线性显示复合函数的概率分析,也可应用于高度非线性隐式复合函数的概率分析,不仅能应用于稳态复合函数的概率分析,也可以应用于时变复合函数的概率分析,因为其概率分析原理是一样的。其实,相对于复杂机械结构系统多目标动态可靠性设计问题,选取的算例只是个非线性的复合函数,是很简单的。若将 DCRSM 应用于航空发动机 BTRRC 概率设计的复杂机械动态装配可靠性设计分析中,可以预见,在高度非线性复合函数概率分析中,行之有效的 DCRSM 也一定有潜在的应用价值和工程意义,相关内容将在 2.4.4 节加以研究。

2.4.4   分布式协同极值响应面法

1. DCERSM 的基本思想

将第 2.3.4 节的 ERSM 引入 DCRSM 中,拓展出分布式协同极值响应面法(DCERSM)[63,64],并以某型航空发动机 BTRRC 为研究对象,考虑载荷的动态性和材料属性的非线性,开展瞬态概率分析,验证 DCERSM 的可行性和有效性。基于 DCERSM 的结

构系统可靠性分析的基本思想如下:

首先,建立结构系统各构件的有限元模型。根据各构件的结构特点,将结构系统分解为各个构件,建立其有限元模型。

其次,抽取试验样本。针对各构件和学科,在分析时域 $[0, T]$ 内进行小批量的瞬态分析,提取每次分析的动态响应的极值作为极值输出响应。

然后,建立分布式极值响应面模型,即根据各构件、各学科分析模型的各自特点,分别构造各自合理的极值响应面模型。这相当于将多构件、多学科协同响应可靠性分析的“大”模型,分解成若干个单构件、单学科的“小”模型。

最后,再对分布式响应面模型进行协同响应可靠性分析,这相当于再将各构件、各学科的若干个“小”模型重新加以整合,来处理多构件、多学科响应之间的协同关系,实现各构件、各学科的协同响应可靠性分析。

这样一分一合,可有效提高结构系统动态可靠性设计的计算精度和效率。

通过以上分析可知,DCERSM 是将难以实现的复杂结构整体分析问题先分解为多构件、多学科、多模型的分布式动态响应问题,再对多个分布式极值响应面模型进行协同可靠性分析。这样一分一合,DCERSM 除了具有 DCRSM 的优点外,还能有效地解决动态性、计算效率和计算精度难以保证等各方面问题,因为: ① 相对于 DCRSM,DCERSM 是全局响应面法,基于 DCERSM 的结构系统动态可靠性设计是全局瞬态分析,避免了 DCRSM 的局部性,提高了结构系统动态装配可靠性分析的精度;② 将结构系统动态可靠性分析的过程变量问题转化为随机变量问题,大大提高了计算速度,节约了计算时间,改善了计算效率。

2. 以 BTRRC 为装配关系特征量的动态装配可靠性模型

假设 t 时刻的涡轮盘、叶片和机匣的径向位移分别为 $Y_d(t)$、$Y_b(t)$、$Y_c(t)$,则叶尖径向间隙变形量 $\tau(t)$ 为

$$\tau(t) = Y_d(t) + Y_b(t) - Y_c(t) \tag{2.108}$$

当叶尖径向间隙的静态设计值为 δ 时,由式(2.32)可得 t 时刻的叶尖最大间隙 $Y(t)$(极限状态函数)为[64-67]

$$Y(t) = \delta - \tau(t) = \delta - Y_d(t) - Y_b(t) + Y_c(t) \tag{2.109}$$

假设在 t 时刻 $Y(t)$ 达到最小值,则 BTRRC 的极限状态函数为

$$Y = \delta - Y_d - Y_b + Y_c \tag{2.110}$$

式(2.108)~式(2.110)表达了 BTRRC 与各装配对象(涡轮盘、叶片和机匣)的分布式响应面模型的输出响应(径向变形)之间的关系,即协调关系。因此,在 BTRRC 分布式协同概率分析中,可以将式(2.108)~式(2.110)作为协同响应面函数。

由极限状态函数可知:当 $Y>0$ 时,航空发动机高压涡轮叶尖装配为安全状态;反之,为失效状态。

2.3.4 节已经完成了各构件径向变形的动态概率分析,得到了各构件的分布式响应面模型。经过各构件动态确定性分析,得到各构件径向变形随时间变化的规律,如图

2.22 所示。假设装配静态叶尖径向间隙的设计值为 $\delta = 2$ mm。由式(2.109)可得 $Y(t)$ 随时间的变化，如图 2.22 所示。

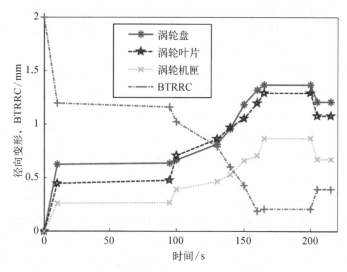

图 2.22　载荷谱下构件径向变形和 BTRRC 变化曲线

3. BTRRC 动态可靠性设计

将 2.3.4 节得到的涡轮盘、叶片和机匣的分布式极值响应面模型代入式(2.109)和式(2.110)得到 BTRRC 概率分析的协同极值响应面模型，如式(2.111)所示(省略系数小于 10^{-5} 的项)：

$$Y = \delta - \tau = \delta + Y_c - Y_d - Y_b$$
$$= \sigma - 1.794\,842 - 7.319\,114 \times 10^{-2}\omega + 4.514\,6 \times 10^{-3}T - 6.330\,43 \times 10^{-4}\alpha_d$$
$$- 2.019\,92 \times 10^{-4}\alpha_c - 1.859\,433 \times 10^{-3}\omega^2 - 4.465\,878 \times 10^{-3}T^2 \qquad (2.111)$$

根据表 2.11 中轮盘、叶片和机匣的最大径向变形分布特征，首先，以各装配构件的最大径向变形为随机输入变量，以式(2.108)为极值响应面模型(暂不考虑稳态设计间隙 δ)，进行 BTRRC 径向变形量 τ 的动态概率分析，计算时间为 4.869 66 s。通过 10 000 次仿真，得到 BTRRC 的分布特征为均值 1.796 19 mm、方差 0.016 265 1 mm。

2.4.5　矢量代理模型方法

1. 矢量代理模型方法的提出

对于多目标复杂结构的可靠性设计，传统的可靠性设计方法难以协同多目标分析过程，仍需在输出响应和输入参数之间建立多个功能函数，迫切需要提出多目标结构同步建模的新理念。为了完成多目标结构的可靠性设计，将矩阵思想引入代理模型，提出了同步建模的理念，即矢量代理模型(vectorial surrogate model，VSM)方法。VSM 方法的基本原理如下：将矩阵理论引入代理模型方法中，分别考虑多变量参数、模型超参数/系数和多个分析目标作为矩阵，建立多分析目标的同步可靠性模型，用于复杂结构多目标的概率分析。图 2.23 为复杂结构多目标同步建模理念。

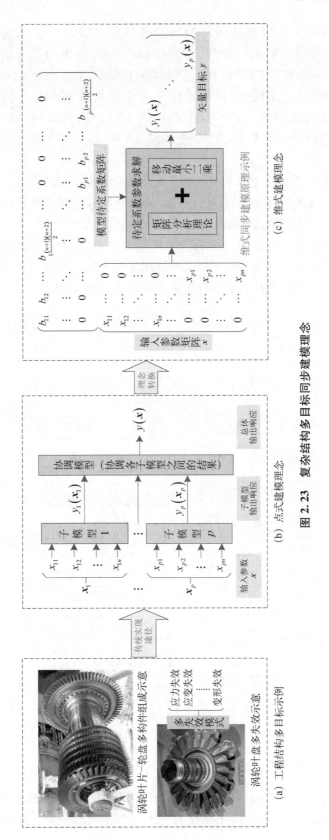

图 2.23　复杂结构多目标同步建模理念

(a) 工程结构多目标示例

(b) 点式建模理念

(c) 维式建模理念

从上述分析来看,多目标复杂结构的同步建模理念在三个方面具有明显的优势: ① 通过考虑多变量参数的耦合和多目标的相关性,将协同混合抽样技术应用于多目标响应的同步采样响应,可以提高样本采集的效率和可用性;② 该理念避免了传统建模方法的单独建模,可以同步建立复杂结构多目标响应的整体协同模型,保证多目标建模的协同性,减少建模时间;③ 多目标结构的协同分析,实现了从传统的点可靠性分析到维式可靠性分析的转变,解决了多目标可靠性分析过程的协同问题。

2. 基于矢量代理模型的复杂结构多构件多失效协同概率分析思想

根据同步建模的理念,将协同混合抽样技术、矩阵思想和代理模型策略相结合,开发了 VSM 方法,以协同完成多目标复杂结构的可靠性设计[68]。

采用协同混合抽样技术生成多目标响应样本,采用矩阵思想和代理模型策略同步建立多目标结构模型。VSM 方法有望应用于合理处理多个参数之间的耦合、多目标响应之间的相关性,以及协调采样、建模和仿真分析过程。基于 VSM 方法的多目标可靠性设计流程如图 2.24 所示。

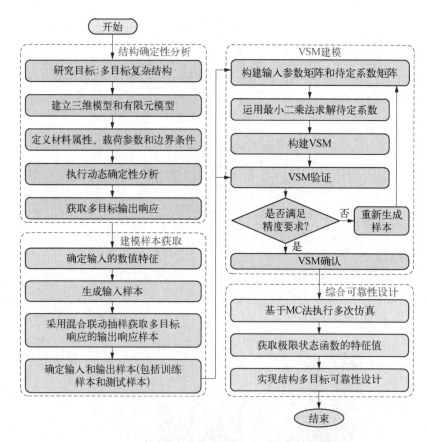

图 2.24　基于 VSM 的多目标可靠性设计流程图

由图 2.24 可知,总体包括结构确定性分析、建模样本获取、VSM 建模和综合可靠性设计四个步骤,具体如下: ① 建立具有多个目标的复杂结构的三维和有限元模型,并定义材料特性、载荷和边界条件;② 根据已建立的有限元模型进行结构确定性分析,并获得复杂结构多目标输出响应;③ 定义相关输入参数的数值特征,包括分布特征、平均值和标准差,并生成足够的输入参数样本;④ 利用协同混合抽样技术获取多目标响应样本,并确保输入和输出样本,包括训练样本和测试样本;⑤ 用训练样本和未知系数矩阵建立输入参数矩阵,用最小二乘法求解这些未知系数;⑥ 推导 VSM,并用测试样本验证所建立的模型,如果分析结果无法满足精度要求,则再次执行建模样本生成步骤,当分析结果满足精度要求时,得到 VSM;⑦ 在 VSM 的基础上,利用 MC 法进行了大量仿真,得到极限状态矩阵的特征值;⑧ 利用概率统计理论进行多目标结构的综合可靠性设计。

3. 矢量代理模型数学建模

VSM 方法是将矩阵思想引入传统的代理模型策略中,实现多目标结构的综合可靠性设计[68,69]。基于二次多项式,VSM 表示为

$$y(x) = a + bx + x^{\mathrm{T}}cx \tag{2.112}$$

其中,a 为常数项矩阵;b 为线性项矩阵;c 为二次项矩阵;y 为多目标的输出矩阵;x 为输入矩阵。

假设复杂结构的综合可靠性设计涉及 m 个目标,a、b 和 c 的系数矩阵表示为

$$\begin{cases} a = \mathrm{diag}(a_1 \quad a_2 \quad \cdots \quad a_i \quad \cdots \quad a_m) \\ b = \begin{pmatrix} b_1 & & & & & \\ & b_2 & & & & \\ & & \ddots & & & \\ & & & b_i & & \\ & & & & \ddots & \\ & & & & & b_m \end{pmatrix} \\ c = \begin{pmatrix} c_1 & & & & & \\ & c_2 & & & & \\ & & \ddots & & & \\ & & & c_i & & \\ & & & & \ddots & \\ & & & & & c_m \end{pmatrix} \end{cases} \tag{2.113}$$

y 和 x 可以通过以下方式描述:

$$
\left\{
\begin{array}{l}
\boldsymbol{x} = \begin{pmatrix}
x_{11} & \cdots & x_{1n_1} & 0 & 0 & 0 & 0 & 0 & 0 & 0 & 0 & 0 & 0 \\
0 & 0 & 0 & x_{21} & \cdots & x_{2n_2} & 0 & 0 & 0 & 0 & 0 & 0 & 0 \\
0 & 0 & 0 & 0 & 0 & 0 & \ddots & 0 & 0 & 0 & 0 & 0 & 0 \\
0 & 0 & 0 & 0 & 0 & 0 & 0 & x_{il} & \cdots & x_{in_i} & 0 & 0 & 0 \\
0 & 0 & 0 & 0 & 0 & 0 & 0 & 0 & 0 & 0 & \ddots & 0 & 0 \\
0 & 0 & 0 & 0 & 0 & 0 & 0 & 0 & 0 & 0 & 0 & x_{m1} & \cdots & x_{mn_m}
\end{pmatrix} \\
\boldsymbol{y}(\boldsymbol{x}) = \mathrm{diag}\begin{bmatrix} y_1(\boldsymbol{x}) & y_2(\boldsymbol{x}) & \cdots & y_i(\boldsymbol{x}) & \cdots & y_m(\boldsymbol{x}) \end{bmatrix}
\end{array}
\right.
\tag{2.114}
$$

其中，$i = 1, 2, \cdots, m$；$\boldsymbol{a}_i$、$\boldsymbol{b}_i$ 和 $\boldsymbol{c}_i$ 分别表示第 i 个目标的常数项、线性项向量和二次项矩阵；$n_1, n_2, \cdots, n_m$ 表示每个目标的输入参数数量；$y_i(\boldsymbol{x})$ 表示第 i 个目标的输出响应。因此，$\boldsymbol{b}_i$ 和 $\boldsymbol{c}_i$ 为

$$
\left\{
\begin{array}{l}
\boldsymbol{b}_i = \begin{pmatrix} b_{i1} & b_{i2} & \cdots & b_{ij} & \cdots & b_{in} \end{pmatrix} \\
\boldsymbol{c}_i = \begin{pmatrix}
c_{i,11} & c_{i,12} & \cdots & c_{i,1k} & \cdots & c_{i,1j} & \cdots & c_{i,1n_i} \\
c_{i,21} & c_{i,22} & \cdots & c_{i,2k} & \cdots & c_{i,2j} & \cdots & c_{i,2n_i} \\
\vdots & \vdots & \ddots & \vdots & \ddots & \vdots & \ddots & \vdots \\
c_{i,k1} & c_{i,k2} & \cdots & c_{i,kk} & \cdots & c_{i,kj} & \cdots & c_{i,kn_i} \\
\vdots & \vdots & \ddots & \vdots & \ddots & \vdots & \ddots & \vdots \\
c_{i,j1} & c_{i,j2} & \cdots & c_{i,jk} & \cdots & c_{i,jj} & \cdots & c_{i,jn_i} \\
\vdots & \vdots & \ddots & \vdots & \ddots & \vdots & \ddots & \vdots \\
c_{i,n_i1} & c_{i,n_i2} & \cdots & c_{i,n_ik} & \cdots & c_{i,n_ij} & \cdots & c_{i,n_in_i}
\end{pmatrix}
\end{array}
\right.
\tag{2.115}
$$

其中，$j, k = 1, 2, \cdots, n_i$；b_{ij} 表示第 i 个目标的第 j 个线性项；$c_{i,kj}$ 表示第 i 个目标的第 k 个和第 j 个输入参数的二次项；$\boldsymbol{c}_i$ 是一个对称矩阵。

对于 VSM，$\boldsymbol{a}$、$\boldsymbol{b}$ 和 $\boldsymbol{c}$ 的矩阵重组为未知系数的矩阵 $\boldsymbol{d}$，即

$$
\boldsymbol{d} = \begin{pmatrix}
\boldsymbol{d}_1 & & & & & \\
& \boldsymbol{d}_2 & & & & \\
& & \ddots & & & \\
& & & \boldsymbol{d}_i & & \\
& & & & \ddots & \\
& & & & & \boldsymbol{d}_m
\end{pmatrix}
\tag{2.116}
$$

其中，$\boldsymbol{d}_i$ 表示第 i 个目标的未知系数向量，即

$$
\boldsymbol{d}_i = \begin{pmatrix} a_i & b_{i1} & \cdots & b_{in_i} & c_{i,11} & \cdots & c_{i,1n_i} & \cdots & c_{i,n_i1} & \cdots & c_{i,n_in_i} \end{pmatrix}
\tag{2.117}
$$

根据最小二乘法，这些未知系数可以确定为

$$d = (X^{\mathrm{T}} X)^{-1} X^{\mathrm{T}} y(X)$$

s.t.
$$
X =
\begin{pmatrix}
1 & x_{1,11} & \cdots & x_{1,1n_1} & x_{1,11}^2 & x_{1,11}x_{1,12} & \cdots & x_{1,1n_1}^2 \\
1 & x_{2,11} & \cdots & x_{2,1n_1} & x_{2,11}^2 & x_{2,11}x_{2,12} & \cdots & x_{2,1n_1}^2 \\
\vdots & \vdots & \ddots & \vdots & \vdots & \vdots & \ddots & \vdots \\
1 & x_{p_1,11} & \cdots & x_{p_1,1n_1} & x_{p_1,11}^2 & x_{p_1,11}x_{p_1,12} & \cdots & x_{p_1,1n_1}^2 \\
 & & & & \ddots & & & \\
1 & x_{1,i1} & \cdots & x_{1,in_i} & x_{1,i1}^2 & x_{1,i1}x_{1,i2} & \cdots & x_{1,in_i}^2 \\
1 & x_{2,i1} & \cdots & x_{2,in_i} & x_{2,i1}^2 & x_{2,i1}x_{2,i2} & \cdots & x_{2,in_i}^2 \\
\vdots & \vdots & \ddots & \vdots & \vdots & \vdots & \ddots & \vdots \\
1 & x_{p_i,i1} & \cdots & x_{p_i,in_i} & x_{p_i,i1}^2 & x_{p_i,i1}x_{p_i,i2} & \cdots & x_{p_i,in_i}^2 \\
 & & & & \ddots & & & \\
1 & x_{1,m1} & \cdots & x_{1,mn_m} & x_{1,m1}^2 & x_{1,m1}x_{1,m2} & \cdots & x_{1,mn_m}^2 \\
1 & x_{2,m1} & \cdots & x_{2,mn_m} & x_{2,m1}^2 & x_{2,m1}x_{2,m2} & \cdots & x_{2,mn_m}^2 \\
\vdots & \vdots & \ddots & \vdots & \vdots & \vdots & \ddots & \vdots \\
1 & x_{p_m,m1} & \cdots & x_{p_m,mn_m} & x_{p_m,m1}^2 & x_{p_m,m1}x_{p_m,m2} & \cdots & x_{p_m,mn_m}^2
\end{pmatrix}
\tag{2.118}
$$

其中,$\boldsymbol{X}$ 为样本的矩阵;p_1, p_2, $\cdots$, p_m 为每个目标的输入参数样本数。

通过上述分析,可以得到式(2.112)中未知系数的值,并基于 VSM 方法建立多目标结构功能函数。因此,多目标结构的极限状态函数 $\boldsymbol{h}(\boldsymbol{x})$ 为

$$\boldsymbol{h}(\boldsymbol{x}) = \boldsymbol{y}_{\text{allow}} - \boldsymbol{y}(\boldsymbol{x}) = \text{diag}(y_{\text{allow, 1}} \quad y_{\text{allow, 2}} \quad \cdots \quad y_{\text{allow, }m})$$
$$- \text{diag}[y_1(\boldsymbol{x}) \quad y_2(\boldsymbol{x}) \quad \cdots \quad y_m(\boldsymbol{x})] \quad (2.119)$$

其中,$\boldsymbol{y}_{\text{allow}}$ 是许多输出响应的允许值对角矩阵。

与传统的代理模型方法,如 RSM、Kriging 模型、支持向量方法和人工神经网络相比,本节提出的方法的区别在于:① VSM 方法可以一次导出多目标结构的整体模型;② 考虑多个输出响应之间的耦合关系,VSM 方法可以实现多目标结构可靠性设计的协同分析。

4. 矢量代理模型可靠性设计原理

本节的目的是研究基于 VSM 方法的多目标结构可靠性设计理论。根据极限状态函数,采用 MC 法进行大量模拟,以获得这些极限状态矩阵。所有特征值均通过矩阵分析计算,然后利用统计分析原理进行多目标结构的综合可靠性估计。换言之,可以利用大数定律,基于极限状态矩阵的特征值,获得复杂结构多目标响应的可靠性指标。多目标结构的可靠性 P_r 和失效水平 P_f 如下所示:

$$\begin{cases} P_f = E[I_F(\boldsymbol{x})] = \dfrac{1}{N} \sum I_F(\boldsymbol{x}) = \dfrac{n_{\lambda < 0}}{N} \\ P_r = 1 - P_f = \dfrac{N_{\lambda \geqslant 0}}{N} \end{cases} \quad (2.120)$$

其中,$E[\cdot]$ 表示期望值;$I_F(\boldsymbol{x})$ 为指示函数,下标 F 表示失效域,$I_F(\boldsymbol{x}) = 1$ 表示总失效,$I_F(\boldsymbol{x}) = 0$ 表示绝对安全;N 表示模拟的总数,其中 $N_{\lambda < 0}$ 是失效样本数,$N_{\lambda \geqslant 0}$ 为安全样本数,λ 代表极限状态矩阵的特征值。

5. 实例分析

采用 VSM 方法对 2.4.3 节的数学例子加以计算,首先生成所有输入的 100 个样本。主函数和子函数中的输出变量根据获取的输入参数样本进行计算。在 100 个输入和输出样本池中,选择 40 个样本作为训练样本,用建议的 VSM 方法逼近非线性复合函数,其余 60 个样本作为测试样本,以验证逼近性能和计算能力。非线性复合函数中主函数的近似形式为

$$y[y_1(\boldsymbol{x}_1), y_2(\boldsymbol{x}_2), y_3(\boldsymbol{x}_3)] = 18.173 + (-0.0389 \quad -5.6048 \quad 28.305) \begin{bmatrix} y_1(\boldsymbol{x}_1) \\ y_2(\boldsymbol{x}_2) \\ y_3(\boldsymbol{x}_3) \end{bmatrix}$$
$$+ [y_1(\boldsymbol{x}_1) \quad y_2(\boldsymbol{x}_2) \quad y_3(\boldsymbol{x}_3)]$$
$$\begin{pmatrix} 1.0048 \times 10^{-3} & & \\ & 55.686 & \\ & & 9.5064 \end{pmatrix} \begin{bmatrix} y_1(\boldsymbol{x}_1) \\ y_2(\boldsymbol{x}_2) \\ y_3(\boldsymbol{x}_3) \end{bmatrix} \quad (2.121)$$

对于 $y_1(\boldsymbol{x}_1)$、$y_2(\boldsymbol{x}_2)$ 和 $y_3(\boldsymbol{x}_3)$，可以使用矩阵分析思想来计算子函数的值，三个子函数的矢量代理模型为

$$
\begin{bmatrix} y_1(\boldsymbol{x}_1) \\ y_2(\boldsymbol{x}_2) \\ y_3(\boldsymbol{x}_3) \end{bmatrix} = \begin{pmatrix} 212.55 \\ 44.408 \\ -0.67461 \end{pmatrix}
$$

$$
+ \begin{pmatrix} 110.56 & 36.72 & 0 & 0 & 0 & 0 \\ 0 & 0 & -22.678 & -7.10487 & 0 & 0 \\ 0 & 0 & 0 & 0 & 2.3958 & -0.13929 \end{pmatrix} \begin{pmatrix} \boldsymbol{x}_1 \\ \boldsymbol{x}_2 \\ \boldsymbol{x}_3 \\ \boldsymbol{x}_4 \\ \boldsymbol{x}_5 \\ \boldsymbol{x}_6 \end{pmatrix}
$$

$$
+ \begin{pmatrix} \boldsymbol{x}_1 \\ \boldsymbol{x}_2 \\ \boldsymbol{x}_3 \\ \boldsymbol{x}_4 \\ \boldsymbol{x}_5 \\ \boldsymbol{x}_6 \end{pmatrix}^{\mathrm{T}} \begin{pmatrix} -19.276 & & & & & \\ & -4.5213 & & & & \\ & & 4.2155 & & & \\ & & & 1.1395 & & \\ & & & & -3.1463 & \\ & & & & & 0.2383 \end{pmatrix} \begin{pmatrix} \boldsymbol{x}_1 \\ \boldsymbol{x}_2 \\ \boldsymbol{x}_3 \\ \boldsymbol{x}_4 \\ \boldsymbol{x}_5 \\ \boldsymbol{x}_6 \end{pmatrix}
$$

$$(2.122)$$

为了验证 VSM 方法的计算能力，结合真实模型和 RSM 运行不同次数的模拟（即 10^2 次、10^3 次和 10^4 次模拟），以获得输出响应。在这种情况下，参考全模型的计算时间作为计算能力的对比标准。表 2.18 列出了全模型、RSM 和 VSM 方法在不同仿真次数下的计算能力。

表 2.18　全模型、RSM 和 VSM 方法在不同仿真次数下的计算能力

仿真次数/次	计算时间/s			提高效率/%	
	全模型	RSM	VSM	RSM	VSM
10^2	0.11	0.07	0.03	36.36	72.72
10^3	0.64	0.31	0.08	51.56	87.50
10^4	4.21	1.65	0.13	60.81	96.91

如表 2.18 所示，三种方法的计算量随着模拟次数的增加而增加，VSM 方法的计算效率明显优于全模型和 RSM 方法，因为 VSM 方法的计算时间最少。因此，所提出的 VSM 方法在逼近属性和计算能力方面具有明显的优势，可以应用于复杂结构多构件多失效协同概率分析。

2.4.6　结构系统可靠性优化设计方法

针对结构系统多层次多模型可靠性优化设计,本节给出了机械动态装配可靠性(machanical dynamic assemble reliability,MDAR)优化设计的四种优化模型,即直接优化模型、多层优化模型、基于重要度的直接优化模型和基于重要度的多层优化模型[67,70],将QP-DCRSM应用到MDAR优化设计中,并以航空发动机高压涡轮(high pressure turbine,HPT)BTRRC优化设计为例验证四种优化模型和DCRSM的有效性和可行性。DCRSM理论在第2.4.3节已介绍,此处不再重复。

1. 直接优化模型

直接优化模型是指在机械动态装配关系可靠性优化设计时,以动态装配关系为设计目标,约束于装配关系的可靠性函数和设计变量的可靠性优化的均值模型[67],如式(1.123)所示,出于方便,将直接可靠性优化模型记作M1。这个目标函数是装配关系(如间隙)与装配构件响应之间的函数关系,等效于装配关系的整体响应面的输出响应与各构件各学科响应面模型的输出响应之间的关系函数。在基于DCRSM的结构系统装配关系的直接可靠性优化模型中,不进行单个构件和单个学科的优化,进行单构件单学科分析仅仅是为了建立协同响应面函数(collaborative response surface function,CRSF)。根据优化模型M1的基本思想,基于DCRSM和M1的MDAR优化设计流程图如图2.25所示。

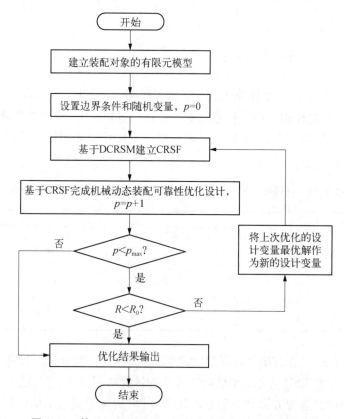

图 2.25　基于 DCRSM 和 M1 的 MDAR 优化设计流程图

$$
\begin{cases}
\min Y(\boldsymbol{X}, t) \\
\text{s.t.} \quad \dfrac{\mu_0 - \mu}{\sqrt{\delta_0^2 - \delta^2}} \geqslant \varPhi^{-1}(R_0) \\
g(\boldsymbol{X}, t) = 0 \\
\boldsymbol{X} \in [a, b]
\end{cases}
\tag{2.123}
$$

其中，$Y(\boldsymbol{X}, t)$ 为结构系统装配关系（时变）函数，$\boldsymbol{X}$ 为设计变量向量，t 为时间；μ_0 和 δ_0 分别为假定的装配关系的均值和标准差；μ 和 δ 是优化之后装配关系的均值和标准差；$\varPhi$（·）为正态分布函数；$g(\boldsymbol{X}, t)$ 指设计变量应满足的等式约束函数；a 和 b 分别为设计变量的下边界和上边界；R_0 是预先设定的优化后装配关系可靠度应大于的最小极限值。

图 2.25 中，p 是为寻找最优值所需的迭代次数，即循环分析数，$p_{\max}$ 是假定的最大迭代次数。可见，优化模型 M1 是一个多目标多学科（multi object multi discipline，MOMD）的动态优化模型。

2. 多层优化模型

结构系统可靠性优化的多层优化模型如式（2.124）所示，记作 M2：

$$
\begin{cases}
\min Y(\boldsymbol{X}, t) = f(\{Y^i\}) \\
\text{s.t.} \quad \dfrac{\mu_0 - \mu}{\sqrt{\delta_0^2 - \delta^2}} \geqslant \varPhi^{-1}(R_0) \\
g(\boldsymbol{X}, t) = 0 \\
\boldsymbol{X} \in [a, b] \\
\begin{cases}
\min Y^i(\boldsymbol{X}^i, t) = f(\{Y^{ij}\}) \\
\text{s.t.} \quad \dfrac{\mu_0^i - \mu^i}{\sqrt{\delta_0^{i2} - \delta^{i2}}} \geqslant \varPhi^{-1}(R_0^i) \\
g(\boldsymbol{X}^i, t) = 0 \\
\boldsymbol{X}^i \in [a, b] \\
\begin{cases}
\min Y^{ij}(\boldsymbol{X}^{ij}, t) \\
\text{s.t.} \quad \dfrac{\mu_0^{ij} - \mu^{ij}}{\sqrt{\delta_0^{ij2} - \delta^{ij2}}} \geqslant \varPhi^{-1}(R_0^i) \\
g(\boldsymbol{X}^{ij}, t) = 0 \\
\boldsymbol{X}^{ij} \in [a, b]
\end{cases}
\end{cases}
\end{cases} \\
i = 1, 2, \cdots, m; \quad j = 1, 2, \cdots, n
\end{cases}
\tag{2.124}
$$

其中，下标 i 和 ij 分别表示第 i 个装配构件和第 i 个装配构件的第 j 个学科；$\{Y^{ij}\}$ 和 $\{Y^i\}$ 分别表示基于 DRSF 的单学科可靠性优化的目标值和基于 DCRSF 的单构件可靠性优化的目标值。

相对于优化模型 M1，M2 是一个基于 DCRSM 分析的多构件、多学科、多模型、多层次的多循环可靠性优化模型。与 M1 一样，M2 的目标函数由装配关系和构件结构响应共同决定[67]。在进行结构系统可靠性优化之前,这个优化模型需要完成单构件单学科(single object single discipline, SOSD)的可靠性优化设计,优化后的每一层最优目标值作为上一层可靠性优化的设计变量。在每一子层次的可靠性优化中,首先要建立相应的分布式响应面函数(distributed response surface function, DRSF),再基于 DRSF 完成该层次的可靠性优化设计。在基于优化模型 M2 的结构系统可靠性优化设计中,优化目标机械动态装配关系不但约束于功能函数(装配关系的可靠性与设计变量之间的函数),而且也约束于子层次(或子模型)可靠性优化结果,包括最优输出响应和相应的可靠性。因此,为了完成结构系统可靠性优化设计,需要建立每个构件和每个学科的响应面函数,即 DRSF、DCRSF 和 CRSF。根据上述分析,基于 DCRSM 和 M2 的结构系统可靠性优化设计流程图如图 2.26 所示。

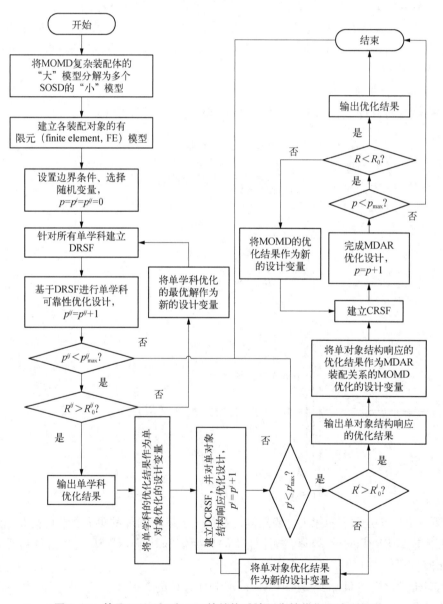

图 2.26 基于 DCRSM 和 M2 的结构系统可靠性优化设计流程图

3. 基于重要度的直接优化模型

根据可靠性优化的均值模型,构建基于重要度的直接优化模型,如式(2.125)所示,记作 M3。与优化模型 M1 不同的是,优化模型 M3 不是将 MDAR 分析的所有随机变量都考虑作 MDAR 优化设计的设计变量,而是仅仅考虑对优化结果影响比较大(灵敏度大)的一部分参数,这些参数显然对优化结果有重要影响,称为重要参数[70,71]。由于其他参数对优化结果影响不大,在 MDAR 优化设计中将这些参量看作常量,这种优化模型的基本思想类似于基于重要度的机械结构可靠性优化模型。重要参数是通过机械动态装配关系的概率分析或灵敏度分析来选取的。根据优化模型 M3 的基本思想,则基于 DCRSM 和 M3 的结构系统可靠性优化设计流程图如图 2.27 所示。

$$
\begin{cases}
\min Y(\boldsymbol{X}',\ t) \\
\text{s. t.} \quad \dfrac{\mu_0 - \mu}{\sqrt{\delta_0^2 - \delta^2}} \geqslant \varPhi^{-1}(R_0) \\
g(\boldsymbol{X}',\ t) = 0 \\
\boldsymbol{X}' \in [\,a,\ b\,], \quad \boldsymbol{X}' \subseteq \boldsymbol{X}
\end{cases}
\tag{2.125}
$$

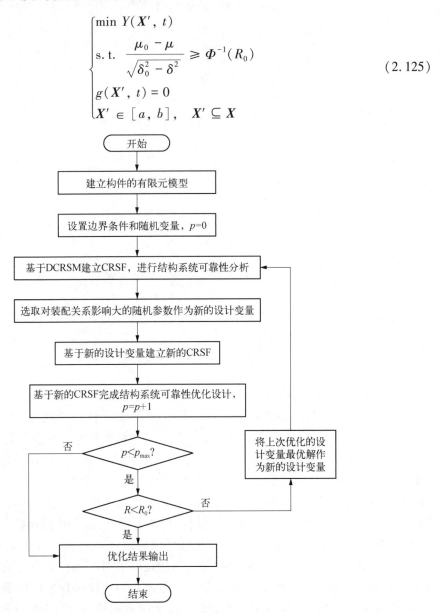

图 2.27　基于 DCRSM 和 M3 的结构系统可靠性优化设计流程图

其中,X' 是重要参数的设计变量向量,是 X 的一个子集。

在基于 M3 的 MDAR 优化设计中,通过每个层次的概率分析可得到每个随机变量的灵敏度或影响概率,再根据预先设定的阈值,选择所需要的优化设计的设计变量。与优化模型 M1 相比,这方法考虑了设计参数的重要度。因此,将这种方法称为基于重要度的直接优化模型。

4. 基于重要度的多层优化模型

根据可靠性优化设计的均值模型,基于重要度是结构系统可靠性优化设计的多层优化模型数学表达式如式(2.126)所示,记作 M4:

$$
\begin{cases}
\min Y(X', t) = f(\{Y^i\}) \\
\text{s.t.} \quad \dfrac{\mu_0 - \mu}{\sqrt{\delta_0^2 - \delta^2}} \geq \Phi^{-1}(R_0) \\
g(X', t) = 0 \\
X' \in [a, b], \quad X' \subseteq X \\
\begin{cases}
\min Y^i(X^{i'}, t) = f(\{Y^{ij}\}) \\
\text{s.t.} \quad \dfrac{\mu_0^i - \mu^i}{\sqrt{\delta_0^{i2} - \delta^{i2}}} \geq \Phi^{-1}(R_0^i) \\
g(X^{i'}, t) = 0 \\
X^{i'} \in [a, b], \quad X^{i'} \subseteq X^i \\
\begin{cases}
\min Y^{ij}(X^{ij'}, t) \\
\text{s.t.} \quad \dfrac{\mu_0^{ij} - \mu^{ij}}{\sqrt{\delta_0^{ij2} - \delta^{ij2}}} \geq \Phi^{-1}(R_0^{ij}) \\
g(X^{ij'}, t) = 0 \\
X^{ij'} \in [a, b], \quad X^{ij'} \subseteq X^{ij}
\end{cases}
\end{cases} \\
i = 1, 2, \cdots, m; \quad j = 1, 2, \cdots, n
\end{cases} \tag{2.126}
$$

其中,各变量和符号的意思与式(2.123)~式(2.125)中相同。

正如优化模型 M2,优化模型 M4 是一个多对象、多学科、多模型、多层循环的可靠性优化模型[70,71]。与优化模型 M2 不同的是,每个层次的单模型优化设计都是基于重要度的可靠性优化设计,如优化模型 M3,即在进行基于优化模型 M4 的结构系统可靠性优化设计之前,需要完成每个对象、每个学科的基于重要度的可靠性优化设计,选取对相应层的输出响应影响较大的设计参数作为该层次模型优化的设计变量。从优化模型 M4[式(2.126)]可以看出:优化目标是构件之间的协调关系,约束于功能函数(可靠性)、设计变量(重要的设计参数),以及子模型可靠性优化的最优输出响应和可靠性等边界条件。在建立各层次可靠性设计的响应面函数时,与优化模型 M2 一样,都需要为每个层次的可靠性优化设计建立 DRSF、DCRSF 和 CRSF,但是这些响应面函数的设计变量与优化模型 M2 相对应层次的 DRSF、DCRSF 和 CRSF 不同,都是通过概率分析选取对相应输出响应有重要影响的重要设计参数,而不是预先设定的所有随机参数。基于重要度多层次优化模型 DCRSM 和 M4 的结构系统可靠性优化设计流程图如图 2.28 所示。

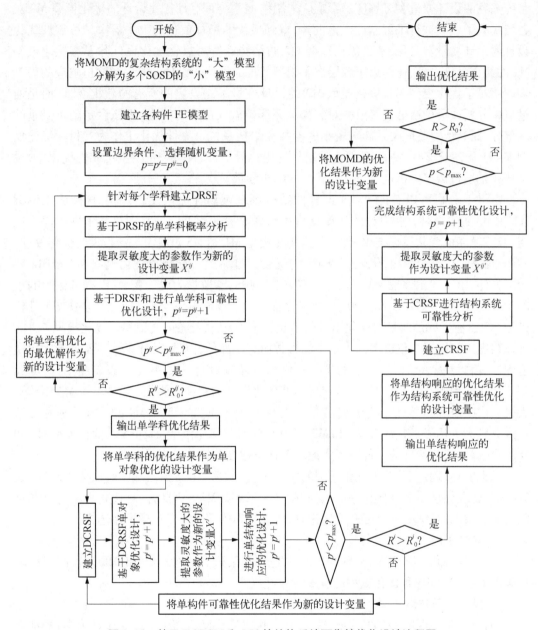

图 2.28　基于 DCRSM 和 M4 的结构系统可靠性优化设计流程图

5. 优化模型比较

针对结构系统可靠性优化设计,本节基于不同的分析特点和边界条件及 DCRSM 提出了四种优化模型,分别为直接优化模型(M1)、多层优化模型(M2)、基于重要度的直接优化模型(M3)和基于重要度的多层优化模型(M4)。根据前面的四种优化模型及其优化设计的基本思想,可以得出如下结论:结构系统可靠性优化设计的优化模型 M1 没有考虑各层次的子模型(单构件、单学科)的可靠性优化结果对装配关系结构系统可靠性优化的影响和子模型的输入随机参数对输出响应和装配关系的影响程度(灵敏度),而是仅仅关注装配关系的设计变量和可靠度的影响。采用结构系统可靠性优化设计的优化模型 M2 对各层次的子模型进行了可靠性优化设计,得到最优的目标值作为上一层次的可靠性优化设计的设计变量。可见,基于优化模型 M2 的结构系统可靠性优化设计除了有优化模型 M1 的约束条件之外,还约束于各层次子模型的可靠性优化设计的结果和输出响应的可靠性。相对于优化模型 M1,优化模型 M3 的设计变量不是设定的所有的随机变量,而是通过概率分析或灵敏度分析选取的对装配关系影响较大的随机变量,即原设定随机变量的一部分,而其他对装配关系影响较小的参数在结构系统可靠性优化中作为参量。优化模型 M4 涉及各子模型的基于重要度的可靠性优化设计,即在每个子模型可靠性优化中,设计变量是通过概率分析选取灵敏度较大的随机参数。

由以上分析可以看出:对于同样的结构系统可靠性优化设计,基于直接优化模型 M1 和 M3 的可靠性优化设计的计算载荷和计算效率理论上应该分别比基于多层优化模型 M2 和 M4 的优化设计结果要低,因为优化模型 M1 和 M3 没有考虑子模型的优化设计。然而,也是出于这个原因,优化模型 M1 的优化设计精度可能会比优化模型 M2 和 M4 要低。另外,由于优化模型 M3 仅仅考虑有重要影响的参数作为设计变量,没有考虑影响小的参量,优化模型 M1 的优化精度可能会比优化模型 M3 高,具体高多少,关键取决于优化模型 M3 没有考虑的参量对优化结果的影响程度。相对于优化模型 M2,优化模型 M4 的计算精度也可能由于仅仅考虑了重要的参数而有所降低,但是,其计算效率要高于优化模型 M2。值得注意的是:不重要的参数对优化结果的影响不大,甚至可以忽略不计,因此基于优化模型 M3 和 M4 的结构系统可靠性优化设计的精度与优化模型 M1 和 M2 相差不大,甚至几乎相同。但是由于设计变量大大减少,优化模型 M3 和 M4 的计算效率和计算速度分别大大优于优化模型 M1 和 M2。因此,相对于优化模型 M1 和 M2,优化模型 M3 和 M4 能在保证优化精度的条件下大大地改善计算速度和计算效率。

综上所述,理论上,四种优化模型的优化速度(效率)由高到低排序应该为 M3、M1 或 M4、M2;优化精度由高到低排序应该为 M2、M4 或 M1、M3。因此,四种优化模型各有各自的优缺点,在进行结构系统可靠性优化时,要根据具体的工程设计要求来选择。

6. 实例分析

本节利用 QF-DCRSM,分别基于四种优化模型进行航空发动机 BTRRC 优化设计,顺便验证 DCRSM 和四种优化模型的有效性和可行性。

1)设计参数选取

BTRRC 设计涉及多构件(涡轮盘、叶片和机匣)、多学科(传热学、转子动力学、振动力学等)协调设计,是典型的 MOMD 机械动态装配设计问题。在进行 BTRRC 优化设计时,设计变量如表 2.10 所示,变化范围为$[\mu-\delta/2, \mu+\delta/2]$,设计变量的具体变化范围如表 2.19 所示,其中 μ 为设计变量的均值,δ 为设计变量的标准差,设计变量的单位如表 2.10 所示。在设计分析时,考虑动态热载荷和动态离心载荷(即 2 个学科),以及热导系数和热膨胀系数的非线性材料属性,首先对每个构件进行热-固耦合分析,计算出 BTRRC 的变化规律,将 BTRRC 的最小点(即危险点)作为概率分析的计算点;再次,建立各构件的分布式响应面模型并根据 BTRRC 建立协同响应面模型,进行 BTRRC 的概率分析;最后,根据灵敏度和影响概率选取重要的随机参数作为设计变量,基于这些设计变量和四种优化模型进行 BTRRC 动态装配可靠性优化设计。

表 2.19　BTRRC 动态装配可靠性优化设计的设计变量变化范围

涡 轮 盘			叶 片			机 匣		
变 量	下限 a	上限 b	变 量	下限 a	上限 b	变 量	下限 a	上限 b
$T_{a1}/℃$	531.9	548.1	$T_1/℃$	1 014.5	1 045.5	$T_i/℃$	1 034.25	1 065.75
$T_{a2}/℃$	206.85	213.25	$T_2/℃$	965.3	994.7	$T_o/℃$	315.2	324.8
$T_{a3}/℃$	197	203	$T_3/℃$	807.7	832.3	$\alpha_{c1}/[W/(m^2·K)]$	5 910	6 090
$T_{c1}/℃$	241.325	248.675	$T_4/℃$	531.9	548.1	$\alpha_{c2}/[W/(m^2·K)]$	5 319	5 481
$T_{c2}/℃$	315.2	324.8	$\alpha_{b1}/[W/(m^2·K)]$	11 579.66	11 932.34	$\alpha_{c3}/[W/(m^2·K)]$	4 728	4 872
$\alpha_{d1}/[W/(m^2·K)]$	1 504.1	1 549.8	$\alpha_{b2}/[W/(m^2·K)]$	8 129.205	8 376.795	$\alpha_{c4}/[W/(m^2·K)]$	4 137	4 263
$\alpha_{d2}/[W/(m^2·K)]$	1 065.77	1 098.23	$\alpha_{b3}/[W/(m^2·K)]$	6 448.795	6 645.205	$\alpha_o/[W/(m^2·K)]$	2 561	2 639
$\alpha_{d3}/[W/(m^2·K)]$	851.54	876.48	$\alpha_{b4}/[W/(m^2·K)]$	3 083.05	3 176.95			
$\omega/(rad/s)$	1 150.48	1 185.52	$\omega/(rad/s)$	1 051.2	1 179.68			
$\rho/(kg/m^3)$	8 086.85	8 333.15	$\rho/(kg/m^3)$	8 086.85	8 333.15			

在 2.3.4 节结构响应概率分析和 2.4.4 节 BTRRC 的概率分析中已经完成了各装配构件径向变形和 BTRRC 的确定性分析与概率分析,得到了各装配构件分布式响应面模型和 BTRRC 概率分析的协同响应面函数。经过确定性分析,得到各构件径向变形和 BTRRC 随时间变化的规律。本节在基于优化模型 M3 和 M4 进行 BTRRC 动态装配可靠性优化设计时,仅考虑表 2.19 中的设计变量。

2) BTRRC 可靠性优化分析

基于 4 种优化模型(M1、M2、M3 和 M4)和 DCRSM,将式(2.108)作为 CRSF 进行 BTRRC 动态装配可靠性优化设计。假设时间 $t=0$ 时,BTRRC 变形量目标值的初始值 $\tau(0)=0$,以及 $R_0=R_0^i=0.99$,$p_{max}=p_{max}^i=30$,$Y_d(0)=Y_b(0)=Y_c(0)=0$。每次迭代中的可靠性分析都是对响应面函数进行 10 000 次仿真。通过 BTRRC 可靠性优化设计,优化结果如表 2.20 所示。

表 2.20　基于 4 种优化模型和 DCRSM 的 BTRRC 可靠性优化设计结果

模 型	目标值 τ(BTRRC 变化量)			可靠度 R ($\delta=1.72$ mm)	迭代次数	优化时间/h
	优化前/mm	优化后/mm	减少量/mm			
M1	1.815 4 mm	1.672 8 mm	0.142 6 mm	0.999 1	27	28.543
M2	1.815 4 mm	1.648 3 mm	0.167 1 mm	1	11	118.267
M3	1.827 6 mm	1.659 6 mm	0.168 mm	1	13	5.897
M4	1.827 6 mm	1.681 7 mm	0.145 9 mm	0.991 3	5	23.462

3）讨论

基于以上分析结果可以看出：提出的 4 种优化模型（M1、M2、M3 和 M4）的 BTRRC 可靠性优化设计的结果完全满足设计要求。

在计算效率方面，优化模型 M3 和 M4 的计算时间分别远远小于 M1 和 M2，因为 M3 和 M4 仅仅考虑了对优化结果有重要影响的影响参数作为设计变量，不考虑不重要或几乎没有影响的参量，这样能大大减少设计变量的数量，从而减少了计算载荷，提高了优化速度和优化效率。而且，优化模型 M3 和 M4 的优化精度与 M1 和 M2 几乎一致，这个结论解释了仅仅考虑影响较大的设计变量的 M3 和 M4 的优化精度并没有降低，即对优化结果几乎没有影响。因此，基于重要度的 MDAR 优化设计能在保证优化结果合理的情况下大大减少迭代次数和节约计算时间，从而提高优化速度和效率。

由表 2.20 可以看出，MDAR 优化设计的直接优化模型 M1 和 M3 由于没有考虑各装配构件的优化设计，所消耗的时间分别为 28.543 h 和 5.897 h，显然分别比多层优化模型 M2 和 M4 的优化时间（118.267 h 和 23.462 h）少得多。因此，考虑各层次的优化设计的多层优化模型将增加结构系统可靠性优化设计的计算成本，降低计算效率。然而，理论上，由于多层优化模型考虑了更具体的影响因素和边界条件，结构系统可靠性优化设计精度应该会更高。

还可以看出，对于提出的 4 种结构系统可靠性优化模型，如果按照计算效率排序，为 M3、M4、M1 和 M2；如果按照计算精度排序，为 M2、M4、M1 和 M3，这个结论与理论分析一致。实际上，4 种优化模型各有各自的优缺点，在实际的应用中，应根据工程设计的要求，合理选取结构系统可靠性优化模型。

思　考　题

2.1　请简述一次二阶矩方法中功能函数的特征及如何得到功能函数的近似失效概率。

2.2　请分析采用 MC 法进行可靠性与灵敏性分析的优劣，并描述其分析过程。

2.3　请对比 LHS 抽样、CVT 抽样和 LCVT 抽样三种方法的适用范围。

2.4　重要抽样法求解结构失效概率的实施步骤有哪些？

2.5　响应面法中的迭代策略是什么？

2.6　数学模拟法包括哪几种方法？分别具有哪些优缺点？

2.7　请阐述加权响应面法、移动响应面法和极值响应面法的基本思想。

2.8　结构可靠性设计与系统可靠性设计有哪些异同？

2.9　多目标可靠性设计方法有哪些？阐述其基本原理。

2.10　结构系统可靠性优化设计模型有哪几种？阐述其基本思想，并进行比较。

参　考　文　献

[1] Zhao Y G, Ono T. A general procedure for first/second-order reliability method (FORM/

SORM)[J]. Structural Safety, 1999, 21(2): 95 - 112.

[2] di Sciuva M, Lomario D. A comparison between Monte Carlo and FORMs in calculating the reliability of a composite structure [J]. Composite Structures, 2003, 59 (1): 155 - 162.

[3] Melchers R E, Ahammed M, Middleton C. FORM for discontinuous and truncated probability density functions[J]. Structural Safety, 2003, 25(3): 305 - 313.

[4] Roger M, Jan C M. Noortwijk V. Local probabilistic sensitivity measures for comparing FORM and Monte Carlo calculations illustrated with dike ring reliability calculations [J]. Computer Physics Communications, 1999, 117(1 - 2): 86 - 98.

[5] Fujita M, Rackwitz R. Updating first-and second-order reliability estimates by importance sampling[J]. Structural Engineering/Earthquake Engineering, 1988, 5(1): 53 - 59.

[6] Hohenbichler R, Rackwitz R. Improved of second-order reliability estimates by importance sampling[J]. Journal of Engineering Mechanics, ASCE, 1988, 114(12): 2195 - 2199.

[7] Rosenblueth E. Two-point estimates in probability[J]. Applied Mathematical Modeling, 1981, 5(5): 329 - 335.

[8] Seo H S, Kwak B M. Efficient statistical tolerance analysis for general distribution using three-point information[J]. International Journal of Production Research, 2002, 40(4): 931 - 944.

[9] Zhao Y G, Ono T. New point estimates for probability moments [J]. Journal of Engineering Mechanics, 2000, 126(4): 433 - 436.

[10] Zhou J H, Nowak A S. Integration formulas to evaluate functions of random variables [J]. Structural Safety, 1988, 5(4): 267 - 284.

[11] Zhao Y G, Ono T. On the problems of the fourth moment method[J]. Structural Safety, 2004, 26(3): 343 - 347.

[12] Zhao Y G, Lu Z H. Applicable range of the fourth-moment method for structural reliability[J]. Journal of Asian Architecture and Building Engineering, 2007, 6(1): 151 - 158.

[13] Zhao Y G, Alfredo H S, Ang H M. System reliability assessment by method of moments [J]. Journal of Structural Engineering, 2003, 129(10): 1341 - 1349.

[14] Hong H P. Point-estimate moment-based reliability analysis [J]. Civil Engineering System, 1996, 13(4): 281 - 294.

[15] 谢里阳,李翠玲.应力-强度干涉模型在系统失效概率分析中的应用及相关问题 [J].机械强度,2005,27(4): 492 - 497.

[16] Rackwitz R, Fiessler B. Structural reliability under combined random load sequences [J]. Computers and Structures, 1978, 9(5): 489 - 494.

[17] 张明.结构可靠度分析:方法与程序[M].北京:科学出版社,2009.

[18] Freudenthal A M. The Safety of Structures[J]. ASCE Transactions, 1947, 11(2):

125－129.

[19] 贺向东.机械结构可靠性稳健设计若干关键问题的研究[D].长春:吉林大学,2005.

[20] 陈殿华,田中道彦,尚桂芝.基于有限元方法的 WN 齿轮啮合仿真与接触分析[J].机械科学与技术,2006,25(1):119－122.

[21] 于霖冲.柔性机构动态可靠性分析、设计与仿真[D].北京:北京航空航天大学,2006.

[22] 张春宜.基于可靠性的柔性机构优化设计理论与方法[D].北京:北京航空航天大学,2010.

[23] Melchers R E. Importance sampling in structural system[J]. Structural Safety, 1989, 6(1): 3－10.

[24] Harbitz A. An efficient sampling method for probability of failure calculation [J]. Structural Safety, 1986, 3(2): 109－115.

[25] Bucher C G. Adaptive sampling-an iterative fast sampling fast Monte Carlo procedure [J]. Structural Safety, 1988, 5(2): 119－126.

[26] Ibrahim Y. Observations on applications of importance sampling in structural reliability analysis[J]. Structural Safety, 1991, 9(4): 269－281.

[27] Melchers R E. Search-based importance sampling[J]. Structural Safety, 1990, 9(2): 117－128.

[28] 吕震宙,冯元生.重要抽样法误差的计算分析[J].机械强度,1995,17(1):25－28.

[29] Au S K, Beck J L. Important sampling in high dimensions[J]. Structural Safety, 2002, 25(2): 139－163.

[30] 吴剑国,吴亚舸,刘从军.基于模拟退火算法的潜艇结构系统可靠性计算[J].海洋工程,2003,21(3):24－28.

[31] 吴建成,吴剑国,吴亚舸.一种基于马尔可夫链模拟样本的自适应重要样本法[J].华东船舶工业学院学报(自然科学版),2003,17(3):8－12.

[32] 吴斌,欧进萍,张纪刚.结构动力可靠度的重要抽样法[J].计算力学学报,2001,18(4):478－482.

[33] Bucher C G, Bourgund U A. Fast and efficient response surface approach for structural reliability problems[J]. Structural Safety, 1990, 7(1): 57－66.

[34] Rajashekhar M R, Ellingwood B R. New look at the response surface approach for reliability analysis[J]. Structural Safety, 1993, 12(3): 205－220.

[35] Zhai X, Fei C W, Bai G C, et al. Reliability sensitivity analysis of HPT blade-tip radial running clearance using multiply response surface model[J]. Journal of Central South University, 2014, 21(11): 4368－4377.

[36] Bai G C, Fei C W. Distributed collaborative response surface method for mechanical dynamic assembly reliability design[J]. Chinese Journal of Mechanical Engineering, 2013, 26(6): 1160－1168.

[37] 费成巍,白广忱.基于 DCRSM 的 HPT 叶尖径向运行间隙可靠性分析[J].航空学报,

2013,34(9): 2141 - 2149.

[38] 宋保维.系统可靠性设计与分析[M].西安:西北工业大学出版社,2008.

[39] Guan X L, Melchers R E. Effect of response surface parameter variation on structural reliability estimates[J]. Structural Safety, 2001, 23(4): 429 - 444.

[40] 吕震宙,宋述芳,李璐祎,等.结构/机构可靠性设计基础[M].西安:西北工业大学出版社,2019.

[41] Lu C, Fei C W, Li H, et al. Moving extremum surrogate modeling strategy for dynamic reliability estimation of turbine blisk with multi-physics fields[J]. Aerospace Science and Technology, 2020, 106: 1 - 10.

[42] 赵合阳,白广忱,费成巍.涡轮盘径向变形非线性动态概率分析[J].北京航空航天大学学报,2013, 39(7): 927 - 931.

[43] Raissi S, Farsani R E. Statistical process optimization through multi-response surface methodology [J]. Proceedings of Word Academy of Science, Engineering and Technology, 2009, 51: 267 - 271.

[44] Zhang C Y, Bai G C. Extremum response surface method of reliability analysis on two-link flexible robot manipulator[J]. Journal Central South University, 2012, 19(1): 101 - 107.

[45] Fei C W, Bai G C. Extremum response surface method for casing radial deformation probabilistic analysis [J]. Journal of Aerospace Information Communication, 2013, 10(1): 47 - 52.

[46] Fei C W, Bai G C. Extremum selection method of random variables for nonlinear dynamic reliability analysis of turbine blade deformation [J]. Propulsion and Power Research, 2012, 1(1): 58 - 63.

[47] 范觉超.航空发动机典型构件间隙的概率分析[D].北京:北京航空航天大学,2010.

[48] Hennecke D K, Trappmann K. Turbine tip clearance control in gas turbine engines [R]. NASA, N83 - 229254, 1983.

[49] 宋慧敏.涡轮叶尖径向间隙的分析计算及主动控制研究[D].北京:北京航空航天大学,2001.

[50] NSSA Glenn Research Center. HTP clearance control[R]. NASA/CR - 2005 - 213970, 2005.

[51] Jia B H, Zhang X D. Study on effect of rotor vibration on tip clearance variation and fast active control of tip clearance [J]. Advanced Material Research, 2010, 139 - 141: 2469 - 2472.

[52] Pilidis P, Maccallum N R L. Models for predicting tip clearance changes in gas turbines [R]. NASA, N83 - 229258, 1983.

[53] 王旭,潘宏伟,周业忠,等.某燃气轮机压气机叶尖间隙的分析[J].振动工程学报,2004,17(Z): 58 - 60.

[54] 郭淑芬,徐波.温度与转速对涡轮叶尖径向间隙的影响[J].推进技术,2004,21(4):

51 - 53.

[55] 漆文凯,陈伟.某型航空发动机高压涡轮叶尖间隙数值分析[J].南京航空航天大学学报,2003,35(1):63 - 67.

[56] 张晓波,杨瑞,李其汉.航空发动机涡轮径向间隙设计方法研究[J].航空发动机,2004,30(2):14 - 18.

[57] 岂兴明,朴英.某型航空发动机高压涡轮叶顶间隙三维数值分析[J].航空动力学报,2008,23(5):904 - 908.

[58] 谢里阳,王正,周金宇,等.机械可靠性基本理论与方法[M].北京:科学出版社,2012.

[59] Xie L Y, Lin W Q. Control parameters and quantification for system reliability design [J]. Advances in Materials Manufacturing Science and Technology, 2009, 2(13): 215 - 220.

[60] 谢里阳,吴宁祥,王正.失效概率计算中的信息遗失与系统级建模方法[J].中国机械工程,2007,18(19):2277 - 2283.

[61] 李桂青,李秋胜.工程结构时变可靠性理论及应用[M].北京:科学出版社,2001.

[62] Fei C W, Lu C, Liem R P. Decomposed-coordinated surrogate modelling strategy for compound function approximation and a turbine blisk reliability evaluation [J]. Aerospace Science and Technology, 2019, 95: 1 - 17.

[63] Bai G C, Fei C W. Distributed collaborative response surface method for mechanical dynamic assembly reliability design [J]. Chinese Journal of Mechanical Engineering, 2013,26(6): 1160 - 1168.

[64] Fei C W, Bai G C. Distributed collaborative extremum response surface method for mechanical dynamic assembly reliability analysis [J]. Journal of Central South University, 2013, 20 (9): 2414 - 2422.

[65] Fei C W, Bai G C, Tang W Z. Probabilistic design of HPT blade-tip radial running clearance with distributed collaborative response surface method [J]. Journal of Aerospace Engineering, 2015, 28(2): 1 - 11.

[66] Fei C W, Choy Y S, Hu D Y, et al. Dynamic probabilistic design approach of high-pressure turbine blade-tip radial running clearance [J]. Nonlinear Dynamics, 2016, 86(1): 205 - 223.

[67] Fei C W, Tang W Z, Bai G C. Study on the theory, method and model for mechanical dynamic assembly reliability optimization [J]. Proceedings of IME Part C-Journal of Mechanical Engineering Science, 2014, 228(16): 3019 - 3038.

[68] Fei C W, Li H, Lu C, et al. Vectorial surrogate modeling method for multi-objective reliability design[J]. Applied Mathematical Modelling, 2022, 109: 1 - 20.

[69] Lu C, Teng D, Chen J Y, et al. Adaptive vectorial surrogate modeling framework for multi-objective reliability estimation [J]. Reliability Engineering and System Safety, 2023, 234: 1 - 19.

[70] 费成巍. 复杂机械动态装配可靠性设计理论方法 [D]. 北京：北京航空航天大学，2014.

[71] Fei C W, Tang W Z, Bai G C. Novel method and model for dynamic reliability optimal design of turbine blade deformation [J]. Aerospace Science and Technology，2014，39(6)：588 – 595.

第 3 章
基于 Kriging 模型的结构可靠性设计方法

3.1 Kriging 模型方法

本节针对基于 Kriging 模型的结构概率分析原理进行简要介绍,为开展本章及后续章节内容的研究提供理论基础参考。

3.1.1 基本思想

20 世纪 40 年代,南非金矿工程师丹尼·克里金首次将 Kriging 模型应用于地质学领域[1],法国统计学家乔治斯·马瑟伦阐明了其数学理论[2]。Kriging 模型方法的定义:对已知样本加权平均,以估计平面上的未知点,并使得估计值与真实值的数学期望相同且方差最小的地统计学过程。近年来,Kriging 模型已广泛应用于工程领域,如结构可靠性灵敏度分析、优化设计等。

Kriging 技术是一种半参数化的插值技术,目的就是通过部分已知的信息模拟某一点的未知信息。Kriging 模型并不需要建立一个特定的数学模型,它综合考虑变量的随机性和结构性,以及误差的相关性,算法灵活,是一种更具"统计性"的近似技术。

Kriging 模型是一种估计方差最小的无偏估计模型,在相关函数的作用下,具有局部估计的特点,这使得其在解决高非线性问题时比较容易取得理想的拟合效果。另外,由于输入矢量各方向的核函数的参数可以取不同值,Kriging 模型既可以用来解决各向同性问题,也可以用来解决各向异性问题。Kriging 模型中各方向的参数存在最优值,不过对其寻优会耗费大量的计算时间,这在各向异性的高维问题中显得特别突出,这一点导致构造 Kriging 模型的效率较低。

3.1.2 数学模型

Kriging 模型的隐式函数关系可表示为

$$y_K(\boldsymbol{x}) = \boldsymbol{g}^{\mathrm{T}}(\boldsymbol{x})\boldsymbol{\beta} + z(\boldsymbol{x}) \tag{3.1}$$

其中, $\boldsymbol{g}(\boldsymbol{x})$ 为回归基函数; $\boldsymbol{\beta}$ 为待定系数向量; $z(\boldsymbol{x})$ 为高斯随机过程,且具有如下特性:

$$\begin{cases} E[z(\boldsymbol{x})] = 0 \\ \mathrm{var}[z(\boldsymbol{x})] = \sigma^2 \\ \mathrm{cov}[z(\boldsymbol{x}_p), z(\boldsymbol{x}_q)] = \sigma^2 R(\boldsymbol{\theta}, \boldsymbol{x}_p, \boldsymbol{x}_q) \end{cases} \tag{3.2}$$

其中,$R(\cdot)$ 为任意两个样本点的相关函数;σ^2 为过程方差;$\boldsymbol{x}_p$ 和 $\boldsymbol{x}_q(p,\ q=1,\ 2,\ \cdots,\ m)$ 分别为第 p 个和第 q 个输入变量样本;$\boldsymbol{\theta}$ 为超参数向量。其中,相关函数 $R(\cdot)$ 为

$$R(\boldsymbol{\theta},\ \boldsymbol{x}_p,\ \boldsymbol{x}_q) = \prod_{i=1}^{n} R(\theta^i,\ x_p^i - x_q^i) \tag{3.3}$$

其中,x_p^i 和 x_q^i 分别为第 p 个和第 q 个输入变量样本的第 i 个分量;$R(\theta^i,\ x_p^i - x_q^i)$ 分别为第 p 个和第 q 个输入变量样本的第 i 个分量对应的核函数。

Kriging 模型的核函数形式通常有线性函数、指数函数、三次样条函数、高斯函数等[3]。由于高斯函数具有较好的计算性能,工程中通常将其作为核函数[4, 5],即

$$R(\boldsymbol{\theta},\ \boldsymbol{x}_p,\ \boldsymbol{x}_q) = \exp\left[-\sum_{i=1}^{n} \theta^i (x_p^i - x_q^i)^2\right] \tag{3.4}$$

其中,θ^i 为超参数向量的第 i 个分量。

当似然函数 $\psi(\boldsymbol{\theta})$ 取得最大值时,得到极大似然意义下的最优相关参数 $\hat{\boldsymbol{\theta}}$,即

$$\hat{\boldsymbol{\theta}} = \arg\max\{[\psi(\boldsymbol{\theta})]\} = \arg\max\{-[m\ln(\hat{\sigma}^2) + \ln|\boldsymbol{R}|]/2\} \tag{3.5}$$

其中,相关函数矩阵 $\boldsymbol{R}$ 如式(3.6)所示:

$$\boldsymbol{R} = \begin{bmatrix} R(\boldsymbol{\theta},\ \boldsymbol{x}_1,\ \boldsymbol{x}_1) & R(\boldsymbol{\theta},\ \boldsymbol{x}_1,\ \boldsymbol{x}_2) & \cdots & R(\boldsymbol{\theta},\ \boldsymbol{x}_1,\ \boldsymbol{x}_m) \\ R(\boldsymbol{\theta},\ \boldsymbol{x}_2,\ \boldsymbol{x}_1) & R(\boldsymbol{\theta},\ \boldsymbol{x}_2,\ \boldsymbol{x}_2) & \cdots & R(\boldsymbol{\theta},\ \boldsymbol{x}_2,\ \boldsymbol{x}_m) \\ \vdots & \vdots & \ddots & \vdots \\ R(\boldsymbol{\theta},\ \boldsymbol{x}_m,\ \boldsymbol{x}_1) & R(\boldsymbol{\theta},\ \boldsymbol{x}_m,\ \boldsymbol{x}_2) & \cdots & R(\boldsymbol{\theta},\ \boldsymbol{x}_m,\ \boldsymbol{x}_m) \end{bmatrix} \tag{3.6}$$

$\boldsymbol{\beta}$ 与 σ^2 的估计值分别通过式(3.7)和式(3.8)进行计算:

$$\hat{\boldsymbol{\beta}} = (\boldsymbol{F}^{\mathrm{T}}\boldsymbol{R}^{-1}\boldsymbol{F})^{-1}\boldsymbol{F}^{\mathrm{T}}\boldsymbol{R}^{-1}\boldsymbol{Y} \tag{3.7}$$

$$\hat{\sigma}^2 = \frac{1}{m}(\boldsymbol{Y} - \boldsymbol{F}\hat{\boldsymbol{\beta}})^{\mathrm{T}}\boldsymbol{R}^{-1}(\boldsymbol{Y} - \boldsymbol{F}\hat{\boldsymbol{\beta}}) \tag{3.8}$$

其中,$\hat{\boldsymbol{\beta}}$ 为 $\boldsymbol{\beta}$ 的估计值;$\boldsymbol{Y}$ 为输出响应列向量;$\boldsymbol{F}$ 为 $m \times p$ 阶矩阵。

高斯随机过程在预测点 $\boldsymbol{x}_*$ 处的值为

$$z(\boldsymbol{x}_*) = \boldsymbol{r}^{\mathrm{T}}(\boldsymbol{x}_*)\boldsymbol{R}^{-1}(\boldsymbol{Y} - \boldsymbol{F}\hat{\boldsymbol{\beta}}) \tag{3.9}$$

其中,$\boldsymbol{r}(\boldsymbol{x}_*)$ 为训练样本 $\boldsymbol{x}$ 与预测样本 $\boldsymbol{x}_*$ 的相关函数向量,即

$$\boldsymbol{r}(\boldsymbol{x}_*) = [R(\boldsymbol{\theta},\ \boldsymbol{x}_*,\ \boldsymbol{x}_1)\quad R(\boldsymbol{\theta},\ \boldsymbol{x}_*,\ \boldsymbol{x}_2)\quad \cdots\quad R(\boldsymbol{\theta},\ \boldsymbol{x}_*,\ \boldsymbol{x}_m)] \tag{3.10}$$

完成对 $\hat{\boldsymbol{\theta}}$、$\hat{\boldsymbol{\beta}}$ 和 $\hat{\sigma}^2$ 的求解后,即可建立 Kriging 近似数学模型:

$$y_K(\boldsymbol{x}) = \boldsymbol{g}^{\mathrm{T}}(\boldsymbol{x})\hat{\boldsymbol{\beta}} + \boldsymbol{r}^{\mathrm{T}}(\boldsymbol{x})\boldsymbol{R}^{-1}(\boldsymbol{Y} - \boldsymbol{F}\hat{\boldsymbol{\beta}}) \tag{3.11}$$

对于任意一个未知的 $\boldsymbol{x}$,$y_K(\boldsymbol{x})$ 服从一个高斯分布,即 $y_K(\boldsymbol{x}) \sim N[\mu_{g_K}(\boldsymbol{x}),\ \sigma_{g_K}^2(\boldsymbol{x})]$,其中,均值与方差的计算公式如下:

$$\mu_{g_K}(\boldsymbol{x}) = \boldsymbol{g}^{\mathrm{T}}(\boldsymbol{x})\hat{\boldsymbol{\beta}} + \boldsymbol{r}^{\mathrm{T}}(\boldsymbol{x})\boldsymbol{R}^{-1}(\boldsymbol{Y} - \boldsymbol{F}\hat{\boldsymbol{\beta}}) \tag{3.12}$$

$$\sigma_{g_K}^2(\boldsymbol{x}) = \sigma^2 \{ 1 - \boldsymbol{r}^{\mathrm{T}}(\boldsymbol{x})\boldsymbol{R}^{-1}\boldsymbol{r}(\boldsymbol{x}) + [\boldsymbol{F}^{\mathrm{T}}\boldsymbol{R}^{-1}\boldsymbol{r}(\boldsymbol{x}) - \boldsymbol{g}(\boldsymbol{x})]^{\mathrm{T}}$$
$$(\boldsymbol{F}^{\mathrm{T}}\boldsymbol{R}^{-1}\boldsymbol{F})^{-1}[\boldsymbol{F}^{\mathrm{T}}\boldsymbol{R}^{-1}\boldsymbol{r}(\boldsymbol{x}) - \boldsymbol{g}(\boldsymbol{x})] \} \tag{3.13}$$

Kriging 模型为准确的插值方法,在训练点 $\boldsymbol{x}_i$ 处,$\mu_{g_K}(\boldsymbol{x}_i) = g(\boldsymbol{x}_i)$ 且 $\sigma_{g_K}^2(\boldsymbol{x}) = 0$,$\sigma_{g_K}^2(\boldsymbol{x})$ 表示 $g_K(\boldsymbol{X})$ 与 $g(\boldsymbol{X})$ 之间均方差的最小值,初始样本点中的功能函数值 $\sigma_{g_K}^2(\boldsymbol{x})$ 比较大时,意味着在 $\boldsymbol{x}$ 处的估计是不准确的。因此,$\sigma_{g_K}^2(\boldsymbol{x})$ 的预测值可以用来衡量代理模型在 $\boldsymbol{x}$ 处估计的准确程度,进而为更新 Kriging 模型提供了一个参考指标。

通过上述理论,可以建立结构输出响应的功能函数,确定其极限状态方程,即

$$h_K(\boldsymbol{x}) = y_{\mathrm{allow}} - y_K(\boldsymbol{x}) \tag{3.14}$$

3.1.3 结构可靠性设计流程

Kriging 模型结构可靠性设计流程如图 3.1 所示。首先,确定基本随机变量的分布(如标准正态分布、指数分布等),并根据问题定义功能函数。其次,分析计算试验样本点对应的响应值,确定构造样本和测试样本。然后,确定 Kriging 模型结构和初始参数,并计算确定 Kriging 结构参数。最后,基于 MC 法,根据 Kriging 输出计算失效概率,并使用基于 Kriging 模型的一阶可靠性方法(first order reliability method, FORM)或二阶可靠性方法(second order reliability method, SORM),可计算出可靠度指标。

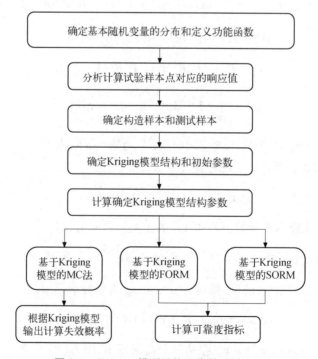

图 3.1 Kriging 模型结构可靠性设计流程

3.1.4　实例分析

运用 Kriging 代理模型方法计算 4 次极限状态函数 $y(\boldsymbol{x}) = (x_1^4 + 2x_2^2 + x_3 + 3)/40$ 的失效概率 $[y(x) \leqslant 0]$，其中随机输入变量 $x_i \sim N(0, 1)$ $(i = 1, 2, 3)$。

根据输入变量分布的数值特征，随机抽取 120 组输入变量样本，计算其对应的响应，获取 120 组样本数据，利用前 100 组数据作为训练样本，后 20 组数据作为测试样本，建立 Kriging 模型，测试样本拟合情况如图 3.2 所示。

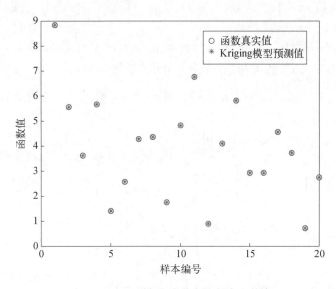

图 3.2　Kriging 模型对测试样本的拟合情况

然后，利用 MC 法对 Kriging 模型进行 10^4 次抽样得到其失效概率，如表 3.1 所示。

表 3.1　MC 法和 Kriging 模型方法计算结果对比

计 算 方 法	失效概率/10^{-4}	试 验 点 数	误　差
MC 法	3.008	10^7	0
Kriging 模型	3.100	100	0.030 6

由表 3.1 可知：对于高次极限状态方程的概率失效问题，Kriging 模型仅需 MC 法的 1/10 的试验点即可获得较精确的分析结果，误差小于 5%，大大提高了计算效率。

3.1.5　自适应 Kriging 模型

自适应 Kriging(adaptive Kriging，A－Kriging)模型的建模思路为先根据少量训练样本点建立粗糙的 Kriging 代理模型，再通过自适应学习函数从备选样本集中挑选符合要求的样本点加入当前训练样本集，更新 Kriging 模型，直至满足收敛条件，最后利用更新结束的 Kriging 代理模型来进行可靠性及局部灵敏度分析。加入 Kriging 训练集更新 Kriging 模型

的样本点需要满足如下条件：① 在随机输入变量分布密度较大的区域；② 距离功能函数为零的面较近且符号误判的风险较大。符号误判风险较大的样本点具备以下特征：靠近极限状态面，即 | μ_{g_K} | 较小，或当前 Kriging 代理模型对预测的方差 $\sigma_{g_K}^2$ 较大，或以上两点同时具备。目前，应用较为广泛的自适应学习函数有：预期可行性函数（expected feasibility function，EFF）[6]、基于信息熵的 H 学习函数及 U 学习函数[7]。

EFF 的定义如下：

$$\text{EFF}(\boldsymbol{x}) = \int_{\bar{g}(x)-\varepsilon}^{\bar{g}(x)+\varepsilon} (\varepsilon - |\bar{g}(\boldsymbol{x}) - g_K(\boldsymbol{x})|) f_{g_K}[g_K(\boldsymbol{x})] \mathrm{d}g_K(\boldsymbol{x}) \tag{3.15}$$

其中，$\boldsymbol{x}$ 为确定的实现值；$f_{g_K}[g_K(\boldsymbol{x})]$ 表示 $g_K(\boldsymbol{x})$ 的概率密度函数，其服从均值为 $\mu_{g_K}(\boldsymbol{x})$、标准差为 $\sigma_{g_K}^2(\boldsymbol{x})$ 的正态分布；$\bar{g}(\boldsymbol{x})=0$ 为失效边界；ε 与 $\sigma_{g_K}(\boldsymbol{x})$ 成比例，一般取 $2\sigma_{g_K}(\boldsymbol{x})$。令 $g^-(\boldsymbol{x}) = \bar{g}(\boldsymbol{x}) - \varepsilon$，$g^+(\boldsymbol{x}) = \bar{g}(\boldsymbol{x}) + \varepsilon$，则式(3.15)可等价表示为

$$\begin{aligned}
\text{EFF}(\boldsymbol{x}) &= [\mu_{g_K}(\boldsymbol{x}) - \bar{g}(\boldsymbol{x})]\left\{2\Phi\left[\frac{\bar{g}(\boldsymbol{x}) - \mu_{g_K}(\boldsymbol{x})}{\sigma_{g_K}(\boldsymbol{x})}\right] - \Phi\left[\frac{g^-(\boldsymbol{x}) - \mu_{g_K}(\boldsymbol{x})}{\sigma_{g_K}(\boldsymbol{x})}\right]\right. \\
&\left. - \Phi\left[\frac{g^+(\boldsymbol{x}) - \mu_{g_K}(\boldsymbol{x})}{\sigma_{g_K}(\boldsymbol{x})}\right]\right\} - \sigma_{g_K}(\boldsymbol{x})\left\{2\varphi\left[\frac{\bar{g}(\boldsymbol{x}) - \mu_{g_K}(\boldsymbol{x})}{\sigma_{g_K}(\boldsymbol{x})}\right]\right. \\
&\left. - \varphi\left[\frac{g^-(\boldsymbol{x}) - \mu_{g_K}(\boldsymbol{x})}{\sigma_{g_K}(\boldsymbol{x})}\right] - \varphi\left[\frac{g^+(\boldsymbol{x}) - \mu_{g_K}(\boldsymbol{x})}{\sigma_{g_K}(\boldsymbol{x})}\right]\right\} \\
&+ 2\sigma_{g_K}(\boldsymbol{x})\left\{\Phi\left[\frac{g^+(\boldsymbol{x}) - \mu_{g_K}(\boldsymbol{x})}{\sigma_{g_K}(\boldsymbol{x})}\right] - \Phi\left[\frac{g^-(\boldsymbol{x}) - \mu_{g_K}(\boldsymbol{x})}{\sigma_{g_K}(\boldsymbol{x})}\right]\right\}
\end{aligned} \tag{3.16}$$

其中，Φ 和 φ 分别为标准正态分布变量的累积分布函数和概率密度函数。EFF 考虑了不同备选样本对提高失效面拟合精度的贡献，EFF 越大，表明将该备选样本点加入训练集合来更新 Kriging 代理模型对提高拟合精度的贡献越大。因此，在备选样本池内选出使得 EFF 最大的样本点，将该样本点及相应的真实功能函数值加入训练样本集中更新当前 Kriging 模型，文献[6]表明，通常情况下，可选择 $\max \text{EFF}(x) = 0.001$ 作为自适应更新过程的收敛终止条件。

1. H 学习函数的定义

根据 Shannon 提出的信息熵理论，$g_K(x)$ 的信息熵可以表示为

$$h(\boldsymbol{x}) = -\int \ln[f_{g_K}(g_K(\boldsymbol{x}))] f_{g_K}[g_K(\boldsymbol{x})] \mathrm{d}g_K(\boldsymbol{x}) \tag{3.17}$$

其中，$h(\boldsymbol{x})$ 表示 $g_K(\boldsymbol{x})$ 取值的混乱等级，用来表示 $g_K(\boldsymbol{x})$ 的不确定性，信息熵 $h(\boldsymbol{x})$ 的绝对值越小，预测值 $g_K(\boldsymbol{x})$ 的不确定性就越小。

因此，H 学习函数的定义式为

$$H(\boldsymbol{x}) = \left| -\int_{g^-(x)}^{g^+(x)} f_{g_K}[g_K(\boldsymbol{x})] \ln f_{g_K}[g_K(\boldsymbol{x})] \mathrm{d}g_K(\boldsymbol{x}) \right| \tag{3.18}$$

其中，$g^+(\boldsymbol{x}) = 2\sigma_{g_K}(\boldsymbol{x})$；$g^-(\boldsymbol{x}) = -2\sigma_{g_K}(\boldsymbol{x})$。

式(3.18)可进一步转化为

$$
H(\boldsymbol{x}) = \left| \left\{ \ln\left[\sqrt{2\pi}\,\sigma_{k_K}(\boldsymbol{x}) \right] + \frac{1}{2} \right\} \left\{ \Phi\left(\frac{2\sigma_{g_K}(\boldsymbol{x}) - \mu_{g_K}(\boldsymbol{x})}{\sigma_{g_K}(\boldsymbol{x})} \right) - \Phi\left[\frac{-2\sigma_{g_K}(\boldsymbol{x}) - \mu_{g_K}(\boldsymbol{x})}{\sigma_{g_K}(\boldsymbol{x})} \right] \right\} \right.
$$
$$
- \left\{ \frac{2\sigma_{g_K}(\boldsymbol{x}) - \mu_{g_K}(\boldsymbol{x})}{\sigma_{g_K}(\boldsymbol{x})} \varphi\left[\frac{2\sigma_{g_K}(\boldsymbol{x}) - \mu_{g_K}(\boldsymbol{x})}{\sigma_{g_K}(\boldsymbol{x})} \right] \right.
$$
$$
\left. \left. + \frac{2\sigma_{g_K}(\boldsymbol{x}) + \mu_{g_K}(\boldsymbol{x})}{\sigma_{g_K}(\boldsymbol{x})} \varphi\left[\frac{-2\sigma_{g_K}(\boldsymbol{x}) - \mu_{g_K}(\boldsymbol{x})}{\sigma_{g_K}(\boldsymbol{x})} \right] \right\} \right| \tag{3.19}
$$

H 学习函数可用于表征预测功能函数值 $g_K(\boldsymbol{x})$ 的不确定性。在备选样本池内选出使得 H 最大的样本点，并将该样本点及相应的真实功能函数值加入训练样本集中更新当前 Kriging 模型，文献[7]表明，通常情况下可选择 $\max H(\boldsymbol{x}) \leqslant 1$ 作为自适应更新过程的收敛终止条件。

2. U 学习函数的定义

U 学习函数考虑了 Kriging 代理模型预测值与失效面的距离及估计值的标准差，当估计值相同时，估计值的标准差越大，U 学习函数值越小；当估计值的标准差相同时，估计值越接近 0，U 学习函数越小。靠近失效面且估计值的标准差较大的点应加入训练样本集中来更新 Kriging 模型，因此在备选样本池内选出使得 U 值最小的样本点，将该样本点及相应的真实功能函数值加入训练样本集中更新模型。文献[7]表明，通常情况下可以选择 $\max U(x) \geqslant 2$ 作为自适应更新过程的收敛终止条件。

3. 基于可靠性的 A‐Kriging 模型法

A‐Kriging 代理模型求解失效概率的具体思路为首先根据输入变量的联合概率密度函数产生 MC 样本池，其次利用 U 学习函数在输入变量样本池中不断挑选对提高失效面拟合精度贡献较大的点来更新 Kriging 模型，最终确保 Kriging 模型在一定的置信水平下识别输入变量功能函数值的正负号。执行流程如图 3.3 所示，具体如下。

(1) 在输入变量样本空间产生 MC 样本池 S_{MC}，该样本池由 N_{MC} 个样本组成。在该阶段，样本池 S_{MC} 中样本的功能函数值无须通过调用真实功能函数计算得到。

(2) 选择初始训练样本点。从样本池 S_{MC} 随机选择 N_1 个输入样本，计算这些样本对应的功能函数值，形成初始训练集 T_{MC}。

(3) 根据当前 T_{MC} 建立 Kriging 代理模型 $g_K(\boldsymbol{X})$。利用工具箱 DACE 建立 Kriging 代理模型，采用 Gaussian 过程，回归模型采用常数，该模型为普通 Kriging 代理模型。

(4) 在 S_{MC} 中识别下一个需要更新的样本点。这一阶段需要计算样本池 S_{MC} 中每一个样本对应的 U 学习函数值，并选择下一个需要更新的样本点，即

$$
\boldsymbol{x}^u = \arg\min_{x \in S_{MC}} U(\boldsymbol{x}) \tag{3.20}
$$

(5) 判别 Kriging 模型自学习过程的收敛性。当 $\min\limits_{x \in S_{MC}} U(\boldsymbol{x}) \geqslant 2$ 时停止自适应学习过

程,执行第(6)步。若 $\min\limits_{x \in S_{MC}} U(x) < 2$,则需计算 $g(x^u)$,并将 $\{x^u, g(x^u)\}$ 加入当前 T_{MC} 中,返回到第(3)步更新 Kriging 模型。

(6) 利用当前 Kriging 代理模型 $g_K(X)$ 估计失效概率,即

$$\hat{P}_f = N_{g_K \leqslant 0}/N_{MC} \tag{3.21}$$

其中,$N_{g_K \leqslant 0}$ 表示 $g_K(X^{(j)})(j = 1, 2, \cdots, N_{MC}) \leqslant 0$ 的样本个数。

(7) 根据 MC 法计算失效概率估计值的变异系数,其估计式为

$$\mathrm{cov}(\hat{P}_f) = (1 - \hat{P}_f)/(N_{MC} - 1)\hat{P}_f \tag{3.22}$$

当 $\mathrm{cov}(\hat{P}_f) < 5\%$ 时,即认为 $\hat{P}_f$ 的估计可接受,此时结束 A - Kriging 过程并得到最终的失效概率的估计值 $\hat{P}_f$,否则执行第(8)步。

(8) 更新 MC 样本池。当 $\mathrm{cov}(\hat{P}_f) \geqslant 5\%$ 时,需扩充样本池 S_{MC},返回第(4)步,在新样本池内选择更新样本点,直至满足终止条件。

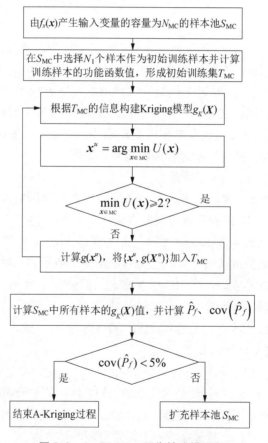

图 3.3 A - Kriging 可靠性建模流程

使用 A - Kriging 代理模型方法对 3.1.4 节中的算例进行计算,可得到如下结果(图 3.4 和表 3.2)。

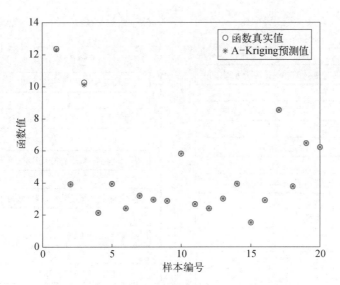

图 3.4　A‑Kriging 模型对测试样本的拟合情况

表 3.2　不同方法计算结果对比

计 算 方 法	失效概率/10^{-4}	试 验 点 数	误　　差
MC 法	3.008	10^7	0
Kriging 模型	3.100	100	0.030 6
A‑Kriging 代理模型	3.000	20	0.002 7

　　由图 3.4 和表 3.2 可知,A‑Kriging 代理模型仅使用普通 Kriging 模型 1/5 的试验点数就得到了更为精确的预测值,且对于失效概率的计算,相较于 MC 法的误差仅为 0.002 7。由此可见,A‑Kriging 代理模型方法进一步提高了普通 Kriging 模型的建模效率与计算精度。

3.2　极值 Kriging 模型方法

　　为克服传统 Kriging 模型在处理具有动态时变特性的结构概率分析过程中需要建立大量目标函数的缺点,将极值思想引入传统 Kriging 模型,提高计算效率,为结构动态可靠性评估和灵敏度分析提供新的途径。

3.2.1　基本思想

　　基于极值响应面法的 Kriging(Kriging with extremum response surface method, K‑ERSM)模型是融合传统 Kriging 模型和 ERSM 发展而来的,用以建立输出响应与输入变量之间的函数关系,实现复杂结构动态概率分析。基于 K‑ERSM 模型的复杂结构动态概率分析流程如图 3.5 所示。

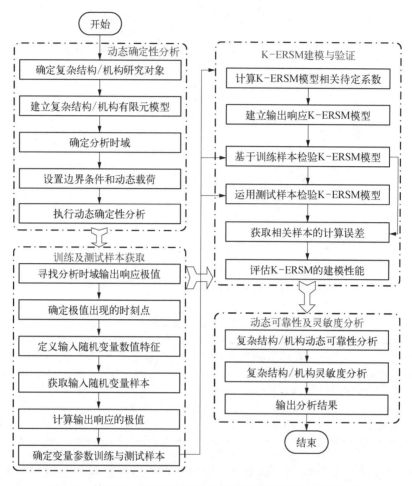

图 3.5　基于 K‐ERSM 模型的复杂结构动态概率分析流程图

由图 3.5 可知,基于 K‐ERSM 模型的复杂结构动态概率分析主要包括动态确定性分析、训练及测试样本获取、K‐ERSM 建模与验证、动态可靠性及灵敏度分析。本节主要针对 K‐ERSM 建模与验证流程进行简要介绍。

3.2.2　数学模型

基于 ERSM 模型和 Kriging 模型,K‐ERSM 数学模型表示为

$$y_{\text{K-ERSM}}(\boldsymbol{x}) = y_{\text{ERSM}}(\boldsymbol{x}) + z(\boldsymbol{x}) \qquad (3.23)$$

其中,$y_{\text{ERSM}}(\boldsymbol{x})$ 为 ERSM 数学模型,用来处理具有动态时变特性的历程数据;$z(\boldsymbol{x})$ 为 Kriging 模型的高斯随机过程,用以修正真实值与 $y_{\text{ERSM}}(\boldsymbol{x})$ 预测值之间的误差。

在求得 Kriging 模型参数 $\boldsymbol{\theta}$、$\boldsymbol{\beta}$ 和 σ^2 的基础上,进而可确定 K‐ERSM 模型[式(3.23)]中的相关待定系数,具体分析原理可参考 3.1.2 节内容,最后可建立复杂结构功能函数。

3.2.3　动态概率分析原理

基于所建立的 K‑ERSM 模型,结合输出响应许用值,其极限状态函数可表示为

$$h_{\text{K-ERSM}}(\boldsymbol{x}) = y_{\text{allow}} - y_{\text{K-ERSM}}(\boldsymbol{x}) \qquad (3.24)$$

其中,当 $h_{\text{K-ERSM}}(\boldsymbol{x}) \geq 0$ 时,结构是安全的;当 $h_{\text{K-ERSM}}(\boldsymbol{x}) < 0$ 时,结构发生失效。

为了实现复杂结构动态可靠性灵敏度分析,本节基于 FOSM 开展相关研究,则极限状态函数的一阶泰勒展开式为[8, 9]

$$h_{\text{K-ERSM}}(\boldsymbol{x}) = h_{\text{K-ERSM}}(\mu_{x_1}, \mu_{x_2}, \cdots, \mu_{x_n}) + \sum_{i=1}^{n} \left(\frac{\partial h_{\text{K-ERSM}}}{\partial x_i} \right)_{\mu_x} (x_i - \mu_{x_i}) \qquad (3.25)$$

其中, $\boldsymbol{\mu}_x$ 为随机输入变量的均值向量,即

$$\boldsymbol{\mu}_x = \begin{pmatrix} \mu_{x_1} & \mu_{x_2} & \cdots & \mu_{x_n} \end{pmatrix} \qquad (3.26)$$

假设输入变量服从正态分布且相互独立,则极限状态函数的均值和方差分别为

$$\begin{cases} \mu_{h_{\text{K-ERSM}}} = h_{\text{K-ERSM}}(\mu_{x_1}, \mu_{x_2}, \cdots, \mu_{x_n}) \\ \sigma^2_{h_{\text{K-ERSM}}} = \sum_{i=1}^{n} \left(\frac{\partial h_{\text{K-ERSM}}}{\partial x_i} \right)^2_{\mu_x} \sigma^2_{x_i} \end{cases} \qquad (3.27)$$

因此,复杂结构可靠性指标 λ 、失效概率 P_f 和可靠性概率 P_r 分别为

$$\begin{cases} \lambda = \dfrac{\mu_{h_{\text{K-ERSM}}}}{\sigma_{h_{\text{K-ERSM}}}} = \dfrac{h_{\text{K-ERSM}}(\mu_{x_1}, \mu_{x_2}, \cdots, \mu_{x_n})}{\sum\limits_{i=1}^{n} \left(\dfrac{\partial h_{\text{K-ERSM}}}{\partial x_i} \right)^2_{\mu_x} \sigma^2_{x_i}} \\ P_f = \Phi(-\lambda) \\ P_r = 1 - P_f \end{cases} \qquad (3.28)$$

其中, $\Phi(\cdot)$ 为标准正态分布的累积密度函数,可表达为

$$\Phi(\lambda) = \frac{1}{\sqrt{2\pi}} \int_{-\infty}^{\lambda} \exp\left(-\frac{1}{2} s^2 \right) \mathrm{d}s \qquad (3.29)$$

其中, $s = (x - \mu)/\sigma$ 用以将正态分布转换为标准正态分布。此外,为了获取式中的分布特征值,可通过 MC 法进行多次模拟进行求解。

在获取复杂结构可靠性指标的基础上,结合灵敏度分析开展随机输入变量对输出响应可靠度或失效概率的影响。灵敏度分析指标一般包括灵敏度和影响概率,其中又分别包括基于均值和基于方差的灵敏度分析,本节介绍基于方差的灵敏度分析原理。与均值灵敏度计算原理类似,基于方差的灵敏度通常定义为结构可靠度或失效概率对于某一随

机输入变量方差的偏导,即

$$S_{d,i}^{\sigma} = \frac{\partial P_f}{\partial \sigma_{x_i}} = \frac{\partial P_f}{\partial \gamma} \frac{\partial \gamma}{\partial \sigma_{x_i}} \qquad (3.30)$$

式(3.30)进一步可表示为

$$S_{d,i}^{\sigma} = -\frac{1}{\sqrt{2\pi}\,\sigma_{h_{\text{K-ERSM}}}^{2}} \left(\frac{\partial h_{\text{K-ERSM}}}{\partial x_i}\right)_{\mu_x}^{2} \sigma_{x_i} \mu_{h_{\text{K-ERSM}}} \exp\left[-\frac{1}{2}\left(\frac{\mu_{h_{\text{K-ERSM}}}}{\sigma_{h_{\text{K-ERSM}}}}\right)\right] \qquad (3.31)$$

基于方差的影响概率计算公式为

$$I_{d,i}^{\sigma} = \frac{|S_{d,i}^{\sigma}|}{\displaystyle\sum_{i=1}^{n}|S_{d,i}^{\sigma}|} \qquad (3.32)$$

其中,各随机输入变量的影响概率满足:

$$I_{p,1}^{\sigma} + I_{p,2}^{\sigma} + \cdots + I_{p,n}^{\sigma} = \sum_{i=1}^{n} I_{p,i}^{\sigma} = 1 \qquad (3.33)$$

3.2.4　实例分析

本节将航空发动机低压压气机叶盘作为研究对象,在考虑流-固耦合影响的条件下,对其径向变形动态可靠性和灵敏度进行了分析,用以说明 K-ERSM 的有效性。

1. 低压压气机叶盘径向变形动态确定性分析

低压压气机叶盘和流场的有限元模型分别如图 3.6 和图 3.7 所示。

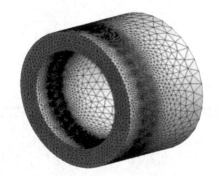

图 3.6　低压压气机叶盘有限元模型　　图 3.7　低压压气机叶盘流场有限元模型

在建立有限元模型的基础上,设置相关的材料参数、流体及结构边界条件,结合有限元和有限元体积理论,运用耦合原理实现叶盘径向变形动态确定性分析,其变化曲线如图 3.8 所示。由图 3.8 可知,叶盘径向变形的最大值出现在[165 s, 200 s],任意选取其中一时刻作为研究时刻点,本案例选取 $t = 175$ s,则叶盘径向变形分布云图如图 3.9 所示。由图 3.9 可知,叶盘径向变形最大位置出现在叶尖。

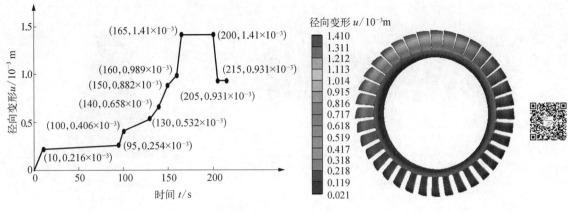

图 3.8　低压压气机叶盘径向变形随时间的变化曲线　图 3.9　低压压气机叶盘径向变形分布云图

2. 基于 K‑ERSM 的低压压气机叶盘径向变形建模

基于确定性分析结果,选取最大值出现时刻和位置作为研究目标,以进口流速 v、进口压力 p_{in}、出口压力 p_{out}、密度 ρ 和转速 ω 作为输入变量,其数值分布特征如表 3.3 所示。

表 3.3　低压压气机叶盘径向变形相关随机输入变量数值分布特征

输入变量	分布类型	均　　值	标 准 差
$v/(\text{m/s})$	正态分布	124	2.48
p_{in}/Pa	正态分布	304 000	9 100
p_{out}/Pa	正态分布	507 000	15 200
$\rho/(\text{kg/m}^3)$	正态分布	7 800	156
$\omega/(\text{rad/s})$	正态分布	1 168	23.36

依据表 3.3 中随机输入变量的数值分布特征,获取 51 组输入变量样本,结合动态确定性分析计算对应输入变量样本的输出响应,进而确定 51 组样本数据。其中,21 组样本数据作为训练样本,用以建立低压压气机叶盘径向变形的 K‑ERSM 模型,并验证 K‑ERSM 模型对熟悉样本的拟合性能;30 组样本数据作为测试样本,用以测试所建立的 K‑ERSM 模型对陌生样本的拟合特性。

基于 3.2.2 节的建模理论,结合 21 组训练样本,确定 K‑ERSM 模型涉及的待定系数,建立低压压气机叶盘径向变形的功能函数。

3. 低压压气机叶盘径向变形动态概率分析

结合叶盘径向变形许用值建立极限状态函数。采用 MC 法对低压压气机叶盘径向变形的极限状态函数进行 10 000 次模拟,则仿真历史和分布直方图如图 3.10 所示。

由图 3.10 可知,低压压气机叶盘径向变形服从均值为 1.41×10^{-3} m、标准差为 6.31×10^{-5} m 的正态分布。当低压压气机叶盘径向变形的许用值为 1.60×10^{-3} m 时,结合式 (3.28)可得,其可靠性指标为 2.94、可靠度为 0.998 4。

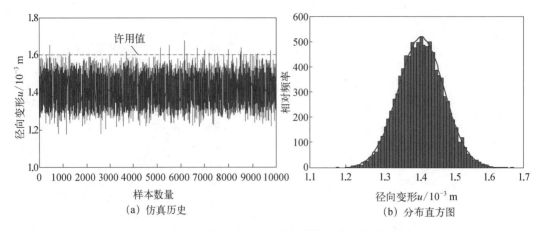

(a) 仿真历史 (b) 分布直方图

图 3.10 低压压气机叶盘径向变形仿真历史和分布直方图

进而,根据一次二阶矩法进一步开展灵敏度分析,研究各随机输入变量对低压压气机叶盘径向变形可靠度或失效概率的影响,灵敏度和影响概率分析结果如表 3.4 和图 3.11 所示。

表 3.4 随机输入变量对低压压气机叶盘径向变形的灵敏度和影响概率

参　　数	v	p_{in}	p_{out}	ρ	ω
$S_d/10^{-4}$	1. 103 7	− 0. 010 2	− 0. 025 3	0. 208 2	2. 895 4
$I_p/\%$	26. 01	0. 24	0. 59	4. 92	68. 24

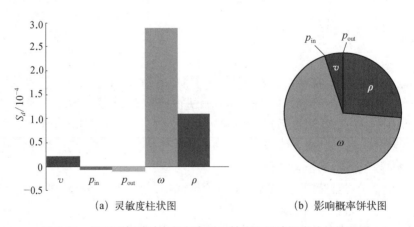

(a) 灵敏度柱状图 (b) 影响概率饼状图

图 3.11 低压压气机叶盘径向变形灵敏度和影响概率分析结果图

由灵敏度和影响概率分析结果可以看出,低压压气机叶盘径向变形与进口流速、密度和转速呈正相关关系,而与出口压力和进口压力呈负相关关系;另外,影响低压压气机叶盘径向变形的主要因素为转速,其他依次为密度、进口流速、出口压力和进口压力。

3.3 分解协调改进 Kriging 模型方法

为了合理有效地处理复杂结构多构件在同一失效模式下的动态可靠性及灵敏度分析问题,本节基于前面介绍的 IK - ERSM 代理模型方法,将分解协调策略分别与之进行结合,介绍改进分解协调 Kriging 建模策略(improved decomposed- coordinated Kriging modeling strategy, IDCKMS)。

3.3.1 基本思想

IDCKMS 实质上是结合 ERSM、Kriging 模型、遗传算法和分解协调策略发展而来的。其中,ERSM、Kriging 模型和遗传算法有效融合为 IK - ERSM,其目的是处理复杂结构动态时变历程,减轻计算负担;而分解协调策略的作用是将复杂结构多构件分解为单一构件,基于 IK - ERSM 分别建立各构件分析目标的数学模型,随后依据各构件输出响应之间的关系,协调总输出响应与相关变量参数之间的关系,建立总体的输出响应数学模型。基于 IDCKMS 的复杂结构动态协同概率分析流程如图 3.12 所示。

由图 3.12 可知,基于 IDCKMS 的复杂结构动态协同概率分析流程实质上与前述章节基本一致,其主要区别在于将分解协调策略贯穿于整个分析流程,主要表现在:在动态确定性分析过程中,为获取样本而采用了联动抽样技术,即通过依次确定性分析同时获取各构件输出响应值,能够大量节省获取样本的时间,联动抽样原理如图 3.13 所示。在 IDCKMS 建模过程中,先建立各构件输出响应的分析代理模型,再依据各构件输出响应之间的关系,建立协调代理模型,描述总输出与各参数之间的关系。

3.3.2 数学模型

为了建立 IDCKM 模型,先从分解协调策略的基本原理着手,以复杂结构的四个层次(即复杂结构层、1st 构件层、2nd 构件层和变量层)作为研究对象,用以阐明分解协调策略分析理论,如图 3.14 所示。其中,$g(\cdot)$ 为总输出响应与 1st 构件层输出响应之间的关系,$g^{z_1}(\cdot)$ 为第 z_1 个 1st 构件层输出响应与 2nd 构件层输出响应之间的关系,$g^{z_1 z_2}(\cdot)$ 为第 z_1 个 1st 构件层所包含的第 z_2 个 2nd 构件层输出与底层输入变量之间的关系。

由图 3.14 所示,四层复杂结构包含 $z_1(z_1 \in \mathbf{Z})$ 个 1st 构件层和 $z_2(z_2 \in \mathbf{Z})$ 个 2nd 构件层,则复杂结构的总输出响应可表示为

$$y_{\text{IDCKMS}} = g(\boldsymbol{x}) = g\big[g^{(1)}(\boldsymbol{x}), g^{(2)}(\boldsymbol{x}), \cdots, g^{(z_1)}(\boldsymbol{x}) \big] \tag{3.34}$$

即

$$y_{\text{IDCKMS}} = g\big[y_{\text{IDCKMS}}^{(1)}, y_{\text{IDCKMS}}^{(2)}, \cdots, y_{\text{IDCKMS}}^{(\bar{j})}, \cdots, y_{\text{IDCKMS}}^{(z_1)} \big] \tag{3.35}$$

其中,$y_{\text{IDCKMS}}^{(\bar{j})}(\bar{j} = 1, 2, \cdots, z_1)$ 为第 $\bar{j}$ 个 1st 构件层的分解代理模型,即

$$y_{\text{IDCKMS}}^{(\bar{j})} = g^{(\bar{j})}\big[y_{\text{IDCKMS}}^{(\bar{j}1)}, y_{\text{IDCKMS}}^{(\bar{j}2)}, \cdots, y_{\text{IDCKMS}}^{(\bar{j}\bar{k})}, \cdots, y_{\text{IDCKMS}}^{(\bar{j}z_2)} \big] \tag{3.36}$$

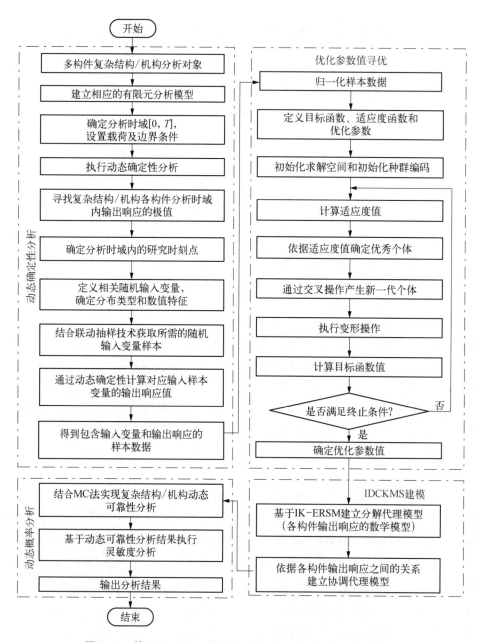

图 3.12 基于 IDCKMS 的复杂结构动态协同概率分析流程图

其中,$y_{\text{IDCKMS}}^{(\bar{j}\bar{k})}(\bar{k}=1,2,\cdots,z_2)$ 为第 $\bar{j}$ 个 1st 构件层所包含的第 $\bar{k}$ 个 2nd 构件层的分解代理模型,可表示为

$$y_{\text{IDCKMS}}^{(\bar{j}\bar{k})} = g^{(\bar{j}\bar{k})}(\boldsymbol{x}^{(\bar{j}\bar{k})}) \tag{3.37}$$

其中,$\boldsymbol{x}^{(\bar{j}\bar{k})}$ 为第 $\bar{j}$ 个 1st 构件层所包含的第 $\bar{k}$ 个 2nd 构件层输出响应相关的底层输入变量向量;$\boldsymbol{x}$ 为所有 $\boldsymbol{x}^{(\bar{j}\bar{k})}$ 按照一定顺序的重组。

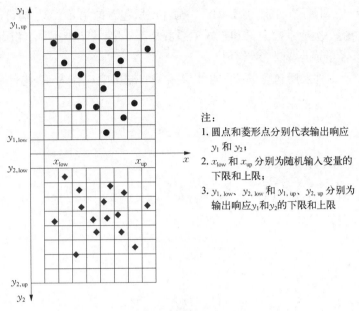

注:
1. 圆点和菱形点分别代表输出响应 y_1 和 y_2;
2. x_{low} 和 x_{up} 分别为随机输入变量的下限和上限;
3. $y_{1,\text{low}}$、$y_{2,\text{low}}$ 和 $y_{1,\text{up}}$、$y_{2,\text{up}}$ 分别为输出响应 y_1 和 y_2 的下限和上限

图 3.13　联动抽样原理图

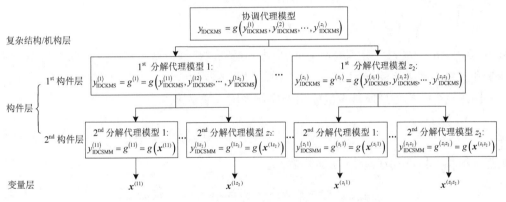

图 3.14　基于四个层次多构件结构分解与协调策略原理图

IDCSMM 表示改进分解协调代理模型方法

结合 IDCKMS 的数学模型 $y_{\text{IDCKMS}}(\boldsymbol{x})$,其形式可用 IK‐ERSM 描述,则第 $\bar{j}$ 个 1st 构件层所包含的第 $\bar{k}$ 个 2nd 构件层的分解代理模型为

$$
\begin{cases}
y_{\text{IDCKMS}}^{(\bar{j}\bar{k})}(\boldsymbol{x}^{(\bar{j}\bar{k})}) = a^{(\bar{j}\bar{k})} + \boldsymbol{b}^{(\bar{j}\bar{k})}\boldsymbol{x}^{(\bar{j}\bar{k})} + (\boldsymbol{x}^{(\bar{j}\bar{k})})^{\mathrm{T}}\boldsymbol{c}^{(\bar{j}\bar{k})}\boldsymbol{x}^{(\bar{j}\bar{k})} + z(\boldsymbol{x}^{(\bar{j}\bar{k})}) \\
\boldsymbol{b}^{(\bar{j}\bar{k})} = \begin{pmatrix} b_1^{(\bar{j}\bar{k})} & b_2^{(\bar{j}\bar{k})} & \cdots & b_{n''}^{(\bar{j}\bar{k})} \end{pmatrix} \\
\boldsymbol{c}^{(\bar{j}\bar{k})} = \begin{pmatrix} c_{11}^{(\bar{j}\bar{k})} & c_{12}^{(\bar{j}\bar{k})} & \cdots & c_{1n''}^{(\bar{j}\bar{k})} \\ c_{21}^{(\bar{j}\bar{k})} & c_{22}^{(\bar{j}\bar{k})} & \cdots & c_{2n''}^{(\bar{j}\bar{k})} \\ \vdots & \vdots & \ddots & \vdots \\ c_{n''1}^{(\bar{j}\bar{k})} & c_{n''2}^{(\bar{j}\bar{k})} & \cdots & c_{n''n''}^{(\bar{j}\bar{k})} \end{pmatrix} \\
\boldsymbol{x}^{(\bar{j}\bar{k})} = \begin{pmatrix} x_1^{(\bar{j}\bar{k})} & x_2^{(\bar{j}\bar{k})} & \cdots & x_{n''}^{(\bar{j}\bar{k})} \end{pmatrix}^{\mathrm{T}}
\end{cases}
\tag{3.38}
$$

其中，$a^{(\bar{j}\bar{k})}$、$b^{(\bar{j}\bar{k})}$ 和 $c^{(\bar{j}\bar{k})}$ 分别为第 $\bar{j}$ 个 1st 构件层所包含的第 $\bar{k}$ 个 2nd 构件层分解代理模型的常数项系数、一次项系数向量和二次项系数矩阵；n'' 为第 $\bar{j}$ 个 1st 构件层所包含的第 $\bar{k}$ 个 2nd 构件层涉及的底层输入变量个数。

将第 $\bar{j}$ 个 1st 构件层所包含的 2nd 构件层相关的输出响应作为 1st 构件层的输入变量 $\boldsymbol{x}^{(\bar{j})}$，即

$$\boldsymbol{x}^{(\bar{j})} = [\, y_{\mathrm{IDCKMS}}^{(\bar{j}\bar{k})}(\boldsymbol{x}^{(\bar{j}\bar{k})})\,] \tag{3.39}$$

则第 $\bar{j}$ 个 1st 构件层的分解代理模型为

$$\begin{cases} y_{\mathrm{IDCKMS}}^{(\bar{j})}(\boldsymbol{x}^{(\bar{j})}) = g^{(\bar{j})}(\boldsymbol{x}^{(\bar{j})}) = a^{(\bar{j})} + \boldsymbol{b}^{(\bar{j})}\boldsymbol{x}^{(\bar{j})} + (\boldsymbol{x}^{(\bar{j})})^{\mathrm{T}}\boldsymbol{c}^{(\bar{j})}\boldsymbol{x}^{(\bar{j})} + z(\boldsymbol{x}^{(\bar{j})}) \\[2mm] \boldsymbol{b}^{(\bar{j})} = \begin{pmatrix} b_1^{(\bar{j})} & b_2^{(\bar{j})} & \cdots & b_n^{(\bar{j})}{}' \end{pmatrix} \\[2mm] \boldsymbol{c}^{(\bar{j})} = \begin{pmatrix} c_{11}^{(\bar{j})} & c_{12}^{(\bar{j})} & \cdots & c_{1n'}^{(\bar{j})} \\ c_{21}^{(\bar{j})} & c_{22}^{(\bar{j})} & \cdots & c_{2n'}^{(\bar{j})} \\ \vdots & \vdots & \ddots & \vdots \\ c_{n'1}^{(\bar{j})} & c_{n'2}^{(\bar{j})} & \cdots & c_{n'n'}^{(\bar{j})} \end{pmatrix} \\[2mm] \boldsymbol{x}^{(\bar{j})} = \begin{pmatrix} x_1^{(\bar{j})} & x_2^{(\bar{j})} & \cdots & x_n^{(\bar{j})}{}' \end{pmatrix}^{\mathrm{T}} \end{cases} \tag{3.40}$$

其中，$a^{(\bar{j})}$、$b^{(\bar{j})}$ 和 $c^{(\bar{j})}$ 分别为第 $\bar{j}$ 个 1st 构件层分解代理模型的常数项系数、一次项系数向量和二次项系数矩阵；n' 为第 $\bar{j}$ 个 1st 构件层所涉及的底层输入变量个数。

同理，将 1st 构件层所涉及的输出响应作为输入变量 $\boldsymbol{x}$，即

$$\boldsymbol{x} = [\, y_{\mathrm{IDCKMS}}^{(\bar{j})}(\boldsymbol{x}^{(\bar{j})})\,] \tag{3.41}$$

则复杂结构的协调代理模型（功能函数）为

$$y_{\mathrm{IDCKMS}}(\boldsymbol{x}) = g(\boldsymbol{x}) = a + \boldsymbol{b}\boldsymbol{x} + \boldsymbol{x}^{\mathrm{T}}\boldsymbol{c}\boldsymbol{x} + z(\boldsymbol{x}) \tag{3.42}$$

通过上述分析，可以建立由多个构件组成的复杂结构的各构件研究目标的分解代理模型，以及总研究目标的协调代理模型，进而为复杂结构动态概率分析提供支撑。

3.3.3 动态协同概率分析原理

基于多构件复杂结构协调代理模型[式(3.42)]，其极限状态函数可写为

$$h_{\mathrm{IDCKMS}}(\boldsymbol{x}) = y_{\mathrm{allow}} - y_{\mathrm{IDCKMS}}(\boldsymbol{x}) \tag{3.43}$$

进而，依据改进一次二阶矩法实现多构件复杂结构在同一失效模式下的动态协同可靠性分析，结合可靠性结果，依据基于均值的灵敏度和影响概率理论完成其灵敏度分析。

3.3.4 实例分析

将航空发动机高压涡轮叶盘（由叶片和轮盘装配而成）作为案例，考虑流-热-固作用，对径向变形动态协同可靠性及灵敏度进行研究，加以验证 IDCKMS 的有效性。

1. 高压涡轮叶盘径向变形动态确定性分析

建立高压涡轮叶盘和流场的三维模型和有限元模型,如图 3.15~图 3.18 所示。为减轻计算负担,选取其 1/48 作为分析对象。

图 3.15　高压涡轮叶盘三维模型　　　　图 3.16　高压涡轮叶盘有限元模型

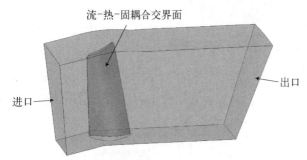
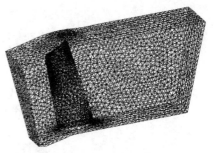

图 3.17　高压涡轮叶盘流场三维模型　　　图 3.18　高压涡轮叶盘流场有限元模型

在建立有限元模型的基础上,确定分析时域[0 s, 215 s]内的相关设置参数,以 GH4133 作为高压涡轮叶盘的材料;进口压力为 $2×10^6$ Pa,出口压力为 $5.88×10^5$ Pa。此外,高压涡轮叶盘进口流速、燃气温度和转速随时间的变化曲线如图 3.19 所示。

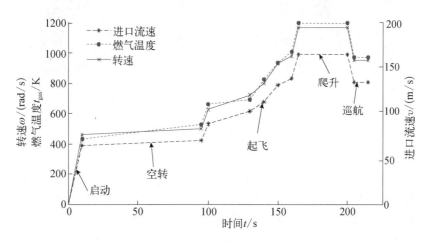

图 3.19　叶盘进口流速、燃气温度和转速变化曲线

通过耦合方法对高压涡轮叶盘的径向变形进行多物理场耦合动态确定性分析,得到

径向变形在分析时域内的变化规律如图 3.20 所示。由图可以看出,高压涡轮叶片和轮盘的径向变形最大值同时出现在爬升阶段,由此选取 $t = 190\text{ s}$ 作为研究时刻点。

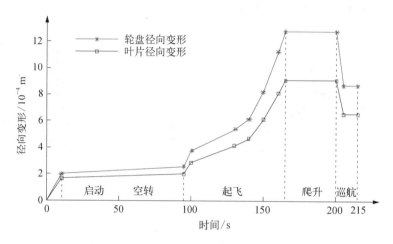

图 3.20 轮盘和叶片径向变形变化曲线

对应研究时刻点的高压涡轮叶盘径向变形分布如图 3.21 所示。由图 3.21 可以看出,高压涡轮叶片的径向变形最大值出现在叶尖部位,轮盘的径向变形最大值出现在轮盘顶端,则在后续获取样本数据过程中将以这两个部位作为研究位置。

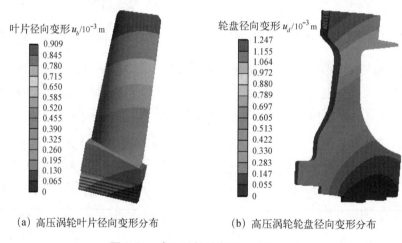

(a) 高压涡轮叶片径向变形分布　　　　　(b) 高压涡轮轮盘径向变形分布

图 3.21 高压涡轮叶盘径向变形分布

2. 基于 IDCKMS 的高压涡轮叶盘径向变形建模

选取高压涡轮叶盘的进口流速 v、进口压力 p_{in}、出口压力 p_{out}、燃气温度 t_{gas}、密度 ρ 和转速 ω 作为输入变量,其服从正态分布且相互独立,数值特性如表 3.5 所示。

依据表 3.5 中随机输入变量的数值特征和分布类别,获取其 60 组样本,通过执行多次的动态确定性分析,同时获取对应输入样本的高压涡轮叶片和轮盘径向变形值,组成 60 组样本数据。其中,40 组样本数据作为训练样本,用以建立 IDCKMS 模型;其余 20 组样本数据作为测试样本,实现 IDCKMS 模型验证。

表 3.5　高压涡轮叶盘径向变形相关随机输入变量的数值特征

输入变量	均　　值	标准差
$v/(\text{m/s})$	160	3.2
p_{in}/Pa	2×10^6	6×10^4
p_{out}/Pa	5.88×10^5	1.76×10^4
t_{gas}/K	1 200	24
$\rho/(\text{kg/m}^3)$	8 560	171.2
$\omega/(\text{rad/s})$	1 168	23.36

利用 40 组训练样本数据,结合遗传算法寻优流程实现极大似然函数的求解,获取 Kriging 模型的超参数,当迭代次数为 62 时,出现最小值分别为 0.067 5 和 0.063 7,进而得到对应的 Kriging 模型的超参数。在此基础上,可确定高压涡轮叶片和轮盘径向变形分解代理模型的待定系数,建立数学分析模型。

3. 高压涡轮叶盘径向变形动态协同概率分析

基于高压涡轮叶盘径向变形的协调代理模型(功能函数),结合 MC 法进行 10 000 次模拟计算可靠度,其仿真历史和分布直方图如图 3.22 所示。

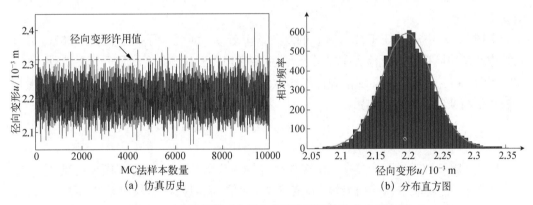

图 3.22　高压涡轮叶盘径向变形仿真历史和分布直方图

由图 3.22 可知,高压涡轮叶盘径向变形服从均值为 2.200×10^{-3} m、标准差为 3.967×10^{-5} m 的正态分布,当其许用值为 2.319×10^{-3} m 时,可靠度为 0.997 6。

依据动态可靠性分析结果,采用改进一次二阶矩法对其开展基于均值的灵敏度分析,高压涡轮叶盘径向变形灵敏度和影响概率分析结果如表 3.6 所示。

表 3.6　随机输入变量对高压涡轮叶盘径向变形的灵敏度和影响概率

参　　数	v	p_{in}	p_{out}	ρ	t_{gas}	ω
$S_d/10^{-4}$	0.555 4	0.023 2	-0.102 8	0.142 3	6.659 8	1.800 7
$I_p/\%$	5.98	0.24	1.11	1.53	71.73	19.41

由表 3.11 可知,随着高压涡轮叶盘进口流速、进口压力、密度、燃气温度和转速的增加,其径向变形值增大;而随着出口压力的增加,其径向变形值减小;影响高压涡轮叶盘径向变形的最重要因素为燃气温度。

3.4   分解协调改进极值 Kriging 模型方法

为了有效处理遗传算法过早熟问题,进一步提高复杂结构多构件在同一失效模式下的动态协同概率分析精度,本节将介绍基于分解协调的改进极值 Kriging 架构(decomposed-coordinated framework with enhanced extremum Kriging, E2K-DCF)方法。

3.4.1   基本思想

E2K－DCF 方法能克服 IDCKMS 中遗传算法超参数寻优过程中产生的过早熟问题,在保证计算效率的前提条件下,提高多构件在同一失效模式下的动态协同概率分析精度。该方法将 ERSM、Kriging 模型、多种群遗传算法和分解协调策略进行有效融合,借助多种群遗传算法的全局和局部搜索能力实现 Kriging 模型高斯随机过程超参数寻优,结合 ERSM 处理复杂结构动态时变历程,而分解协调策略的主要作用是协调多个构件之间的关系。基于 E2K－DCF 的复杂结构动态协同概率分析流程如图 3.23 所示。

由图 3.23 可知,基于 E2K－DCF 的复杂结构动态协同概率分析与基于 IDCKMS 的复杂结构动态协同概率分析流程基本类似,其主要区别在于超参数寻优所采用的方法不同:IDCKMS 是结合遗传算法实现极大似然函数的求解,而 E2K－DCF 则是运用多种群遗传算法确定高斯随机过程超参数。

3.4.2   数学模型

E2K－DCF 数学模型为复杂结构多构件在同一失效模式下的协调代理模型,本节以三层结构框架(复杂结构层、构件层和变量层)为例,说明其数学模型建立原理。E2K－DCF 数学模型(协调代理模型)可用式(3.44)描述:

$$y_{E2K\text{-}DCF}(\boldsymbol{x}) = g\big[y_{E2K}^{(1)}(\boldsymbol{x}^{(1)}), y_{E2K}^{(2)}(\boldsymbol{x}^{(2)}), \cdots, y_{E2K}^{(\bar{j})}(\boldsymbol{x}^{(\bar{j})}), \cdots y_{E2K}^{(z_1)}(\boldsymbol{x}^{(z_1)})\big] \quad (3.44)$$

其中, $y_{E2K}^{(\bar{j})}(\boldsymbol{x}^{(\bar{j})})$ 为第 $\bar{j}$ 个构件输出响应的分解代理模型, $y_{E2K}^{(\bar{j})}(\boldsymbol{x}^{(\bar{j})})$ 可表示为

$$y_{E2K}^{(\bar{j})}(\boldsymbol{x}^{(\bar{j})}) = y_{ERSM}^{(\bar{j})}(\boldsymbol{x}^{(\bar{j})}) + z^{(\bar{j})}(\boldsymbol{x}^{(\bar{j})}) \quad (3.45)$$

3.4.3   动态协同概率分析原理

通过多构件复杂结构的协调代理模型(功能函数),可构建其极限状态函数为

$$h_{E2K\text{-}DCF}(\boldsymbol{x}) = y_{allow} - y_{E2K\text{-}DCF}(\boldsymbol{x}) \quad (3.46)$$

同 IDCKMS 类似,结合 MC 法及基于均值的灵敏度与影响概率来实现概率分析。

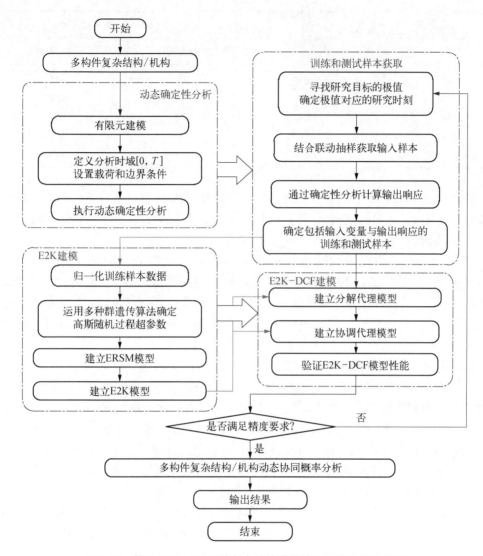

图 3.23　基于 E2K‑DCF 的复杂结构动态协同概率分析流程图

3.4.4　实例分析

基于航空发动机高压涡轮叶盘径向变形动态协同概率分析问题,开展 E2K‑DCF 有效性验证,选取 $t = 200$ s 作为研究时刻点进行动态概率分析。输入变量进口流速 v、出口压力 p_{out}、燃气温度 t_{gas}、转速 ω 和密度 ρ 的数值特征见表 3.7。

基于表 3.7 中随机输入变量分布的数值特征,采用联动抽样获取 150 组输入样本数据,通过动态确定性分析获取高压涡轮叶片和轮盘的径向变形极值(最大值),组合形成 150 组样本数据。其中,50 组样本作为训练样本,建立分解及协调代理模型;其余 100 组样本作为测试样本来实现模型验证。

表 3.7　高压涡轮叶盘径向变形随机输入变量的数值特征

输 入 变 量	分 布 特 征	数 值 特 征	
		均　值	标 准 差
$v/(\mathrm{m/s})$	正态分布	160	8
$p_{\mathrm{out}}/\mathrm{Pa}$	正态分布	588 000	58 800
$t_{\mathrm{gas}}/\mathrm{K}$	正态分布	1 200	72
$\omega/(\mathrm{rad/s})$	正态分布	1 168	58.4
$\rho/(\mathrm{kg/m^3})$	正态分布	8 560	770.4

结合 50 组训练样本数据并将其进行归一化处理,利用多种群遗传算法对高压涡轮叶片和轮盘的目标函数进行求解,计算获取其目标函数最小值及对应的超参数,即高压涡轮叶片目标函数的最小值为 $6.961\ 8\times10^{-6}$、超参数 $\boldsymbol{\theta}^{(b)} = (0.233\ 7,\ 0.108\ 3,\ 1.103\ 3,\ 0.240\ 6,\ 0.136\ 2)$;高压涡轮轮盘目标函数的最小值为 $7.858\ 9\times10^{-6}$、超参数 $\boldsymbol{\theta}^{(d)} = (0.164\ 4,\ 0.170\ 8,\ 0.643\ 2,\ 12.979\ 1,\ 0.235\ 4)$。基于获取的高压涡轮叶片和轮盘超参数 $\boldsymbol{\theta}^{(b)}$ 和 $\boldsymbol{\theta}^{(d)}$,接着可计算分解代理模型涉及的待定系数,在此基础上,建立高压涡轮叶片和轮盘径向变形的分解协调代理模型,以及高压涡轮叶盘的径向变形协调代理模型。在此基础上,建立基于 E2K-DCF 模型的极限状态函数。

通过执行不同次数的蒙特卡罗模拟(Monte Carlo simulate, MCS)(10^3 次、10^4 次、10^5 次、3×10^5 次、5×10^5 次、10^6 次和 2×10^6 次)进行了收敛性分析[10],可供选用的抽样策略有很多,如随机抽样、分层抽样、Sobol 抽样等[11-13],该案例采用随机抽样进行 MCS 来计算高压涡轮叶盘径向变形的失效概率,当仿真次数小于 10^6 时,高压涡轮叶盘径向变形失效概率具有较大的波动性,当仿真次数大于 10^6 时,高压涡轮叶盘径向变形失效概率逐渐收敛于常数(0.002 3)。

综合收敛性分析结果,选取 10^6 次 MCS 结果作为高压涡轮叶盘径向变形动态可靠性分析结果,其仿真历史及分布直方图如图 3.24 和图 3.25 所示。由图可以看出,高压涡轮叶盘径向变形服从均值为 $2.288\ 4\times10^{-3}$ m、标准差为 $1.062\ 7\times10^{-4}$ m 的正态分布。当高压涡轮叶盘径向变形许用值为 $2.607\ 2\times10^{-3}$ m 时,执行 10^6 次 MCS,其失效样本数出现 2 300 次,因此失效概率为 0.002 3,可靠度为 0.997 7。

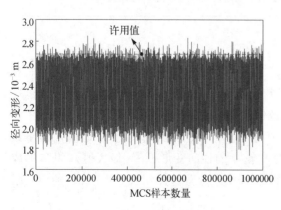

图 3.24　高压涡轮叶盘径向变形仿真历史

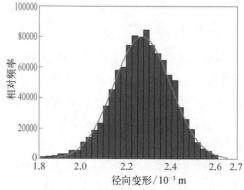

图 3.25　高压涡轮叶盘径向变形分布直方图

进而,开展基于均值的叶盘径向变形灵敏度分析,分析结果如表 3.8 所示。

表 3.8　随机输入变量对高压涡轮叶盘径向变形的灵敏度和影响概率

参　数	v	p_{out}	t_{gas}	ω	ρ
$S_d/10^{-4}$	2.425 3	−0.018 4	7.873 8	4.156 5	0.228 9
$I_p/\%$	16.50	0.13	53.55	28.27	1.56

由表 3.8 可看出,高压涡轮叶盘进口流速、燃气温度、转速和密度与其径向变形呈现正相关关系,而出口压力与叶盘径向变形呈现负相关关系;此外,按重要程度排序,高压涡轮叶盘径向变形的影响因素依次为燃气温度、转速、进口流速、密度和出口压力。

3.5　分解协调混合代理模型方法

本节将分解协调策略分别与基于二次多项式的 ERSM 和基于 ERSM 的 Kriging 模型结合,介绍 QP - DCSMM 和 K - DCSMM,并进一步将两者融合介绍了 M - DCSMM。

3.5.1　基本思想

M - DCSMM 实质上是将分解协调策略与基于二次多项式的 ERSM 和基于 ERSM 的 Kriging 模型发展出的 QP - DCSMM 和 K - DCSMM 相结合,进而介绍具有混合模式数学模型的 M - DCSMM,用以实现复杂结构多失效模式动态综合可靠性分析,其分析流程如图 3.26 所示。

由图 3.26 可知,基于 M - DCSMM 的复杂结构多失效模式动态综合可靠性分析流程主要为复杂结构多失效模式动态确定性分析、样本获取、M - DCSMM 建模与验证、动态综合可靠性分析。其中,动态确定性分析和样本获取的具体流程与其他方法基本一致,而 M - DCSMM 建模与动态综合可靠性分析与其他方法存在差异,下面将针对这两个流程进行简要说明。

对于 M - DCSMM 建模,先结合训练样本建立 QP - DCSMM 和 K - DCSMM,再针对各失效模式,比对基于 QP - DCSMM 和 K - DCSMM 所建立模型的优劣,组合建立 M - DCSMM,进而通过测试样本检验所建立的 M - DCSMM 的精度是否满足要求,若不满足要求,则需重新获取样本,直至满足要求。

对于动态综合可靠性分析,将混联抽样与 MCS 相结合进行大量仿真模拟,实现多失效模式动态综合可靠性分析,从而避免了依据多失效模式串联或并联的形式获取的综合可靠度过于保守的问题。

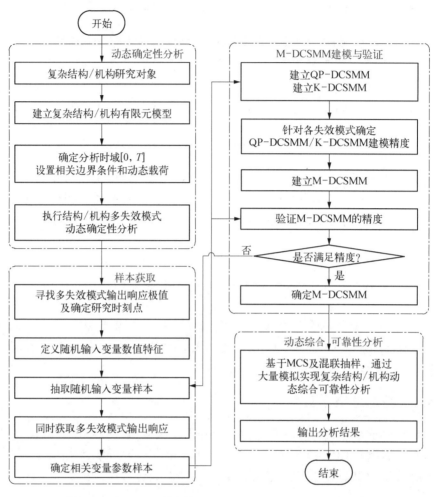

图 3.26 基于 M‑DCSMM 的复杂结构多失效模式动态综合可靠性分析流程图

3.5.2 数学模型

QP‑DCSMM、K‑DCSMM 和 M‑DCSMM 的数学模型可分别写为

$$
\begin{cases}
y_{\mathrm{QP\text{-}DCSMM}}^{(1)}(\boldsymbol{x}) = a^{(1)} + \boldsymbol{b}^{(1)}\boldsymbol{x} + \boldsymbol{x}^{\mathrm{T}}\boldsymbol{c}^{(1)}\boldsymbol{x} \\
y_{\mathrm{QP\text{-}DCSMM}}^{(2)}(\boldsymbol{x}) = a^{(2)} + \boldsymbol{b}^{(2)}\boldsymbol{x} + \boldsymbol{x}^{\mathrm{T}}\boldsymbol{c}^{(2)}\boldsymbol{x} \\
\quad\quad\quad\vdots \\
y_{\mathrm{QP\text{-}DCSMM}}^{(M)}(\boldsymbol{x}) = a^{(M)} + \boldsymbol{b}^{(M)}\boldsymbol{x} + \boldsymbol{x}^{\mathrm{T}}\boldsymbol{c}^{(M)}\boldsymbol{x}
\end{cases}
\tag{3.47}
$$

$$
\begin{cases}
y_{\mathrm{K\text{-}DCSMM}}^{(1)}(\boldsymbol{x}) = \left[\bar{\boldsymbol{g}}^{(1)}(\boldsymbol{x})\right]^{\mathrm{T}}\boldsymbol{\beta}^{(1)} + z^{(1)}(\boldsymbol{x}) \\
y_{\mathrm{K\text{-}DCSMM}}^{(2)}(\boldsymbol{x}) = \left[\bar{\boldsymbol{g}}^{(2)}(\boldsymbol{x})\right]^{\mathrm{T}}\boldsymbol{\beta}^{(2)} + z^{(2)}(\boldsymbol{x}) \\
\quad\quad\quad\vdots \\
y_{\mathrm{K\text{-}DCSMM}}^{(M)}(\boldsymbol{x}) = \left[\bar{\boldsymbol{g}}^{(M)}(\boldsymbol{x})\right]^{\mathrm{T}}\boldsymbol{\beta}^{(M)} + z^{(M)}(\boldsymbol{x})
\end{cases}
\tag{3.48}
$$

$$
\begin{cases}
y_{\text{M-DCSMM}}^{(1)}(\boldsymbol{x}) = \begin{cases} a^{(1)} + \boldsymbol{b}^{(1)}\boldsymbol{x} + \boldsymbol{x}^{\mathrm{T}}\boldsymbol{c}^{(1)}\boldsymbol{x} \\ \left[\bar{\boldsymbol{g}}^{(1)}(\boldsymbol{x})\right]^{\mathrm{T}}\boldsymbol{\beta}^{(1)} + z^{(1)}(\boldsymbol{x}) \end{cases} \\
y_{\text{M-DCSMM}}^{(2)}(\boldsymbol{x}) = \begin{cases} a^{(2)} + \boldsymbol{b}^{(2)}\boldsymbol{x} + \boldsymbol{x}^{\mathrm{T}}\boldsymbol{c}^{(2)}\boldsymbol{x} \\ \left[\bar{\boldsymbol{g}}^{(2)}(\boldsymbol{x})\right]^{\mathrm{T}}\boldsymbol{\beta}^{(2)} + z^{(2)}(\boldsymbol{x}) \end{cases} \\
\qquad\qquad \vdots \\
y_{\text{M-DCSMM}}^{(M)}(\boldsymbol{x}) = \begin{cases} a^{(M)} + \boldsymbol{b}^{(M)}\boldsymbol{x} + \boldsymbol{x}^{\mathrm{T}}\boldsymbol{c}^{(M)}\boldsymbol{x} \\ \left[\bar{\boldsymbol{g}}^{(M)}(\boldsymbol{x})\right]^{\mathrm{T}}\boldsymbol{\beta}^{(M)} + z^{(M)}(\boldsymbol{x}) \end{cases}
\end{cases} \tag{3.49}
$$

3.5.3　动态可靠性分析原理

依据构建的 M – DCSMM 数学模型(多失效模式功能函数),建立复杂结构多失效模式的极限状态函数为

$$
\begin{cases}
h_{\text{M-DCSMM}}^{(1)}(\boldsymbol{x}) = y_{\text{allow}}^{(1)} - y_{\text{M-DCSMM}}^{(1)}(\boldsymbol{x}) \\
h_{\text{M-DCSMM}}^{(2)}(\boldsymbol{x}) = y_{\text{allow}}^{(2)} - y_{\text{M-DCSMM}}^{(2)}(\boldsymbol{x}) \\
\qquad\qquad \vdots \\
h_{\text{M-DCSMM}}^{(M)}(\boldsymbol{x}) = y_{\text{allow}}^{(M)} - y_{\text{M-DCSMM}}^{(M)}(\boldsymbol{x})
\end{cases} \tag{3.50}
$$

进而,运用混联抽样,通过极限状态函数进行大量 MCS,依据统计分析原理,获取复杂结构多失效模式下的动态综合可靠度。

3.5.4　实例分析

本节以航空发动机高压涡轮叶盘作为研究对象,通过其变形、应力和应变多种失效模式下的动态综合可靠性分析说明 M – DCSMM 的有效性。

1. 高压涡轮叶盘变形、应力和应变动态确定性分析

以航空发动机高压涡轮叶盘作为案例,考虑流-热-固交互作用,开展应力、应变和变形动态确定性分析。由于高压涡轮叶盘是典型循环对称结构,选取 1/40(包含 1 个叶片和 1/40 轮盘)结构作为分析对象,高压涡轮叶盘及流场有限元模型如图 3.27 所示。

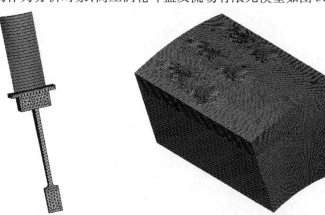

(a) 高压涡轮叶盘有限元模型　　　　　(b) 高压涡轮叶盘流场有限元模型

图 3.27　高压涡轮叶盘及流场有限元模型

在建立有限元模型的基础上,设置动态确定性分析相关边界及载荷条件,即选取钛合金作为高压涡轮叶盘材料(密度为 4 440 kg/m³、泊松比为 0.34、弹性模量为 1.10× 10¹¹ Pa),进口流速为 160 m/s,在分析时域[0 s, 65 s]内,转速和燃气温度的变化曲线如图 3.28 所示。

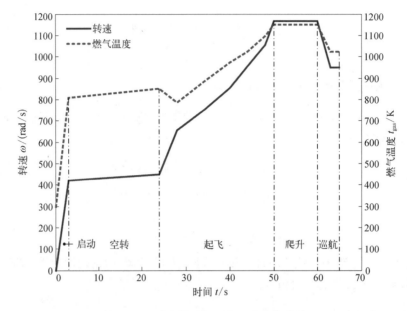

图 3.28 叶盘转速和燃气温度变化曲线

依据耦合原理对高压涡轮叶盘进行动态确定性分析,其应力、应变和变形在分析时域内的变化曲线如图 3.29 所示。从图 3.29 中可以看出,高压涡轮叶盘应力、应变和变形的最大值同时出现在爬升阶段,即分析时域[50 s, 60 s]。因此,选取 $t=60$ s 作为分析时刻

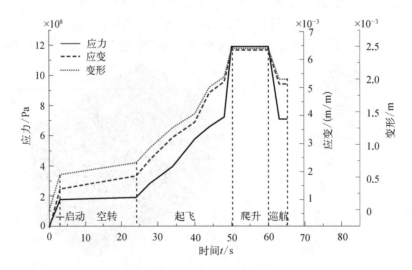

图 3.29 叶盘应力、应变和变形变化曲线

点,则该时刻点对应的高压涡轮叶盘耦合交界面压力分布如图 3.30 所示,高压涡轮叶盘温度、变形、应力、应变的分布如图 3.31 所示。由图 3.31 可知,高压涡轮叶盘变形最大值出现在叶尖部位,而应力和应变最大值出现在叶片根部。

2. 基于 M - DCSMM 的高压涡轮叶盘多失效模式建模

结合动态确定性分析选取的分析时刻点及分析位置,选取燃气温度 t_{gas}、进口流速 v、密度 ρ 和转速 ω 作为随机输入变量,其分布数值特征如表 3.9 所示。

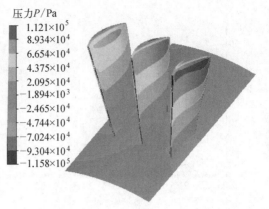

图 3.30　高压涡轮叶盘耦合交界面压力分布

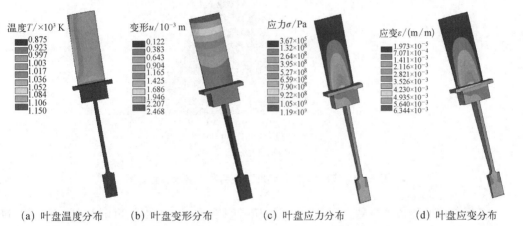

(a) 叶盘温度分布　　(b) 叶盘变形分布　　(c) 叶盘应力分布　　　(d) 叶盘应变分布

图 3.31　高压涡轮叶盘温度、变形、应力和应变分布

表 3.9　高压涡轮叶盘多失效模式相关随机输入变量分布的数值特征

输入变量	分布特征	均　值	标准差
t_{gas}/K	正态分布	1 150	10.72
v/(m/s)	正态分布	160	3.2
ρ/(kg/m³)	正态分布	4 440	21.07
ω/(rad/s)	正态分布	1 168	10.82

为了实现高压涡轮叶盘变形、应力和应变建模,基于有限元模型对高压涡轮叶盘进行 1 000 次动态确定性分析,得到其变形、应力和应变分布直方图,如图 3.32 所示。

由图 3.32 可知,叶盘变形、应力和应变均服从正态分布,其均值分别为 2.469×10^{-3} m、1.186×10^{9} Pa、6.325×10^{-3} m/m,标准差分别为 6.349×10^{-5} m、2.637×10^{7} Pa、1.345×10^{-4} m/m。

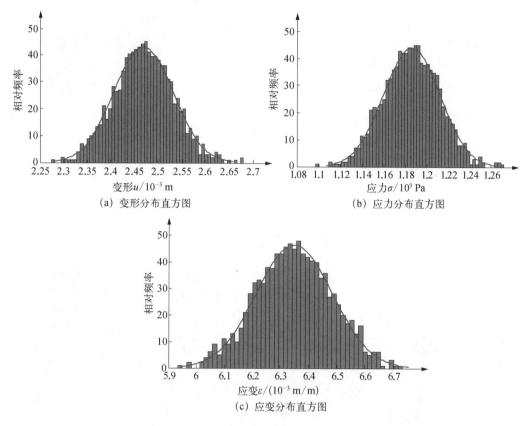

图 3.32　高压涡轮叶盘变形、应力和应变分布直方图

　　依据获取的均值和方差,可形成高压涡轮叶盘变形、应力和应变的概率密度函数,进而可计算各失效模式下的可靠度及综合可靠度(案例是以串联关系进行计算)。其中,在计算高压涡轮叶盘可靠度时,以不同输入样本对应的变形、应力和应变为许用值来计算各失效模式的可靠度,进而获取高压涡轮叶盘的综合可靠度。结合 24 组样本进行建模,其具体信息如表 3.10 所示。

表 3.10　QP‑DCSMM、K‑DCSMM 和 M‑DCSMM 建模的 24 组样本信息

t_{gas}/K	v/(m/s)	ρ/(kg/m³)	ω/(rad/s)	u/10⁻³ m	σ/10⁹ Pa	ε/(10⁻³ m/m)	P_r
1 165	164.535	4 450	1 173.3	2.492	1.19	6.453	0.298 1
1 157	162.148 8	4 436	1 176	2.507	1.20	6.445	0.414 5
1 137	156.136	4 436	1 186.5	2.568	1.23	6.523	0.832 6
⋮							
1 149	162.843 6	4 495	1 156.4	2.422	1.17	6.28	0.023 0

　　结合表 3.10 中的样本信息,将 QP‑DCSMM、K‑DCSMM 和 M‑DCSMM 用于建立高

压涡轮叶盘多失效模式分解协调代理模型。其中,M - DCSMM 的分解代理模型是基于 K - DCSMM 建立的,协调代理模型是基于 QP - DCSMM 建立的。

　　3. 高压涡轮叶盘变形、应力和应变动态综合概率分析

　　结合 QP - DCSMM、K - DCSMM 和 M - DCSMM 建立的高压涡轮叶盘多失效模式功能函数,分别对变形、应力和应变的分解代理模型执行 10 000 次模拟,所得的分布直方图如图 3.33 和图 3.34 所示,相应的均值和标准差如表 3.11 所示。需要说明的是,由于 M - DCSMM 是基于 QP - DCSMM 获取的均值和标准差,高压涡轮叶盘变形、应力和应变的分布直方图可用图 3.34 描述,并且其均值和标准差也可用表 3.16 中 QP - DCSMM 的均值和标准差表示。此外,表 3.16 中还展示了基于直接模拟所获取的均值和标准差,作为评估所研究方法分析结果的参考。

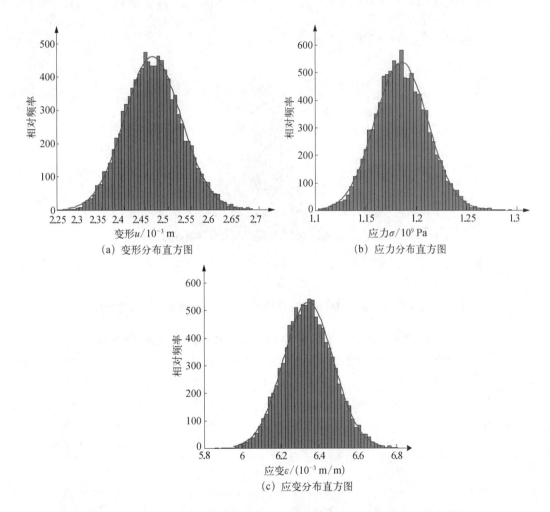

（a）变形分布直方图

（b）应力分布直方图

（c）应变分布直方图

图 3.33　基于 QP - DCSMM 的高压涡轮叶盘变形、应力和应变分布直方图

　　由此可知,QP - DCSMM、K - DCSMM 及 M - DCSMM 的仿真分析结果与直接模拟的分析结果基本相近,可有效为复杂结构多失效模式动态综合可靠性分析提供支持。

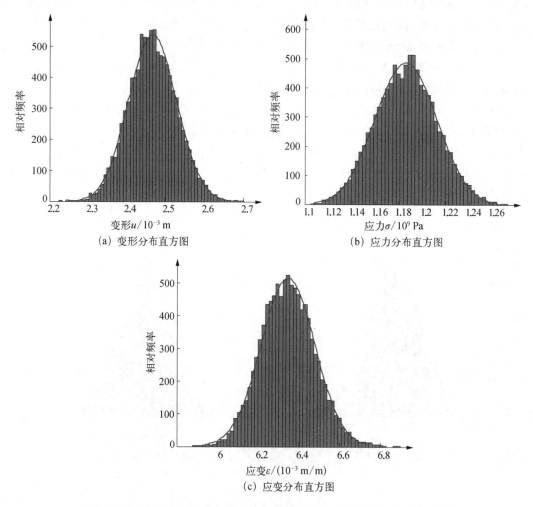

（a）变形分布直方图　　　　　　（b）应力分布直方图

（c）应变分布直方图

图 3.34　基于 K‑DCSMM 的高压涡轮叶盘变形、应力和应变分布直方图

表 3.11　基于直接模拟、QP‑DCSMM 和 K‑DCSMM 的仿真分析结果

方　法	失效模式	分布类型	均　　值	标准差
直接模拟	变形	正态分布	2.469×10^{-3} m	6.349×10^{-5} m
	应力	正态分布	1.186×10^{9} Pa	2.637×10^{7} Pa
	应变	正态分布	6.325×10^{-3} m/m	1.345×10^{-4} m/m
QP‑DCSMM	变形	正态分布	2.465×10^{-3} m	6.324×10^{-5} m
	应力	正态分布	1.185×10^{9} Pa	2.610×10^{7} Pa
	应变	正态分布	6.343×10^{-3} m/m	1.323×10^{-4} m/m
K‑DCSMM	变形	正态分布	2.468×10^{-3} m	6.245×10^{-5} m
	应力	正态分布	1.186×10^{9} Pa	2.605×10^{7} Pa
	应变	正态分布	6.321×10^{-3} m/m	1.339×10^{-4} m/m

3.6　基于 Kriging 模型方法的复杂结构动态协同优化设计

本节基于介绍的 IDCKMS,将该方法用于实现多构件复杂结构动态协同优化设计,结合航空发动机高压涡轮叶盘运行间隙的优化设计验证 IDCKMS 在动态协同优化设计分析中的可行性。

3.6.1　基本思想

基于 IDCKMS 的多构件复杂结构动态协同优化设计分析流程如图 3.35 所示。从图中可以看出,基于 IDCKMS 的多构件复杂结构动态协同优化设计分析主要包括复杂结构的 IDCKMS 子模型建立、子模型动态优化设计、IDCKMS 大模型建立和大模型动态优化设计 4 个流程。其中,基于 IDCKMS 的子模型和大模型建立的详细流程的主要区别在于子模型动态优化设计和大模型动态优化设计不同。

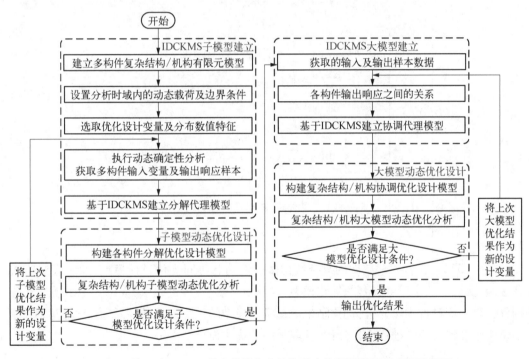

图 3.35　基于 IDCKMS 的多构件复杂结构动态协同优化设计分析流程图

针对子模型动态优化设计,依据 IDCKMS 建立的复杂结构各构件分解代理模型建立的子模型优化设计模型,开展子模型动态优化设计分析。判断优化结果是否满足子模型优化设计条件,如果不满足,则需将此次优化结果作为新的设计变量,重复执行样本获取、分解代理模型建立等流程,直至满足要求;如果满足条件,则转入执行 IDCKMS 大模型建立。

针对大模型动态优化设计,依据 IDCKMS 建立的复杂结构输出响应协调代理模型建立的大模型优化设计模型,开展其动态优化设计分析。判断优化结果是否满足大模型优化设计条件,如果不满足,则需将此次优化结果作为新的设计变量,返回样本获取流程,依次执行后续相关流程,直至优化结果满足预定要求;如果满足条件,则输出优化设计分析结果。

3.6.2 动态协调优化设计分析原理

依据 IDCKMS 数学模型内容,结合所建立的复杂结构分解及协调代理模型,分别将其作为动态协调分析设计的优化目标函数。在此基础上,考虑各优化目标函数相关的输入变量、功能函数及许用可靠度作为约束条件,建立基于 IDCKMS 的复杂结构多构件动态协同优化设计模型,即

$$
\begin{cases}
\min h_{\mathrm{IDCKMS}}(\boldsymbol{x}) = y_{\mathrm{allow}} - y_{\mathrm{IDCKMS}}(\boldsymbol{x}) \\
\mathrm{s.t.}
\begin{cases}
P_r \geq P_{r,\min} \\
y_{\mathrm{IDCKMS}}(\boldsymbol{x}) = 0 \\
\boldsymbol{x} \in [x_{\mathrm{low}}, x_{\mathrm{up}}] \\
\min h_{\mathrm{IDCKMS}}^{(\bar{j})}(\boldsymbol{x}^{(\bar{j})}) = y_{\mathrm{allow}}^{(\bar{j})} - y_{\mathrm{IDCKMS}}^{(\bar{j})}(\boldsymbol{x}^{(\bar{j})}) \\
\mathrm{s.t.}
\begin{cases}
P_r^{(\bar{j})} \geq P_{r,\min}^{(\bar{j})} \\
y_{\mathrm{IDCKMS}}^{(\bar{j})}(\boldsymbol{x}^{(\bar{j})}) = 0 \\
\boldsymbol{x}^{(\bar{j})} \in [x_{\mathrm{low}}^{(\bar{j})}, x_{\mathrm{up}}^{(\bar{j})}] \\
\min h_{\mathrm{IDCKMS}}^{(\bar{j}\bar{k})}(\boldsymbol{x}^{(\bar{j}\bar{k})}) = y_{\mathrm{allow}}^{(\bar{j}\bar{k})} - y_{\mathrm{IDCKMS}}^{(\bar{j}\bar{k})}(\boldsymbol{x}^{(\bar{j}\bar{k})}) \\
\mathrm{s.t.}
\begin{cases}
P_r^{(\bar{j}\bar{k})} \geq P_{r,\min}^{(\bar{j}\bar{k})} \\
y_{\mathrm{IDCKMS}}^{(\bar{j}\bar{k})}(\boldsymbol{x}^{(\bar{j}\bar{k})}) = 0 \\
\boldsymbol{x}^{(\bar{j}\bar{k})} \in [x_{\mathrm{low}}^{(\bar{j}\bar{k})}, x_{\mathrm{up}}^{(\bar{j}\bar{k})}]
\end{cases}
\end{cases}
\end{cases}
\end{cases}
\tag{3.51}
$$

式(3.51)为包含四个层次的复杂结构多构件动态协同优化设计模型,除了底层输入变量外,实质上包含三个嵌套的优化模型。在执行优化设计过程中,首先基于子模型对各构件输出响应进行优化分析,优化结果满足各子模型的优化设计条件后,基于大模型对复杂结构中的输出响应进行优化分析,获取最终的优化设计结果。

3.6.3 实例分析

航空发动机高压涡轮叶盘运行间隙降低 1%,压气机和涡轮的效率有望提高 0.8% ~ 1.2%,而双转子涡扇发动机和涡轴发动机的油耗比分别有望降低 2% 和 1.5%[14]。当高压涡轮叶盘运行间隙设计过小时,可能发生摩碰,从而导致临界故障(叶片断裂、机壳损坏等)。因此,为了平衡航空发动机的可靠性和效率,在可靠性和随机因素的约束下,本节对高压涡轮叶盘运行间隙优化设计,用以验证 IDCKMS 的可行性。

1. 高压涡轮径向运行间隙确定性分析

以航空发动机高压涡轮轮盘-叶片-机匣作为研究对象,其有限元模型如图 3.36 所示。由于轮盘为圆周结构,仅对其截面进行分析。

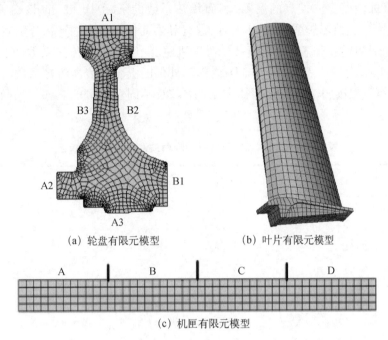

（a) 轮盘有限元模型　　　　　（b) 叶片有限元模型

（c) 机匣有限元模型

图 3.36　高压涡轮轮盘-叶片-机匣有限元模型

基于建立的有限元模型,开展高压涡轮叶盘运行间隙确定性分析,获取其轮盘、叶片、机匣的径向变形及运行间隙随时间的变化曲线,如图 3.37 所示。

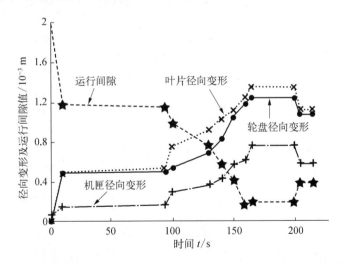

图 3.37　高压涡轮轮盘、叶片、机匣的径向变形及运行间隙随时间的变化曲线

由图 3.37 可知,高压涡轮轮盘、叶片及机匣的径向变形值在分析时域 [165 s, 200 s] 达到最大,且运行间隙在该时域内达到最小。因此,选取 $t = 185$ s 作为研究时刻点。

2. 基于 IDCKMS 的高压涡轮叶盘径向运行间隙建模

为了进行高压涡轮叶盘运行间隙优化设计,选取相关设计变量,并假设各变量服从正态分布且相互独立,具体如表 3.12 所示。其中,T_* 为温度,α_* 为表面传热系数;对于轮盘,温度的下标代表各位置点的温度,表面传热系数的下标 d1、d2 和 d3 分别代表 B1、B2 和 B3 位置的表面传热系数;对于叶片,温度和表面传热系数的下标分别表示叶尖、上部、下部和根部的温度和表面传热系数;对于机匣,温度和表面传热系数的下标 c1、c2、c3、c4、in 和 out 分别代表 A、B、C、D、内部和外部的温度和表面传热系数。此外,高压涡轮叶盘的燃气温度和转速变化规律参见图 3.28,不同温度下的热膨胀系数如表 3.13 所示。

表 3.12　高压涡轮叶盘运行间隙相关设计变量数值特征

研究对象	设计变量	均　值	标准差	下限值	上限值
轮盘	$T_{a1}/℃$	540	16	532	548
	$T_{a2}/℃$	210	6	207	213
	$T_{a3}/℃$	200	6	197	203
	$T_{b1}/℃$	245	7.4	241	249
	$T_{b2}/℃$	320	9.6	315	325
	$\alpha_{d1}/[W/(m^2 \cdot K)]$	1 530	45.8	1 504	1 550
	$\alpha_{d2}/[W/(m^2 \cdot K)]$	1 080	32.5	1 066	1 098
	$\alpha_{d3}/[W/(m^2 \cdot K)]$	864	25.9	852	877
	$\omega/(rad/s)$	1 168	35	1 150	1 186
	$\rho/(kg/m^3)$	8 210	246	8 087	8 333
叶片	$T_1/℃$	1 030	31	1 015	1 046
	$T_2/℃$	980	30	965	995
	$T_3/℃$	820	25	808	832
	$T_4/℃$	540	16	532	548
	$\alpha_{b1}/[W/(m^2 \cdot K)]$	11 760	353	11 580	11 932
	$\alpha_{b2}/[W/(m^2 \cdot K)]$	8 250	248	8 130	8 377
	$\alpha_{b3}/[W/(m^2 \cdot K)]$	6 550	196	6 449	6 645
	$\alpha_{b4}/[W/(m^2 \cdot K)]$	3 130	94	3 083	3 177
	$\omega/(rad/s)$	1 168	24	1 051	1 180
	$\rho/(kg/m^3)$	8 210	246	8 087	8 333
机匣	$T_{in}/℃$	1 050	32	1 034	1 066
	$T_{out}/℃$	330	10	315	325
	$\alpha_{c1}/[W/(m^2 \cdot K)]$	6 000	180	5 910	6 090
	$\alpha_{c2}/[W/(m^2 \cdot K)]$	5 400	160	5 320	5 480
	$\alpha_{c3}/[W/(m^2 \cdot K)]$	4 800	144	4 730	4 872
	$\alpha_{c4}/[W/(m^2 \cdot K)]$	4 200	126	4 137	4 263
	$\alpha_{out}/[W/(m^2 \cdot K)]$	2 600	78	2 560	2 640

表 3.13　不同温度下的热膨胀系数

温度/℃	100	200	300	400	500	600	700	800	900
轮盘	1.16	1.23	1.26	1.32	1.36	1.41	1.47	1.51	1.57
叶片	1.16	1.23	1.24	1.33	1.35	1.44	1.51	1.57	1.65
机匣	1.28	1.35	1.43	1.5	1.55	1.61	1.7	1.75	1.8

依据高压涡轮叶盘的数值分布特征,分别获取 20 组和 50 组训练样本,以及 200 组测试样本。其中,结合 20 组训练样本运用 IDCKMS 建立分解代理模型,结合 50 组训练样本运用 QP-DCSMM 建立分解代理模型,而同样运用 50 样本进行直接模拟计算。三种方法采用同样的 200 组测试样本进行计算时间和精度分析。此外,所有的分析及计算在相同的计算环境下进行。基于直接模拟、QP-DCSMM 和 IDCKMS 的拟合特性及测试性能分析结果如表 3.14 所示。

表 3.14　基于直接模拟、QP-DCSMM 和 IDCKMS 的拟合特性及测试性能分析结果

方　法	对　象	拟 合 特 性		测 试 性 能		
		样 本 数 量	拟合时间/s	样 本 数 量	计算时间/s	精　度
直接模拟	轮盘	50	—	200	2 014.1	1
	叶片	50	—	200	2 923.6	1
	机匣	50	—	200	1 895.7	1
IDCKMS	轮盘	20	211.9	200	1.92	0.990 2
	叶片	20	235.7	200	3.18	0.989 6
	机匣	20	190.8	200	1.76	0.991 3
QP-DCSMM	轮盘	50	480.3	200	4.36	0.972 6
	叶片	50	612.1	200	6.51	0.968 5
	机匣	50	334.2	200	3.93	0.976 3

由表 3.14 可知,在建立分解协调代理模型时,IDCKMS 的建模时间和所需样本数量少于 QP-DCSMM。在测试性能方面,IDCKMS 在计算时间和精度方面都有明显的优势,相对于 QP-DCSMM,IDCKMS 的计算时间分别节省了 2.44 s、3.33 s 和 2.17 s,计算精度提高了 1.42%。

在 IDCKMS 建模特性得以验证的基础上,通过 MCS 分别对所建立的高压涡轮叶盘分解代理模型进行 10 000 次仿真,高压涡轮叶片、轮盘、机匣径向变形均服从正态分布,其均值分别为 $1.235\ 4\times10^{-3}$ m、$1.342\ 3\times10^{-3}$ m 和 7.634×10^{-4} m,标准差分别为 3.03×10^{-5} m、8.65×10^{-6} m 和 2.525×10^{-5} m。进而,将分解代理模型输出响应作为新的输入变量,建立高压涡轮叶盘运行间隙协调代理模型,同样进行 10 000 次 MCS,其仿真历史和分布直方

图如图 3.38 所示。从图 3.38 中可得,高压涡轮叶盘运行间隙服从均值为 $1.814\ 3\times 10^{-3}$ m、标准差为 1.37×10^{-3} m 的正态分布。

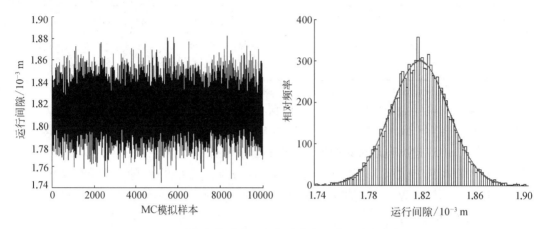

图 3.38　高压涡轮叶盘运行间隙仿真历史和分布直方图

在上述研究的基础上,结合 IDCKMS 建立的高压涡轮叶盘分解及协调代理模型,构建高压涡轮叶盘运行间隙动态协调优化设计模型。

3. 高压涡轮径向运行间隙优化

依据构建的优化设计模型,分别运用直接优化和多模型优化开展高压涡轮叶盘运行间隙动态优化设计分析,其中每次迭代均执行 10 000 次 MCS,优化结果如表 3.15 所示,优化前和优化后的高压涡轮轮盘、叶片和机匣的径向变形如表 3.16 所示,优化前与优化后的叶盘运行间隙分布直方图如图 3.39 所示,优化前与优化后的高压涡轮轮盘、叶片和机匣的径向变形分布云图如图 3.40 所示。

表 3.15　基于直接优化和多模型优化的涡轮叶盘运行间隙分析结果

方　法	运行间隙/10^{-3} m			可靠度	迭代次数	耗时/h
	优化前	优化后	减少值			
直接优化	1.814 3	1.672 2	0.142 1	0.999 3	27	5.698
多模型优化	1.814 3	1.650 1	0.164 2	1	11	18.267

表 3.16　优化前和优化后的高压涡轮轮盘、叶片和机匣径向变形

研究对象	优化前/mm	优化后/mm	可靠度
轮盘	1.235 4	1.212 2	0.991 2
叶片	1.342 3	1.288 1	0.993 9
机匣	0.763 4	8.527	0.999 9

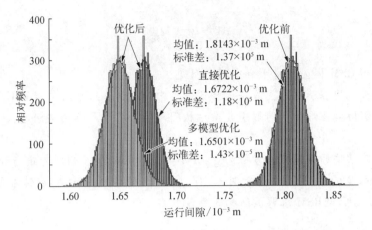

图 3.39　优化前与优化后的高压涡轮叶盘运行间隙分布直方图

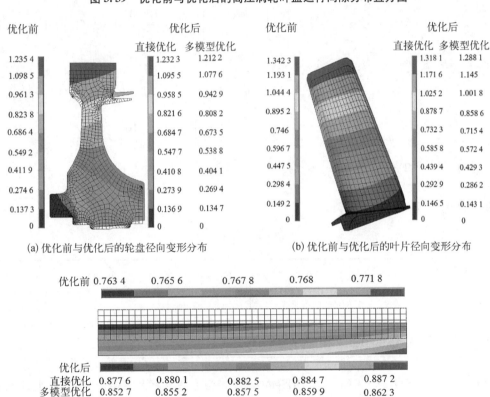

(a) 优化前与优化后的轮盘径向变形分布　　　　(b) 优化前与优化后的叶片径向变形分布

(c) 优化前与优化后机匣径向变形分布

图 3.40　优化前与优化后的高压涡轮轮盘、叶片和机匣的径向变形分布云图(单位: 10^{-3} m)

　　由上述分析结果可知,与优化前的运行间隙相比,优化后的运行间隙分别减少了
1.421×10^{-4} m 和 1.642×10^{-4} m,约为运行间隙的 10%;在满足约束条件的前提下,多模型
优化结果($1.650\ 1 \times 10^{-3}$ m)小于直接优化结果($1.672\ 2 \times 10^{-3}$ m);多模型优化所需的迭代
次数少于直接优化所需的迭代次数,且其优化结果更符合工程需求。然而,由于多模型优
化中涉及多个子模型优化,相对于直接优化,其耗时相对较长。

思 考 题

3.1 K‑ERSM 模型适用于解决哪类问题？

3.2 是否能用粒子群寻优算法代替 3.3 节中的遗传算法来改进传统 Kriging 方法？

3.3 分解协调策略是如何解决复杂结构问题的？对于复杂结构问题，是否还有其他可行的策略？

3.4 设某结构的极限状态方程为 $g=R-S=0$，其中 R 和 S 分别为正态和极值Ⅰ型分布的随机变量，R 的均值和方差分别为 100、20，S 的均值和方差分别为 80、24，试用 Kriging 模型法、IK‑ERSM 求解该结构的失效概率。

3.5 已知复杂函数：

$$F(x) = F[f_1(x), f_2(x), f_3(x)] = 2 + \exp\left[-\frac{f_1(x)^2}{10}\right] + \left[-\frac{f_1(x)^2}{10}\right]^4 - f_3^3(x)\sin[f_2^2(x)]$$

其中，

$$\begin{cases} f_1(x) = 2 + 0.01(x_2 - x_1^2)^2 + (1-x_1)^2 + 2(2-x_2)^2 + 7\sin(0.5x_1)\sin(0.7x_1x_2) \\ f_2(x) = \left(x_4 - \frac{5.1}{4\pi^2}x_3^2 + \frac{5}{\pi}x_3^3 - 6\right)^2 + 10\left(1 - \frac{1}{8\pi}\right)\cos x_3 + 10 \\ f_3(x) = \left(4 - 21x_5^2 + \frac{1}{3}x_6^3\right)x_5^2 + x_5x_6 - (4 - 4x_6^2)x_5^2 \end{cases}$$

变量的概率分布特征如下。

思考题 3.5 表

变 量	均 值	标准差	分布类型	变 量	均 值	标准差	分布类型
x_1	3	0.1	正态	x_4	5	0.1	正态
x_2	4	0.1	正态	x_5	0.5	0.1	正态
x_3	2.5	0.1	正态	x_6	-0.5	0.1	正态

试用 IDCKMS、E2K‑DCF、M‑DCSMM 代理模型方法求解复杂函数 $F(x)$ 的失效概率 [$F(x) \leqslant 0$ 即为失效]。

参 考 文 献

[1] Krige D G. A statistical approach to some basic mine valuation problems on the witwatersrand[J]. Journal of the South African Institute of Mining and Metallurgy, 1994, 94(3): 95–111.

[2] 路成. 基于先进代理模型的复杂结构/机构可靠性设计[D]. 西安: 西北工业大

学,2020.

[3] Echard B, Gayton N, Lemaire M, et al. A combined Importance sampling and Kriging reliability method for small failure probabilities with time-demanding numerical models [J]. Reliability Engineering and System Safety, 2013, 111: 232 - 240.

[4] Sun Z L, Wang J, Li R, et al. LIF: a new Kriging based learning function and its application to structural reliability analysis [J]. Reliability Engineering and System Safety, 2017, 157: 152 - 165.

[5] Kajero O T, Thorpe R B, Chen T, et al. Kriging meta-model assisted calibration of computational fluid dynamics models [J]. AIChE Journal, 2016, 62 (12): 4308 - 4320.

[6] 刘博林,谢里阳. 一种改进的全局可靠性分析方法[J]. 东北大学学报(自然科学版),2020,41(7): 943 - 948.

[7] 吕震宙,宋述芳,李璐祎,等. 结构/机构可靠性设计基础[M]. 西安: 西北工业大学出版社,2019.

[8] Melchers R E, Ahammed M. A fast-approximate method for parameter sensitivity estimation in Monte Carlo structural reliability[J]. Computers and Structures, 2004, 82(1): 55 - 61.

[9] Kaymaz I, Marti K. Reliability-based design optimization for elastoplastic mechanical structures[J]. Computers and Structures, 2007, 85(10): 615 - 625.

[10] Bray A W, Abdurakhmanov I B, Kadyrov A S, et al. Solving close-coupling equations in momentum space without singularities for charged targets [J]. Computer Physics Communications, 2015, 196: 276 - 279.

[11] Ballio F, Guadagnini A. Convergence assessment of numerical Monte Carlo simulations in groundwater hydrology[J]. Water Resources Research, 2004, 40(4): 1 - 5.

[12] Burhenne S, Jacob D, Henze G P. Sampling based on Sobol sequences for Monte Carlo techniques applied to building simulations [C]. Sydney: Proceedings of Building Simulation, 2011.

[13] Dai H Z, Wang W. Application of low-discrepancy sampling method in structural reliability analysis [J]. Structural Safety, 2009, 31: 55 - 64.

[14] Lattime S B, Steinetz B M. Turbine engine clearance control systems: current practices and future directions[J]. Journal of Propulsion and Power, 2004, 20: 302 - 311.

第4章
基于人工神经网络模型的结构可靠性设计方法

4.1 人工神经网络模型方法

自20世纪40年代提出其基本概念以来,人工神经网络(artificial neural network,ANN)或神经网络(neural network,NN)得到了迅速发展,神经网络由于具有大规模并行处理能力、分布式存储能力、自适应能力且适用于求解非线性、容错性和冗余性等问题,引起了众多领域科学工作者的关注。神经网络是在人类对大脑神经网络认识和理解的基础上,人工构造的能够实现某种功能的网络系统,它对大脑进行了简化、抽象和模拟,是大脑生物结构的数学模型。人工神经网络是由大量功能简单而具有自适应能力的信息处理单元,即人工神经元,按照大规模并行的方式,通过拓扑结构连接而成的[1]。人工神经元是对生物神经元的模拟,在生物神经元上,来自轴突的输入信号神经元终结于突触上,信息沿着树突传输并发送到另一个神经元。对于人工神经元,这种信号传输由输入信号 x、突触权重 w、内部阈值 θ 和输出信号 y 来模拟。

在人工神经元系统中,其输出是通过传递函数 $f(*)$ 来完成的。传递函数的作用是控制输入对输出的激活作用,把可能的无限域变换到给定范围的输出,对输入、输出进行函数转换,模拟生物神经元的线性或非线性转移特性。简单神经元主要由权重、阈值和 $f(*)$ 的形式定义,其数学表达式为

$$y = f\left(\sum_{i=1}^{n} w_i x_i - \theta\right) \tag{4.1}$$

其中,x_i 为输入信号;w_i 为对应于输入的连接权重;θ 是一个阈值;$f(\cdot)$ 为传递函数,也称激活函数,表示神经元的输出。

目前已发展了几十种神经网络模型,它取决于网络的拓扑结构、神经元传递函数、学习算法和系统特点,其中误差反向传播(back propagation,BP)神经网络和径向基函数(radial basis function,RBF)神经网络在结构概率分析中应用比较广泛。按结构方式分,有前馈网络(如BP网络)和反馈网络(如Hopfield网络);按状态方式分,有离散型网络(如离散型Hopfield网络)和连续型网络(如连续型Hopfield网络);按学习方式分,有监督学习网络(如BP网络、RBF网络)和无监督学习网络(如自组织网络)。

人工神经网络具有一系列不同于其他计算方法的性质和特性:神经网络将信息分布存储在大量的神经元中,且具有内在的知识索引功能,也即具有将大量信息存储起来并以

一种更为简便的方式对其访问的能力。人工神经网络具有对周围环境自学习、自适应的功能,可用于处理带噪声的、不完整的数据集。人工神经网络能模拟人类的学习过程,并且有很强的容错能力,可以对不完善的数据和图形进行学习并做出决定。一旦训练完成,就能从给定的输入模式快速计算出结果。正是基于这些特点,人工神经网络在人工智能、自动控制、计算机科学、信息处理、模式识别等领域得到了广泛应用。

4.1.1　基本思想

1. BP 神经网络模型

线性神经网络只能解决线性可分的问题,这与其单层网络的结构有关。BP 神经网络是含多个隐含层的网络,具备处理线性不可分问题的能力。20 世纪 80 年代中期,Rumelhart 等成立了并行分布处理(Parallel Distributed Procession,PDP)研究小组[2],提出了著名的误差反向传播算法,解决了多层神经网络的学习问题,极大地促进了神经网络的发展,这种神经网络就称为 BP 神经网络。

BP 算法的基本思想是,学习过程中由信号的正向传播与误差的反向传播两个过程组成。正向传播时,输入样本从输入层传入,经各隐含层逐层处理后传向输出层。若输出层的实际输出与期望输出(教师信号)不符,则转入误差的反向传播阶段。误差反传是将输出误差以某种形式通过隐含层向输入层逐层反传,并将误差分摊给各层的所有单元,从而获得各层单元的误差信号,此误差信号即作为修正各单元权重的依据。这种信号正向传播与误差反向传播的各层权重的调整过程周而复始地进行,权重不断调整的过程也就是网络的学习过程。

采用 BP 算法的多层前馈网络是迄今为止应用最广泛的神经网络,一个完整的神经网络由不同的层组成,层与层之间通过一个或者多个神经元连接。图 4.1 是一个三层神经网络结构图,也是普遍使用的一种结构,也称为三层感知器,其基本结构为输出层、一层隐含层和一层输出层,下层的每一个单元与上层的每一个单元采用全连接的连接方式,而每层的神经元之间没有连接,是独立的。相邻的两层神经元之间通过可调整的权重连接,各种神经元之间不存在反馈。

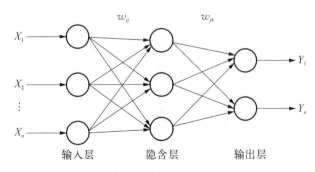

图 4.1　BP 神经网络结构

2. RBF 神经网络模型

RBF 神经网络也是由输入层(n 个神经元)、隐含层(p 个神经元)和输出层(m 个神经

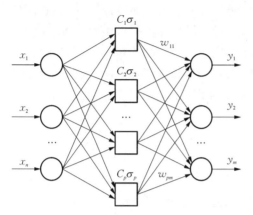

图 4.2 RBF 神经网络的拓扑结构示意图

元)组成,但与 BP 神经网络不同的是,其输入层与隐含层单元之间为直接连接,只有隐含层到输出层实行权连接(图 4.2)。其中,$x_i(i=1,2,\cdots,n)$ 为 RBF 神经网络的输入样本;$y_i(i=1,2,\cdots,m)$ 为 RBF 神经网络的期望输出样本;$w_{kj}(k=1,2,\cdots,p;j=1,2,\cdots,m)$ 为连接隐含层和输出层权重矩阵 w 的元素;C_k 和 $\sigma_k(k=1,2,\cdots,p)$ 分别为隐含层基函数(Gauss 函数)中心和函数宽度[2]。

RBF 神经网络具有很强的局部逼近能力,只要隐含层基函数的中心选择得当,仅需少量神经元就能获得很好的逼近效果。RBF 神经网络的非线性映射能力由隐含层基函数体现,常见的隐含层基函数有 Gauss 函数、薄板样条函数、多元二次函数等,其中最常用的是 Gauss 函数。

RBF 神经网络可以根据具体问题确定相应的网络拓扑结构,具有自学习、自组织、自适应功能,它对非线性连续函数具有一致逼近性,学习速度快,可以进行大范围的数据融合,可以并行高速地处理数据。RBF 神经网络的优良特性使得其显示出比 BP 神经网络更强的生命力,正在越来越多的领域内代替 BP 神经网络。如果将 ANN 模型作为响应面模型应用于系统函数的概率分析,则称为 ANN 响应面法。

4.1.2 数学模型

1. BP 神经网络模型

假设输入向量记为 $X=(x_1,x_2,\cdots,x_n)$, $i=1,2,\cdots,n$;隐含层的输出向量记为 $Y=(y_1,y_2,\cdots,y_j)$, $j=1,2,\cdots,m$;输出层输入向量 $O=(o_1,o_2,\cdots,o_k)$, $k=1,2,\cdots,q$;映射后的输出向量 $d=(d_1,d_2,\cdots,d_k)$, $k=1,2,\cdots,q$。其中,n、m、q 为各层的神经元个数[3]。另外,w_{ij} 为输入层第 i 个神经元到隐含层第 j 个神经元之间的权重;w_{jk} 为隐含层第 j 个神经元到输出层第 k 个神经元之间的权重;a_j 为隐含层的阈值;θ_k 为输出层的阈值。

1)信号的正向传播

隐含层输出:

$$y_j=f\Big(\sum_{i=0}^{n}w_{ij}x_i+a_j\Big),\quad f(x)=\frac{1}{1+e^{-x}},\quad j=1,2,\cdots,m \tag{4.2}$$

输出层输出:

$$o_k=\Psi(\mathrm{net}_k)=\Psi\Big(\sum_{j=0}^{m}w_{jk}y_j+\theta_k\Big),\quad \Psi(k)=x,\quad k=1,2,\cdots,q \tag{4.3}$$

则误差为

148

$$e_k = d_k - o_k, \quad k = 1, 2, \cdots, q \tag{4.4}$$

2）误差的反向传播

BP 神经网络学习过程中的重要环节就是误差的反向传播修正。如果误差超过事先设定的期望误差时，那么就通过多次迭代，不断对网络上的各个节点间的所有权重进行调整，直至得到满意的结果。大部分学者采用的权重调整的方法是梯度下降法。

首先定义损失函数为

$$\text{Loss} = \frac{1}{2} \sum_{k=1}^{q} (d_k - o_k)^2 \tag{4.5}$$

设输出层到隐藏层的权重、阈值的修正量分别为 Δw_{jk}、$\Delta \theta_k$；隐藏层到输入层的权重、阈值的修正量分别为 Δw_{ij}、Δa_j。推导计算如下：

$$\Delta w_{jk} = -\eta \frac{\partial \text{Loss}}{\partial w_{jk}} = -\eta \frac{\partial \text{Loss}}{\partial \text{net}_k} \cdot \frac{\partial \text{net}_k}{\partial w_{jk}} = \eta e_k y_j \tag{4.6}$$

其中，负号表示梯度下降；常数 $\eta \in (0, 1)$ 表示学习效率。

$$\begin{cases} \Delta \theta_k = -\eta \dfrac{\partial \text{Loss}}{\partial \theta_k} = \dfrac{\partial \left[\dfrac{1}{2} \sum_{k=1}^{q} (d_k - o_k)^2 \right]}{\partial \theta_k} = \eta e_k \\[4mm] \Delta w_{ij} = -\eta \dfrac{\partial \text{Loss}}{\partial w_{ij}} = -\eta \dfrac{\partial \text{Loss}}{\partial \text{net}_j} \cdot \dfrac{\partial \text{net}_j}{\partial w_{ij}} \\[4mm] -\dfrac{\partial \text{Loss}}{\partial \text{net}_j} = -\dfrac{\partial \text{Loss}}{\partial y_j} \cdot \dfrac{\partial y_j}{\partial \text{net}_j} = -\dfrac{\partial \text{Loss}}{\partial y_j} f'(\text{net}_j) \end{cases} \tag{4.7}$$

$$f'(x) = \frac{e^{-x}}{(1+e^{-x})^2} = \frac{1+e^{-x}-1}{(1+e^{-x})^2} = f(x)[1-f(x)] \tag{4.8}$$

$$-\frac{\partial \text{Loss}}{\partial y_j} = -\sum_{k=1}^{q} (d_k - o_k) f'(\text{net}_k) w_{jk} \tag{4.9}$$

将式(4.8)和式(4.9)代入式(4.7)得

$$\begin{cases} \Delta w_{ij} = \eta \left[\sum_{k=1}^{q} e_k w_{jk} \right] y_i (1-y_i) x_i \\[4mm] \Delta a_j = -\eta \dfrac{\partial \text{Loss}}{\partial a_j} = \dfrac{\partial \left[\dfrac{1}{2} \sum_{k=1}^{q} (d_k - o_k)^2 \right]}{\partial a_j} = \dfrac{\partial \text{Loss}}{\partial y_j} \cdot \dfrac{\partial y_j}{\partial a_j} \\[4mm] \dfrac{\partial \text{Loss}}{\partial y_j} = (d_1 - o_1) \left(-\dfrac{\partial o_1}{\partial y_1} \right) + \cdots + (d_k - o_k) \left(-\dfrac{\partial o_k}{\partial y_k} \right) = -\sum_{k=1}^{q} w_{jk} e_k \end{cases} \tag{4.10}$$

$$\frac{\partial y_j}{\partial a_j} = \frac{\partial f\left(\sum_{i=1}^{n} w_{ij} x_i + a_j \right)}{\partial a_j} = y_i (1-y_i) \tag{4.11}$$

$$\Delta a_j = \eta \left(\sum_{k=1}^{q} w_{jk} e_k \right) y_i (1 - y_i) \tag{4.12}$$

综上得到三层神经网络 BP 学习算法的权重调整公式为

$$\begin{cases} \Delta w_{jk} = \eta e_k y_j \\ \Delta \theta_k = \eta e_k \\ \Delta w_{ij} = \eta \left[\sum_{k=1}^{q} e_k w_{jk} \right] y_i (1 - y_i) x_i \\ \Delta a_j = \eta \left(\sum_{k=1}^{q} w_{jk} e_k \right) y_i (1 - y_i) \end{cases} \tag{4.13}$$

2. RBF 神经网络模型

RBF 神经网络学习算法需要求解的参数有 3 个：基函数的中心、方差及隐含层到输出层的权重。根据径向基函数中心的选取方法，RBF 网络有多种学习方法，下面介绍自组织选取中心的 RBF 神经网络学习法。该方法由两个阶段组成：一是自组织学习阶段，此阶段为无导师学习过程，求解隐含层基函数的中心与方差；二是有导师学习阶段，此阶段求解隐含层到输出层之间的权重[4]。

径向基神经网络中常用的径向基函数是高斯函数，因此径向基神经网络的激活函数可表示为

$$R(x_p - c_i) = \exp\left(-\frac{1}{2\sigma^2} \| \boldsymbol{x}_p - c_i \|^2 \right) \tag{4.14}$$

其中，$\| \boldsymbol{x}_p - c_i \|$ 为欧式范数；c_i 为高斯函数的中心；σ 为高斯函数的方差。

由径向基神经网络的结构可得到网络的输出为

$$y_i = \sum_{i=1}^{h} w_{ij} \exp\left(-\frac{1}{2\sigma^2} \| \boldsymbol{x}_p - c_i \|^2 \right), \quad j = 1, 2, \cdots, n \tag{4.15}$$

其中，$\boldsymbol{x}_p = (x_1^p, x_2^p, \cdots, x_m^p)^T$ 为第 p 个输入样本；$p = 1, 2, \cdots, P$，P 为样本总数；c_i 为网络隐含层节点的中心；w_{ij} 为隐含层到输出层的连接权重；$i = 1, 2, \cdots, h$ 为隐含层节点数；y_i 为与输入样本对应的网络的第 j 个输出节点的实际输出。

设 d 为样本的期望输出值，那么基函数的方差可表示为

$$\sigma = \frac{1}{P} \sum_{j}^{m} \| d_j - y_i c_i \|^2 \tag{4.16}$$

学习算法的具体步骤如下。

（1）步骤 1：基于 K-均值聚类方法求取基函数中心 c。① 网格初始化：随机选取 h 个训练样本作为聚类中心 $c_i (i = 1, 2, \cdots, h)$。② 将输入的训练样本集合按最近邻规则分组：按照 $\boldsymbol{x}_p$ 与中心 c_i 之间的欧式距离，将 $\boldsymbol{x}_p$ 分配到输入样本的各个聚类集合 $\vartheta_p (p = 1, 2, \cdots, P)$。③ 重新调整聚类中心：计算各个聚类集合 ϑ_p 中训练样本的平均值，即新的聚类中心 c_i，如果新的聚类中心不再发生变化，则所得到的 c_i 即为 RBF 神经网络最终的

基函数中心,否则到步骤(2),进行下一轮的中心求解。

(2)步骤 2:求解方差 σ_i。该 RBF 神经网络的基函数为高斯函数,方差 σ_i 可由如下公式求解:

$$\sigma_i = \frac{c_{\max}}{\sqrt{2h}}, \quad i = 1, 2, \cdots, h \tag{4.17}$$

其中,$c_{\max}$ 为所选取中心之间的最大距离。

(3)步骤 3:计算隐含层和输出层之间的权重。隐含层至输出层之间神经元的连接权重可以用最小二乘法直接计算得到,计算公式如下:

$$w = \exp\left(\frac{h}{c_{\max}^2} \parallel \boldsymbol{x}_p - c_i \parallel^2\right), \quad i = 1, 2, \cdots, h; p = 1, 2, \cdots, P \tag{4.18}$$

4.1.3　结构可靠性设计流程

通过蒙特卡罗重要抽样方法,利用 RBF 神经网络替代原结构功能函数或结构有限元分析的 RBF‐MC 法以提高工作效率,RBF 神经网络的训练样本点的选取则由均匀试验设计确定,一方面,尽可能减少试验(训练样本点)的数量,即结构有限元分析的次数;另一方面,应提高网络的逼近能力[5]。

本方法的基本思路是:首先,确定重要抽样中心和试验范围,输入由均匀试验设计表确定的试验点,进行结构有限元分析,获得功能函数的输出值;根据所有输入、输出值(训练样本值),创建一个 RBF 网络,用该 RBF 网络代替原有结构的功能函数;然后进行重要抽样模拟,完成结构可靠度分析。

该方法的具体实现过程如下:

(1)确定重要抽样的中心点 $x^* = (x_1^*, x_2^*, \cdots, x_s^*)$,可选为由响应面法得到的验算点或根据此结构的专业知识和失效概率的经验估计及随机变量的分布类型,选择偏离随机变量平均值某一距离的位置作为抽样中心,如距离 k 倍标准差的位置,k 一般随着结构失效概率的减小而增大,取 0.5、1、1.5、2 等;

(2)根据功能函数中的随机变量个数 S、每个随机变量的因子水平 q 和可接受试验次数 n,选择相应的均匀设计表 $U_n(q^s)$,选取每个随机变量 X_i 的水平数为 5,分别对应 $x_i^* - 3\sigma_{x_i}$, x_i^*, $x_i^* + 1.5\sigma_{x_i}$, $x_i^* + 3\sigma_{x_i}$,其中 $\sigma_{x_i}(i = 1, 2, \cdots, s)$ 为随机变量的标准差;

(3)根据均匀设计表,对每个输入的试验点进行结构设计,得到功能函数的相应输出值;

(4)依据所有 n 个试验点的输入、输出值,建立一个 RBF 神经网络;

(5)正态分布为重要抽样的概率分布,其中各随机变量的平均值取为重要抽样中心点的相应量,标准差保持不变;

(6)根据正态抽样分布产生 N 个随机样本;

(7)利用第(4)步建立的 RBF 网络,预测每个随机样本的功能函数值;

(8)根据公式分别估计结构的失效概率和方差。

4.1.4 实例分析

选用功能函数已知的情况,并与一次二阶矩法计算结果(看作精确解)进行对比分析。为体现代表性,所选算例的随机变量个数分别取为 2、3、4,随机变量分布包括常用的正态分布、对数正态分布及极值Ⅰ型分布。

算例 1 功能函数 $Z = 1 + X_1 X_2 - X_2$,其中 $X_1 \sim LN(2, 0.4)$,求验算点 $P^*(X_1^*, X_2^*)$ 及结构可靠指标 β。

算例 2 功能函数 $Z = 18.46 - 7.48 X_1/X_2^3$,其中 $X_1 \sim N(10, 2)$,$X_2 \sim N(2.5, 0.375)$,求验算点 $P^*(X_1^*, X_2^*)$ 及结构可靠指标 β。

算例 3 功能函数 $Z = X_1 X_2 - 50$,其中 $X_1 \sim$ 极值Ⅰ型 $(30, 3.6)$,$X_2 \sim LN(3, 0.3)$,求验算点 $P^*(X_1^*, X_2^*)$ 及结构可靠指标 β。

算例 4 功能函数 $Z = 0.567 X_1 X_2 - 0.000 5 X_3^2$,其中 $X_1 \sim N(0.547 2, 0.027 4)$,$X_2 \sim N(3.8, 0.304)$,$X_3 \sim N(1.3, 0.091)$,求验算点 $P^*(X_1^*, X_2^*, X_3^*)$ 及结构可靠指标 β。

算例 5 功能函数 $Z = X_1 X_2 - X_3$,其中 $X_1 \sim N(0.6, 0.078 6)$,$X_2 \sim N(2.18, 0.065 4)$,$X_3 \sim LN(32.8, 0.984)$,求验算点 $P^*(X_1^*, X_2^*, X_3^*)$ 及结构可靠指标 β。

算例 6 功能函数 $Z = 1 000 - X_1 X_2 - 0.1 X_1^2 X_3 - 0.1 X_4$,其中 $X_1 \sim LN(25, 5.75)$,$X_2 \sim N(11.3, 3.39)$,$X_3 \sim N(6, 1.8)$,$X_4 \sim N(1, 0.1)$,求验算点 $P^*(X_1^*, X_2^*, X_3^*, X_4^*)$ 及结构可靠指标 β。

BP 神经网络采用具有一个隐层的形式,结合题意,输入层神经元数采用 5 个、7 个和 9 个,分别对应具有 2 个、3 个和 4 个随机变量的情况;输出层采用 1 个神经元;隐层采用 3 个神经元。RBF 神经网络输入及输出层神经元数同 BP 神经网络,隐层神经元数分别采用 4 个(含 2 个随机变量)、6 个(含 3 个随机变量)和 8 个(含 4 个随机变量)。BP 及 RBF 神经网络隐层神经元数均可结合具体问题进行调整。经分析,所得结果如表 4.1 所示。

若把一次二阶矩结果作为精确解,可见,两种神经网络响应面法的计算效果均较理想。相对比较起来,采用 RBF 神经网络响应面法,在达到同样预定计算精度的情况下所需的迭代次数较 BP 神经网络少,因此进行有限元计算的次数可相应减少。

表 4.1 可靠指标计算结果

算例	计 算 项 目	一次二阶矩法	BP 神经网络响应面法	RBF 神经网络响应面法
算例 1	可靠指标	2.330	2.350	2.330
	验算点	(11.186, 1.655)	(11.137, 1.648)	(11.173, 1.654)
	迭代次数		5	5
	有限元计算次数		25	25
算例 2	可靠指标	4.690	4.690	2.330
	验算点	(0.797, 4.933)	(0.794, 4.837)	(0.800, 5.000)
	迭代次数		5	5
	有限元计算次数		25	25

续　表

算例	计 算 项 目	一次二阶矩法	BP 神经网络响应面法	RBF 神经网络响应面法
算例 3	可靠指标	4.322	4.325	4.325
	验算点	(23.975, 2.086)	(23.809, 2.100)	(23.810, 2.100)
	迭代次数		5	4
	有限元计算次数		25	20
算例 4	可靠指标	1.965	1.965	1.965
	验算点	(0.456, 2.159, 33.418)	(0.456, 2.160, 33.419)	(0.457, 2.159, 33.447)
	迭代次数		5	3
	有限元计算次数		35	21
算例 5	可靠指标	3.795	3.799	3.795
	验算点	(0.505, 2.893, 1.461)	(0.502, 2.927, 1.468)	(0.505, 2.890, 1.461)
	迭代次数		5	4
	有限元计算次数		35	28
算例 6	可靠指标	1.105	1.106	1.05
	验算点	(3.412, 12.223, 6.792, 1.0)	(30.536, 12.192, 6.73, 1)	(30.457, 12.21, 6.7, 1)
	迭代次数		5	5
	有限元计算次数		25	25

4.2　广义回归神经网络模型方法

广义回归神经网络(generalized regression neural network，GRNN)是美国学者 Donald 于 1991 年提出的,它是径向基神经网络的一种。GRNN 具有很强的非线性映射能力和柔性网络结构,以及高度的容错性和鲁棒性,适用于解决非线性问题。GRNN 在逼近能力和学习速度上有比径向基神经网络更强的优势,网络最后收敛于样本量积聚较多的优化回归面,并且在样本数据较少时,预测效果也较好。此外,网络还可以用于处理不稳定的数据。因此,GRNN 在信号过程、结构分析、教育产业、能源、食品科学、控制决策系统、药物设计、金融领域、生物工程等各个领域得到了广泛的应用[6]。

4.2.1　基本思想

广义回归神经网络在结构上与径向基神经网络较为相似,最大的不同之处在于广义回归网络具有四层网络结构,如图 4.3 所示,分别为输入层(input layer)、模式层(pattern layer)、求和层(summation layer)和输出层(output layer)。对应网络

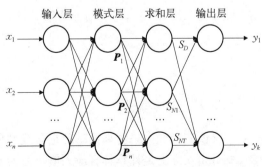

图 4.3　广义回归神经网络结构图

输入为 $X = [x_1, x_2, \cdots, x_n]^T$，其输出为 $Y = [y_1, y_2, \cdots, y_k]^T$。

1. 输入层

输入层神经元的数目等于学习样本中输入向量的维数，各神经元是简单的分布单元，直接将输入变量传递给模式层。

2. 模式层

模式层神经元数目等于学习样本的数目 n，各神经元对应不同的样本，模式层神经元传递函数为

$$P_i = \exp\left[-\frac{(X-X_i)^T(X-X_i)}{2\sigma^2}\right], \quad i=1,2,\cdots,n \tag{4.19}$$

神经元 i 的输出为输入变量与其对应的样本 X 之间 Euclid 距离的平方的指数平方 $D_i^2 = (X-X_i)^T(X-X_i)$ 的指数形式。其中，X 为网络输入变量；X_i 为第 i 个神经元对应的学习样本。

3. 求和层

求和层中使用两种类型神经元进行求和。其中一类计算公式为 $\sum_{i=1}^{n}\exp\left[-\frac{(X-X_i)^T(X-X_i)}{2\sigma^2}\right]$，它对所有模式层神经元的输出进行算术求和，其模式层与各神经元的连接权重为 1，传递函数为

$$S_D = \sum_{i=1}^{n} P_i \tag{4.20}$$

另一类计算公式为 $\sum_{i=1}^{n} Y_i \exp\left[-\frac{(X-X_i)^T(X-X_i)}{2\sigma^2}\right]$，它对所有模式层的神经元进行加权求和，模式层中第 i 个神经元与求和层中第 j 个分子求和神经元之间的连接权重为第 i 个输出样本 Y_i 中的第 j 个元素 y_{ij}，传递函数为

$$S_{Nj} = \sum_{i=1}^{n} y_{ij} P_i, \quad j=1,2,\cdots,k \tag{4.21}$$

4. 输出层

输出层中的神经元数目等于学习样本中输出向量的维数 k，各神经元将求和层的输出相除，神经元 j 的输出对应估计结果 $\hat{Y}(X)$ 的第 j 个元素，即

$$y_i = \frac{S_{Nj}}{S_D}, \quad j=1,2,\cdots,k \tag{4.22}$$

4.2.2 数学模型

广义回归神经网络的理论基础是非线性回归分析，非独立变量 Y 相对于独立变量 x 的回归分析实际上是计算具有最大概率值的 y。设随机变量 x 和随机变量 y 的联合概率密度函数为 $f(x,y)$，已知 x 的观测值为 X，则 y 相对于 X 的回归，也即条件均值为

$$\hat{\boldsymbol{Y}} = E(y/\boldsymbol{X}) = \frac{\int_{-\infty}^{\infty} y f(\boldsymbol{X}, y)\,\mathrm{d}y}{\int_{-\infty}^{\infty} f(\boldsymbol{X}, y)\,\mathrm{d}y} \tag{4.23}$$

其中，$\hat{\boldsymbol{Y}}$ 即为在输入为 $\boldsymbol{X}$ 的条件下的 $\boldsymbol{Y}$ 的预测输出。

应用帕仁（Parzen）非参数估计，可由样本数据集 $\{x_i, y_i\}_{i=1}^{n}$ 来估算密度函数 $\hat{f}(\boldsymbol{X}, y)$：

$$\hat{f}(\boldsymbol{X}, y) = \frac{1}{n(2\pi)^{\frac{p+1}{2}}\sigma^{p+1}} \sum_{i=1}^{n} \exp\left[-\frac{(\boldsymbol{X} - \boldsymbol{X}_i)^{\mathrm{T}}(\boldsymbol{X} - \boldsymbol{X}_i)}{2\sigma^2}\right] \exp\left[-\frac{(\boldsymbol{X} - \boldsymbol{Y}_i)^2}{2\sigma^2}\right] \tag{4.24}$$

其中，$\boldsymbol{X}_i$、$\boldsymbol{Y}_i$ 分别为随机变量 x 和 y 的样本观测值；n 为样本容量；p 为随机变量 x 的维数；σ 为高斯函数的宽度系数，在此称为光滑因子。

用 $\hat{f}(\boldsymbol{X}, y)$ 代替 $f(\boldsymbol{X}, y)$ 代入式（4.23），通过运算可得

$$\hat{Y}(\boldsymbol{X}) = \frac{\sum_{i=1}^{n} \exp\left[-\dfrac{(\boldsymbol{X} - \boldsymbol{X}_i)^{\mathrm{T}}(\boldsymbol{X} - \boldsymbol{X}_i)}{2\sigma^2}\right] \int_{-\infty}^{+\infty} y\exp\left[-\dfrac{(\boldsymbol{Y} - \boldsymbol{Y}_i)^2}{2\sigma^2}\right]\mathrm{d}y}{\sum_{i=1}^{n} \exp\left[-\dfrac{(\boldsymbol{X} - \boldsymbol{X}_i)^{\mathrm{T}}(\boldsymbol{X} - \boldsymbol{X}_i)}{2\sigma^2}\right] \int_{-\infty}^{+\infty} \exp\left[-\dfrac{(\boldsymbol{Y} - \boldsymbol{Y}_i)^2}{2\sigma^2}\right]\mathrm{d}y} \tag{4.25}$$

由于 $\int_{-\infty}^{+\infty} ze^{-z^2}\mathrm{d}z = 0$，对两个积分进行计算后可得网络的输出 $\hat{Y}(\boldsymbol{X})$ 为

$$\hat{Y}(\boldsymbol{X}) = \frac{\sum_{i=1}^{n} \boldsymbol{Y}_i \exp\left[-\dfrac{(\boldsymbol{X} - \boldsymbol{X}_i)^{\mathrm{T}}(\boldsymbol{X} - \boldsymbol{X}_i)}{2\sigma^2}\right]}{\sum_{i=1}^{n} \exp\left[-\dfrac{(\boldsymbol{X} - \boldsymbol{X}_i)^{\mathrm{T}}(\boldsymbol{X} - \boldsymbol{X}_i)}{2\sigma^2}\right]} \tag{4.26}$$

估计值 $\hat{Y}(\boldsymbol{X})$ 为所有样本观测值 $\boldsymbol{Y}_i$ 的加权平均，每个观测值 $\boldsymbol{Y}_i$ 的权重因子为相应的样本 $\boldsymbol{X}_i$ 与 $\boldsymbol{X}$ 之间的 Euclid 距离的平方的指数。当光滑因子 σ 非常大时，$\hat{Y}(\boldsymbol{X})$ 近似于所有样本因变量的均值。相反，当光滑因子 σ 趋向于 0 的时候，与训练样本非常接近，当需预测的点包含在训练样本集中时，式（4.26）求出的因变量的预测值会与样本中对应的因变量非常接近，而一旦碰到样本中未能包含进去的点，预测效果有可能会非常差，这种现象说明网络的泛化能力差。当 σ 取值适中，求预测值 $\hat{Y}(\boldsymbol{X})$ 时，所有训练样本的因变量都考虑了进去，与预测点距离较近的样本点对应的因变量被赋予更大的权重。

4.2.3　结构可靠性设计流程

将 ERSM 与 GRNN 相结合起来，提出广义回归极值响应面法，通过典型航空结构建模，设置输入变量和输出响应，对该结构进行可靠性分析，最后将该方法与 MC 法、极值响应面法比较，验证该方法的有效性[7,8]。基于该方法，结构可靠性设计流程如下：

（1）设置多种性能参数的均值作为输入随机变量，假设彼此相互独立且服从正态分布；

（2）建立该结构的有限元模型；

（3）设置相应的边界条件，对该结构进行有限元分析计算，得到该结构的输出响应值；

（4）用拉丁超立方抽样方法对输入随机变量抽取一定量样本值，通过有限元分析得到输出响应，将每组样本及其对应的输出响应的最小值作为训练样本；

（5）对训练样本进行归一化处理，使用交叉验证法迭代得到最优的光滑因子、隐含层权重矩阵和输出层的连接权重，输出训练好的 GRNN 函数；

（6）将训练好的 GRNN 函数作为目标函数替代结构的极限状态函数，得到模型；

（7）用小批量数据对该模型进行检验是否满足拟合精度，若不满足，则返回第（4）步；若满足，则进行第（8）步；

（8）采用 MC 法对输入随机变量进行大批量抽样并将其代入模型，对结果进行统计后可得到可靠度和灵敏度。

4.2.4 实例分析

选用航空发动机涡轮叶盘作为研究对象，温度、转速、材料属性及低周疲劳性能参数作为输入变量，叶盘最小疲劳寿命为输出响应，对涡轮叶盘进行低周疲劳寿命可靠性分析，最后将广义回归极值响应面法与 MC 法、极值响应面法比较，验证广义回归极值响应面法的有效性。随机变量的分布特征如表 4.2 所示。

表 4.2　随机变量的分布特征

随 机 变 量	均 值	标 准 差	分 布 特 征
密度 $\rho/(\text{kg/m}^3)$	8 210	410.5	正态分布
转速 $\omega/(\text{rad/s})$	1 168	58.4	正态分布
弹性模量 E/MPa	163 000	4 890	正态分布
叶尖温度 T_a/K	1 473.15	73.658	正态分布
叶根温度 T_b/K	1 173.2	60.658	正态分布
疲劳强度系数 σ'_f	1 419	70.95	正态分布
疲劳延性系数 ε'_f	50.5	2.525	正态分布
疲劳强度指数 b	−0.1	0.005	正态分布
疲劳延性指数 c	−0.84	0.042	正态分布
导热系数 $\lambda/[\text{W}/(\text{m}\cdot\text{℃})]$	23	0.005	正态分布

再通过有限元方法，进行叶盘的低周疲劳寿命分析。采用拉丁超立方抽样技术，针对输入随机变量抽取 150 组样本值，对每个样本组求解有限元基本方程，得到对应的叶盘低周疲劳寿命在分析区域的输出响应，选择抽样样本，将前 120 组数据作为训练数据，后 30 组作为测试数据。

采用 MC 法对输入随机变量进行 10 000 次的随机抽样，将样本点归一化后代入训练好的函数计算输出响应值，并将输出响应进行归一化处理，对结果进行统计分析，并将输出响应值代入极限方程得到可靠度，通过可靠性灵敏度分析可得到灵敏度和影响概率，见表 4.3。

表 4.3　输入随机参数的灵敏度和影响概率

随 机 变 量	灵敏度/10^{-3}	标准差/%
ρ	$-0.415\,86$	6.18
ω	$-0.525\,65$	7.81
λ	$+0.013\,2$	0.20
E	$+0.169\,48$	2.52
T	$-1.760\,22$	26.16
σ'_f	$+0.416\,15$	6.18
ε'_f	$+0.213\,11$	3.17
b	$+0.435\,85$	6.48
c	$+2.792\,9$	41.30

4.3　基于人工神经网络的结构可靠性优化设计方法

由于实际工程中存在大量的不确定性因素,基于可靠度的优化设计近年来得到了很大的发展。如何处理可靠度优化中的概率约束,发展兼顾精度、效率和鲁棒性的优化算法是可靠度优化的主要研究方向。一般来说,根据求解策略,基于可靠度的优化算法分为3 类：双层优化算法、单层优化算法和解耦优化算法。其中,双层优化算法分为可靠指标法和功能度量法,包括内外两层优化模型,外层是对设计变量的确定性优化,当计算外层优化的概率约束时,则转向内层的概率约束进行可靠度分析。

4.3.1　基本思想

RBF 神经网络作为一种代理模型技术,具有较好的近似能力,已经应用于可靠度计算中。本节将 RBF 神经网络模型应用于可靠度优化问题,利用 RBF 神经网络对目标函数和功能函数分别近似,然后使用误差分析手段对代理模型进行检验,根据检验误差自动更新RBF 神经网络模型。最后对基于代理模型的可靠度优化算法求解,并通过与现有 4 种可靠度优化算法的比较来说明本节所提算法的高效性和稳健性[9]。

4.3.2　数学模型

1. 基于可靠度优化模型

基于可靠度优化的广义数学模型可写为

$$\begin{cases} \min_{d} C(d) \\ \text{s.t.} \begin{cases} P_f[G_i(d,x) \geqslant 0] \leqslant P_i^t, & i=1,2,\cdots,m \\ h_j(d) \leqslant 0, & j=m+1,m+2,\cdots,M \\ d_k^L \leqslant d_k \leqslant d_k^U, & k=1,2,\cdots,n \end{cases} \end{cases} \tag{4.27}$$

其中,d 是设计变量,可以是确定性变量或者随机变量的参数;x 是随机变量;C 是目标函数;$h_j(d)$ 是第 j 个确定性约束;$G_i(d,x)$ 表示第 i 个功能函数,$G_i(d,x) \geqslant 0$ 代表结构失

效,其失效概率的定义为

$$P_f [\, G_i(d, x) \geqslant 0\,] = \int \cdots \int_{-G_i(d, x) \leqslant 0} f(x)\, \mathrm{d}x \tag{4.28}$$

其中,$f(x)$ 是随机变量 x 的联合概率密度函数,失效概率 P_f 可以通过 Monte Carlo 模拟或者矩方法进行计算。

2. 可靠度指标法

可靠度指标法用可靠度指标来代替优化模型中的概率约束,则原优化列式转化为

$$\begin{cases} \min_d C(d) \\ \mathrm{s.\,t.} \begin{cases} \beta_i^t \leqslant \beta_i(d, x), & i = 1, 2, \cdots, m \\ h_j(d) \leqslant 0, & j = m + 1, m + 2, \cdots, M \\ d_k^L \leqslant d_k \leqslant d_k^U, & k = 1, 2, \cdots, n \end{cases} \end{cases} \tag{4.29}$$

其中,β_i 和 β_i^t 分别为第 i 个功能函数的可靠度指标和目标可靠度指标。内层可靠度指标的求解可以写为一个优化模型:

$$\begin{cases} \min_u \| u \| \\ \mathrm{s.\,t.} \quad G_i(u) \geqslant 0 \end{cases} \tag{4.30}$$

其中,u 为在标准正态空间中的设计变量,通过对随机变量 x 的变换 $[\, u = T(x)\,]$ 得到,其中优化问题的最优点 u^* 称为最可能失效概率点。

3. 功能度量法

可靠度指标法在求解初始点较远及高度非线性问题时容易导致不收敛,因此通过逆可靠度分析,在标准正态空间中把可靠度指标约束转变为功能函数约束进行求解:

$$\begin{cases} \min_d C(d) \\ \mathrm{s.\,t.} \begin{cases} G_i \geqslant 0, & i = 1, 2, \cdots, m \\ h_j(d) \leqslant 0, & j = m + 1, m + 2, \cdots, M \\ d_k^L \leqslant d_k \leqslant d_k^U, & k = 1, 2, \cdots, n \end{cases} \end{cases} \tag{4.31}$$

其中,内部的循环优化模型定义为

$$\begin{cases} \min_u G(u) \\ \mathrm{s.\,t.} \quad \| u \| = \beta_i^t \end{cases} \tag{4.32}$$

其中,将优化问题的最优点定义为最小功能目标点,一般通过改进均值法、共轭法等方法进行计算求解。

4.3.3　结构可靠性设计流程

一般在代理模型构建完成以后,需要对代理模型的准确程度进行检验,因此本节采用

工程中常用的 3 种误差指标对 RBF 神经网络模型进行检验：

$$
\begin{cases}
\alpha_{\%\mathrm{RMSE}} = 100\ \dfrac{\sqrt{(1/n)\sum\limits_{i=1}^{n}(y_i - \tilde{y}_i)^2}}{(1/n)\sum\limits_{i=1}^{n} y_i} \\[4mm]
\alpha_{\%\mathrm{AvgErr}} = 100\ \dfrac{(1/n)\sum\limits_{i=1}^{n}(y_i - \tilde{y}_i)^2}{(1/n)\sum\limits_{i=1}^{n} y_i} \\[4mm]
\alpha_{\%\mathrm{MaxErr}} = \max\left[\dfrac{100\,|y_i - \tilde{y}_i|}{(1/n)\sum\limits_{i=1}^{n} y_i}\right]
\end{cases}
\tag{4.33}
$$

其中，$\alpha_{\%\mathrm{RMSE}}$ 为均方根百分误差；$\alpha_{\%\mathrm{AvgErr}}$ 为平均百分误差；$\alpha_{\%\mathrm{MaxErr}}$ 为最大百分误差。均方根百分误差和平均百分误差表示代理模型的全局误差，最大百分误差表示代理模型的局部最大误差。这 3 个指标的值越小，则意味着代理模型对真实模型拟合得越精确。本节提出的基于 RBF 神经网络代理模型的可靠度优化方法的计算步骤如下：

（1）利用拉丁超立方方法在设计域内均匀抽样，并计算这些样本点对应目标函数和约束的输出值；

（2）根据样本点的输入和输出对目标函数和约束分别构造 RBF 神经网络模型；

（3）利用拉丁超立方方法随机产生另一组数据，并用上述 3 个误差指标对所有的函数进行误差检验。如果代理模型的 3 个误差指标都能够满足精度要求，则进入下一步，否则将验证的数据加入原数据点后返回第（2）步；

（4）RBF 神经网络模型建立成功以后，使用基于修正混沌控制的功能度量法求解可靠度问题，其中内部可靠度信息通过稳健性较好的修正的混沌控制方法来计算。

4.3.4　实例分析

对于 3 约束可靠度优化模型，如式（4.34）所示，设计变量是随机变量的均值，初始点为 1。两个随机变量 x_1，x_2 都服从变异系数为 0.3 的 Gauss 分布或对数正态分布。

$$
\begin{cases}
\min \mu_{x_1} + \mu_{x_2} \\
\text{s.t.}
\begin{cases}
Pr[G_i(x)] \leqslant \Phi(-\beta^{\mathrm{accept}}), & i = 1,2,3 \\
0 \leqslant \mu_{x_1} \leqslant 10, \quad 0 \leqslant \mu_{x_2} \leqslant 10 \\
G_1(x) = x_1^2 x_2^2 / 20 - 1 \\
G_2(x) = (x_1 + x_2 - 5)^2/30 + (x_1 - x_2 - 12)^2/120 - 1 \\
G_3(x) = 80/(x_1^2 + 8x_2 + 5) - 1 \\
\beta^{\mathrm{accept}} = 3
\end{cases}
\end{cases}
\tag{4.34}
$$

考虑到 RBF 神经网络模型构造过程中抽样点的选取和更新具有随机性,本节将基于 RBF 神经网络模型的可靠度优化方法重复计算 30 次并用平均的函数计算次数代表计算效率。表 4.4 和图 4.4 中分别给出了不同方法的计算结果及基于 RBF 神经网络模型的误差箱形图,其中 c 和 d 分别是最优点的目标函数及设计变量值,N 为函数调用次数。从表 4.4 中可以看出,所有的算法都能找到最优解,但是可靠指标分析法和功能度量分析法需要解决嵌套的内外双层优化列式,因此计算效率较低。序列优化可靠性分析法把原有的优化问题从外层的优化列式中解耦出来,提高了计算效率。序列近似规划法则通过泰勒(Taylor)展开把原优化列式转化成了一系列子优化问题,进一步提高了效率。本节提出的方法比其他方法的速度更快,且 30 次的计算误差都在 0.05% 以内,能够得到满意的结果。

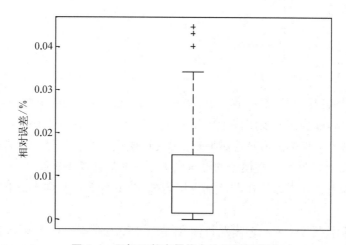

图 4.4　目标函数在最优点的相对误差图

表 4.4　不同可靠度算法的比较结果

算　　法	c	d	N
RIA	6.725 7	(3.439 1, 3.286 6)	429
PMA	6.725 7	(3.439 1, 3.286 6)	411
SORA	6.725 7	(3.439 1, 3.286 6)	288
SAP	6.725 7	(3.439 1, 3.286 6)	96
本节方法	6.725 7	(3.439 1, 3.286 6)	34

注: RIA 表示可靠指标分析法;PMA 表示功能度量分析法;SORA 表示序列优化可靠性分析法;SAP 表示序列近似规划法。

4.4　基于神经网络回归-分布式协同策略的结构可靠性设计方法

多物理载荷引起的多重故障将严重影响飞机发动机的性能和可靠性。多失效概率设计是估计多失效响应特征,量化多失效风险,提高部件可靠性的有效手段。为了提高多失效概率分析的效率和准确性,本节提出了一种基于两步误差控制技术的神经网络回归-分布式协同策略(neural network regression-distributed collaboration strategy, NNR – DCS)的结构可靠性设计方法[10,11]。

4.4.1　基本思想

涡轮叶盘作为航空发动机的关键部件,其变形、应力、应变等多种失效形式严重影响着发动机的可靠性、性能和安全性。随着航空发动机对高推重比和长寿命的迫切要求,涡轮叶盘多失效特征的分析与估计变得越来越重要。然而,多物理载荷(流体载荷、热载荷和离心载荷)与多种结构响应(变形、应力和应变)之间的耦合效应导致结构极限状态函数的高度非线性和复杂性,给涡轮叶片盘的设计和分析带来了挑战。因此,迫切需要开发一种有效的多失效分析方法来解决非线性和复杂性问题,以提高可靠性、运行效率和寿命。

迄今为止,从确定性角度对涡轮叶盘多失效分析的数值和实验评估已经取得了重大进展。然而,确定性分析忽略了各种影响因素的不确定性,仍然具有一定的盲目性。实际上,涡轮叶盘的影响变量和多响应状态在发动机运行过程中大多表现出明显的随机行为,因此仅考虑影响参数和因素的具体值进行确定性分析和设计是不合理的,需要一种更为现实的多失效分析方法来解决涡轮叶盘多失效分析的不确定性问题。

在这种情况下,考虑到结构的多失效模式,研究人员提出了多失效概率设计技术,以估计结构的多失效响应特征,量化结构的概率可靠度。多失效概率设计作为一项关键技术,既能考虑物理载荷、材料性能等输入因素的随机性,又能以可接受的精度描述随机多重响应。基于有限元模型的蒙特卡罗模拟(Mente Carlo simulation, MCS)作为一种有价值的分析方法,因其较高的计算精度而发展起来,并广泛应用于性能评估和可靠性设计中。然而,执行数千次非线性有限元迭代计算可能会产生很高的计算成本,这对于涡轮叶盘的多失效概率分析是不切实际的。替代直接蒙特卡罗模拟的一种可行方法是代理模型,它避免了大量的有限元模拟,在可接受的精度下提高了计算效率,经典的代理模型包括响应面模型(response surface model, RSM)、支持向量机和神经网络(NN)。其中,NN 模型具有训练样本少、拟合精度高的计算优势,在提高结构概率分析的效率和精度方面具有很大的潜力。然而,针对涡轮叶片盘结构状态函数的高非线性和超参数特性,传统的神经网络替代模型仍不足以获得令人满意的效率和精度。

为了解决上述问题,提出了一种两步误差控制技术,通过差分进化(differential evolution, DE)算法搜索初始待定参数,通过贝叶斯正则化(Bayesian regularization, BR)理论训练最终待定参数,从而建立更精确的代理模型。DE 算法是一种高速、高精度的优化算法,具有良好的全局搜索能力和并行计算能力,有利于有效降低搜索复杂度,避免在搜索初始不定参数时过早收敛。BR 理论通过降低输入变量的特征维数,在损失函数设计中表现出较强的训练近似和泛化性能,巧妙地避免了过拟合问题,提高了代理模型在训练最终待定参数时的泛化性能。因此,采用基于 DE 算法的初始待定参数搜索和基于 BR 理论的最终待定参数训练,可以找到更精确的 NN 待定参数。本节将基于两步误差控制技术的神经网络模型称为神经网络回归(NNR)模型。为了进一步降低 NNR 模型的非线性和计算量,提高多失效概率分析的计算效率和准确性,本节采用一种高效的分布式协同策略

（DCS）来解决复杂的故障概率问题多物理耦合和多失效模式的计算问题。

综上所述，本节在借鉴前人启发式思想的基础上，通过采用 DE 算法搜索初始待定参数，采用 BR 算法训练神经网络模型的最终待定参数，利用 DCS 降低模型的复杂性和非线性程度，提出了一种基于分布式协同策略的神经网络回归（NNR－DCS）方法，以提高叶盘多失效概率分析的计算效率和精度。

4.4.2 数学模型

根据神经网络的全局非线性映射能力和 RBF 的局部逼近能力，提出了用于结构多失效概率分析的 NNR 模型。下面将研究已开发的 NNR 模型，包括基本原理和训练误差控制技术。

1. NNR 的基本原理

对于给定的训练集 $\{x, y(x)\}|_{i=1}^{I}$，其中 $x \in \mathbf{R}$ 和 $y(x) \in \mathbf{R}$，NNR 函数 $f(x)$ 近似于输入随机变量 x 与输出响应 $y(x)$ 之间的非线性关系。采用两步误差控制技术确定 NNR

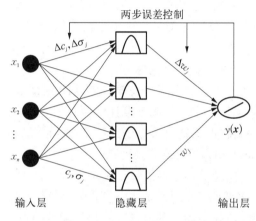

图 4.5　NNR 模型的拓扑结构

建模中的精确参数值，提高概率分析效率和精度。NNR 模型的拓扑结构如图 4.5 所示。

如图 4.5 所示，NNR 模型包含三个不同的层，即输入层、隐藏层和输出层。输入层作为 NNR 模型的节点源，由 n 维输入随机变量 $\{x_1, x_2, \cdots, x_n\}$ 组成。隐层神经元包含一系列 RBFs，将输入向量从低维空间转换为高维空间，从而将低维空间的线性不可分问题转化为线性可分的高维空间。因此，NNR 模型中具有 RBF 的不同映射处理单元之间几乎不会相互影响，可以同时进行多个计算任务，从而提高非线性映射问题的拟合效率。基于隐神经元的快速衰减特性，采用高斯基函数作为隐神经元的 RBF。连续高斯 RBF 表示为

$$h_j(x) = \exp\left(\frac{1}{-2\sigma_j^2} \| x - c_j \|^2\right) \tag{4.35}$$

其中，$\exp(\cdot)$ 为指数函数；c_j、σ_j 分别为第 j 个高斯 RBF 中的中心值和宽度值。对于隐藏层中的 m 个权重，NNR 可以数学建模为

$$y(x) = \sum_{j=1}^{m} w_j \exp\left(\frac{1}{-2\sigma_j^2} \| x - c_j \|^2\right), \quad j = 1, 2, \cdots, m \tag{4.36}$$

其中，$w_j(j = 1, 2, \cdots, m)$ 表示隐藏层第 j 个输出的权重。上述 NNR 模型的有效性在很大程度上取决于三个关键的待定参数，即 w、c 和 σ。可以将非线性 WNNR 建模问题转化为求式（4.37）中的最优解 ξ^*：

$$\xi^* = \underset{\xi}{\arg\min}\, E(x, \xi) \tag{4.37}$$

其中，$\boldsymbol{\xi} = [\, w, \, c, \, \boldsymbol{\sigma} \,]$ 表示待定参数向量；$E(\cdot)$ 为训练绩效函数。

2. 两步误差控制技术

由于多失效概率分析中极限状态函数的高非线性和强耦合，在模型训练过程中难以获得最优待定参数 $\boldsymbol{\xi}^*$。为了解决这个问题，本小节提出了一种两步误差控制技术，该技术采用 DE 算法来搜索初始 $\boldsymbol{\xi}^*$ 并避免过早收敛；采用 BR 理论训练最终 $\boldsymbol{\xi}^*$，提高泛化精度。

1）基于 DE 算法的初始 $\boldsymbol{\xi}^*$ 搜索

初始待定参数的搜索算法 $\boldsymbol{\xi}$ 是一个关键因素，其搜索效率和精度直接决定了 NNR 模型的预测精度。作为一种重要的随机搜索算法，DE 算法通过矢量种群之间的合作与竞争来搜索全局最优解，基于差分的突变操作和双唯一竞争生存方案可以有效降低搜索复杂度，避免过早收敛。考虑到这些优点，选择 DE 算法对 NNR 模型的待定参数进行优化。本节将 NNR 模型中的待定参数 $\boldsymbol{\xi}$ 作为 DE 算法的总体基本向量个体 $\boldsymbol{X}$，每个向量个体 $\boldsymbol{X}_i$ 是初始 $\boldsymbol{\xi}^*$ 的一个潜在解。DE 算法的搜索过程总结如下。

假设 DE 算法中总体包含 NP 个向量个体，且每个向量个体 $\boldsymbol{X}_i$ 拥有 DM 维数据，则初始向量个体可由式（4.38）生成：

$$\boldsymbol{X}_i^{(0)} = \boldsymbol{X}_i^L + \mathrm{rand}(\boldsymbol{X}_i^U - \boldsymbol{X}_i^L), \quad I = 1, \, 2, \, \cdots, \, \mathrm{NP} \tag{4.38}$$

其中，$\boldsymbol{X}_i^{(0)}$ 表示第 0 次迭代中的第 i 个向量个体；rand 表示 $[0, \, 1]$ 中的随机值；$\boldsymbol{X}_i^U$、$\boldsymbol{X}_i^L$ 分别表示第 i 个向量的上界和下界。

为了在下一代中产生新的矢量个体，通过对当前矢量个体进行差分并考虑随机偏差干扰得到突变矢量个体。自适应突变算子为

$$\begin{cases} \boldsymbol{v}_i^{(k+1)} = \boldsymbol{X}_{r1}^{(k)} + F(\boldsymbol{X}_{r2}^{(k)} - \boldsymbol{X}_{r3}^{(k)}) \\ \mathrm{s.t.} \quad \begin{cases} F = F_0 \cdot 2^{\lambda} \\ \lambda = \mathrm{e}^{1 - \frac{K}{K+1-k}} \end{cases} \end{cases} \tag{4.39}$$

其中，$\boldsymbol{v}_i^{(k+1)}$ 表示 $k+1$ 次迭代中第 i 个突变向量个体；$\boldsymbol{X}_{r1}^{(k)}$、$\boldsymbol{X}_{r2}^{(k)}$ 和 $\boldsymbol{X}_{r3}^{(k)}$ 分别为第 $r1$ 次、第 $r2$ 次、第 $r3$ 次迭代的目标向量；k 为当前迭代次数；K 为最大迭代次数；$r1$、$r2$、$r3$ 为随机选择向量的序号；F 为突变算子；F_0 为初始变异算子；λ 为自适应变异算子，保证了早期搜索时的全局搜索能力和后期搜索时的局部搜索能力，有利于提高 DE 算法的收敛速度。

为了进一步提高全局搜索能力，增加 DE 种群的多样性，变异的矢量个体 $\boldsymbol{v}_i$ 应进一步进化，并与随机选择的矢量个体 $\boldsymbol{X}_i$ 杂交，新产生的矢量个体将由设计的交叉运算器培育出来：

$$\begin{cases} \boldsymbol{u}_{ij}^{(k+1)} = \begin{cases} \boldsymbol{v}_{ij}^{(k+1)}, & \mathrm{rand}(j) \leqslant \eta \quad \text{或} \ j = \mathrm{rand}[\, r(i) \,] \\ \boldsymbol{X}_{ij}^{(k+1)}, & \mathrm{rand}(j) > \eta \quad \text{和} \ j \neq \mathrm{rand}[\, r(i) \,] \end{cases} \\ \mathrm{s.t.} \quad \eta = 0.5 \times [\, 1 + \mathrm{rand}(0, \, 1) \,] \end{cases} \tag{4.40}$$

其中,下标 j 表示向量个体的第 j 维; $u_{ij}^{(k+1)}$ 为第 $k+1$ 个新向量 $u_i^{(k+1)}$ 的第 j 个分量; $v_{ij}^{(k+1)}$ 是突变向量 $v_i^{(k+1)}$ 的第 j 个分量; $X_{ij}^{(k+1)}$ 是第 $(k+1)$ 个目标向量 $X_i^{(k+1)}$ 的第 j 个分量; rand(j) 是第 j 维分量对应的随机值; rand$[r(i)]$ 是第 i 个向量个体对应的随机值;随机交叉算子 η 使向量个体增大搜索面积,避免陷入局部最优解,有助于提高 DE 算法的搜索精度。

通过对新生成的向量个体 $u_i^{(k+1)}$ 和原向量个体 $X_i^{(k)}$ 进行适应度评价,将适应度表现较好的向量个体作为最新的向量个体进化到下一代。选择运算符发展为

$$X_i^{(k+1)} = \begin{cases} u_i^{(k+1)}, & E(u_i^{(k+1)}) < E(X_i^{(k)}) \\ X_i^{(k)}, & E(u_i^{(k+1)}) \geqslant E(X_i^{(k)}) \end{cases} \tag{4.41}$$

其中, $X_i^{(k+1)}$ 表示第 $k+1$ 代中的第 i 个向量个体; $E(\cdot)$ 为适应度评价函数。

通过上述适应性突变、随机交叉和选择操作,DE 种群进化到下一代。当重复迭代周期达到预定的迭代次数或最优解满足指定的误差精度时,找到最优向量个体,并获得 NNR 模型的初始 ξ^*。

2)基于 BR 理论的最终 ξ^* 训练

为了获得精确的最终最优待定参数 ξ^*,提高 NNR 模型的逼近精度,设计高可靠性的训练性能函数来评估拟合模型的精度,并在训练过程中提供方向信息是至关重要的。代理模型的训练性能函数 $E_C(\xi)$ 表示为

$$E_C(\xi) = \| e(\xi) \|_2^2 \tag{4.42}$$

其中, $e(\cdot)$ 为训练误差函数; $\| \cdot \|_2$ 表示 2 范数函数。

假设第 k 次迭代后的待定向量为 $\xi^{(k)}$,待定向量 ξ 在两次迭代中几乎没有变化,则可以通过一阶泰勒级数展开在 $\xi^{(k)}$ 位置近似估计训练误差函数 $e(\xi)$。将 NNR 模型的训练性能函数转换为

$$E_C(\xi) = \| e[(\xi^{(k)}) + J(\xi^{(k)})\Delta\xi^{(k)}] \|_2^2 \tag{4.43}$$

其中, $J(\cdot)$ 为雅可比矩阵; $\Delta\xi^{(k)}$ 为 ξ 从第 k 次迭代到 $k+1$ 次迭代的变化量。

实际上,当直接采用式(4.43)中的训练性能函数时,由于训练数据总是包含噪声信息,会出现过拟合问题。在这种情况下,会不可避免地增加模型的复杂度,降低拟合的 NNR 模型的泛化能力。为了解决这一问题,采用 BR 理论对式(4.43)中的训练性能函数进行了重新设计,该理论通过降低输入变量的特征维数,很好地提高了泛化性能。通过引入 BR 项,构造基于 BR 项的训练绩效函数 E_{BR}:

$$\begin{cases} E_{BR}(\xi) = \alpha E_C(\xi) + \beta E_G(\xi) \\ \text{s.t.} \quad E_G(\xi) = \left\| \sum_{g=1}^{G}(\xi^{(k)}) \right\|_2^2 \end{cases} \tag{4.44}$$

其中, α、β 为正则化因子; $E_G(\cdot)$ 是正则化函数项; G 表示 ξ 的总权重数。

利用正则化因子 α、β 来平衡拟合各点的训练目标和模型复杂度的降低目标。通过重新设计训练性能函数,有望克服 NNR 模型的过拟合问题,提高模型的泛化性能。

根据式(4.43),将基于 BR 的训练性能函数 E_{BR} 改写为

$$E_{BR}(\boldsymbol{\xi}) = \alpha \parallel e[\boldsymbol{\xi}^{(k)} + J(\boldsymbol{\xi}^{(k)}) \Delta \boldsymbol{\xi}^{(k)}] \parallel_2^2 + \beta \left\| \sum_{g=1}^{G} (\boldsymbol{\xi}^{(k)}) \right\|_2^2 \qquad (4.45)$$

通过基于 BR 算法的网络训练,在获取最终 $\boldsymbol{\xi}^*$ 后建立 NNR 模型。显然,基于 DE 算法的初始 $\boldsymbol{\xi}^*$ 搜索和基于 BR 算法的最终 $\boldsymbol{\xi}^*$ 训练与两步误差控制技术可以减少所需的拟合样本,提高 NNR 模型的近似精度。因此,NNR 模型是基于具有非线性映射能力的 RBF–NN、具有良好全局搜索能力的 DE 算法和具有强大泛化性能的 BR 理论而开发的。

4.4.3　NNR–DCS 流程

由于多失效概率分析总是涉及超参数和高非线性,神经网络仍然面临着高模型复杂度和巨大的计算量。为了解决这一问题,提出了具有分布式协作策略的 NNR（NNR–DCS）模型,开展多失效概率分析,如图 4.6 所示,具体过程如下。

(1) 根据结构的破坏模式和响应特征,将一个完整的多破坏模型划分为多个单破坏模型(子模型),每个子模型都是相互依赖的。

(2) 完成基于多物理相互作用和有限元模拟的多失效确定性分析,选择危险位置作为采样位置。

(3) 采用拉丁超立方采样技术提取少量输入变量,通过有限元模拟获得相应的输出响应,使用的输入变量和输出响应被视为 NNR 建模的训练/测试样本。

(4) 利用训练/测试数据构建初始分布式 NNR 模型(即分布式 NNR 函数),并利用所提出的两步误差控制技术建立不同的最终分布式 NNR 模型。

(5) 通过分布式 NNR 仿真获取分布式输出响应的统计特征。

(6) 将分布式输出响应作为全局协同 NNR 模型(也称为协同 NNR 函数)的输入变量,通过协同 NNR 概率仿真,获得总体输出响应的全局值和概率特征。

这种 NNR–DCS 方法相当于将复杂的多失效分析转化为一系列简单的分布式 NNR 仿真,并通过协同 NNR 仿真处理多失效模式之间的故障相关性。也就是说,将一个复杂的超参数、高非线性分析分解为若干个参数较少、非线性问题较小的样本分析。在这种情况下,减少了 NNR–DCS 的计算任务和模型复杂度,有利于提高多失效概率分析的计算效率和精度。

4.4.4　实例分析

在本案例中,通过考虑多物理载荷和非线性材料特性,对汽轮机叶盘进行多失效概率分析,验证所提出的 NNR–DCS。

1. NNR–DCS 建模

在本小节中,鉴于所提出的 NNR 模型和分布式协作策略,对 NNR–DCS 进行了数学建模。在结构响应特性方面,首先建立了多种结构响应,即变形、应力和应变的分布式 NNR 模型。在假定失效依赖的基础上,建立了多失效模式下刀片盘可靠性评估的协同 NNR 模型。

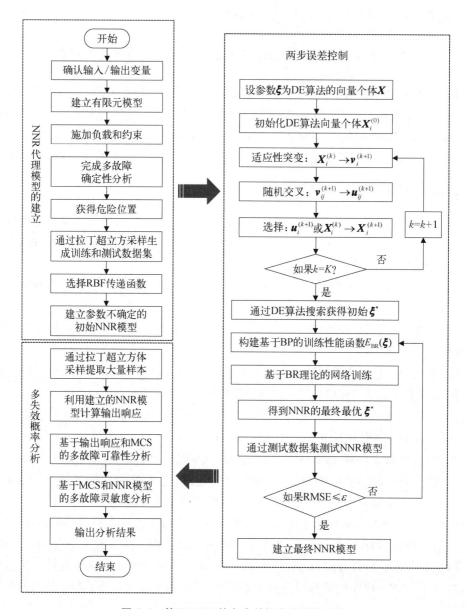

图 4.6 基于 NNR 的多失效概率分析流程图

根据拉丁超立方抽样技术和输入变量的统计特征,得到 100 组输入变量数据。随后,对于每个对应的输出响应,生成 100 组训练和测试数据。为了满足训练数据和测试数据的相同分布假设,采用分层抽取的方法将 100 组数据集分成两个互斥集。其中,选取 50 组数据作为训练样本建立分布式 NNR 模型,其余 50 组数据作为测试样本验证所建分布式 NNR 模型的泛化性能。此外,针对训练样本,采用基于 DE 算法的初始最优参数搜索和基于 BR 理论的最终最优参数训练构建分布式最优 NNR 模型。在本节的研究中,设置变形 $[Y_d]$、应力 $[Y_\sigma]$ 和应变 $[Y_\varepsilon]$ 的允许值,当其中一个模拟响应值超过相应的允许响应值时,认为叶片盘处于失效状态。

2. 叶盘多失效可靠性分析

根据输入变量的分布类型和拉丁超立方采样技术,得到 10 000 组输入样本。针对提取的样本,对建立的分布式神经网络进行 10 000 次模拟,而不是进行有限元模拟,然后获取相应的涡轮叶片盘输出响应估计。通过协同 NNR 估计和多失效可靠性分析,可靠性分析结果如表 4.5 所示。

表 4.5　每种失效模式和多种失效模式的叶盘可靠性分析结果

失效模式	平均值	标准差	分　布	失效数量	可靠度/%	时间/s
变形/m	$3.758\,4\times10^{-3}$	$8.224\,8\times10^{-5}$	正态	25	99.75	0.166
应力/Pa	$9.599\,1\times10^{8}$	$2.753\,6\times10^{7}$	正态	24	99.76	0.197
应变/(m/m)	$1.008\,8\times10^{-2}$	$2.307\,8\times10^{-4}$	正态	11	99.89	0.182
整体失效				28	99.72	0.534

3. NNR-DCS 算法验证

为了验证所提出的 NNR-DCS 算法,基于 MCS 对不同模型的叶盘进行多失效概率分析。特别地,对 RSM、DCRSM、DCFRM、提出的 NNR 算法和 NNR-DCS 算法的性能进行了分析。其中,DCRSM、DCFRM 和 NNR-DCS 采用叶片变形、应力和应变的自动并行计算,而直接蒙特卡罗(全尺寸模型)、RSM 和 NNR 同时考虑叶片所有失效模式。代理模型方法首先对训练样本和拟合时间进行代理建模。需要澄清的是,以全尺寸模型为参考进行MCS,并与五种替代模型的计算时间(表 4.6)、可靠度(表 4.7)和精度(表 4.8)进行比较。

表 4.6　叶片盘概率分析的仿真时间

算　法	拟合代理模型		仿 真 时 间/s			
	采样数量	拟合时间/s	10^2 次	10^3 次	10^4 次	10^5 次
MCS	—	—	6.94×10^3	5.98×10^4	8.63×10^5	
RSM	188	5.98×10^3	2.53	5.36	14.82	67.58
NNR	125	5.62×10^3	1.32	3.29	9.72	38.96
DCRSM	110	4.96×10^3	0.96	2.84	8.13	29.87
DCFRM	98	3.57×10^3	0.87	1.58	5.49	14.8
NNR-DCS	50	2.88×10^3	0.34	0.45	0.76	2.76

表 4.7　叶片盘概率分析的可靠度

采样数量	可 靠 度					
	MCS	RSM	NNR	DCRSM	DCFRM	NNR-DCS
10^2	0.99	0.95	0.96	0.96	0.98	0.99
10^3	0.993	0.968	0.975	0.979	0.991	0.992

采样数量	可 靠 度					
	MCS	RSM	NNR	DCRSM	DCFRM	NNR – DCS
10^4	0.993 1	0.975 6	0.982 6	0.986 5	0.991 8	0.993 2
10^5	—	0.986 47	0.991 32	0.991 58	0.992 13	0.993 12

表 4.8 叶片盘概率分析的精度

采样数量	精度/%				
	RSM	NNR	DCRSM	DCFRM	NNR – DCS
10^2	95.96	97.96	97.96	98.99	100
10^3	97.48	98.19	98.59	99.69	99.9
10^4	98.24	98.94	99.33	99.87	99.99

为了突出所提出的 NNR – DCS 的计算性能,对全尺寸模型 MCS、RSM、NNR、DCRSM、DCFRM 和 NNR – DCS 进行了涡轮叶片盘多失效概率分析。通过比较表明,NNR – DCS 在保持可接受的计算精度的同时,提高了计算效率,为一般的涡轮叶片盘多失效概率分析提供了显著的效益并重塑了概率。

在表 4.6 的计算效率方面,5 个替代模型(RSM、NNR、DCRSM、DCFRM 和 NNR – DCS)的计算时间远远小于全尺寸模型的 MCS;NNR – DCS 具有最高的计算效率,并且随着仿真样本的增加,其优势更加明显。NNR – DCS 的优越性能是由几个关键因素引起的:① 采用所提出的两步误差控制技术,NNR 模型可以快速拟合非线性响应函数,在此基础上,避免了基于 DE 算法的初始最优参数搜索的过早收敛;在基于 BR 理论的最终最优参数训练中,降低了模型复杂度,从而提高了计算速度;② DCS 具有分布式并行计算的特点,采用一次简单的单故障模式,而不是整体的复杂模式,有利于减少非线性效应和计算任务。因此,将分布式协同思想与 NNR 模型相结合,可以快速得到 NNR – DCS 模型,在涡轮叶片盘多失效概率分析中节省大量时间,提高计算效率。

如表 4.7 所示,NNR – DCS 比 RSM、NNR、DCRSM 和 DCFRM 更准确,因为其结果与全尺寸模型的结果一致。结果表明:① 两步误差控制技术提高了 NNR 建模的非线性拟合能力和泛化能力,保证了全局搜索和局部训练的良好配合;② 通过降低多失效概率分析的非线性,DCS 有望保持建模精度,从而通过得到精确的 NNR – DCS 模型来保证计算精度。因此,所提出的 NNR – DCS 在涡轮叶片盘多失效概率分析中具有较高的计算精度。

综上所述,本节所提出的 NNR – DCS 算法在保持可接受的计算精度的同时显著提高了计算效率,是一种可行且有效的涡轮叶盘各种失效模式概率分析方法。

思 考 题

4.1　阐述不同人工神经网络模型的区别。

4.2　阐述基于 BP 神经网络模型的结构可靠性设计方法。

4.3　阐述基于广义回归神经网络模型的结构可靠性设计方法。

4.4　举例说明基于人工神经网络的结构可靠性优化设计方法。

参 考 文 献

［1］李刚,孟增.基于 RBF 神经网络模型的结构可靠度优化方法[J].应用数学和力学,
　　2014,35(11)：1271－1279.

［2］Rumelhart D E, Mcclellcmd J L, PDP Research Group. Parallel distributed processing
　　[J]. Encyclopedia of Database Systems, 1986：45－76.

［3］翟莹莹,左丽,张恩德.基于参数优化的 RBF 神经网络结构设计算法[J].东北大学
　　学报(自然科学版),2020,41(2)：176－181,187.

［4］孟广伟,沙丽荣,李锋,等.基于神经网络的结构疲劳可靠性优化设计[J].兵工学报,
　　2010(6)：765－769.

［5］张雷.基于神经网络技术的结构可靠性分析与优化设计[D].长春:吉林大
　　学,2004.

［6］宋鲁凯.基于智能响应面法的机械可靠性优化设计研究[D].哈尔滨:哈尔滨理工大
　　学,2016.

［7］桂劲松,康海贵.计算结构可靠度的 RBF 神经网络响应面法[J].海洋工程,2004,
　　22(3)：81－85.

［8］高阳,白广忱,于霖冲.基于 RBF 神经网络的涡轮盘疲劳可靠性分析[J].机械设计,
　　2009(5)：4－10.

［9］陈松坤,王德禹.基于神经网络的蒙特卡罗可靠性分析方法[J].上海交通大学学报,
　　2018(6)：687－692.

［10］张亮,赵娜.基于 BP 神经网络-MC 法的结构可靠性分析[J].现代电子技术,2010,
　　33(12)：59－61.

［11］Song L K, Bai G C, Fei C W. Multi-failure probabilistic design for turbine bladed disks
　　using neural network regression with distributed collaborative strategy[J]. Aerospace
　　Science and Technology, 2019, 92：464－477.

第5章
基于支持向量机模型的结构可靠性设计方法

5.1 支持向量机模型

5.1.1 基本思想

支持向量机(support vector machine, SVM)是与人工神经网络类似的一种人工智能化模式识别方法,是由 Vapnik 等根据统计学习理论中的结构风险最小化原则发展出的一种智能学习方法,能够显著发挥学习机的推广能力,即使由少量样本数据得到的判别函数也仍然具有较高的预测精度,在解决小样本、非线性和高维模式识别问题中表现出特有的优势,并且能够进一步推广到函数拟合等其他机器学习问题中。

SVM 最初用于解决分类问题,称为支持向量分类(support vector classification, SVC)。与传统机器学习方法不同,它通过定义适当的内积函数,将原始样本空间进行非线性变换,映射到高维特征空间,并在高维空间中求取最优线性分类面。SVC 把寻找不同类别之间的超平面问题转化为求解最大分类间隔问题,进而将分类问题转化为含不等式约束的凸二次规划问题。所得解具有全局最优性和良好的推广能力,与样本点的具体分布无关。对于线性和非线性分类问题,可采用不同措施实现样本的最佳分类。与人工神经网络相比,SVC 能够很好地解决"过学习"和"欠学习"问题,具有较强的非线性分类能力,已经在模式识别等领域得到了广泛的应用。

之后,SVM 得到进一步拓展,用于解决回归问题,称为支持向量回归(support vector regression, SVR)。SVR 的核心思想是:引入非线性映射函数,将训练样本数据映射到高维特征空间内进行线性拟合,并将拟合问题转化为凸优化问题进行求解,进而实现原始空间的非线性拟合效果。根据泛函理论,可将映射到高维特征空间的复杂内积运算再度转化为原始空间的核函数计算,最终得到原始空间的非线性拟合函数。SVR 能够较好地处理小样本和高度非线性问题,属于典型的先进响应面模型,常用来解决概率分析问题,已经广泛应用于工程领域。

SVM 具有理论完备、数学形式简洁、几何解释直观、适应性强、全局优化、训练时间短、泛化和容错性能好等优点,已经在国内外引起广泛关注,成为机器学习领域的研究热点。近年来,其理论研究、算法实现及工程应用均取得了突破性进展。

5.1.2　基础理论

传统的统计模式识别主要针对含有大量观测数据的问题进行研究。但实际应用中,样本数据的获取可能并非易事,导致数据集的数目通常较为有限。因此,研究小样本数据下的统计学习规律是极具实用价值的问题。自 20 世纪 60 年代中期开始,Vapnik 等便致力于小样本问题的机器学习研究[1]。由于当时的研究尚不完善,缺少将理论付诸实践的应用方法。直至 20 世纪 90 年代中期,统计学习理论才逐步成熟,形成了较为完善的理论体系,为有限样本数据下的统计模式识别和机器学习等问题构建了扎实的理论基础,并由此发展出了支持向量机模型。

1. 经验风险最小化

机器学习的主要目的是利用给定的训练样本数据,近似估计系统输入 x 与输出响应 y 之间的关系,使之尽可能准确地预测系统在任意输入 x 下的近似输出响应 $\hat{y}$。机器学习的基本模型见图 5.1。

图 5.1　机器学习的基本模型

假设变量 y 与 x 之间存在某种未知的依赖关系,即遵循某一未知的联合概率密度 $P(x, y) = P(x)P(y \mid x)$。机器学习的本质就是根据 l 个独立的来自该分布的观测样本 $(x_1, y_1), (x_2, y_2), \cdots, (x_l, y_l)$,在一组预测函数集 $\{f(x, \omega)\}$ 中,寻找一个最优的函数 $f(x, \omega^*)$,对 y 与 x 之间的依赖关系进行估计,使实际期望风险 $R(\omega)$ 最小,即

$$R(\omega) = \int L[y, f(x, \omega)] \mathrm{d}P(x, y) \tag{5.1}$$

其中,ω 为预测函数的广义参数;$L[y, f(x, \omega)]$ 为损失函数,不同类型的机器学习问题对应不同形式的损失函数。

由于 $P(x, y)$ 是未知的,使得实际期望风险 $R(\omega)$ 无法直接求出。在传统的统计学习中,通常采用经验风险 $R_{\mathrm{emp}}(\omega)$ 代替实际期望风险,即

$$R_{\mathrm{emp}}(\omega) = \frac{1}{l} \sum_{i=1}^{l} L[y, f(x_i, \omega)] \tag{5.2}$$

在统计学习中,需要尽可能使 $R_{\mathrm{emp}}(\omega)$ 最小化,即需要满足经验风险最小化(empirical risk minimization,ERM)原则,常见的,如人工神经网络、最大似然法和最小二乘法等学习算法都是基于 ERM 原则提出的。然而,概率论中的大数定理仅说明在一定条件下,当样本数据趋于无穷多时,$R_{\mathrm{emp}}(\omega)$ 将在概率意义上趋近于 $R(\omega)$,无法保证使 $R_{\mathrm{emp}}(\omega)$ 最小的 ω' 与使 $R(\omega)$ 最小的 ω^* 是同一个点,更不能保证 $R_{\mathrm{emp}}(\omega')$ 能够趋近于 $R(\omega^*)$。因此,在实际应用中,ERM 原则很难达到理想效果,如神经网络模型常常面临"过学习"的问题。

2. 学习过程的一致性条件

学习过程的一致性是统计学习理论的重要基础,也是其与传统的基于渐进理论的统计学的基本联系。它的核心思想是,当训练样本数据趋于无穷多时,经验风险的最优值能

够收敛到真实风险的最优值。

设 $f(x, \boldsymbol{\omega})$ 是使经验风险 $R_{\mathrm{emp}}(\boldsymbol{\omega})$ 最小化的函数,相应的实际期望风险值为 $R(\boldsymbol{\omega})$,如果下面两个序列概率收敛于同一个极限,即

$$
\begin{cases}
R(\boldsymbol{\omega}_l) \xrightarrow[l \to \infty]{P} \inf R(\boldsymbol{\omega}) \\
R_{\mathrm{emp}}(\boldsymbol{\omega}_l) \xrightarrow[l \to \infty]{P} \inf R(\boldsymbol{\omega})
\end{cases}
\tag{5.3}
$$

则称 ERM 原则对于函数集 $\{f(x, \boldsymbol{\omega})\}$ 和概率分布函数 $P(x, y)$ 是一致的。其中,$\inf R(\boldsymbol{\omega})$ 为实际可能的最小风险。

相应地,可得到学习理论的关键定理。对于有界的损失函数,ERM 原则一致性的充分必要条件是经验风险 $R_{\mathrm{emp}}(\boldsymbol{\omega})$ 在整个函数集 $\{f(x, \boldsymbol{\omega})\}$ 上一致单边收敛到期望风险 $R(\boldsymbol{\omega})$,即

$$
\lim_{l \to \infty} P\left\{ \sup_{f \in \{f(x, \boldsymbol{\omega})\}} \left[R(\boldsymbol{\omega}) - R_{\mathrm{emp}}(\boldsymbol{\omega}) \right] > \varepsilon \right\} = 0, \quad \forall \varepsilon > 0
\tag{5.4}
$$

学习理论的关键定理把学习一致性的问题转化为一致收敛问题,给出了 ERM 原则能够保证一致的充要条件,但尚未说明什么样的函数集是满足这些条件的。为此,统计学习理论定义了 VC 维(Vapnik-Chervonenkis dimension)等指标来衡量函数集的性能。

3. VC 维理论

对于指示函数集 $\{f(x, \boldsymbol{\omega})\}$,如果存在 h 个数据样本能够被函数集中的函数按所有可能的 2^h 种形式分开,则称函数集能够把 h 个数据样本打散,函数集的 VC 维就是能打散的最大数据样本数目 h。若对于任意数目的数据样本,都有函数能将它们打散,则函数集的 VC 维是无穷大。

VC 维反映了函数集的学习能力,直接影响着学习机器的推广性能。VC 维越大,则学习机器越复杂,容量也越大。通常来说,函数集的 VC 维与其自由参数的数目没有明确的对应关系,可以大于、等于,甚至小于自由参数的个数。遗憾的是,目前仅能计算一些特殊函数集的 VC 维,尚未形成通用的适用于任意函数集 VC 维的计算理论。对于神经网络模型等比较复杂的基于数据的机器学习方法,其 VC 维除了与函数集有关外,还受学习算法等的影响。对于给定的学习函数集,如何用理论或实验的方法计算其 VC 维仍然有待深入研究。

4. 推广性的界

经验风险最小化学习过程一致性的充分必要条件是函数集的 VC 维有限,且快速收敛。统计学习理论从 VC 维出发,系统地研究了各种类型的函数集的经验风险与实际风险之间的关系,即推广性的界。

对于指示函数集 $\{f(x, \boldsymbol{\omega})\}$,若损失函数 $L[y, f(x, \boldsymbol{\omega})]$ 的取值为 0 或 1,则对指示函数集中的所有的函数,经验风险 $R_{\mathrm{emp}}(\boldsymbol{\omega})$ 和实际风险 $R(\boldsymbol{\omega})$ 之间至少以 $1-\eta$ 的概率满足如下关系:

$$
R(\boldsymbol{\omega}) \leqslant R_{\mathrm{emp}}(\boldsymbol{\omega}) + \sqrt{\frac{h[\ln(2l/h + 1) - \ln(\eta/4)]}{l}}
\tag{5.5}
$$

其中,h 为函数集的 VC 维;l 为数据样本数。

上述定理给出了经验风险与实际风险之间误差的上界,反映了根据经验风险最小化原则得到的学习机器的推广能力。这从理论上说明了,实际风险由经验风险(又称训练误差)和置信范围(又称 VC 信任)共两部分组成。其中,置信范围与 VC 维和数据样本数有关。式(5.5)可以进一步简化为

$$R(\boldsymbol{\omega}) \leqslant R_{\text{emp}}(\boldsymbol{\omega}) + \phi(l/h) \tag{5.6}$$

可见,在样本数确定的情况下,学习机器的 VC 维越高,置信范围便越大,实际风险与经验风险之间的偏差也越大,这便是"过学习"问题的根源所在。因此,机器学习过程既要控制经验风险最小,还要尽可能缩小置信范围,以便得到较小的实际风险,提升算法的泛化性。

5. 结构风险最小化

在样本数较少的情况下,经验风险最小化原则是不合理的,需要同时考虑最小化经验风险和置信范围,这便是结构风险最小化(structural risk minimization,SRM)原则的基本思想。

在传统的机器学习方法中,选择学习模型和算法的本质便是调整置信范围。当选择的模型和算法与给定的数据样本相匹配时,h/l 的值适当,机器学习方法的效果较好。但因缺乏理论指导,这种选择过度依赖先验知识和经验。当 h/l 较小时,实际风险与经验风险的取值相近,此时,较小的经验风险值能够保证较小的实际风险。当 h/l 较大时,小的经验风险并不能保证小的实际风险值,此时需要最小化经验风险值与置信范围之和。其中,置信范围取决于整个函数集的 VC 维 h,而 VC 维 h 又依赖于机器学习选用的函数集合。因此,可以通过建立函数集合与各函数子集结构的关系,来控制 VC 维 h。

将函数集 $F = \{f(\boldsymbol{x}, \boldsymbol{\omega}) \mid \boldsymbol{\omega} \in \Lambda\}$ 分解为一个函数子集序列(又称为子集结构)$F_k = \{f(\boldsymbol{x}, \boldsymbol{\omega}) \mid \boldsymbol{\omega} \in \Lambda_k\}$,这些子集函数满足:

$$F_1 \subset F_2 \subset \cdots \subset F_k \subset \cdots \subset F \text{ 且 } F = \bigcup_k F_k \tag{5.7}$$

使各个子集能够按照 VC 维的大小排列,即

$$h_1 \leqslant h_2 \leqslant \cdots \leqslant h_k \leqslant \cdots \tag{5.8}$$

这样,同一个子集中的置信范围相同,在每一个子集中寻找最小经验风险。在子集间折中考虑经验风险和置信范围,进而实现实际风险的最小化,对应子集中使经验风险最小的函数就是要求的最优函数。这种思想便是有序风险最小化或 SRM 原则,如图 5.2 所示。

5.1.3　支持向量分类模型

SVM 最早是针对线性可分情况下的二分类问题提出的,常称为 SVC。SVC 的基本原理

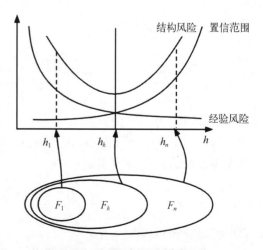

图 5.2　结构风险最小化原理图

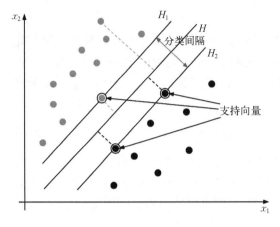

图 5.3　SVM 最优分类面示意图

是采用最大间隔的思想寻找最优的分类线(面),如图 5.3 所示:实心点和空心点分别代表两类数据样本,H 为分类线;H_1 和 H_2 与分类线 H 平行,并且分别经过两类数据中距离分类线最近的样本,H_1 和 H_2 之间的距离称为分类间隔。所需寻找的最优分类线需要做到:① 将两类数据准确分开,使训练错误率为 0,保证经验风险最小;② 使分类间隔最大,以便尽可能减小实际风险。对于高维空间问题,最优分类线便成了最优分类面。

SVC 通过在样本数据集上构造一个最大间隔分类器来实现数据分类。针对线性可分问题,SVC 通过硬间隔最大化,学习一个线性分类器;针对近似线性可分问题,SVC 通过软间隔最大化,学习一个线性的分类器;针对线性不可分问题,SVC 通过使用核函数和软间隔最大化,学习一个非线性支持向量机,依然可获得优异的分类性能。特别是核方法的应用,使 SVC 在非线性问题中具有更高的分类精度。

1. 线性支持向量分类

对于两类线性可分的样本集合:$(\boldsymbol{x}_i, y_i)$,$i = 1, \cdots, n$,其中 n 为训练样本个数,$\boldsymbol{x}_i$ 为输入向量,$y_i \in \{-1, 1\}$ 为输出响应。相应的线性判别函数可表示为

$$f(\boldsymbol{x}) = \boldsymbol{\omega} \cdot \boldsymbol{x} + b \tag{5.9}$$

其中,$\boldsymbol{\omega}$ 为权向量;b 为分类阈值。

假设存在一个平面:

$$\boldsymbol{\omega} \cdot \boldsymbol{x} + b = 0 \tag{5.10}$$

使得式(5.11)成立:

$$f(\boldsymbol{x}) = \begin{cases} \boldsymbol{\omega} \cdot \boldsymbol{x} + b \geqslant 0, & y_i = 1 \\ \boldsymbol{\omega} \cdot \boldsymbol{x} + b < 0, & y_i = -1 \end{cases} \tag{5.11}$$

则称式(5.10)为 SVC 的分类面。

将判别函数进行标准化处理,使所有样本均能满足 $|f(\boldsymbol{x})| \geqslant 1$。为使分类面对所有样本都能准确分类,需要满足:

$$y_i(\boldsymbol{\omega} \cdot \boldsymbol{x} + b) \geqslant 1, \quad i = 1, \cdots, n \tag{5.12}$$

此时,分类间隔为 $2/\|\boldsymbol{\omega}\|$。

因此,构造最优分类面问题便转化为如下有约束优化问题:

$$\begin{cases} \min \dfrac{1}{2} \parallel \boldsymbol{\omega} \parallel^2 \\ \mathrm{s.\,t.} \quad y_i(\boldsymbol{\omega} \cdot \boldsymbol{x} + b) \geqslant 1, \quad i = 1, \cdots, n \end{cases} \tag{5.13}$$

为了便于求解,引入拉格朗日(Lagrange)函数:

$$L(\boldsymbol{\omega}, b, \boldsymbol{\alpha}) = \frac{1}{2} \parallel \boldsymbol{\omega} \parallel^2 - \sum_{i=1}^{n} \alpha_i [y_i(\boldsymbol{\omega} \cdot \boldsymbol{x} + b) - 1] \tag{5.14}$$

其中,$\alpha_i \geqslant 0$ 为 Lagrange 乘子。有约束最优化问题的解由 Lagrange 函数的鞍点决定,并且函数在鞍点处对 $\boldsymbol{\omega}$、b 和 α_i 的偏导数为 0。因此,上述最优分类面问题可以进一步转化为凸二次规划寻优的对偶问题:

$$\begin{cases} \max \sum_{i=1}^{n} \alpha_i - \dfrac{1}{2} \sum_{i=1}^{n} \sum_{j=1}^{n} \alpha_i \alpha_j y_i y_j (\boldsymbol{x}_i \cdot \boldsymbol{x}_j) \\ \mathrm{s.\,t.} \begin{cases} \displaystyle\sum_{i=1}^{n} \alpha_i y_i = 0 \\ \alpha_i \geqslant 0, \quad i = 1, \cdots, n \end{cases} \end{cases} \tag{5.15}$$

求解得到该问题的最优解 $\boldsymbol{\alpha}^* = (\alpha_1^*, \cdots, \alpha_n^*)^{\mathrm{T}}$,则最优权向量 $\boldsymbol{\omega}^*$ 可表示为

$$\boldsymbol{\omega}^* = \sum_{i=1}^{n} \alpha_i^* y_i \boldsymbol{x}_i, \quad i \in [i \mid \alpha_i^* > 0] \tag{5.16}$$

最优分类阈值 b^* 可由约束条件 $\alpha_i [y_i(\boldsymbol{\omega} \cdot \boldsymbol{x}_i + b) - 1] = 0$ 求解。因此,最优分类面函数可表示为

$$f(\boldsymbol{x}) = \mathrm{sgn}\{\boldsymbol{\omega} \cdot \boldsymbol{x} + b\} = \mathrm{sgn}\left\{\sum_{i=1}^{n} \alpha_i^* y_i (\boldsymbol{x}_i \cdot \boldsymbol{x}) + b^*\right\} \tag{5.17}$$

由式(5.16)和式(5.17)可知,最优分类面只与非零的 α_i^* 有关,其对应的样本均在分类间隔的边缘上。这些样本对分类起重要作用,称为支持向量。

式(5.13)表示的是硬间隔 SVC 模型。实际应用中存在噪声等因素,为了提高 SVC 的泛化能力,常在 SVC 的约束条件中加入非负松弛变量 ξ_i,则式(5.13)可转换为

$$\begin{cases} \min \ \dfrac{1}{2} \parallel \boldsymbol{\omega} \parallel^2 + C \sum_{i=1}^{n} \xi_i \\ \mathrm{s.\,t.} \begin{cases} y_i(\boldsymbol{\omega} \cdot \boldsymbol{x} + b) \geqslant 1 - \xi_i \\ \xi_i \geqslant 0, \quad i = 1, \cdots, n \end{cases} \end{cases} \tag{5.18}$$

其中,C 为惩罚因子。式(5.18)表示的是软间隔 SVC 模型。

2. 非线性支持向量分类

对于非线性分类问题,通常可采用适当的映射方法将样本数据映射到高维空间,从而将线性不可分问题转化为线性可分问题后,再进行线性分类。如图 5.4 所示,两类样本在二维平面上线性不可分,但是将样本映射到三维空间后,便可实现线性可分。

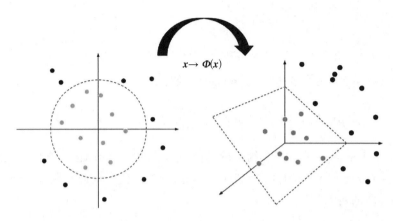

$$x \to \Phi(x)$$

图 5.4　低维空间的线性不可分问题转化为高维空间的线性可分问题

传统的机器学习方法在采用高维映射方法时,常面临"维度灾难"的问题,一般不易实现。SVC 通过引入核函数,巧妙地解决了这个问题,其核心思想是:首先,通过非线性映射 $\Phi(\boldsymbol{x}_i)$ 将输入空间的样本映射到高维特征空间中;其次,在高维特征空间中构造最优分类面时,算法仅使用空间中的点积 $\langle \Phi(\boldsymbol{x}_i) \cdot \Phi(\boldsymbol{x}_j) \rangle$,而没有单独的 $\Phi(\boldsymbol{x}_i)$ 出现;再次,通过寻找一个函数 $K(\boldsymbol{x}_i, \boldsymbol{x}_j) = \langle \Phi(\boldsymbol{x}_i) \cdot \Phi(\boldsymbol{x}_j) \rangle$,使高维空间的点积运算转化为原输入空间的函数计算,甚至没有必要知道非线性映射 $\Phi(\boldsymbol{x}_i)$ 的形式;最后,根据泛函理论,只要核函数 $K(\boldsymbol{x}_i, \boldsymbol{x}_j)$ 满足 Mercer 条件,它便对应某一变换空间中的点积。

因此,通过在线性可分问题的最优分类面中,采用适当的内积函数 $K(\boldsymbol{x}_i, \boldsymbol{x}_j)$ 便可实现某一非线性变换后的线性分类,而计算复杂度并未增加。此时,式(5.15)中的优化问题可转换为

$$\begin{cases} \max \sum_{i=1}^{n} \alpha_i - \dfrac{1}{2} \sum_{i=1}^{n} \sum_{j=1}^{n} \alpha_i \alpha_j y_i y_j K(\boldsymbol{x}_i, \boldsymbol{x}_j) \\[2mm] \text{s. t.} \quad \begin{cases} \sum_{i=1}^{n} \alpha_i y_i = 0 \\[2mm] \alpha_i \geq 0, \quad i = 1, \cdots, n \end{cases} \end{cases} \tag{5.19}$$

则对应的最优分类函数为

$$f(\boldsymbol{x}) = \mathrm{sgn}\{\boldsymbol{\omega} \cdot \boldsymbol{x} + b\} = \mathrm{sgn}\left\{\sum_{i=1}^{n} \alpha_i^* y_i K(\boldsymbol{x}, \boldsymbol{x}_i) + b^*\right\} \tag{5.20}$$

需要指出的是,核函数是 SVC 的重要组成部分。它的种类众多,任何满足 Mercer 条件的函数都可以作为核函数,目前常见的核函数有以下三种,其中高斯径向基核函数最受欢迎[2]。

(1) 多项式核函数:

$$K(\boldsymbol{x}, \boldsymbol{x}_i) = [(\boldsymbol{x} \cdot \boldsymbol{x}_i) + 1]^q \tag{5.21}$$

（2）高斯径向基核函数：

$$K(\boldsymbol{x}, \boldsymbol{x}_i) = \exp\{-\gamma \parallel \boldsymbol{x} - \boldsymbol{x}_i \parallel^2\} \tag{5.22}$$

（3）sigmoid 核函数：

$$K(\boldsymbol{x}, \boldsymbol{x}_i) = \tanh[v(\boldsymbol{x} \cdot \boldsymbol{x}_i) + d] \tag{5.23}$$

5.1.4　支持向量回归模型

SVM 也可以很好地应用于回归预测问题，常称为 SVR。SVR 的基本原理与 SVC 相似，主要不同在于输出响应 y 的取值。SVM 用于分类时，输出响应只有 0 和 1，需要寻找最优的分类线（面）；SVM 用于回归预测时，其输出响应可以是任意的连续值，需要寻找一个最优的回归函数。与 SVC 相同，SVR 也分为线性 SVR 和非线性 SVR。对于非线性 SVR，其核心思想是：引入非线性映射函数，将训练样本数据映射到高维特征空间内进行线性拟合，并将拟合问题转化为凸优化问题进行求解，进而实现原始空间的非线性拟合效果。根据泛函理论，可将映射到高维特征空间的复杂内积运算再度转化为原始空间的核函数计算，最终得到原始空间的非线性拟合函数。考虑一般性，本节对非线性 SVR 展开详细介绍。

SVR 的目的是基于统计学习理论，从给定的有限样本数据中寻找真实物理系统的输出响应 y 与输入向量 $\boldsymbol{x}$ 间的近似函数关系，并利用建立的回归模型对未知数据点进行预测。通过引入非线性映射函数 $\boldsymbol{\Phi}(\boldsymbol{x})$，SVR 将训练样本数据映射到一个高维特征空间，并在此高维特征空间内进行线性拟合，可用如下形式表示：

$$\hat{y}(\boldsymbol{x}) = \boldsymbol{\omega}^{\mathrm{T}}\boldsymbol{\Phi}(\boldsymbol{x}) + b \tag{5.24}$$

其中，$\hat{y}(\boldsymbol{x})$ 表示 SVR 的近似响应；$\boldsymbol{\omega}$ 表示加权向量；b 表示偏置项（常数）。

与多项式响应面模型不同，SVR 旨在尽可能减小近似响应与真实响应间的实际风险 $\frac{1}{2}\parallel\boldsymbol{\omega}\parallel^2$。为加强拟合效果，提高模型通用性，通常采用 ε-不敏感损失函数，引入了损失参数 ε，并假设所有训练样本可在精度 ε 下进行线性拟合。因此，在给定训练样本集 $(\boldsymbol{x}_i, y_i)(i = 1, \cdots, n)$ 的情况下，式（5.24）中的线性回归问题可转化为一个有约束凸优化问题：

$$\begin{cases} \min \dfrac{1}{2}\parallel\boldsymbol{\omega}\parallel^2 \\ \mathrm{s.t.} \begin{cases} \boldsymbol{\omega}^{\mathrm{T}}\boldsymbol{\Phi}(\boldsymbol{x}_i) + b - y_i \leqslant \varepsilon \\ y_i - \boldsymbol{\omega}^{\mathrm{T}}\boldsymbol{\Phi}(\boldsymbol{x}_i) - b \leqslant \varepsilon \\ i = 1, \cdots, n \end{cases} \end{cases} \tag{5.25}$$

考虑允许的拟合误差，引入非负松弛因子 ξ_i^+ 和 ξ_i^-，式（5.25）可转化为如下形式：

$$\begin{cases} \min \dfrac{1}{2} \parallel \boldsymbol{\omega} \parallel^2 + C \sum_{i=1}^{n} (\xi_i^+ + \xi_i^-) \\ \text{s. t.} \begin{cases} \boldsymbol{\omega}^{\mathrm{T}} \boldsymbol{\Phi}(\boldsymbol{x}_i) + b - y_i \leqslant \varepsilon + \xi_i^+ \\ y_i - \boldsymbol{\omega}^{\mathrm{T}} \boldsymbol{\Phi}(\boldsymbol{x}_i) - b \leqslant \varepsilon + \xi_i^- \\ \xi_i^+, \ \xi_i^- \geqslant 0 \\ i = 1, \cdots, n \end{cases} \end{cases} \tag{5.26}$$

其中, $C > 0$, 表示惩罚因子。

利用式(5.26)求解 $\boldsymbol{\omega}$ 较为困难, 为了便于求解, 根据 Lagrange 定理可得到式 (5.26)的对偶形式, 如下所示:

$$\begin{cases} \max -\dfrac{1}{2} \sum_{i,j=1}^{n} (\alpha_i^+ - \alpha_i^-)(\alpha_j^+ - \alpha_j^-) K(\boldsymbol{x}_i, \boldsymbol{x}_j) + \sum_{i=1}^{n} (\alpha_i^+ - \alpha_i^-) y_i - \varepsilon \sum_{i=1}^{n} (\alpha_i^+ + \alpha_i^-) \\ \text{s. t.} \begin{cases} \sum_{i=1}^{n} (\alpha_i^+ - \alpha_i^-) = 0 \\ 0 \leqslant \alpha_i^+ \leqslant C \\ 0 \leqslant \alpha_i^- \leqslant C \\ i = 1, \cdots, n \end{cases} \end{cases}$$
$$\tag{5.27}$$

其中, $K(\boldsymbol{x}_i, \boldsymbol{x}_j) = \boldsymbol{\Phi}(\boldsymbol{x}_i)^{\mathrm{T}} \boldsymbol{\Phi}(\boldsymbol{x}_j)$ 表示核函数。

根据式(5.27)计算得到拉格朗日乘子 α_i^+ 和 α_i^-。 在最优解处, $\boldsymbol{\omega}$ 满足以下关系:

$$\boldsymbol{\omega} = \sum_{i=1}^{n} (\alpha_i^+ - \alpha_i^-) \boldsymbol{\Phi}(\boldsymbol{x}_i) \tag{5.28}$$

根据卡罗需-库思-塔克(Karush-Kuhn-Tucker, KKT)条件, 计算得到 b, 如下所示:

$$b = y_i - \sum_{j=1}^{n} (\alpha_i^+ - \alpha_i^-) K(\boldsymbol{x}_i, \boldsymbol{x}_j) + \varepsilon, \quad 0 < \alpha_i^- < \dfrac{C}{n} \tag{5.29}$$

或者:

$$b = y_i - \sum_{j=1}^{n} (\alpha_i^+ - \alpha_i^-) K(\boldsymbol{x}_i, \boldsymbol{x}_j) - \varepsilon, \quad 0 < \alpha_i^+ < \dfrac{C}{n} \tag{5.30}$$

最终构建得到的 SVR 可表示如下:

$$\hat{y}(\boldsymbol{x}) = \sum_{i=1}^{n} (\alpha_i^+ - \alpha_i^-) K(\boldsymbol{x}, \boldsymbol{x}_i) + b \tag{5.31}$$

SVR 的核函数也是其重要组成部分, 种类众多, 通常与 SVC 的核函数一致。其中, 高斯径向基核函数 $K(\boldsymbol{x}, \boldsymbol{x}_i) = \exp\{-\gamma \parallel \boldsymbol{x} - \boldsymbol{x}_i \parallel^2\}$ 最受欢迎, 本节选择该核函数来构建 SVR。

将式(5.31)作为响应面模型代替真实函数进行概率分析,该方法称为概率分析的支持向量回归-响应面法(SVR - RSM)。对于给定的训练集,惩罚因子、损失参数及核函数参数的取值均会影响 SVR 模型的逼近效果。如果取值合理,SVR 模型只用不多的训练样本就能够准确逼近非线性函数。与 SVR - RSM 相比,ANN - RSM 在建立响应面模型时需要的样本数较多,并且处理非线性问题的能力较差;而 Kriging 响应面法虽然能够解决非线性问题,但由于在进行概率分析时需要建立大量的响应面模型来保证计算精度,其计算效率相对较低。

5.1.5　结构可靠性设计流程

基于 SVR 的结构可靠性分析是利用支持向量机的小样本特性,根据有限数目的训练样本来拟合结构的真实极限状态函数。对于获得的近似模型,可以结合传统的可靠度算法,如 FORM、SORM、MCS 等方法分析结构的可靠性。图 5.5 给出了基于 SVR 的结构可靠性分析流程,具体实现过程如下。

(1)训练样本生成。训练样本的好坏直接影响 SVR 模型能否较好地逼近真实的功能函数。因此,如何产生训练样本是基于 SVR 的结构可靠性分析的最基本的问题,例如,可采用拉丁超立方抽样、直接抽样法等方法进行训练样本的产生。

(2)样本归一化。基本随机变量作为输入数据,常常因为物理意义和量纲不同,造成各自取值范围的差别较大,在 SVR 训练中容易出现不稳定现象。即使训练成功,泛化性能也很差。因此,在训练之前,应对训练样本进行归一化处理,把样本数据各维的特征值映射到同一个区间范围内,从而避免计算上的困难,提高训练 SVR 的稳定性和泛化性。基本随机变量可按式(5.32)变换,使其在训练中具有同等重要的地位:

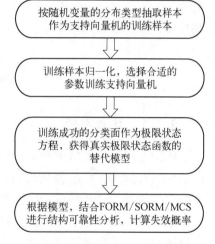

图 5.5　基于 SVR 的结构可靠性分析流程

$$x_i' = \frac{x_i - \mu}{\sigma} \tag{5.32}$$

其中, x_i 为随机变量 x 的第 i 个样本; μ 和 σ 分别为这个随机变量的均值和标准差; x_i' 为经归一化处理后的样本。同时,对输出数据(结构响应)也要作同样的变换:

$$y_i' = \frac{y_i - \mu}{\sigma} \tag{5.33}$$

(3)参数选择。由前面内容可知,SVR 模型中参数的选择对其性能有很大的影响。因此,需要寻找合适的参数,使 SVR 模型具有较好的推广能力。可选用 GA,对参数进行优化处理。

(4)基于 SVR 的 MCS。利用有限的样本数据构造真实功能函数的近似模型后,则可

以用 SVR 预测值代替真实值,并通过大量抽样计算可靠度。基于 SVR 的 MCS 表示的结构的失效概率可以写为

$$P_f = P[g(\boldsymbol{x}) \leqslant 0] \approx P[f(\boldsymbol{x}) \leqslant 0] = \frac{n_f}{n} \tag{5.34}$$

其中,$g(\boldsymbol{x})$ 为真实的功能函数;$f(\boldsymbol{x})$ 为由 SVR 方法构造的近似模型;n 为按基本随机变量概率密度函数抽取的样本总数;n_f 为落入失效域 $f(\boldsymbol{x}) \leqslant 0$ 的样本数。

(5) 基于 SVR 的 FORM 和 SORM。利用 SVR 获得结构的隐式极限状态函数的近似模型,计算功能函数对各个基本随机变量的一阶偏导数和二阶偏导数,从而可以利用传统的 FORM 和 SORM 计算失效概率。一般地,SVR 逼近的功能函数可以表示为

$$f(\boldsymbol{x}) = \sum_{i \in \mathrm{SV}} \alpha_i^* y_i K(\boldsymbol{x}, \boldsymbol{x}_i) + b^* \tag{5.35}$$

其中,$\boldsymbol{x} = (x_1, x_2, \cdots, x_k)^{\mathrm{T}}$,为 k 维随机变量向量;SV 表示支持向量数;$K(\boldsymbol{x}, \boldsymbol{x}_i)$ 为核函数。

5.2　变保真度支持向量回归模型

5.2.1　基本思想

传统支持向量回归模型虽已得到广泛应用,但也存在一些不足:① 由于先验知识的缺失,核函数参数 γ、损失参数 ε 和惩罚因子 C 很难准确选取,构建得到的支持向量回归模型的精度往往较低;② 损失参数 ε 的引入忽略了误差在 ε 以内的训练数据,使得构建得到的支持向量回归模型仅取决于支持向量,从而造成训练数据中部分有用信息的浪费。为了尽最大限度地利用好训练样本中的有用信息,进而提高模型精度,提出一种变保真度支持向量回归模型。图 5.6 给出了变保真度支持向量回归模型的建模流程。

由图 5.6 可知,该建模流程涉及两个建模阶段。

(1) 参数优化。基于遗传算法与交叉验证方法优化核函数参数 γ、损失参数 ε 和惩罚因子 C,并采用最优的核函数参数 γ^*、损失参数 ε^* 和惩罚因子 C^* 构建得到初始支持向量回归模型 $\hat{y}_{\mathrm{svr}}$。

(2) 变保真度建模。利用已有样本信息与初始支持向量回归模型在采样点处的近似响应确定修正函数的系数,并由此构建得到改进的支持向量回归模型 $\hat{y}_{\mathrm{isvr}}$。

5.2.2　参数优化

选取合适的试验设计(design of experiment, DOE)技术生成 n 个样本点 $\boldsymbol{x}_i(i = 1, \cdots, n)$,并执行数值仿真或物理试验,得到全部样本点的真实响应向量 $\boldsymbol{y} = [y_1, y_2, \cdots, y_n]^{\mathrm{T}}$。

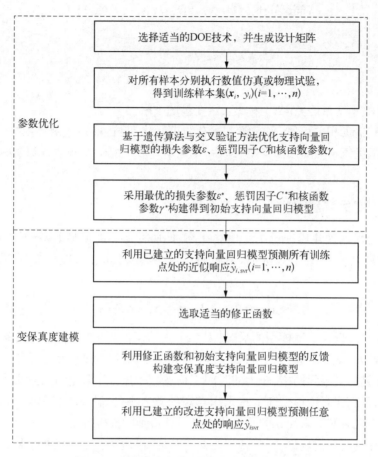

图 5.6　变保真度支持向量回归模型建模流程

采用交叉验证方法,将给定的训练样本集 $(\boldsymbol{x}_i, y_i)(i = 1, \cdots, n)$ 均分为 q 个子集,轮流选择其中的 1 个子集作为测试样本集,合并剩余 $q-1$ 个子集,并将其作为训练样本集。构建相应的支持向量回归模型,计算各采样点 $\boldsymbol{x}_i$ 处的交叉验证近似响应 $\hat{y}_{i, \text{cv}}$,并得到均方交叉验证误差(mean square cross validation error,MSE_{cv}):

$$\text{MSE}_{\text{cv}} = \frac{1}{n} \sum_{i=1}^{n} (y_i - \hat{y}_{i, \text{cv}})^2 \tag{5.36}$$

式(5.36)也可表示为如下形式:

$$\text{MSE}_{\text{cv}} = \frac{1}{n} \Big\{ \sum_{k=1}^{q} \Big[\sum_{j=1}^{n_k} (y_{j, q-k} - \hat{y}_{j, q-k})^2 \Big] \Big\} \tag{5.37}$$

其中,n_k 表示第 k 个子集中的样本数目;$\hat{y}_{j, q-k}$ 表示选用第 k 个子集作为测试样本集(合并剩余 $q-1$ 个子集作为训练样本集)时构建得到的代理模型的近似响应;$y_{j, q-k}$ 表示相应的真实响应。

构建下述优化问题,使 MSE_{cv} 最小:

$$\begin{cases} \min \text{MSE}_{cv}[\hat{y}_{i,\,cv}(\varepsilon,\,C,\,\gamma,\,x_i),\,y_i(x_i)] \\ \text{s. t.} \begin{cases} \varepsilon^l \leqslant \varepsilon \leqslant \varepsilon^u \\ C^l \leqslant C \leqslant C^u \\ \gamma^l \leqslant \gamma \leqslant \gamma^u \end{cases} \end{cases} \tag{5.38}$$

其中,上标 u 表示变量的上限;上标 l 表示变量的下限。

选用 GA,借助相关程序,来求解上述有约束优化问题,得到核函数参数、损失参数和惩罚因子的最优值 γ^*、ε^* 和 C^*。最后,选用 γ^*、ε^* 和 C^*,构建得到初始支持向量回归模型 $\hat{y}_{svr}$。

5.2.3 变保真度建模

传统的变保真度建模理论主要建立在高、低两种保真度模型的基础上,由高保真度模型分析结果负责引入修正函数,对低保真度模型分析结果进行修正,如式(5.39)所示:

$$\hat{F}(\boldsymbol{x},\,\boldsymbol{a}) \equiv \hat{F}[F_l(\boldsymbol{x}),\,\boldsymbol{a}] \approx F_h(\boldsymbol{x}) \tag{5.39}$$

其中,$F_l(\boldsymbol{x})$ 表示低保真度模型的响应;$F_h(\boldsymbol{x})$ 表示高保真度模型的响应;$\boldsymbol{a}$ 表示修正参数向量;$\hat{F}(\boldsymbol{x},\,\boldsymbol{a})$ 表示修正后的低保真度模型。此处,低保真度模型通常指采用较低的数值精度、较粗糙的有限元网格、较大的时间步长、较少的模态、简化的几何或边界条件得到的分析模型,而高保真度模型通常指采用较高的数值精度、较精细的有限元网格、较小的时间步长、较多的模态、未简化的几何或边界条件得到的分析模型。

参考变保真度建模理论,本节将初始支持向量回归模型 $\hat{y}_{svr}$ 视为"低保真度模型",将真实的仿真分析模型 $y(\boldsymbol{x})$ 视为"高保真度模型",将改进的支持向量回归模型 $\hat{y}_{isvr}$ 视为修正后的"低保真度模型"。类比式(5.39),可以得到:

$$\hat{y}_{isvr}(\boldsymbol{x},\,\boldsymbol{a}) \equiv \hat{y}_{isvr}[\hat{y}_{svr}(\boldsymbol{x}),\,\boldsymbol{a}] \approx y(\boldsymbol{x}) \tag{5.40}$$

如何选取适当的修正函数是改进支持向量回归模型的核心内容,本节主要选取三种不同类型的修正函数进行研究。

(1)加法形式的修正函数:

$$\begin{cases} \hat{y}_{isvr}(\boldsymbol{x}) = C_0(\boldsymbol{x},\,\boldsymbol{\beta}) + \hat{y}_{svr}(\boldsymbol{x}) \\ C_0(\boldsymbol{x},\,\boldsymbol{\beta}) = \beta_0 + \beta_1 x_1 + \cdots + \beta_k x_k = \boldsymbol{c}^{\mathrm{T}}\boldsymbol{\beta} \end{cases} \tag{5.41}$$

其中,$\boldsymbol{\beta} = [\beta_0,\,\beta_1,\,\cdots,\,\beta_k]^{\mathrm{T}}$ 表示包含 $k+1$ 个元素的常系数向量;$\boldsymbol{c} = [1,\,x_1,\,\cdots,\,x_k]^{\mathrm{T}}$ 表示包含 $k+1$ 个元素的一阶多项式基函数向量。

(2)乘法形式的修正函数:

$$\begin{cases} \hat{y}_{isvr}(\boldsymbol{x}) = C_1(\boldsymbol{x},\,\boldsymbol{\lambda})\hat{y}_{svr}(\boldsymbol{x}) \\ C_1(\boldsymbol{x},\,\boldsymbol{\lambda}) = \lambda_0 + \lambda_1 x_1 + \cdots + \lambda_k x_k = \boldsymbol{c}^{\mathrm{T}}\boldsymbol{\lambda} \end{cases} \tag{5.42}$$

其中,$\boldsymbol{\lambda} = [\lambda_0,\,\lambda_1,\,\cdots,\,\lambda_k]^{\mathrm{T}}$ 表示包含 $k+1$ 个元素的常系数向量。

（3）混合形式的修正函数：

$$\hat{y}_{isvr}(\boldsymbol{x}) = C_0(\boldsymbol{x}, \boldsymbol{\beta}) + C_1(\boldsymbol{x}, \boldsymbol{\lambda})\hat{y}_{svr}(\boldsymbol{x}) \tag{5.43}$$

传统支持向量回归模型的目的在于减小近似响应与真实响应间的广义误差限，响应面模型的目的在于减小近似响应与真实响应间的偏差。由式(5.41)~式(5.43)可知，提出的变保真度支持向量回归模型的基本原理是在初始支持向量回归模型的基础上乘以一个一阶多项式模型并(或)加上另一个一阶多项式模型。这说明提出的变保真度支持向量回归模型综合了传统支持向量回归模型和多项式响应面模型的特征。

变保真度支持向量回归模型建模的关键在于在不增加新样本的情况下求解常系数向量 $\boldsymbol{\beta}$ 和(或) $\boldsymbol{\lambda}$。不失一般性，以采用混合形式修正函数的改进模型为例，详述变保真度支持向量回归模型的建模过程。

根据式(5.40)~式(5.43)，可得

$$y_i = \hat{y}_{isvr,i} + e_i = (\boldsymbol{c}_i)^{\mathrm{T}}\boldsymbol{\beta} + (\boldsymbol{c}_i)^{\mathrm{T}}\boldsymbol{\lambda}\hat{y}_{svr,i} + e_i = (\boldsymbol{u}_i)^{\mathrm{T}}\boldsymbol{\zeta} + e_i, \quad i = 1, 2, \cdots, n \tag{5.44}$$

其中，y_i 表示采样点 $\boldsymbol{x}_i$ 处的真实响应；$\hat{y}_{svr,i}$ 表示初始支持向量回归模型在采样点 $\boldsymbol{x}_i$ 处的近似响应；$\hat{y}_{isvr,i}$ 表示改进模型在采样点 $\boldsymbol{x}_i$ 处的近似响应；e_i 表示改进模型在采样点 $\boldsymbol{x}_i$ 处的随机误差；$\boldsymbol{c}_i = [1, x_{i,1}, \cdots, x_{i,k}]^{\mathrm{T}}$ 表示采样点 $\boldsymbol{x}_i$ 对应的一阶多项式基函数向量；$\boldsymbol{u}_i = \begin{bmatrix} \boldsymbol{c}_i \\ \boldsymbol{c}_i\hat{y}_{svr,i} \end{bmatrix} = [1, x_{i,1}, \cdots, x_{i,k}, \hat{y}_{svr,i}, x_{i,1}\hat{y}_{svr,i}, \cdots, x_{i,k}\hat{y}_{svr,i}]^{\mathrm{T}}$；$\boldsymbol{\zeta} = \begin{bmatrix} \boldsymbol{\beta} \\ \boldsymbol{\lambda} \end{bmatrix} = [\beta_0, \beta_1, \cdots, \beta_k, \lambda_0, \lambda_1, \cdots, \lambda_k]^{\mathrm{T}}$。

为了便于求解，式(5.44)可用如下矩阵形式表示：

$$\boldsymbol{y} = \hat{\boldsymbol{y}}_{isvr} + \boldsymbol{e} = \boldsymbol{U}\boldsymbol{\zeta} + \boldsymbol{e} \tag{5.45}$$

其中，

$$\begin{cases} \boldsymbol{y} = [y_1, y_2, \cdots, y_n]^{\mathrm{T}} \\ \boldsymbol{e} = [e_1, e_2, \cdots, e_n]^{\mathrm{T}} \\ \hat{\boldsymbol{y}}_{isvr} = [\hat{y}_{isvr,1}, \hat{y}_{isvr,2}, \cdots, \hat{y}_{isvr,n}]^{\mathrm{T}} \\ \boldsymbol{U} = \begin{bmatrix} 1 & x_{1,1} & \cdots & x_{1,k} & \hat{y}_{svr,1} & x_{1,1}\hat{y}_{svr,1} & \cdots & x_{1,k}\hat{y}_{svr,1} \\ 1 & x_{2,1} & \cdots & x_{2,k} & \hat{y}_{svr,2} & x_{2,1}\hat{y}_{svr,2} & \cdots & x_{2,k}\hat{y}_{svr,2} \\ \vdots & \vdots & \ddots & \vdots & \vdots & \vdots & \ddots & \vdots \\ 1 & x_{n,1} & \cdots & x_{n,k} & \hat{y}_{svr,n} & x_{n,1}\hat{y}_{svr,n} & \cdots & x_{n,k}\hat{y}_{svr,n} \end{bmatrix} \end{cases} \tag{5.46}$$

计算得到残差平方和 L：

$$L = \sum_{i=1}^{n} (e_i)^2 = \boldsymbol{e}^{\mathrm{T}}\boldsymbol{e} = (\boldsymbol{y} - \boldsymbol{U}\boldsymbol{\zeta})^{\mathrm{T}}(\boldsymbol{y} - \boldsymbol{U}\boldsymbol{\zeta}) \tag{5.47}$$

最小二乘方法要求常系数向量 $\boldsymbol{\zeta}$ 的选择需使得残差平方和 L 最小，由此可得

$$\frac{\partial L}{\partial \boldsymbol{\zeta}} = -2\boldsymbol{U}^{\mathrm{T}}\boldsymbol{y} + 2\boldsymbol{U}^{\mathrm{T}}\boldsymbol{U}\boldsymbol{\zeta} = \boldsymbol{0} \tag{5.48}$$

根据式(5.48),可计算得到常系数向量 $\boldsymbol{\zeta}$:

$$\boldsymbol{\zeta} = (\boldsymbol{U}^{\mathrm{T}}\boldsymbol{U})^{-1}\boldsymbol{U}^{\mathrm{T}}\boldsymbol{y} \tag{5.49}$$

由此,便可得到改进的支持向量回归模型 $\hat{y}_{\mathrm{isvr}}$:

$$\hat{y}_{\mathrm{isvr}} = \boldsymbol{u}^{\mathrm{T}}\boldsymbol{\zeta} = [1, x_1, \cdots, x_k, \hat{y}_{\mathrm{svr}}, x_1\hat{y}_{\mathrm{svr}}, \cdots, x_k\hat{y}_{\mathrm{svr}}] [\beta_0, \beta_1, \cdots, \beta_k, \lambda_0, \lambda_1, \cdots, \lambda_k]^{\mathrm{T}} \tag{5.50}$$

5.2.4 实例分析

1. 测试算例

参考相关文献及资料,选用8个标准数学算例和1个结构力学算例来测试变保真度支持向量回归模型的性能。

(1) 单变量 Forrester 函数:

$$f(x) = (6x - 2)^2 \sin(12x - 4) \tag{5.51}$$

其中,$x \in [0, 1]$。

(2) 双变量 Goldstein-Price 函数:

$$f(x) = [1 + (x_1 + x_2 + 1)^2 \times (19 - 14x_1 + 3x_1^2 - 14x_2 + 6x_1x_2 + 3x_2^2)] \times [30 + (2x_1 - 3x_2)^2 \times (18 - 32x_1 + 12x_1^2 + 48x_2 - 36x_1x_2 + 27x_2^2)] \tag{5.52}$$

其中,$x_1 \in [-2, 2]$; $x_2 \in [-2, 2]$。

(3) 3变量 Perm 函数:

$$f(x) = \sum_{j=1}^{3}\left[\sum_{i=1}^{3}(i+2)\left(x_i^j - \frac{1}{i^j}\right)\right]^2 \tag{5.53}$$

其中,$x_i \in [0, 1]$, $i = 1, 2, 3$。

(4) 4变量 Hartmann 函数:

$$f(x) = -\sum_{j=1}^{4} c_j \exp\left[-\sum_{i=1}^{4} a_{ji}(x_i - p_{ji})^2\right] \tag{5.54}$$

其中,$x_i \in [0, 1]$, $i = 1, 2, 3, 4$; $\boldsymbol{c}$、$\boldsymbol{a}$ 和 $\boldsymbol{p}$ 分别表示如下:

$$\boldsymbol{c} = \begin{bmatrix} 1.0 \\ 1.2 \\ 3.0 \\ 3.2 \end{bmatrix}, \quad \boldsymbol{a} = \begin{bmatrix} 10 & 3.0 & 17 & 3.5 \\ 0.05 & 10 & 17 & 0.1 \\ 3.0 & 3.5 & 1.7 & 10 \\ 17 & 8.0 & 0.05 & 10 \end{bmatrix}$$

$$\boldsymbol{p} = \begin{bmatrix} 0.131\,2 & 0.169\,6 & 0.556\,9 & 0.124\,0 \\ 0.232\,9 & 0.413\,5 & 0.830\,7 & 0.373\,6 \\ 0.234\,8 & 0.145\,1 & 0.352\,2 & 0.288\,3 \\ 0.404\,7 & 0.882\,8 & 0.873\,2 & 0.574\,3 \end{bmatrix} \tag{5.55}$$

（5）5 变量 Zakharov 函数：

$$f(x) = \sum_{i=1}^{5} x_i^2 + \Big(\sum_{i=1}^{5} 0.5ix_i\Big)^2 + \Big(\sum_{i=1}^{5} 0.5ix_i\Big)^4 \tag{5.56}$$

其中，$x_i \in [-5, 10]$，$i = 1, 2, \cdots, 5$。

（6）6 变量 Power-Sum 函数：

$$f(x) = \sum_{j=1}^{6} \Big[\Big(-\sum_{i=1}^{6} x_i^j\Big) - 13\Big]^2 \tag{5.57}$$

其中，$x_i \in [0, 4]$，$i = 1, 2, \cdots, 6$。

（7）7 变量 Rosenbrock 函数：

$$f(x) = \sum_{i=1}^{6} [100(x_{i+1} - x_i^2)^2 + (x_i - 1)^2] \tag{5.58}$$

其中，$x_i \in [-2.048, 2.048]$，$i = 1, 2, \cdots, 7$。

（8）8 变量 Levy 函数：

$$f(x) = \Big[\sin\frac{\pi(x_1 + 3)}{4}\Big]^2 + \Big(\frac{x_8 - 1}{4}\Big)^2\Big\{1 + \Big[\sin\frac{2\pi(x_8 + 3)}{4}\Big]^2\Big\}$$
$$+ \sum_{i=1}^{7}\Big(\frac{x_i - 1}{4}\Big)^2\Big\{1 + 10\Big[\sin\frac{\pi(x_i + 3) + 4}{4}\Big]^2\Big\} \tag{5.59}$$

其中，$x_i \in [-5, 5]$，$i = 1, 2, \cdots, 8$。

（9）4 变量 I 型梁：

$$\begin{cases} \sigma_{\max} = \dfrac{\dfrac{P}{2}\dfrac{x_1}{2}}{I} \\[2mm] I = \dfrac{1}{12}[x_2 x_1^3 - (x_2 - x_3)(x_1 - 2x_4)^3] \end{cases} \tag{5.60}$$

其中，$P = 600$；$x_1 \in [0.1, 0.8]$；$x_2 \in [0.1, 0.8]$；$x_3 \in [0.009, 0.05]$；$x_4 \in [0.009, 0.05]$。该算例属于典型的结构力学问题，图 5.7 示出了 4 变量 I 型梁横截面，选择确定载荷下结构的最大弯曲应力 $\sigma_{\max}$ 作为响应函数。

为了便于后续描述，采用 TF1 表示单变量 Forrester 函数，采用 TF2 表示双变量 Goldstein-Price 函数，采用

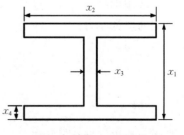

图 5.7　4 变量 I 型梁横截面

TF3 表示 3 变量 Perm 函数,采用 TF4 表示 4 变量 Hartmann 函数,采用 TF5 表示 5 变量 Zakharov 函数,采用 TF6 表示 6 变量 Power - Sum 函数,采用 TF7 表示 7 变量 Rosenbrock 函数,采用 TF8 表示 8 变量 Levy 函数,采用 TF9 表示 4 变量 I 型梁。

2. 试验过程

采用最优拉丁超立方设计,生成上述测试算例的训练样本点和测试样本点。为了尽可能减小由 DOE 采样方案引起的随机效应,所有测试算例均重复进行了 100 次,即所有测试算例均选择了 100 组不同的训练样本和测试样本。每一组训练样本中,采样点数目确定为 $3(k+1)(k+2)/2$,其中 k 表示测试算例的维度。每一组测试样本中,采样点数目为 20 000。详细的采样信息可参见表 5.1。

表 5.1　测试算例采样信息

测试算例	变量数	训练样本数	测试样本数	重复次数
TF1	1	9	20 000	100
TF2	2	18	20 000	100
TF3	3	30	20 000	100
TF4	4	45	20 000	100
TF5	5	63	20 000	100
TF6	6	84	20 000	100
TF7	7	108	20 000	100
TF8	8	135	20 000	100
TF9	4	45	20 000	100

选用测试点均方根误差(root mean square error at test points,$\mathrm{RMSE_{tst}}$)来评估代理模型的预测性能:

$$\mathrm{RMSE_{tst}} = \sqrt{\frac{\sum_{i=1}^{n_{tst}} (y_i - \hat{y}_i)^2}{n_{tst}}} \tag{5.61}$$

其中,n_{tst} 表示测试点数目;y_i 表示真实响应;$\hat{y}_i$ 表示近似响应。

选用训练点均方根误差(root mean square error at training points,$\mathrm{RMSE_{trn}}$)来评估代理模型的拟合能力:

$$\mathrm{RMSE_{trn}} = \sqrt{\frac{\sum_{i=1}^{n_{trn}} (y_i - \hat{y}_i)^2}{n_{trn}}} \tag{5.62}$$

其中,n_{trn} 表示训练点数目。

3. 模型性能

本节重点关注传统 SVR 模型与采用三种不同形式修正函数的改进支持向量回归（improved support vector regression，ISVR）模型间的性能对比。为了便于后续描述，采用 ISVR_A 表示加法形式的改进模型，采用 ISVR_M 表示乘法形式的改进模型，采用 ISVR_H 表示混合形式的改进模型。

图 5.8 和表 5.2 给出了各测试算例分别重复 100 次所得的归一化后的测试点均方根误差 $RMSE_{tst}$ 平均值，表 5.2 括号内的数值表示 SVR 的 $RMSE_{tst}$ 平均值。

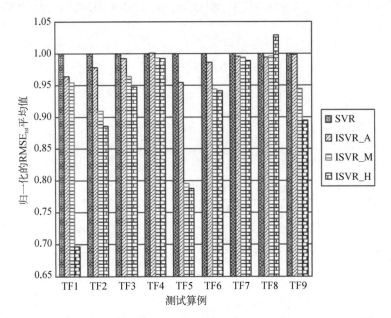

图 5.8　各测试算例分别重复 100 次所得的归一化后的 $RMSE_{tst}$ 平均值

表 5.2　各测试算例分别重复 100 次所得的归一化后的 $RMSE_{tst}$ 平均值

测 试 算 例	SVR	ISVR_A	ISVR_M	ISVR_H
TF1	1.000（1.942）	0.964	0.955	0.697
TF2	1.000（$7.467×10^4$）	0.979	0.910	0.886
TF3	1.000（3.628）	0.992	0.964	0.948
TF4	1.000（$4.315×10^{-1}$）	1.001	0.993	0.992
TF5	1.000（$4.909×10^5$）	0.955	0.796	0.788
TF6	1.000（$1.320×10^7$）	0.986	0.944	0.941
TF7	1.000（$8.852×10^2$）	0.996	0.994	0.988
TF8	1.000（6.208）	0.994	0.996	1.029
TF9	1.000（$6.015×10^4$）	0.998	0.945	0.895

由图 5.8 可见：① 几乎没有例外，ISVR 的性能优于 SVR；② 对于 TF1、TF2、TF3、TF5、TF6、TF7 和 TF9，SVR 的性能最差，ISVR_H 的性能最好；③ 对于 TF4，SVR 的性能略

优于 ISVR_A,但不如 ISVR_M 和 ISVR_H;④ 对于 TF8,SVR 的性能优于 ISVR_H,但仍不如 ISVR_A 和 ISVR_M。

作为表 5.2 的补充,图 5.9 示出了各测试算例的 $RMSE_{tst}$ 箱形图,以便更好地观察 100 次重复结果中 $RMSE_{tst}$ 的变化情况。由表 5.2 和图 5.9 清晰可见:① 与 SVR 相比, ISVR_M 在所有测试算例中的性能均有所提升,ISVR_A 和 ISVR_H 则在 8 个测试算例中的性能有所提升;② 与 ISVR_A 相比,ISVR_M 和 ISVR_H 在 8 个测试算例中表现出较好的性能优势;③ 与 ISVR_M 相比,ISVR_H 在 8 个测试算例中表现出较好的性能优势。综上所述,SVR、ISVR_A、ISVR_M 和 ISVR_H 的性能排序为 ISVR_H>ISVR_M> ISVR_A>SVR。

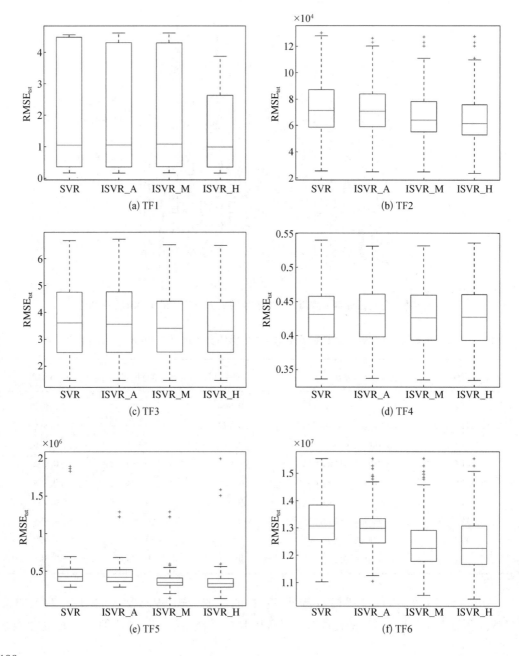

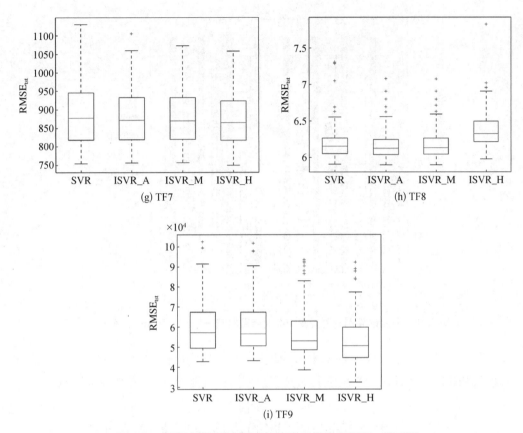

(g) TF7　(h) TF8

(i) TF9

图 5.9　各测试算例分别重复 100 次所得的 $RMSE_{tst}$ 箱形图

4. 分析与讨论

分析认为,ISVR 的性能优于 SVR 的原因在于:提出的变保真度支持向量回归模型综合了传统支持向量回归模型和多项式响应面模型的优势,可以利用所选的修正函数和初始支持向量回归模型从已有的样本信息中提取额外的有用信息,进而提高改进模型的性能。具体地:① ISVR_A 在初始支持向量回归模型的基础上增加了一阶多项式模型,通过增加新的线性因素的方式来增强 SVR 对真实模型的拟合能力,进而提高了 SVR 的预测性能;② ISVR_M 在初始支持向量回归模型的基础上乘以一阶多项式模型,通过增加新的高阶非线性因素来增强 SVR 对真实模型的拟合能力,进而提高了 SVR 的预测性能;③ ISVR_H 综合了 ISVR_A 和 ISVR_M 的特征,通过增加新的线性因素和高阶非线性因素来增强 SVR 对真实模型的拟合能力,进而提高了 SVR 的预测性能。需要指出的是,ISVR 可能存在过拟合问题,在此情况下,ISVR 的性能较差。

为了在一定程度上验证上述推断,本节对比了 SVR、ISVR_A、ISVR_M 和 ISVR_H 的拟合能力。图 5.10 给出了各测试算例分别重复 100 次所得的归一化后的训练点均方根误差 $RMSE_{trn}$ 平均值。由图可见,对于所有测试算例,SVR 的 $RMSE_{trn}$ 平均值最大,其次是 ISVR_A、ISVR_M 和 ISVR_H,这表明 SVR、ISVR_A、ISVR_M 和 ISVR_H 的拟合能力排序为 ISVR_H>ISVR_M> ISVR_A>SVR。

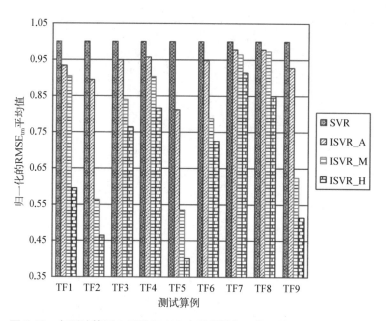

图 5.10 各测试算例分别重复 100 次所得的归一化后的 RMSE$_{trn}$ 平均值

上述结果可在一定程度上证实本节的推断。与 SVR 相比,ISVR 通过增加一些新的线性因素和高阶非线性因素来增强其对真实模型的拟合能力,进而提高预测性能。

5.3 基于支持向量回归的极值响应面模型方法

5.3.1 基本思想

基于支持向量回归的极值响应面法(SVR‑ERSM)以 SVR 为响应面模型建立 ERSM 的 ERSF,是隐式的响应面模型[3]。与 SVR‑RSM 相比,SVR‑ERSM 能很好地解决 RSM 在非线性、动态性结构响应概率分析中遇到的难题。可见,SVR‑ERSM 不但能弥补 ERSM 和 SVR‑RSM 的缺点,也能融合 ERSM 和 SVR‑RSM 的优点。SVR‑ERSM 的基本原理与 ERSM 基本相同,数学模型与 SVR‑RSM 基本相同,只是极值输出响应 Y 表示时域 $[0, T]$ 内的动态(瞬态)响应极值。基于 SVR‑ERSM 的机械结构动态概率分析的基本流程如图 5.11 所示,其基本思想如下。

首先,采用 MC 法小批量抽取输入参数随机样本,在分析时域 $[0, T]$ 内对每个抽样样本求解机械结构有限元模型,得到在分析时域 $[0, T]$ 内机械结构的动态输出响应。

其次,将全部输入抽样样本对应的动态输出响应在分析时域 $[0, T]$ 内的极值作为极值输出响应。

然后,选择 SVR 响应面函数,选取足够的样本数据,代入 SVR 极值响应函数,来构造分析时域 $[0, T]$ 内反映输入参数与极值输出之间关系的极值响应函数,建立 SVR 极值响应面函数。

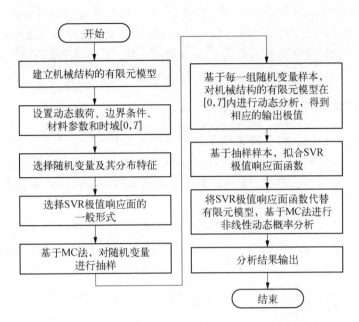

图 5.11　基于 SVR‑ERSM 的机械结构动态概率分析流程图

最后,用 SVR 极值响应面函数代替机械结构的有限元模型,基于 MC 法进行大量抽样,将抽样数据代入 SVR 极值响应面函数,计算系统的动态极值输出响应,从而进行概率分析,这种方法称为支持向量机-极值响应面法(SVR‑ERSM)。

SVR‑ERSM 既适用于非线性、动态概率分析,又具有小样本、全局性、智能性的优点。与前面二次多项式极值响应面模型不同的是,基于 SVR 的极值响应面模型是隐式函数模型,无法像二次多项式极值响应面模型那样用函数表示出来。

5.3.2　数学模型

设 $\boldsymbol{X}_i^{(j)}$ 为第 i 个构件的第 j 个样本点输入随机向量, $y_i^{(j)}$ 为对应的输出响应, $\boldsymbol{B}_i$ 为一次项系数向量, $\boldsymbol{C}_i$ 为二次项系数矩阵, $\boldsymbol{A}_i$ 为常数项,构造极值响应面函数如下:

$$y_i^{(j)} = \boldsymbol{A}_i + \boldsymbol{B}_i \boldsymbol{X}_i^{(j)} + \boldsymbol{X}_i^{(j)\mathrm{T}} \boldsymbol{C}_i \boldsymbol{X}_i^{(j)} \tag{5.63}$$

其中,

$$\begin{cases} \boldsymbol{C}_i = \begin{bmatrix} C_{i1} & 0 & \cdots & 0 \\ 0 & C_{i2} & \cdots & 0 \\ \vdots & \vdots & \ddots & 0 \\ 0 & 0 & \cdots & C_{ik} \end{bmatrix} \\ \boldsymbol{B}_i = \begin{bmatrix} B_{i1}, & B_{i2}, & \cdots, & B_{ik} \end{bmatrix} \\ \boldsymbol{X}_i^{(j)} = \begin{bmatrix} x_{i1}^{(j)}, & x_{i2}^{(j)}, & \cdots, & x_{ik}^{(j)} \end{bmatrix}^{\mathrm{T}} \end{cases}$$

其中, $j=1, 2, \cdots, M$, M 为样本点数; $i=1, 2, \cdots, n$, n 为系统构件数; k 为输入随机变量

数。在求解极值响应面函数系数时,先由 MC 法小批量抽样对每组样本在 $[0,T]$ 时域内用数值法求解动力学微分方,从中得到各组输入样本在 $[0,T]$ 时域内输出响应的极值点。选取足够样本点数确定极值响应面函数的系数 A_i、B_i、C_i,得到极值响应面函数的确切表达式。

5.3.3 结构可靠性设计流程

(1)模拟样本抽取。将各对象的随机变量的统计特征和边界条件导入各有限元模型中,进行动态概率分析。采用 Box - Behnken 矩阵取样法,得到样本点并将这些样本看作各对象的输入样本,其中选取各对象部分组样本值作为训练样本,剩余的作为测试样本。

(2)极值响应面拟合。利用各对象的训练样本值拟合相应的 SVR 极值响应面函数式,建立 SVR 极值响应面模型。为了验证所建立的 SVR 极值响应面模型的有效性和可行性,将各对象的训练样本值输入 SVR 极值响应面模型,来验证该模型的学习能力;再将剩余的测试样本输入 SVR 极值响应面模型,测试该模型的泛化能力和推广能力。

(3)概率分析。SVR 极值响应面模型确定后,代替各对象的有限元模型,采用 MC 法对各对象的 SVR 极值响应面模型进行多次仿真,并绘制频率分布直方图。

(4)灵敏度分析。依据建立的 SVR 极值响应面模型,获得各个参数的灵敏度与分布情况。

5.3.4 实例分析

1. 实例 1

以涡轮盘、涡轮叶片、涡轮机匣作为评估对象,选取样本划分训练集和测试集为例,其结果如表 5.3 所示。

表 5.3　SVR 模型验证结果

样　本	总　数	正　确　数			精　度
		涡轮盘	涡轮叶片	涡轮机匣	
训练样本	30	10	10	10	100%
测试样本	109	39	39	31	100%

由表 5.3 可以看出:SVR 极值响应面模型的计算结果与 MC 法有限元分析结果一致,换言之,SVR 极值响应面模型对训练样本和测试样本的计算精度为 100%,显示了 SVR 极值响应面模型具有良好的学习能力和泛化能力,是一个有效的极值响应面模型。

对涡轮盘、涡轮叶片、涡轮机匣的案例进行演示,进行 10 000 次仿真,其样本历史图和 $Y(X)$ 频率分布直方图如图 5.12 所示。

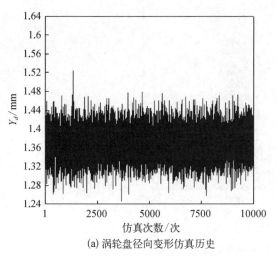

(a) 涡轮盘径向变形仿真历史

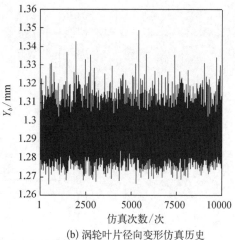

(b) 涡轮叶片径向变形仿真历史

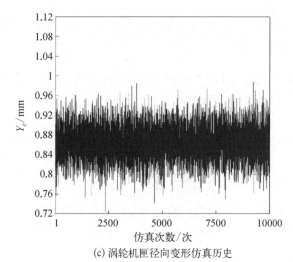

(c) 涡轮机匣径向变形仿真历史

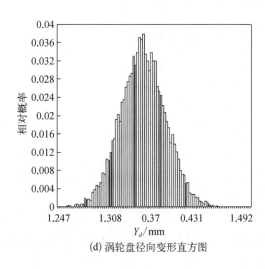

(d) 涡轮盘径向变形直方图

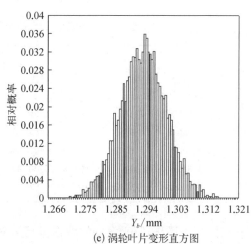

(e) 涡轮叶片变形直方图

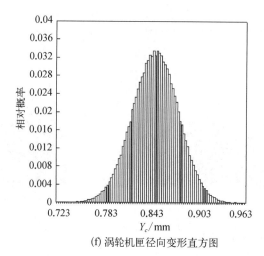

(f) 涡轮机匣径向变形直方图

图 5.12   基于 SVR‑ERSM 的各装配对象动态概率分布直方图

由图 5.12 可知：研究对象的输出响应均满足正态分布，其中各装配对象输出响应的分布特征如表 5.4 所示。

表 5.4   基于 SVR 极值响应面模型的装配对象径向变形概率分析输出响应的分布特征

涡 轮 盘		涡 轮 叶 片		涡 轮 机 匣	
均值/mm	方差/mm	均值/mm	方差/mm	均值/mm	方差/mm
1. 367	0. 032 182	1. 290 3	0. 009 335 4	0. 864 94	0. 032 814

根据表 5.4 提供的数据：当置信区间为 0.95，得出涡轮盘的径向变形量为 1.47 mm 时，可靠度 R 为 0.999 981；叶片径向变形量为 1.32 mm 时，可靠度 R 为 0.991 794；机匣径向变形量为 0.94 mm 时，可靠度 R 约为 0.998 24。

在置信水平为 0.95 和不同可靠度下，部分随机变量的极值如表 5.5 所示。

表 5.5   基于 SVR 极值响应面模型的不同可靠度下的各随机变量的极值

变 量	可 靠 度 R								
	0. 99	0. 97	0. 95	0. 93	0. 90	0. 80	0. 65	0. 5	0. 3
ω	1 222. 33	1 211. 52	1 206. 45	1 201. 72	1 197. 02	1 187. 89	1 177. 21	1 168. 13	1 155. 14
T	1 098. 25	1 089. 34	1 084. 16	1 080. 61	1 076. 29	1 067. 34	1 058. 2	1 050	1 038. 99
Y_d	1. 442 56	1. 428 79	1. 421 56	1. 416 04	1. 410 56	1. 395 75	1. 381 01	1. 364 97	1. 352 11
Y_b	1. 318 56	1. 313 1	1. 310 46	1. 309 12	1. 306 73	1. 301 51	1. 296 54	1. 292 63	1. 287 97
Y_c	0. 940 93	0. 926 92	0. 919 43	0. 913 13	0. 907 36	0. 893 51	0. 877 9	0. 865 21	0. 847 4

按照相关操作，基于案例的数据进行分对涡轮盘、叶片和机匣的径向变形分析，得到各随机变量的灵敏度及其影响概率如表 5.6 所示。

表 5.6　随机变量的灵敏度及其影响概率

涡 轮 盘			涡 轮 叶 片			涡 轮 机 匣		
变　量	灵敏度	影响概率	变　量	灵敏度	影响概率	变　量	灵敏度	影响概率
ω	0.881 15	0.666 2	ω	0.468 46	0.338 5			
T	0.435 18	0.329	T	0.862 29	0.623 1	T	1	0.963 8
λ_d	−0.000 438 04	0.000 3	λ_b	−0.032 387	0.023 4	λ_c	0.004 996 9	0.004 80
κ_d	0.000 828 87	0.000 6	κ_b	0.009 496 5	0.006 9	κ_c	−0.014 561	0.014
α_d	−0.004 175	0.003 2	α_b	−0.010 29	0.007 4	α_c	−0.015 172	0.014 6
ρ_d	0.000 814 66	0.000 6	ρ_b	−0.000 973 9	0.000 7	ρ_c	−0.002 689 6	0.002 6

2. 实例 2

以航空发动机涡轮叶片可靠性分析为例,设置叶片材料为 GH4133B 高温合金。选取叶片材料的性能参数、工作条件等相关参数作为随机变量,随机变量的分布特征如表 5.7 所示。

表 5.7　随机变量的分布特征

随机变量	均　值	标准差	分布类型
密度/(kg/m³)	8 210.0	414.193 4	正态分布
转速/(rad/s)	1 168.0	104.713 8	正态分布
温度/℃	1 173.2	105.180 0	正态分布
气动压力/MPa	0.5	0.044 8	正态分布

利用 MC 法对输入变量进行 10 000 次抽样,代入叶片的极值响应面方程计算输出响应,得到叶片变形的模拟样本和样本分布特性。根据可靠性计算公式,计算得到失效数目、可靠性概率与计算时间,见表 5.8。

表 5.8　实例 2 的计算结果

样本数量	计算时间/s		计算可靠度/%		精度/%
	MC 法	ERSM	MC 法	ERSM	
102	10 800	0.161	0.990 0	0.970 0	97.00
103	36 000	1.073	0.997 0	0.946 0	94.80
104	432 000	9.876	0.993 4	0.994 9	99.80
105	—	12.260	—	0.993 6	—

拟合次数达到 10^5 时,MC 法不能完成计算,而 ERSM 可以完成求解。此外,随着抽样次数的增加,ERSM 的计算精度不断增强,且与 MC 法基本保持一致。通过以上结论表明:ERSM 不仅可以保持很高的计算精度,而且可以节省计算时间,提升计算效率。

5.4　分布式协同极值支持向量机模型方法

5.4.1　分布式协同极值响应面法的基本思想

基于分布式协同响应面法的基本思想[4],构思出多对象、多学科动态装配可靠性瞬态分析的分布式协同极值响应面法(distributed collaborative extreme response surface method, DCERSM),分析 DCERSM 的基本原理,并基于二次多项式和 SVR 建立其数学模型,指出其优点。

基于 DCERSM 的机械动态装配可靠性分析的基本思想如下。

(1) 建立各装配对象的有限元模型。根据各装配对象的结构特点,将装配体分解为各个装配对象[5],建立各装配对象的有限元模型。

(2) 抽取试验样本。针对各装配对象和学科,在分析时域 $[0, T]$ 内进行小批量的瞬态分析,提取每次分析的动态响应的极值作为极值输出响应。

(3) 建立分布式极值响应面模型,即根据各对象、各学科分析模型的各自特点,分别构造合理的极值响应面模型。这相当于将多对象、多学科协同响应可靠性分析的"大"模型,分解成若干个单对象、单学科的"小"模型。

(4) 对分布式响应面模型进行协同响应可靠性分析。这相当于再将各对象、各学科的若干个"小"模型重新加以整合,来处理多对象、多学科响应之间的协同关系,实现各对象、各学科的协同响应可靠性分析。

DCERSM 是将一个难以实现的复杂机械整体分析问题先分解为多对象、多学科、多模型的分布式动态响应问题,再对多个分布式极值响应面模型进行协同可靠性分析,这样一分一合,DCERSM 除了具有 DCRSM 的优点外,还能有效地解决动态性、计算效率和计算精度难以保证等各方面问题,主要出于以下几方面原因: ① DCERSM 是全局响应面法,基于 DCERSM 的动态装配可靠性设计是全局瞬态分析,避免了 DCRSM 的局部性,提高了机械动态装配可靠性分析的精度;② 将动态装配可靠性分析的过程变量问题转化为随机变量问题,大大提高了计算速度,节约了计算时间,改善了计算效率;③ DCERSM 也为进一步进行 MDAR 优化设计提供了保证。

5.4.2　分布式协同极值支持向量机数学模型

SVR 响应面模型是隐式函数,在可靠性分析或概率分析中不能得到 SVR 响应面函数的具体表达式。与二次多项式 DCRSM 一样,假设涉及 $m(m \in \mathbf{Z})$ 个对象,每个对象又可分解为 $n(n \in \mathbf{Z})$ 个学科,复杂装配体结构的第 i 个对象的第 j 个学科的输入样本为 $\boldsymbol{x}^{(ij)}$,在分析时域 $[0, T]$ 内对应的单对象、单学科动态输出响应为 $Y^{(ij)}(t, \boldsymbol{x}^{(ij)})$,则基于支持向量机响应面函数式 $Y^{(ij)}(t, \boldsymbol{x}^{(ij)})$ 与 $\boldsymbol{x}^{(ij)}$ 的函数关系为

$$Y^{(ij)}(t, \boldsymbol{x}^{(ij)}) = f(t, \boldsymbol{x}^{(ij)}), \quad i = 1, 2, \cdots, m; \quad j = 1, 2, \cdots, n \qquad (5.64)$$

将式(5.64)写为 SVR 响应面函数形式:

$$Y^{(ij)} = \sum_{\boldsymbol{x}_h^{(ij)} \in \mathrm{SV}} (\bar{a}_h^{(ij)} - \bar{a}_h^{*(ij)}) \, \psi(\boldsymbol{x}^{(ij)}, \boldsymbol{x}_h^{(ij)}) + b^{(ij)} \qquad (5.65)$$

这种关系称为单对象、单学科的分布式动态 SVM 响应面函数。式(5.65)中，$x_h^{(ij)}$ 是给定样本集 $x^{(ij)}$ 的支持向量数据集；$\bar{a}_h^{(ij)} - \bar{a}_h^{*(ij)}$ 是核函数 $\psi(x^{(ij)}, x_h^{(ij)})$ 的系数项；$b^{(ij)}$ 是常数项；$\psi(x^{(ij)}, x_h^{(ij)})$ 是核函数，$h=1, 2, \cdots, q, q$ 为给定样本集 $x^{(ij)}$ 的支持向量数(下同)。

假设在分析域 $[0, T]$ 内，$Y^{(ij)}(x^{(ij)})$ 是动态输出响应 $Y^{(ij)}(t, x^{(ij)})$ 的极值，则极值输出响应为

$$Y^{(ij)}(x^{(ij)}) = \sum_{x_h^{(ij)} \in \mathrm{SV}} (\bar{a}_h^{(ij)} - \bar{a}_h^{*(ij)}) \psi(x^{(ij)}, x_h^{(ij)}) + b^{(ij)} \tag{5.66}$$

式(5.66)称为单对象、单学科的分布式 SVR 极值响应面函数。

在单对象、单学科的分布式 SVR 极值响应面模型建立之后，将其极值输出响应 $\{Y^{(ij)}(x^{(ij)})\}_{j=1}^n$ 作为单对象、多学科支持向量机极值响应面的输入随机变量 $x^{(i)}$，即

$$x^{(i)} = \{Y^{(ij)}(x^{(ij)})\}_{j=1}^n \tag{5.67}$$

根据单对象、单学科极值响应面模型建立的基本思想，可以建立单对象、多学科 SVR 极值响应面模型。假设其极值输出响应为 $Y^{(i)}(x^{(i)})$，单对象、多学科 SVR 极值响应面函数可表示为

$$Y^{(i)}(x^{(i)}) = \sum_{x_h^{(i)} \in \mathrm{SV}} (\bar{a}_h^{(i)} - \bar{a}_h^{*(i)}) \psi(x^{(i)}, x_h^{(i)}) + b^{(i)} \tag{5.68}$$

这种关系称为单对象、多学科的分布式协同 SVR 极值响应面函数。

同理，单对象、多学科的分布式 SVR 极值响应面模型的极值输出响应 $\{Y^{(i)}(x^{(i)})\}_{i=1}^m$ 可作为多对象、多学科 SVR 响应面模型的输入随机变量 x，即

$$x = \{Y^{(i)}(x^{(i)})\}_{i=1}^m \tag{5.69}$$

假设多对象、多学科 SVR 响应面模型的输出响应为 $Y(x)$，多对象、多学科 SVR 极值响应面函数可表示为

$$Y(x) = \sum_{x_k \in \mathrm{SV}} (\bar{a}_k - \bar{a}_k^*) \psi(x, x_k) + b \tag{5.70}$$

这种关系称为多对象、多学科的协同 SVR 极值响应面函数。

可以得出复杂结构的整体输出响应 Y 与结构原始输入随机变量 $\tilde{x}$ 的总体 SVR 极值响应面模型，即

$$Y(\tilde{x}) = \sum_{\tilde{x}_h \in \mathrm{SV}} (\tilde{a}_h - \tilde{a}_h^*) \psi(\tilde{x}, \tilde{x}_h) + \tilde{b} \tag{5.71}$$

这种关系称为多对象、多学科的分布式协同 SVR 极值响应面函数。

上述过程是将式(5.71)的总的输入输出响应的 SVR 极值响应面模型分解成了形如式(5.66)、式(5.69)和式(5.70)等多个分布式极值响应面模型，这种方法称为支持向量回归-分布式协同极值响应面法(support vector regression-distributed collaborative extreme response surface method，SVR‒DCERSM)。每个对象多学科的分布式协同极值响应面模型建立好之后，就可以基于 MC 法进行模拟试验，进行复杂结构响应分析或可靠性分析。若将该方法应用于 MDAR 分析，称为 MDAR 分析的 SVR‒DCERSM。若将该方法应用于

复杂结构的概率分析,则称为结构概率分析的 SVR - DCERSM。

5.4.3　结构可靠性设计流程

将各对象的随机变量的统计特征和边界条件导入各有限元模型,以动态响应的极值作为新的输出响应,进行各装配对象径向变形的动态概率分析。首先利用 Box - Behnken 矩阵取样法,分别得到不同结构的样本点,确定样本点服从的分布情况,再利用这些样本点值拟合极值响应面函数式,分别确定响应面函数系数,得到响应面模型。响应面模型建立后,不但得出输出响应与随机变量之间的关系,也可得出与某两个随机变量的函数关系,为输出响应的设计和控制提供依据。极值响应面确定后,采用 MC 法对各对象的极值响应面模型进行抽样。同时也可进行逆概率分析,即计算某可靠度下所需要的变量参数值,为变形量设计和优化提供依据。

5.4.4　实例分析

以上述算例来说,分别得到盘、叶片和机匣的样本点:49 组、49 组和 41 组,其抽样分布服从正态分布,其中输出响应样本历史如图 5.13 所示。再利用这些样本点值拟合极值

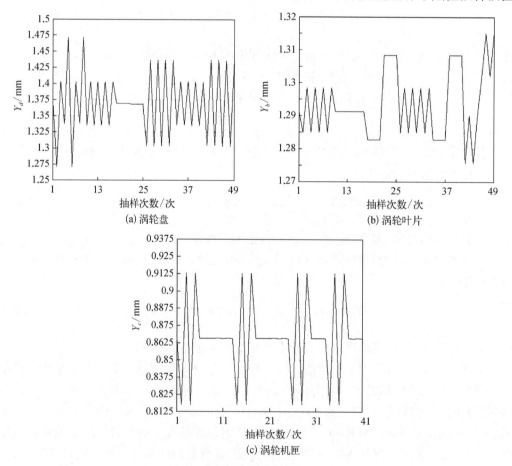

图 5.13　各装配对象的抽样样本历史

响应面函数式,分别确定响应面函数系数,得到响应面模型。响应面模型建立后,不但可以得出输出响应与随机变量之间的关系,也可得出与某两个随机变量的函数关系,为输出响应的设计和控制提供依据。

$$Y_d = 1.368\,57 + 6.637\,07 \times 10^{-2}\omega + 3.391\,98 \times 10^{-2}T - 6.330\,43 \times 10^{-4}\alpha_d$$
$$+ 1.557\,46 \times 10^{-3}\omega^2 + 6.876\,1 \times 10^{-4}T^2 \tag{5.72}$$

$$Y_b = 1.291\,35 + 6.820\,44 \times 10^{-3}\omega + 1.282\,69 \times 10^{-2}T$$
$$+ 3.019\,73 \times 10^{-4}\omega^2 + 4.146\,08 \times 10^{-3}T^2 \tag{5.73}$$

$$Y_c = 0.865\,078 + 5.126\,13 \times 10^{-2}T - 2.019\,92 \times 10^{-4}\alpha_c$$
$$- 3.678\,21 \times 10^{-4}T^2 \tag{5.74}$$

对提供的实例进行 10 000 次抽样,各装配对象的径向变形结构响应样本历史图和 $Y(X)$ 频率分布直方图如图 5.14 所示。由图 5.14 可知,3 个对象的输出响应均满足正态分布,其分布特征如表 5.9 所示。

根据提供的参数,当置信区间为 0.95 时,得出涡轮盘径向变形量为 1.47 mm,可靠度 R 为 0.997 754;叶片径向变形量为 1.32 mm 时,可靠度 R 为 0.990 894;机匣径向变形量为 0.94 mm 时,可靠度 R 约为 0.999 672。

在置信水平为 0.95 和不同可靠度下,部分随机变量极限值如表 5.10 所示。

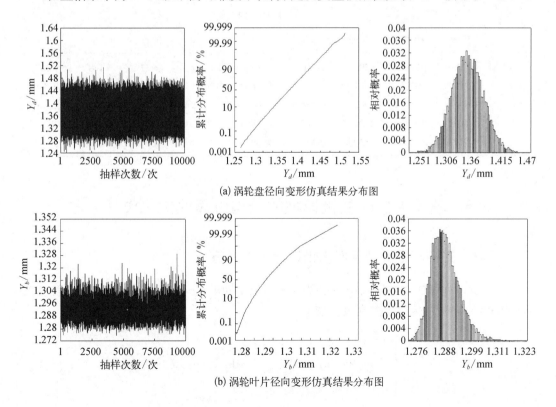

(a) 涡轮盘径向变形仿真结果分布图

(b) 涡轮叶片径向变形仿真结果分布图

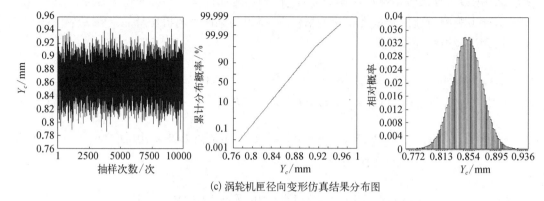

(c) 涡轮机匣径向变形仿真结果分布图

图 5.14　各对象结构径向变形量分布图

表 5.9　基于 ERSM 的装配对象结构径向变形动态概率分析输出响应分布特征

涡 轮 盘		涡 轮 叶 片		涡 轮 机 匣	
均值/mm	方差/mm	均值/mm	方差/mm	均值/mm	方差/mm
1. 369	0. 031 987	1. 292 2	0. 006 317 1	0. 865 01	0. 022 039

表 5.10　不同可靠度下各随机变量的极限值

变　量	可　靠　度 R								
	0. 99	0. 97	0. 95	0. 93	0. 90	0. 80	0. 65	0. 5	0. 3
ω	1 222. 39	1 211. 94	1 206. 43	1 201. 48	1 197. 94	1 187. 66	1 177	1 168	1 155. 75
T	1 098. 88	1 089. 51	1 084. 55	1 081	1 076. 92	1 067. 67	1 058. 09	1 050	1 038. 99
Y_d	1. 444 96	1. 429 2	1. 421 77	1. 416 37	1. 410 17	1. 395 76	1. 381 63	1. 368 69	1. 351 61
Y_b	1. 309 59	1. 305 4	1. 303 4	1. 302 05	1. 300 53	1. 297 31	1. 294 02	1. 291 54	1. 288 47
Y_c	0. 916 05	0. 906 34	0. 901 13	0. 897 48	0. 893 2	0. 883 57	0. 873 56	0. 865 07	0. 853 53

5.5　基于支持向量机模型的结构可靠性优化设计方法

5.5.1　支持向量机可靠性优化设计基本思想

基于结构可靠性的优化设计问题可以表示成不同的形式,由于工程上常需要考虑局部损坏和结构失效,数学模型常表示如下[6,7]:

$$\begin{cases} \min C(y, \xi), & y \in \Omega_y \\ \text{s. t.} \begin{cases} h_i(y) \leqslant 0, & i = 1, 2, \cdots, n_c \\ P_j(y) \leqslant P_j^{\text{tol}}, & j = 1, 2, \cdots, n_c \end{cases} \end{cases} \tag{5.75}$$

其中,成本 C 是设计变量 y 与随机变量 ξ 的函数;$h_i(y)$ 是与变量 y 相关的约束(如边界约束);$P_j(y)$ 代表第 j 层约束的失效概率;P_j^{tol} 为第 j 层约束的许用失效概率。$P_j(y)$ 可以通过多维积分表示如下:

$$P(y) = P[\,g(y,\,\xi) \leqslant 0\,] = \int_{g(y,\,\xi)\leqslant 0} f(\xi/y)\,\mathrm{d}\xi \tag{5.76}$$

其中,$f(\xi/y)$ 为随机变量的联合概率密度函数;$g(y,\,\xi)$ 表示描述概率约束的极限状态函数。当 $g(y,\,\xi) \leqslant 0$ 时,系统处于失效状态;当 $g(y,\,\xi) > 0$ 时,系统处于可靠状态。因此基于可靠性的优化设计(reliability based design optimization, RBDO)中的可靠性分析即是一个多元积分。

支持向量机分类算法具有以下特点:在多维设计空间内,对数据能够以最优分类面的方式分类,显式地给出决策边界(使隐式问题显式化),并且可分隔并构建不连续区域的边界(为解决不连续的极限状态函数提供了可能),能在小样本条件下寻找到最优分类方案,同时结合显式空间分解的思想,是解决复杂的 RBDO 问题的非常好的途径。采用拉丁超立方采样在系统空间中均匀抽取少量的初始训练样本来构建初始 SVM 分类模型,并在此基础上,结合改进的自适应采样准则和 MCS 可靠性分析、序列线性规划等求解 RBDO 问题。

5.5.2　自适应采样准则

自适应采样策略的目的是在已构建的确定性函数的基础上根据一定的优化准则来选取新的最可能改进分类边界的训练点,以自适应更新极限状态函数,力求以最少的计算成本来获得最高精度的分类边界,其采样准则如下[8,9]。

(1) 准则一:在系统空间搜索新的样本点,保证与现有训练样本点之间存在一定距离,且尽可能接近已构建的分类边界,即

$$\begin{cases} \min\limits_{X} \left| b + \sum\limits_{i=1}^{\text{NSV}} \lambda_i y_i (X_i \cdot X) \right| \\[2mm] \text{s. t.} \quad l_x \geqslant \alpha \left(\dfrac{V}{N} \right)^{\frac{1}{d}} \end{cases} \tag{5.77}$$

其中,l_x 表示所抽取样本点与现存样本点的最近距离;α 为一个大于 0 小于 1 的常系数,根据具体情况设定;V 是系统空间的体积;N 为现有训练样本的数目;d 代表变量的维数。

(2) 准则二:在分类边界上,搜索与上一训练点之间距离最大的点,即

$$\begin{cases} \max\limits_{X} \| X - X_{\text{pre}} \| \\[2mm] \text{s. t.} \quad l_x \geqslant \alpha \left(\dfrac{V}{N} \right)^{\frac{1}{d}} \\[3mm] \left| b + \sum\limits_{i=1}^{\text{NSV}} \lambda_i y_i (X_i \cdot X) \right| = 0 \end{cases} \tag{5.78}$$

其中，X_{pre} 代表上一准则搜索到的新的样本点。

（3）准则三：在分类边界上，搜索与所有训练样本点最小距离最大的点，即

$$
\begin{cases}
\max\limits_{X} \parallel X - X_{nearest} \parallel \\
\text{s. t.} \quad \left| b + \sum\limits_{i=1}^{NSV} \lambda_i y_i (X_i \cdot X) \right| = 0
\end{cases}
\tag{5.79}
$$

其中，$X_{nearest}$ 代表训练样本中与所搜索的样本点距离最近的点。

基于自适应采样（adaptive sampling, AS）策略作进一步的改进，在 AS 的基础上提出了改进的自适应采样（improved adaptive sampling, IAS）策略。在 IAS 策略中，保留了 AS 策略的第一个采样准则，并对准则二和准则三作进一步的改进。IAS 受到支持向量机分类理论中的支持超平面思想的启发，引入了"包络区域"的概念，即可以在平行于分类边界的点划线间所示的区域内搜索训练点，而不仅仅局限于边界上。定义点划线与分类边界间的垂直距离为 $\alpha\left(\dfrac{V}{N}\right)^{\frac{1}{d}}$，以保持与准则一中的距离要求的一致性。因此原 AS 策略的准则二的条件得以放松，改进的 IAS 策略的准则二可表示如下：

$$
\begin{cases}
\max\limits_{X} \parallel X - X_{pre} \parallel \\
\text{s. t.} \quad l_x \geqslant \alpha\left(\dfrac{V}{N}\right)^{\frac{1}{d}} \\
\left| b + \sum\limits_{i=1}^{NSV} \lambda_i y_i (X_i \cdot X) \right| \leqslant \left\| \sum\limits_{i=1}^{NSV} \lambda_i y_i K'(X_i, X^{(k)}) \right\| \alpha\left(\dfrac{V}{N}\right)^{\frac{1}{d}}
\end{cases}
\tag{5.80}
$$

针对 AS 策略的准则三，倾向于更多地关注支持向量的作用。因此，我们的目标是在包络区域内，搜索与现有的支持向量的最小距离最大的点作为新的训练样本点，其改进后的准则三数学表示如下：

$$
\begin{cases}
\max\limits_{X} \parallel X - SV^{nearest} \parallel \\
\text{s. t.} \quad l_x \geqslant \alpha\left(\dfrac{V}{N}\right)^{\frac{1}{d}} \\
\left| b + \sum\limits_{i=1}^{NSV} \lambda_i y_i X_i \cdot X) \right| \leqslant \left\| \sum\limits_{i=1}^{NSV} \lambda_i y_i K'(X_i, X^{(k)}) \right\| \alpha\left(\dfrac{V}{N}\right)^{\frac{1}{d}}
\end{cases}
\tag{5.81}
$$

其中，$SV^{nearest}$ 表示现存样本中与搜寻的样本点距离最近的支持向量。

5.5.3　收敛准则

（1）收敛准则一：分别采用两次迭代获得的模型对同一测试集进行分类预测，其预测相对误差小于 ε_{conv}：

$$\Delta_i = \frac{\sum_{j=1}^{N_{\text{conv}}} I[\ |\text{sign}(P_{M_i}^j) - \text{sign}(P_{M_{i+1}}^j)|\ > 0]}{N_{\text{conv}}} < \varepsilon_{\text{conv}} \tag{5.82}$$

其中，N_{conv} 表示 LHS 抽取的测试样本集 P 内的样本数；I 表示指示函数。

（2）收敛准则二：两次迭代获得的最优设计点的相对误差小于 ε_{opt}：

$$\Delta_{\text{opt}} = \frac{\|\mu^k - \mu^{k+1}\|}{\|\mu^k\|} \leqslant \varepsilon_{\text{opt}} \tag{5.83}$$

5.5.4 算法流程

在 IAS 策略和基于分类模型的 MCS 可靠性分析理论的基础上，提出了一种有效的求解 RBDO 问题的新方法 IAS-RBDO。同样采用 LHS 均匀抽取初始训练样本，并根据其对应的系统响应将其分为可行样本（$y=1$）与不可行样本（$y=-1$），来共同训练支持向量机分类模型。

IAS-RBDO 算法的流程如下：

（1）初始设计点 μ^k，$k=0$；

（2）构建 SVM 分类模型；

（3）在整个系统空间内运用 LHS 抽取初始训练样本集 S^i，$i=0$；

（4）根据训练样本 S^i 获得其相应的系统响应 Y^i；

（5）根据（S^i, Y^i）训练构建 SVM 模型 M_i；

（6）运用 IAS 策略搜索新的样本点 X 并且根据其相应的系统响应进一步得到 $S^{i+1} = (S^i, X)$，$Y^{ii+1} = (Y^{ii}+Y)$；

（7）根据（S^{i+1}, Y^{ii+1}）训练 SVM 得到更新后的分类模型；

（8）评估两次得到的分类模型 M_i 和 M_{i+1} 的分类误差。在整个设计空间内，采用 LHS 抽取 N_{conv} 个样本点组成测试样本集 P，根据收敛准则一进行判断是否收敛；如果收敛，则退出循环，得到最终分类模型 $M = M_{i+1}$，转向步骤（3）；否则，令 $i=i+1$，转向步骤（6）；

（9）在第 k 次迭代中，根据训练得到的分类模型 M 和 MCS 进行可靠性及其灵敏度分析，得到 $\dfrac{\partial P_{fj}(\mu^k)}{\partial \mu}$，其中 $\dfrac{\partial P_{fj}(\mu^k)}{\partial \mu}$ 的计算方法与 $P_{fj}(\mu^k)$ 类似，即

$$\begin{aligned}\frac{\partial P_{fj}(\mu^k)}{\partial \mu} &= \frac{\partial}{\partial \mu}\int_{g(X)\leqslant 0} f_X(X)\,\mathrm{d}X = \int_{g(X)\leqslant 0} \frac{\partial f_X(X)}{\partial \mu}\,\mathrm{d}X \\ &= \int_{g(X)\leqslant 0} \frac{\dfrac{\partial f_X(X)}{\partial \mu}}{f_X(X)} f_X(X)\,\mathrm{d}X = \frac{1}{N}\sum_{i=1}^{N} \frac{I_F(X^i)}{f_X(X^i)} \frac{\partial f_X(X^i)}{\partial \mu}\end{aligned} \tag{5.84}$$

（10）在设计点 μ^k 处获得 RBDO 中可靠性约束的泰勒线性展开。采用序列线性规划和 MCS 获得最终的 RBDO 优化问题如下：

$$\begin{cases} \text{find } \mu = (\mu_1, \cdots, \mu_m) \\ \min f(\mu_1, \cdots, \mu_m) \\ \text{s. t.} \quad P_{fj} = P_{fj}(\mu^k) + \dfrac{\partial P_{fj}}{\partial \mu}(\mu - \mu^k) \leqslant \Phi(-\beta_j), \quad j = 1, 2, \cdots, N \\ \mu_i^L \leqslant \mu_i \leqslant \mu_i^U, \quad i = 1, \cdots, m \end{cases} \quad (5.85)$$

这一优化问题可通过仿真软件的内置函数 fmincon 优化求得新的设计点 μ^{k+1}。

（11）根据收敛准则判定是否收敛，如果收敛，则输出最终优化结果 μ^{k+1}；否则，$k = k+1$，转向步骤（3）。

5.5.5 实例分析

有两个随机设计变量、两个概率约束，且 $[0, 10]$ 代表可行域，如式（5.86）所示。两个随机变量都满足正态分布，且标准差均为 0.30，初始设计点设为（$3.00, 3.00$）。

$$\begin{cases} \text{find}(d_1, d_2) \\ \min(d_1 + d_2) \\ \text{s. t.} \quad \text{prob}[g_j(X) \leqslant 0] \leqslant \Phi(-\beta_j), \quad j = 1, 2 \\ g_2(X) = (X_1 + X_2 - 5)^2/30 + (X_1 - X_2 - 12)^2/120 - 1 \\ g_1(X) = X_1^2 X_2/20 - 1 \\ X_i \sim N(d_i, \sigma_i), \quad i = 1, 2 \\ \beta_1 = \beta_2 = 3.0, \quad 0 \leqslant d_1 \leqslant 10.0, \quad 0 \leqslant d_2 \leqslant 10.0 \end{cases} \quad (5.86)$$

约束函数 $g_1(X)$、$g_2(X)$ 将单独训练。在 AS 策略和 IAS 策略中，初始训练样本均为 100，并且对于 $g_1(X)$、$g_2(X)$，最终的训练样本数分别为 175 和 160。采用 LHS 方法，分别一次性均匀抽取 175 和 160 个样本来分别训练 $g_1(X)$ 和 $g_2(X)$，结果见表 5.11。

表 5.11 训练结果

方 法	β_1	β_2	误差 β_1	误差 β_2	设 计 点
数值分析	2.999 7	3.046 7	0.010 0	1.566 7	(3.448 1, 3.287 9)
LHS	2.104 1	3.614 5	29.863 3	20.483 3	(3.132 6, 3.338 6)
AS	3.111 0	3.227 4	3.700 0	7.580 0	(3.457 0, 3.349 2)
IAS	2.909 1	3.059 9	3.030 0	1.996 7	(3.420 6, 3.281 5)

同等情况下，IAS 策略获得 12 个和 21 个支持向量分别用于训练分类模型 $g_1(X)$ 和 $g_2(X)$，均多于 AS 策略（分别为 10 个和 16 个）。虽然在 LHS 方法中，支持向量的个数是最多的，远远多于 IAS 策略，但是由于该方法的支持向量离散分布于整个空间，大部分远离分类边界，其获得的分类模型的精度仍然是最低的。

5.6　基于支持向量机模型的结构系统可靠性优化设计方法

5.6.1　基本思想

系统中可能会存在多个失效模式,即需要考虑多个极限状态方程。对于多失效模式问题,系统的失效与模式的失效具有一定的逻辑关系,如串联关系、并联关系或混联关系等,在确定了系统失效与各模式失效的关系及各模式极限状态函数的统计规律后,就可以确定系统的统计规律和系统的失效概率。

5.6.2　改进支持向量机的数学模型

SVM – DCRSM 中,SVM 模型参数的寻找方法一般是采用传统的最小二乘法,但该方法在寻找最优模型参数时具有一定的盲目性,影响 SVM 的建模精度。为了改进这部分问题,本书采用多种群遗传算法(multi-population genetic algorithm, MPGA)来寻优 SVM 的模型参数,将该方法称为改进 SVM。$\bar{a}_i$、$\bar{b}$ 和 σ 是 SVM 模型的模型参数(待定系数),并直接决定着 SVM 建模的有效性。MPGA 具有灵活自适应的设计空间,利用多个种群进行优化迭代能够改善 SVM 建模的精度。另外,MPGA 也具有局部和全局搜索能力,因为它采用迁移算子来交换种群之间的信息,避免了最优个体信息的破坏和损失。根据这个显著的优势,本节利用 MPGA 去寻找 SVM 模型的最优模型参数 ($\bar{a}_i$、$\bar{b}$ 和 σ)。令 a^*、b^* 和 σ^* 为 SVM 模型的最优参数,则 SVM 模型可写为

$$Y = f(\boldsymbol{x}) = \sum_{x_i \in \text{SV}} a_i^* - \bar{a}_i^* y(\boldsymbol{x}_i, \boldsymbol{x}_j) + b^* \tag{5.87}$$

其中,

$$y(\boldsymbol{x}_i, \boldsymbol{x}_j) = \exp\left(-\frac{\|\boldsymbol{x}_i - \boldsymbol{x}_j\|}{2s^{*2}}\right) \tag{5.88}$$

5.6.3　实例分析

选取某型航空发动机 I 级 HPT BTRRC 为研究对象[10],分别建立各装配对象(涡轮盘、叶片和机匣)的有限元模型。基于表 5.12 所列的随机变量分布特征,基于随机抽样方法,对涡轮盘、叶片和机匣 3 个装配对象抽取足够的样本作为样本池。从该样本池中分别抽取 20 组和 50 组样本来拟合 3 个装配对象的 SVM 模型和二次多项式(quadratic polynomial, QP)模型(为了验证 SVM 模型的有效性,也对 QP 模型进行建模和研究)。这些模型建立之后,分别采用 20 组和 50 组样本(训练样本,即已知样本)测试这些模型的学习能力,结果显示这些模型的测试结果全正确。接下来再从样本池里提取 200 个样本(陌生样本)来验证这些模型的泛化能力,验证结果如表 5.13 所示。

表 5.12　BTRRC 动态装配可靠性优化设计的随机变量变化范围

涡 轮 盘			叶 片			机 匣		
变 量	下限 a	上限 b	变 量	下限 a	上限 b	变 量	下限 a	上限 b
$T_{a1}/℃$	531.9	548.1	$T_1/℃$	1 014.5	1 045.5	$T_i/℃$	1 034.25	1 065.75
$T_{a2}/℃$	206.85	213.25	$T_2/℃$	965.3	994.7	$T_o/℃$	315.2	324.8
$T_{a3}/℃$	197	203	$T_3/℃$	807.7	832.3	$\alpha_{c1}/[W/(m^2·K)]$	5 910	6 090
$T_{c1}/℃$	241.325	248.675	$T_4/℃$	531.9	548.1	$\alpha_{c2}/[W/(m^2·K)]$	5 319	5 481
$T_{c2}/℃$	315.2	324.8	$\alpha_{b1}/[W/(m^2·K)]$	11 579.66	11 932.34	$\alpha_{c3}/[W/(m^2·K)]$	4 728	4 872
$\alpha_{d1}/[W/(m^2·K)]$	1 504.1	1 549.8	$\alpha_{b2}/[W/(m^2·K)]$	8 129.205	8 376.795	$\alpha_{c4}/[W/(m^2·K)]$	4 137	4 263
$\alpha_{d2}/[W/(m^2·K)]$	1 065.77	1 098.23	$\alpha_{b3}/[W/(m^2·K)]$	6 448.795	6 645.205	$\alpha_o/[W/(m^2·K)]$	2 561	2 639
$\alpha_{d3}/[W/(m^2·K)]$	851.54	876.48	$\alpha_{b4}/[W/(m^2·K)]$	3 083.05	3 176.95			
$\omega/(rad/s)$	1 150.48	1 185.52	$\omega/(rad/s)$	1 051.2	1 179.68			
$\rho/(kg/m^3)$	8 086.85	8 333.15	$\rho/(kg/m^3)$	8 086.85	8 333.15			

表 5.13　三种模型方法(SVM 模型、QP 模型和 MC 法)的验证结果

模 型	装配对象	拟合结果		测试结果		
		样本数	拟合时间/s	样本数	计算时间/s	精 度
MC 法	涡轮盘	50	—	200	2 014.1	1
	叶片	50	—	200	2 923.6	1
	机匣	50	—	200	1 895.7	1
SVM	轮盘	20	211.9	200	1.92	0.990 2
	叶片	20	235.7	200	3.18	0.989 6
	机匣	20	190.8	200	1.76	0.991 3
QP	轮盘	50	480.3	200	4.36	0.972 6
	叶片	50	612.1	200	6.51	0.968 5
	机匣	50	334.2	200	3.926	0.976 3

　　由表 5.13 可知:在模型建立阶段,SVM 模型需要更少的拟合样本及消耗更少的运行时间。从 200 次仿真来看,SVM 在计算时间和精度方面具有明显的优势,因为相对于 QP 模型,SVM 模型为涡轮盘、叶片和机匣节约的时间分别 2.44 s、3.33 s 和 2.166 s。

　　输入 BTRRC 与 3 个装配对象径向变形之间的关系函数,基于 SVM – DCRSM 对叶尖径向运行间隙进行可靠性优化设计。其中,目标变量 $\tau(0)$ 在 $t=0$ 时的初始值为 0,$R_0=R_{i0}=0.99$,$p_{max}=p_{imax}=30$,$Y_d(0)=Y_b(0)=Y_c(0)=0$。在优化的每次迭代中,对每个代理模型进行 10 000 次仿真。通过 BTRRC 可靠性优化设计,优化结果如表 5.14 所示。

表 5.14　基于两种优化模型和 SVM‑DCRSM 的 BTRRC 可靠性优化设计结果($\delta = 1.72 \times 10^{-3}$ m)

模　型	目标值 $\tau/10^{-3}$ m			可靠度 R	迭代数	消耗时间/h
	优化前	优化后	变形减少量			
M1	1.814 3	1.672 2	0.142 1	0.999 3	27	5.698
M2	1.814 3	1.650 1	0.164 2	1	11	18.267

由表 5.14 可知：基于 SVM‑DCRSM 和两个优化模型的 BTRRC 可靠性优化设计所得到的所有优化结果都满足 BTRRC 设计要求。

基于 SVM‑DCRSM 的 BTRRC 可靠性优化设计的迭代历史曲线见图 5.15。由表 5.14 和图 5.15 可知：相对于优化前，基于 M1 和 M2 模型的优化后，BTRRC 分别减少了 1.421×10^{-4} m 和 1.642×10^{-4} m，其减少量相当于叶尖间隙优化前的 10%，BTRRC 的变化服从正态分布。根据工程经验，BTRRC 的可靠性优化设计大大改善了压气机和涡轮的工作效率，以及燃气涡轮发动机的耗油率。另外，多层优化模型 M2 比直接优化模型 M1 更优，因为多层优化模型 M2 的优化结果($1.650 1 \times 10^{-3}$ m)比直接优化模型 M1 的优化结果($1.672 2 \times 10^{-3}$ m)更小。

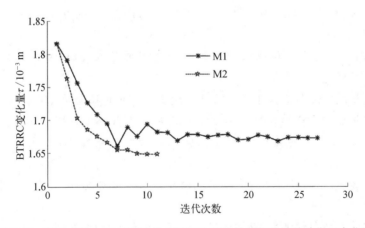

图 5.15　基于 SVM‑DCRSM 的 BTRRC 可靠性优化设计的迭代历史曲线

基于优化模型 M2 的 3 个装配对象的 BTRRC 可靠性优化设计结果见表 5.15。由表 5.15 和图 5.15 可得：尽管多层优化模型 M2 的迭代次数少于直接优化模型 M1，但是多层

表 5.15　基于优化模型 M2 的 3 个装配对象的 BTRRC 可靠性优化设计结果

模　型	装配对象	优化前/10^{-3} m	优化后/10^{-3} m	可　靠　度 R
M2	涡轮盘	1.235 4	1.212 2	0.991 2($Y_{d,\,max} = 1.26 \times 10^{-3}$ m)
	叶片	1.342 3	1.288 1	0.993 9($Y_{b,\,max} = 1.35 \times 10^{-3}$ m)
	机匣	0.763 4	8.527	0.999 9($Y_{c,\,min} = 0.75 \times 10^{-3}$ m)

优化模型 M2 所消耗的时间比直接优化模型 M1 更多。更重要的是,多层优化模型 M2 的优化结果是更精确的,这是因为多层优化模型 M2 在装配对象径向变形可靠性优化设计时考虑了不同层次的更多潜在的影响参数和边界条件。

思 考 题

5.1 阐述支持向量机模型的基本思想。

5.2 简要描述支持向量机模型的理论基础。

5.3 阐述支持向量分类模型与支持向量回归模型的联系与区别。

5.4 阐述变保真度支持向量回归模型的基本思想。

5.5 下载或自己编程实现支持向量回归模型,并开展二次极限状态函数可靠性分析。

参 考 文 献

[1] 李学贵,郭远涛,李盼池,等.基于改进涡流搜索算法的支持向量机分类模型[J].吉林大学学报(信息科学版),2020,38(3):312-318.

[2] 王月岭.基于支持向量机与概率输出网络的深度学习[D].西安:西安理工大学,2017.

[3] 孙田,张春宜.基于极值响应面法的叶片变形可靠性分析[J].机械工程师,2019(5):33-35.

[4] 李烨.分布式支持向量机算法研究[D].青岛:山东科技大学,2012.

[5] 宋俊芳.基于 DSVM 的目标检测[J].中国新通信,2018,20(18):164-165.

[6] 郝红艳.基于支持向量机的可靠性优化设计方法研究[D].武汉:华中科技大学,2013.

[7] 白鹏,张喜斌,张斌,等.支持向量机理论及工程应用实例[M].西安:西安电子科技大学出版社,2008.

[8] 吴青.拓展支持向量机算法研究[M].北京:科学出版社,2015.

[9] 丁世飞.孪生支持向量机:理论、算法与拓展[M].北京:科学出版社,2017.

[10] 闫成.航空发动机 MDO 高精度代理模型及协作优化策略研究[D].北京:北京航空航天大学,2019.

第6章
基于深度学习的结构可靠性设计方法

6.1 深度学习基本概念

深度学习一般是指通过训练多层网络结构对未知数据进行分类或回归,而可靠性问题的性质包括回归和分类,可见深度学习在可靠性问题使用的契合性。深度学习的概念源于 ANN 的研究,含多个隐藏层的多层感知器就是一种深度学习结构[1]。深度学习通过组合低层特征,形成更加抽象的高层表示属性类别或特征,以发现数据的分布式特征表示。研究深度学习的动机在于建立模拟人脑进行分析学习的神经网络,模仿人脑的机制来解释数据[2],如图像、声音和文本等。

在人工神经网络中从一个输入产生一个输出所涉及的计算可以通过一种能够表示计算的流向图来表示,图中每一个节点表示一个基本的计算及一个计算值,将计算结果应用到这个节点的子节点的值。考虑这样一个计算集合,允许其在每一个节点和可能的图结构中,并定义了一个函数族。输入节点没有父节点,输出节点没有子节点。这种流向图的一个特别属性是深度:从一个输入到一个输出的路径很长,可以用层数表示深度。

6.1.1 深度学习的分类

在谈深度学习的分类之前,需要了解一个概念——监督,即训练数据本身,不但包括输入数据,还包括一定输入条件下的输出数据。通常依据有无监督行为,将深度学习分为有监督学习和无监督学习[3,4]。

1. 无监督学习

输入模式进入网络后,网络按照一定预先设计的规则(如竞争规则)自动调整权重,网络最终具有模式分类的功能。训练数据仅有输入数据而没有输出数据。无监督学习方法包括深度信念网、深度玻尔兹曼机、深度自编码器等[5]。

2. 有监督学习

对网络的输出和期望的输出(即监督信号)进行比较,也就是将实际输出和应有输出进行比较,然后根据两者之间的差异调整网络的权重,使最终网络差异值变小(监督学习流程见图6.1)。在训练过程中,每输入一组数据的同时会产生网络输出数据。若误差达到了允许范围内,则不再调整权重,网络可以用新的数据进行验证。有监督学习方法的主要典型网络有深度前馈网络、卷积神经网络、循环神经网络等[6]。

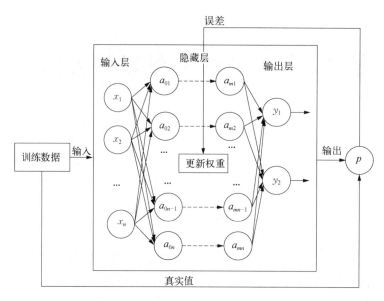

图 6.1　监督学习流程

6.1.2　深度神经网络模型

深度神经网络是数据的分层表示,将一些数据传递给神经网络模型,一个神经网络试图通过在每一层应用特定的操作来转换数据,以不同的方式和不同的维度来表示数据。

通常情况下,神经网络只是线性运算和非线性函数的组合(图 6.2),图中的圆圈代表单个神经元,箭头代表神经元的连接方式,图中为密集连接,对于一个单个神经,输出值是上一层各神经元的输出乘以对应的权重,再加上此神经元所具有的偏置,即

$$p = \left(\sum_{r=0}^{a} w_r t_r \right) + b \tag{6.1}$$

其中,w_r 代表每个神经元连接的权重;t_r 代表上一个神经元的输出;b 代表单个神经元的偏差,是一个常数;p 是神经元的输出。

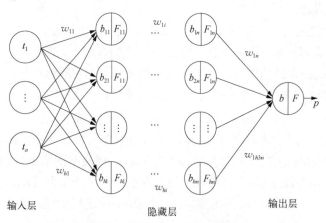

图 6.2　深度神经网络层原理

此外,还需要激活函数,以增加网络的复杂性和维数,$F(\cdot)$ 表示激活函数,即

$$p = F\left[\left(\sum_{r=0}^{a} w_r t_r\right) + b\right] \tag{6.2}$$

激活函数是固定的,在不同层可能不同,但初始的权重和偏差是随机的。当通过输入数据来训练网络时,模型将学习正确的权重和偏差,并使用一种称为反向传播的技术来相应地调整网络,这种技术可以改变网络的权重和偏差。一旦学习了正确的权重和偏差,网络将有望提供有意义的预测,即网络的最后一层,也就是输出层的值。

6.1.3　深度学习的可靠性分析基本步骤

基于深度学习的结构可靠性分析流程如图 6.3 所示,详细步骤如下:

(1) 构建数据集阶段,输入系统参数,确定数据集参数并输入;

(2) 获取场景状态(工况条件)和对应的数据;

(3) 利用拉丁抽样、重要抽样,自适应抽样等抽样方法抽取样本数据;

(4) 数据预处理后,根据需要将样本数据集划分成训练集、验证集和测试集;

(5) 训练网络,迭代更新参数,直至达标后确定模型参数;

(6) 从深度学习模型中提取样本,进行灵敏度分析,输出计算的可靠性指标。

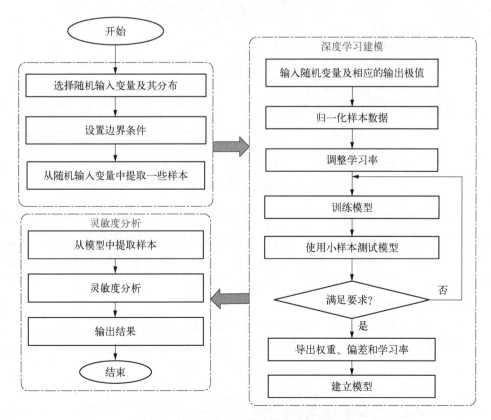

图 6.3　基于深度学习的结构可靠性分析流程

6.1.4 基于深度学习的结构可靠性评估流程

深度学习算法的可靠性评估流程[7,8]，包含确定可靠性目标、选择评估指标、需求阶段的评估、设计阶段的评估、实现阶段的评估、运行阶段的评估、得出评估结论，详细流程图如图 6.4 所示。

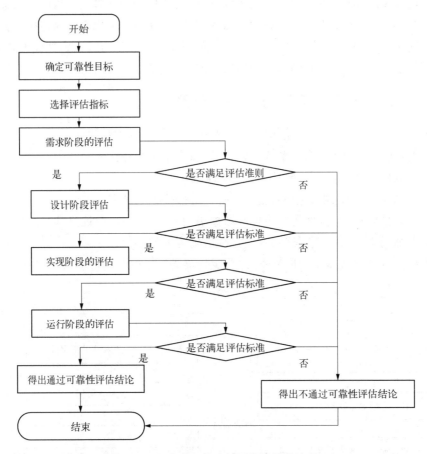

图 6.4 深度学习算法的可靠性评估流程

1. 确定可靠性目标

针对深度学习算法实现功能发生算法失效，从而导致系统产生危险的问题，需进行场景分析与危险分析，在此基础上预估潜在危险的严重性等级，从而确定深度学习算法的可靠性目标。

2. 选择评估指标

不同可靠性目标的深度学习算法在各个阶段中选取的可靠性评估指标不同，因此在面向算法的需求阶段、设计阶段、实现阶段和运行阶段的可靠性评估过程中，应确定与之对应的评估指标。

3. 评估准则

各阶段评估通过的准则应同时满足如下要求：

（1）依据指标体系选取规则，选取某一级指标下的二级指标全部通过；

（2）依据指标体系选取规则，选取某阶段的一级指标全部通过。

深度学习算法可靠性评估通过的准则应满足：面向算法需求阶段、设计阶段、实现阶段及运行阶段四个阶段的可靠性评估均通过。

4. 各阶段评估

各阶段评估工作应注意以下几点：

（1）通过当前阶段的评估是进入下一阶段评估的前提条件之一；

（2）四个阶段的评估活动有完整的顺序关系；

（3）各阶段评估活动的输入、关键活动及输出的具体要求；

（4）各阶段可靠性评估结果均应以阶段评估报告的形式进行输出，其内容至少应包括深度学习算法的可靠性目标、开展可靠性评估的阶段名称、针对算法在该阶段开展可靠性评估工作所选择的评估指标，以及针对评估指标的评估结果和该阶段的可靠性评估结果。

5. 评估结论

面向深度学习算法的需求阶段、设计阶段、实现阶段及运行阶段四个阶段均通过评估，深度学习算法可靠性通过评估并达到目标要求；否则未通过评估。

6.2 深度神经网络方法

6.2.1 深度神经网络

深度神经网络（deep neural networks，DNN）是一种多层无监督神经网络，并且将上一层的输出特征作为下一层的输入进行特征学习，通过逐层特征映射后，将现有空间样本的特征映射到另一个特征空间，以此来学习对现有输入具有更好的特征表达。深度神经网络具有多个非线性映射的特征变换，可以对高度复杂的函数进行拟合。如果将深层结构看作一个神经元网络，则深度神经网络的核心思想可用三个点描述如下[9,10]：

（1）每层网络的预训练均采用无监督学习；

（2）无监督学习逐层训练每一层，即将上一层输出作下一层的输入；

（3）有监督学习来微调所有层（加上一个用于分类的分类器）。

相比浅层建模方式，深层建模能更细致高效地表示实际的复杂非线性问题。DNN 是在感知机模型的基础上建立的，DNN 可以理解为有很多隐藏层的神经网络。多层神经网络和 DNN 其实也是一个含义，DNN 有时也称为多层感知机（multi-layer perceptron，MLP）。感知机模型是一个多输入单输出的模型，首先通过输出和输入之间学习到的一个线性关系（输入变量 x 到输出变量 z 的映射），得到中间输出结果：

$$z = \sum_{i=1}^{m} w_i x_i + b \tag{6.3}$$

其中，w_i 为线性关系系数；b 为偏置量。然后通过一个神经元激活函数：

$$\text{sign}(z) = \begin{cases} -1, & z < 0 \\ 1, & z > 0 \end{cases} \tag{6.4}$$

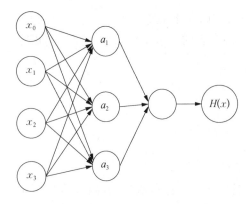

图 6.5　DNN 激活函数示意图

深度神经网络在感知机的基础上进行了扩展：加入了隐藏层，而且隐藏层可以是多层，虽然增强了模型的表达能力，但也增加了计算复杂度。输出层的神经元可以不单一，可以用于分类回归。

下面简述 DNN 的激活函数的相关流程：从变量 x_i $(i=1,2,3,\cdots)$ 通过 z 映射变换到第二层，需要一个激活函数（图 6.5）。假设这个激活函数为 $H(x)$，给它加上一些权重参数 w_0、w_1、w_2、w_3，以及一个 x_0 且 $x_0=1$，可以得出：

$$a_1 = z(w_0 x_0 + w_1 x_1 + w_2 x_2 + w_3 x_3) \tag{6.5}$$

其中，a_i 为第二层的变量，同理把第二层结果作为下一层的输入代入激活函数，则结果为

$$H(x) = z(k_0 a_0 + k_1 a_1 + k_2 a_2 + k_3 a_3) \tag{6.6}$$

DNN 模型的神经网络层分为三类，其中第一层为输入层，最后一层为输出层，中间都为隐藏层。每一层之间是完全连接的，整体上看是复杂的，但从局部来看，实质上还是感知机模型。

6.2.2　常见的激活函数

如果将每一个神经元的输出通过一个非线性函数，那么这个神经网络模型就不再是线性的了，而这个非线性函数就是激活函数，通过对 x 的加权增加偏置项，再在外层加上激活函数，实现神经元的去线性化。

1. sigmoid 函数：

sigmoid 函数示意图见图 6.6，其公式为

$$f(x) = \frac{1}{1 + e^{-x}} \tag{6.7}$$

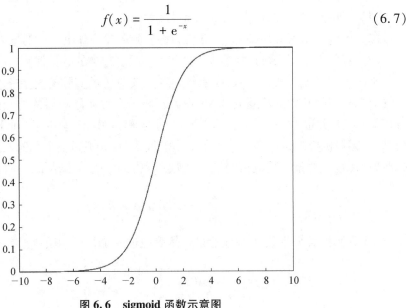

图 6.6　sigmoid 函数示意图

sigmoid 函数的特点：将一个实数映射到(0,1)之间,通常用来作二分类。

2. tanh 函数：

tanh 函数示意图见图6.7,其公式为

$$f(x) = \frac{e^x - e^{-x}}{e^x + e^{-x}} \tag{6.8}$$

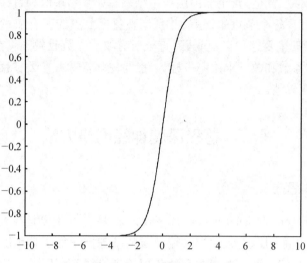

图 6.7　tanh 函数示意图

tanh 函数的特点：① 取值范围为$[-1, 1]$；② 输出以 0 为中心；③ 可以看成一个放大版本的 sigmoid 函数,但 tanh 函数比 sigmoid 函数更加常用且常用于循环神经网络。

3. ReLU 函数：

ReLU 函数示意图见图6.8,其公式为

$$f(x) = \max(0, x) \tag{6.9}$$

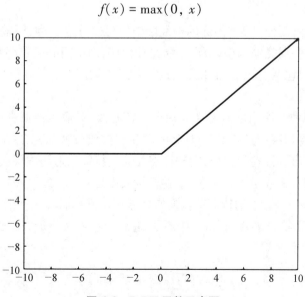

图 6.8　ReLU 函数示意图

ReLU 函数的特点：① 对于梯度收敛有巨大加速作用；② 只需要一个阈值就可以得到激活值节省计算量。

6.2.3　深度神经网络的计算过程

如图 6.2 所示，最左边的是输入层，最右边的是输出层，中间是多个隐含层，输入层开始，从左往右计算，逐层往前，直至输出层产生结果。如果结果值和目标值有差距，再从右往左算，逐层向后计算每个节点的误差，并且调整每个节点的所有权重，反向到达输入层后，又重新向前计算，重复迭代以上步骤，直至所有权重参数收敛到一个合理值。由于计算机程序求解方程参数和数学求法不一样，一般是先随机选取参数，然后不断调整参数减少误差，直至逼近正确值。

6.3　卷积深度神经网络方法

6.3.1　基本思想

卷积神经网络（convolutional neural network，CNN）[11-13]主要是在人工神经网络（详细见神经网络章节）的输入层、全连接层和输出层的基础上增加了卷积层和池化层，能够更好地实现特征提取功能。通过卷积层和池化层等来增加隐藏层的个数，卷积层能够通过区域感受机制来对输入进行特征提取，配合池化层来对网络参数和结构进行优化，这对于减轻过拟合及降低训练复杂度有很大作用。CNN 在训练的过程中仍然使用反向传播算法进行参数更新。在特征前向传递的过程中，依次经过输入层隐藏层等，并在卷积层或池化层等特殊层进行对应的计算，最终输出到输出层；计算出误差后进行误差的反向传播，并且从后往前更新各层的参数。由于卷积神经网络增加了卷积层与池化层，其处理过程与 ANN 网络有所不同。

按不同层的位置划分，DNN 内部的神经网络层可以分为三类，即输入层、隐藏层和输出层，一般来说，第一层是输入层，最后一层是输出层，而中间的层数都是隐藏层。根据功能和结构来分，主要包括卷积层、池化层、全连接层和输出层。

1. 卷积层

卷积层是卷积神经网络之所以如此命名的核心，其对输入数据进行特征提取的作用是显著而有效的，卷积层中通常有若干个称作卷积核或过滤器的子机构进行卷积操作。通过对上一层的输出进行卷积操作，卷积层将相应的特征映射到本层次中，并以特征图的形式存在。如果输入参数矩阵为 $m \times n$，卷积核大小为 $t \times t$，经过卷积运算，将生成大小为 $(m-t+1) \times (n-t+1)$ 的特征图。通常在卷积层操作后增加一个非线性的激活函数来使卷积神经网络具有非线性特征映射能力，进而到卷积层的最终输出特性。计算过程可以用式（6.10）表示：

$$x_j^l = f\Big(\sum_{i \in M_j} x_i^{l-1} \times k_{ij}^l + b_j^l\Big)$$ （6.10）

其中,l 表示层数;k 表示卷积核;M_j 表示第 j 个特征图,每个特征图都有一个偏置 b;$f(\cdot)$ 为激活函数。

2. 池化层

在卷积层之间往往会加上一个池化层,基于下采样的思想删除一些不重要的数据样本,减小矩阵尺寸,最大池化和平均池化是比较多见的池化操作。池化操作通过对本层的输入,也就是上一层的输出进行聚类统计,按最大池化和平均池化来将映射得到的聚类结果作为池化层的特征输出。当输入 t 个大小为 $m \times n$ 的特征时,池化窗口大小为 $a \times b$,经过池化处理后,生成 t 个大小为 $(m/a) \times (n/b)$ 的输出特征图。与卷积层类似,也需要在池化操作后增加激活函数,以给出其非线性映射特征,从而得到池化层的输出。计算过程可以用式(6.11)表示:

$$x_j^l = f\left[\beta_j^l \mathrm{pool}\left(x_j^{l-1}\right) + b_j^l\right] \tag{6.11}$$

其中,$\mathrm{pool}(\cdot)$ 表示子池化函数,有最大池化函数或者平均池化函数等;每个输出的特征都对应着一个乘性偏执 β 及一个加性偏执 b;$f(\cdot)$ 为非线性激活函数。

3. 全连接层

全连接层的主要作用是在卷积层和池化层的操作以后搭建桥梁,将局部特征聚合在一起,对前面几层各自提取到的局部特征进行宏观面上的有效整合。随着参数数量的增加,全连接层包含的神经元数量会急剧增加,这也是传统人工神经网络中难以解决的问题,卷积神经网络通过卷积层和池化层,能够大大减少网络的连接数,使用以卷积层和池化层增加的隐藏层来减少连接数量,以解决计算量过大的问题。而全连接层在输出层的前面出现,放在最后一个隐藏层,即最后一个卷积层或者最后一个池化层的后面,这样既能保证有效提取特征,还能减少卷积神经网络的计算量,提高其训练速度。

4. 输出层

按照需求的不同,输出层需要进行不同的设计,本节涉及分类及回归两方面的输出。当输出类型为分类时,使用 Softmax 函数作为输出层,将输出以概率分布的形式建立从输入目标的关系,实现分类;当输出类型为回归时,使用线性回归函数作为输出层,将输入特征直接映射到输出结果,实现模型的回归。对于一个有 k 个输出单元的 k 分类问题,通过全连接将分类结果经 Softmax 层输出,Softmax 函数表达式为

$$P(C_i \mid X) = \frac{\mathrm{e}^{V_i(x)}}{\sum\limits_{i=1}^{k} \mathrm{e}^{V_i(x)}} \tag{6.12}$$

其中,$V_i(x)$ 表示样本 X 对 Softmax 层的第 X 个输入;$P(C_i \mid X)$ 在 $[0,1]$ 范围内,表示输入 X 在经过网络后输出为类别 i 的概率。

6.3.2　数学模型

卷积层是从输入向量中提取特征的第一层,卷积是向量和过滤器或核的数学运算。假设一个一维过滤器来使输入相乘,再将其相加得到输出,如图 6.9 所示。

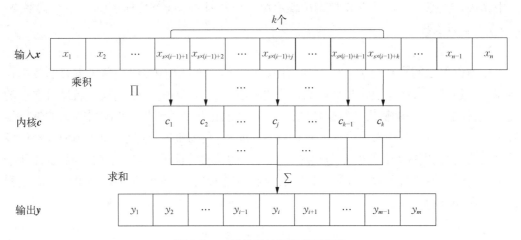

图 6.9　一维卷积神经网络层原理

图 6.9 中，$\boldsymbol{x} = (x_1, x_2, \cdots, x_i, \cdots, x_n)$ 是输入向量，其中 $x_{s\times(i-1)+j}$ 为输入向量的第 $s\times(i-1)+j$ 个元素，n 为输入向量的长度或元素个数，s 表示跨距；$\boldsymbol{c} = (c_1, c_2, \cdots, c_j, \cdots, c_k)$ 为过滤器向量，其中 c_j 表示第 j 个元素，k 表示过滤器向量长度或元素个数；$\boldsymbol{y} = (y_1, y_2, \cdots, y_i, \cdots, y_m)$ 是输出向量，其中 y_i 表示第 i 个元素，m 表示输出向量长度或元素个数，与输出向量长度 m 和过滤器向量长度 k 的关系可表示为

$$m = \frac{n-k}{s} + 1 \tag{6.13}$$

对于第 i 个输出响应 y_i，一维卷积神经网络层运算为

$$y_i = \sum_{j=1}^{k} c_j x_{s\times(i-1)+j} \tag{6.14}$$

当 $\dfrac{n-k}{s}$ 的取值不是整数时，可以采用填充方法更新输入向量长度 n，包括两种方法：① 用零填充输入向量（零填充），使输入向量适用于过滤器；② 删除向量中过滤器不适合的部分，只保留输入向量的有效部分，这称为有效填充。

对于过滤器的数量，本节使用了多个过滤器，因此一维卷积神经网络所含有的参数数量根据式（6.15）来计算：

$$n_p = k \times D_{\text{input}} \times D_{\text{output}} \tag{6.15}$$

其中，n_p 为参数数量；D_{input} 为上一层一维卷积网络的过滤器数量；D_{output} 为本层一维卷积网络的过滤器数量。

一维卷积神经网络输出变量的个数根据式（6.16）来计算：

$$V_{\text{output}} = m \times D_{\text{output}} \tag{6.16}$$

其中，输出变量个数，即输出体积为 V_{output}。

6.4　长短时记忆网络方法

6.4.1　基本思想

长短时记忆（long short term memory，LSTM）[14-16] 网络是一种特殊的递归神经网络，这种网络与一般的前馈神经网络不同，LSTM 可以利用时间序列对输入进行分析。当使用前馈神经网络时，神经网络会认为 t 时刻输入的内容与 $t+1$ 时刻输入的内容完全无关，对于大部分情况，该类网络并不适用。需要运用 t 或之前的输入来处理 $t+k$ 时刻输入的信息更加合理。为了运用到时间维度上的信息，设计循环神经网络（recurrent neural network，RNN），一个简单的循环神经网络可以这样表示，见图 6.10。

RNN 用于处理短期时间问题时较为优秀，但对于长期记忆问题，由于网络本身的问题，RNN 处理起来会出现梯度消失等问题，为了解决一般递归神经网络中普遍存在的长期依赖问题，研究人员设计了 LSTM，使用 LSTM 可以有效地传递和表达长时间序列中的信息，并且不会导致长时间前的有用信息被忽略

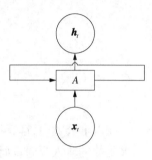

图 6.10　循环神经元

（遗忘）。与此同时，LSTM 还可以解决 RNN 中的梯度消失、梯度爆照等问题。

6.4.2　数学模型

LSTM 网络单元在时刻 t 的状态 c_i 和输出 h_i 受到三个输入的影响：LSTM 单元在前一时刻 $t-1$ 的状态 c_{t-1} 和输出 h_{t-1}，以及 LSTM 网络在 t 时刻的输入 x_i。根据 LSTM 单元的结构框图（图 6.11），可以很方便地写出 LSTM 单元的输入量与输出量之间的关系：

$$f_t = \sigma(W_f[h_{t-1}, x_t] + b_f) \tag{6.17}$$

$$i_t = \sigma(W_f[h_{t-1}, x_t] + b_i) \tag{6.18}$$

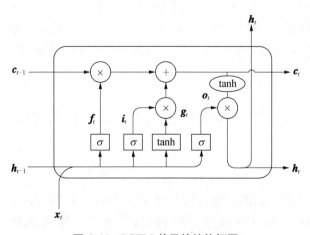

图 6.11　LSTM 单元的结构框图

$$g_t = \tanh(\boldsymbol{W}_g[\boldsymbol{h}_{t-1}, \boldsymbol{x}_t] + \boldsymbol{b}_g) \tag{6.19}$$

$$\boldsymbol{c}_t = \boldsymbol{f}_t * \boldsymbol{c}_{t-1} + \boldsymbol{i}_t * \boldsymbol{g}_t \tag{6.20}$$

$$\boldsymbol{o}_t = \sigma(\boldsymbol{W}_o[\boldsymbol{h}_{t-1}, \boldsymbol{x}_t] + \boldsymbol{b}_o) \tag{6.21}$$

$$\boldsymbol{h}_t = \boldsymbol{o}_t * \tanh(\boldsymbol{c}_t) \tag{6.22}$$

其中，$\sigma(\cdot)$ 和 $\tanh(\cdot)$ 分别为 sigmoid 函数和 tanh 函数，其定义如下：

$$\sigma(x) = \frac{1}{1 + e^{-x}} \tag{6.23}$$

$$\tanh(x) = \frac{e^x - e^{-x}}{e^x + e^{-x}} \tag{6.24}$$

在以上公式中，运算符"$*$"表示向量的逐元素相乘。对于 sigmoid 函数和 tanh 函数，如果函数的输入为向量而不是标量时，表示函数作用于向量的每一个分量 $[\boldsymbol{h}_{t-1}, \boldsymbol{x}_t]$ 可看成分块向量，它表示将向量 $\boldsymbol{h}_{t-1}$ 和向量 $\boldsymbol{x}_t$ 横向连接到一起。

LSTM 网络最核心的部分是单元状态 $\boldsymbol{c}_t$，也就是 LSTM 结构框图中最上方的那条横线。单元状态 $\boldsymbol{c}_t$ 记录了 LSTM 单元前 t 个时刻的状态，只要设置合适的参数便可以控制前 t 个时刻（包括 t 时刻）的单元状态在 $\boldsymbol{c}_t$ 中所占的比例，也就意味着选择性地忽略某些时刻的单元输入或者着重保留某些时刻的单元输入。在 LSTM 网络中，向量 $\boldsymbol{i}_t$、$\boldsymbol{f}_t$ 和 $\boldsymbol{o}_t$ 分别称为输入门（input gate）、遗忘门（forget gate）和输出门（output gate）。

LSTM 单元在 t 时刻的状态 $\boldsymbol{c}_t$，主要包括单元在 $t-1$ 时刻的状态 $\boldsymbol{c}_{t-1}$ 和受单元当前时刻的输入量 $\boldsymbol{x}_t$ 影响的临时状态 $\boldsymbol{g}_t$ 两项组成，且这两项在 $\boldsymbol{c}_t$ 中所占的比例分别受输入门 $\boldsymbol{i}_t$ 和输出门 $\boldsymbol{f}_t$ 的控制；从式（6.22）中可以看到，LSTM 单元在 t 时刻的输出 $\boldsymbol{h}_t$ 也受到了输出门 $\boldsymbol{o}_t$ 的影响。输入门、遗忘门和输出门都是经过 sigmoid 函数处理后的输出，这三个输出向量的每个分量都介于 0~1。通过输入门和遗忘门控制单元当前输入和单元前一状态分别在细胞单元当前状态所占的比例，可以非常灵活地把握单元当前输入的保留量和单元之前状态的保留量；而通过输出门控制单元当前状态的输出量也可以灵活地控制 LSTM 网络的输出。

6.5 深度学习在航空结构可靠性设计中的应用

6.5.1 实例 1

以一个发动机涡轮叶盘的工程实例为例，研究随机参数（表 6.1）对涡轮叶盘低周疲劳（low cycle fatigue，LCF）寿命的影响情况，采用 MC 法随机抽取输入随机变量 100 000 次，对样本点进行归一化计算输出响应值。

表 6.1　随机变量的灵敏度和影响比例

随 机 变 量	灵 敏 度	影响比例/%
密度 ρ	0.055 813	2.277 600
转速 ω	−0.113 485	4.631 062
叶根温度 T_a	0.153 521	6.264 839
叶尖温度 T_b	0.089 361	3.646 617
弹性模量 E	−0.000 524	0.021 383
热导率 λ	0.258 259	10.538 96
疲劳强度系数 σ_f'	0.341 355	13.929 91
疲劳延性系数 ε_f'	0.675 013	27.545 73
疲劳强度指数 b	0.408 055	16.651 79
疲劳延性指数 c	0.355 132	14.492 12

首先用 800 个样本分别对 3 种方法进行建模,为了检验模型的学习能力,将 800 个样本的输入样本分别输入 3 种模型,得到相应输出值,并将输出值与真实值进行比较,得到 3 种模型的建模误差(即输出值与真实值的相对误差)。并将剩余的 200 个测试样本作为陌生样本,分别输入所建的 ANN 模型、CNN 模型和 DNN 模型中,得到 200 个预测值并计算出其预测精度,如表 6.2 所示。

表 6.2　可靠性建模和模型预测精度

模　型	可 靠 性 建 模			可 靠 性 模 型 预 测		
	样 本 数	平均相对误差	精　度	样 本 数	平均相对误差	精　度
ANN	800	0.123 3	0.876 7	200	0.143 1	0.856 9
CNN	800	0.081 6	0.918 4	200	0.092 4	0.907 6
DNN	800	0.077 2	0.922 8	200	0.086 1	0.913 9

利用 MC 法抽取 10 000 个样本,代入建好的 ANN 模型、CNN 模型和 DNN 模型中得到预测值,得到各模型输出响应在不同 LCF 寿命允许值下的可靠度,见表 6.3。

表 6.3　各模型输出响应在不同 LCF 寿命允许值下的可靠度

LCF 寿命允许值	模 型 分 类		
	CNN	DNN	ANN
2 300	0.999 999 5	0.999 997 2	0.999 996 0
3 300	0.999 989 7	0.999 960 5	0.999 947 8
4 300	0.999 846 8	0.999 605 4	0.999 503 5
5 300	0.998 468 1	0.997 157 2	0.996 583 9
6 300	0.989 631 4	0.985 156 3	0.982 882 6
7 300	0.951 964 8	0.943 299 2	0.936 951 8

基于 200 个样本数据,分别对 3 种机器学习模型(ANN、CNN、DNN)进行建模,其建模时间如表 6.4 所示。

表 6.4　不同学习模型的建模时间

模　　型	建　模　时　间
ANN	18.762 4 s
CNN	32.413 4 s
DNN	21.914 9 s

由表 6.4 可以看出,在 3 种方法中,ANN 的建模时间最短(18.762 4 s),CNN 和 DNN 的建模时间较长。因为 ANN 网络的隐含层仅一层,所涉及的模型参数较少,导致在对参数寻优过程中的迭代次数较少,花费时间少,建模效率高;而 CNN、DNN 属于深度神经网络,有多层隐含层,需要优化的参数较多,所花费的时间也就多,建模效率较低。

分别对三种已建好的模型进行 5 000 次、10 000 次和 50 000 次仿真,其仿真时间如表 6.5 所示。

表 6.5　三种模型的仿真时间

仿真次数/次	CNN	DNN	ANN
5 000	9.548 3 s	8.239 8 s	7.719 7 s
10 000	28.711 6 s	24.650 5 s	25.396 5 s
50 000	37.990 0 s	35.998 9 s	34.369 5 s

6.5.2　实例 2

采用 LSTM 网络进行飞机故障时间序列预测[17],所采用的网络方法如图 6.12 所示。

数据采用文献[18]提供的系统级故障时间序列数据集。该数据集包含两架正在运营的波音 737 飞机 18 年(1997~2014 年)的故障记录。故障时间序列如图 6.13 所示,分别对应 A 飞机和 B 飞机 2 个数据源,横坐标为年份,纵坐标为月度故障数。选择故障数这一重要的可靠性指标作为实验对象,并设定前 17 年的 204 个数据点作为训练集,第 18 年的 12 个数据点作为测试集。

依据图 6.12 中标准化后的故障时间序列训练集建立 LSTM 预测模型。初步根据经验确定模型参数,分割窗口长度 L 取最小值 2,状态向量大小 S_{state} 取半年的月度故障数据点个数 6,随机种子数 seed=1,训练步数 steps=500。为了验证 LSTM 模型在不同类型循环神经网络中的优势,将 LSTM 模型的隐藏层细胞替换为 RNN 和门控循环单元(gated recurrent unit, GRU)结构,并进行以相同参数进行实验,实验结果如表 6.6 和表 6.7 所示。

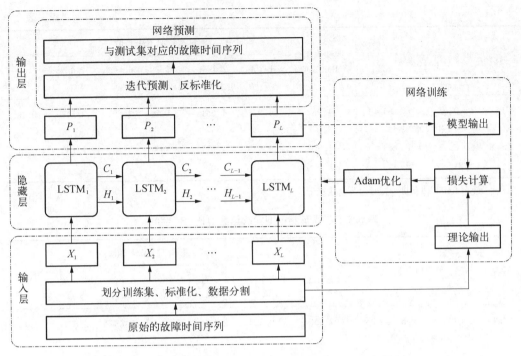

图 6.12　采用 LSTM 网络进行的故障时间序列预测框架

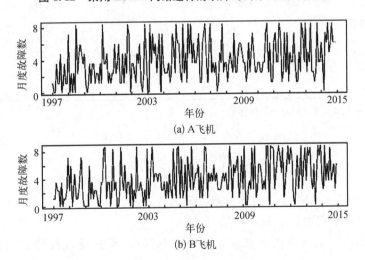

图 6.13　A、B 飞机的月度故障时间序列数据

表 6.6　不同预测模型实验结果对比(A 飞机)

| 模型 | 模 型 参 数 | 训练集拟合 RMSE 值 | 测试集预测 RMSE 值 | | | | | 耗时/s |
			1 个测 试点	2 个测 试点	3 个测 试点	6 个测 试点	12 个测 试点	
RNN	$L=2$, $S_{state}=6$, seed = 1, steps = 500, $\eta = 0.1$	2.183	1.716	1.225	1.995	2.528	2.595	0.61

续 表

模型	模型参数	训练集拟合 RMSE 值	测试集预测 RMSE 值					耗时/s
			1个测试点	2个测试点	3个测试点	6个测试点	12个测试点	
GRU	$L=2$, $S_{state}=6$, seed=1, steps=500, $\eta=0.1$	1.982	1.921	1.651	2.920	2.691	2.248	0.78
LSTM	$L=2$, $S_{state}=6$, seed=1, steps=500, $\eta=0.1$	1.962	1.919	1.577	2.745	2.109	2.196	0.81

注：最小 RMSE 值和最小耗时由下划线标记。

表 6.7　不同预测模型实验结果对比（B 飞机）

模型	模型参数	训练集拟合 RMSE 值	测试集预测 RMSE 值					耗时/s
			1个测试点	2个测试点	3个测试点	6个测试点	12个测试点	
RNN	$L=12$, $S_{state}=6$, seed=100, steps=1 000, $\eta=0.03$	2.058	0.828	2.630	2.556	2.484	2.671	3.13
GRU	$L=12$, $S_{state}=6$, seed=100, steps=1 000, $\eta=0.03$	1.559	1.696	1.257	3.525	2.815	2.690	5.36
LSTM	$L=12$, $S_{state}=6$, seed=100, steps=1 000, $\eta=0.03$	1.276	0.956	1.691	1.703	1.237	1.580	5.64

注：最小 RMSE 值和最小耗时由下划线标记。

思 考 题

6.1　思考 RNN、CNN 和 LSTM 三者之间的区别与联系。

6.2　试描述不同激活函数的缺陷。

6.3　从网上下载或自己编程实现一个卷积网络，尝试进行故障识别、图像识别等功能。

6.4　试描述 LSTM 遗忘门、输出门、记忆门的不同功能。

参 考 文 献

[1] 赵世军,张志成.基于 ANN 的桥式起重机可靠性灵敏度分析[J].科技创新与生产力,2022(10):136-137,141.

[2] 李续博,王文庆,王凯,等.人工智能技术在航空发动机孔探检测中的应用进展[J].航空工程进展,2023,14(2):12-23.

[3] 李杰.基于LSTM的轴承寿命预测方法研究与软件实现[D].成都：电子科技大学,2022.

[4] 唐翠兰,帅一师,雷顺成,等.基于RBF神经网络的随机结构动力可靠度分析[J].湖南交通科技,2021,47(4)：108-112.

[5] 欧柱,李明刚,聂常华,等.基于深度学习的结构可靠性分析方法研究[J].自动化仪表,2021,42(10)：88-93.

[6] 鲍丹,侯保林.基于深度学习的单自由度机械臂定位可靠性估计[J].振动与冲击,2021,40(15)：246-252,283.

[7] 鲁姝艺.基于LSTM的软件可靠性预测模型研究[D].北京：北京交通大学,2021.

[8] 罗腾.基于深度强化学习的配电网可靠性定价与控制策略研究[D].武汉：华中科技大学,2020.

[9] 张伟娜,李鸣,刘亭杉,等.基于对抗性样本的深度学习算法可靠性评估研究[J].电子测试,2020(3)：35-37.

[10] 花君,严珂,陆慧娟,等.基于深度学习LSTM的空调故障诊断[J].中国计量大学学报,2019,30(2)：197-202.

[11] 林鑫.基于深度学习的服务系统在线可靠性预测[D].南京：东南大学,2019.

[12] 张明洁.基于深度学习的民航系统人因可靠性研究[D].南京：南京航空航天大学,2019.

[13] 洪骥宇.基于深度学习的航空发动机可靠性分析[D].南京：南京航空航天大学,2018.

[14] 姬少培.基于深度LSTM神经网络的软件可靠性预测[D].哈尔滨：哈尔滨工程大学,2018.

[15] 李刚,孟增.基于RBF神经网络模型的结构可靠度优化方法[J].应用数学和力学,2014,35(11)：1271-1279.

[16] 周志华.机器学习[M].北京：清华大学出版社,2016：96-120.

[17] 王鑫,吴际,刘超,等.基于LSTM循环神经网络的故障时间序列预测[J].北京航空航天大学学报,2018,44(4)：772-784.

[18] 王鑫,吴际,刘超,等.奇异谱分析在故障时间序列分析中的应用[J].北京航空航天大学学报,2016,42(11)：2321-2331.

第7章
基于遗传算法的结构可靠性设计

7.1 遗 传 算 法

遗传算法是进化算法的一种,是一种随机搜索与优化算法,其基本思想是达尔文的进化论和孟德尔的遗传学说[1,2]。也就是说,遗传算法是一种借鉴生物界自然选择和进化机制发展起来的高度并行、随机、自适应搜索算法。遗传算法使用群体搜索技术,种群代表一组问题解,通过对当前种群施加选择、交叉和变异等一系列遗传操作,产生新一代种群,并逐步使种群进化到包含近似最优解的状态。目前,遗传算法作为一种重要的优化算法得到了广泛应用。

7.1.1 遗传算法的基本原理

遗传算法把问题的解表示成"染色体",即以二进制或浮点数编码表示的串。然后给出蚁群"染色体",即初始种群,也就是假设解集,把这些假设解置于问题的"环境"中,并按照"适者生存"和"优胜劣汰"的原则,从中选择出较适应环境的"染色体"进行复制、交叉、变异等过程,产生更适应环境的新一代"染色体"群。这样,一代代地进化,最后收敛到最适应环境的一个"染色体"上,经过解码,就得到问题的近似最优解。

基本遗传算法的数学模型可表示为

$$GA = F(C, E, P_0, M, \varphi, \Gamma, \Psi, T) \tag{7.1}$$

其中,C 为个体的编码方法;E 为个体适应度评价函数;P_0 为初始种群;M 为种群大小;φ 为选择算子;Γ 为交叉算子;Ψ 为变异算子;T 为遗传运算终止条件。

遗传算法的具体步骤如下:

(1)对问题进行编码;

(2)定义适应度函数后,生成初始化群体;

(3)对于得到的群体进行选择、复制、交叉、变异操作、生成下一代种群;

(4)判断算法是否满足停止准则,若不满足,则从步骤(3)开始重复;

(5)算法结束,获得最优解。

遗传算法的整个操作过程如图7.1所示。

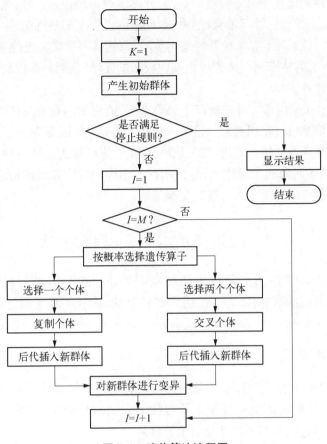

图 7.1 遗传算法流程图

7.1.2 遗传算法的优点

从数学角度讲,遗传算法是一种概率性搜索算法,从工程角度讲是一种自适应的迭代寻优过程。与其他方法相比,它具有以下优点。

(1) 编码性:遗传算法处理的对象不是参数本身,而是对参数集进行了编码的个体,遗传信息存储在其中,通过在编码集上的操作,遗传算法因而不受函数条件的约束,具有广泛的应用领域,适用于处理各类非线性问题,并能有效地解决传统方法不能解决的某些复杂问题。

(2) 多解性和全局优化性:遗传算法是多点、多途径同时搜索寻优,且各路径之间有信息交换,可以以很大的概率找到全局最优解或近似全局最优解,并且每次能得到多个近似解。

(3) 自适应性:遗传算法具有潜在的学习能力,利用适应函数能把搜索空间集中于解空间中期望值最高的部分,自动挖掘出较好的目标区域,能够迅速排除与最优解相差很大的解,适用于具有自组织、自适应和自学习的系统。

(4) 不确定性:遗传算法在进行选择、交叉和变异操作时,采用概率规则,而不是确定性规则来指导搜索过程中的适应度函数值,并逐步改善的搜索区域,克服了随机优化方法的盲目性,只需要较少的计算量就能够找到问题的近似全局最优解。

(5)隐含并行性:对于 n 个种群的遗传算法,每迭代一次实际上隐含能处理 $o(n^3)$ 个群体,可利用较少的群体来同时搜索可行域中较大的区域,从而只需以较少的代价就能找到问题的全局最优解。

(6)智能性:在采用遗传算法确定了编码方案、适应值函数及遗传算子之后,利用进化过程中获得的信息自行组织搜索。这种自组织和自适应的特征赋予了该算法能根据环境的变化自动发现环境的特征和规律的能力,消除了传统算法设计过程中的一个最大障碍,即需要事先描述问题的全部特点,并说明针对不同问题应采取的措施。因此,利用遗传算法可以解决那些结构尚无人理解的复杂问题。

7.2 改进极值 Kriging 模型方法

对于涉及高度非线性的复杂结构动态概率分析,基于梯度下降法不能有效实现 Kriging 模型的相关超参数寻优。因此,引入遗传算法,建立了基于改进极值响应面法的 Kriging(improved Kriging with extremum response surface method, IK‐ERSM)模型。

7.2.1 基本思想

基于 IK‐ERSM 的复杂结构动态概率分析流程如图 7.2 所示。由图 7.2 可知,基于 IK‐ERSM 的复杂结构动态概率分析主要包括动态确定性分析、训练及测试样本获取、IK‐ERSM 建模与验证、动态可靠性及灵敏度分析。

对于 IK‐ERSM 建模与验证,首先归一化训练样本数据,采用遗传算法实现 Kriging 模型超参数寻优;其次计算 IK‐ERSM 模型的相关待定系数,建立 IK‐ERSM 模型;最后分别通过训练样本和测试样本对所建立的模型进行验证。其中,基于遗传算法的 Kriging 模型超参数寻优的具体流程[3,4]如下:定义输入变量和目标函数,并生成初始种群;结合适应度值选取优秀个体,其中适应度值由目标函数确定,而此处的目标函数为最小化极大似然函数;基于选取的优秀个体,通过交叉和变异操作产生新的种群,执行多次交叉和变异操作,直至满足收敛条件未知,即可实现 Kriging 模型超参数的求解。

7.2.2 数学模型

基于 ERSM 数学模型和 Kriging 模型,IK‐ERSM 模型为

$$y_{\text{IK-ERSM}}(\boldsymbol{x}) = y_{\text{ERSM}}(\boldsymbol{x}) + z(\boldsymbol{x}) \tag{7.2}$$

为了求得超参数 $\boldsymbol{\theta}$,结合训练样本数据,采用遗传算法代替梯度下降来处理优化问题,即由最大化极大似然函数转化为最小化极大似然函数,即

$$\begin{cases} \min_{\theta} \phi(\boldsymbol{\theta}) = | \boldsymbol{R} |^{\frac{1}{m}} \hat{\sigma}^2 \\ \text{s.t.} \quad \theta^i > 0, \quad i = 1, 2, \cdots, n \end{cases} \tag{7.3}$$

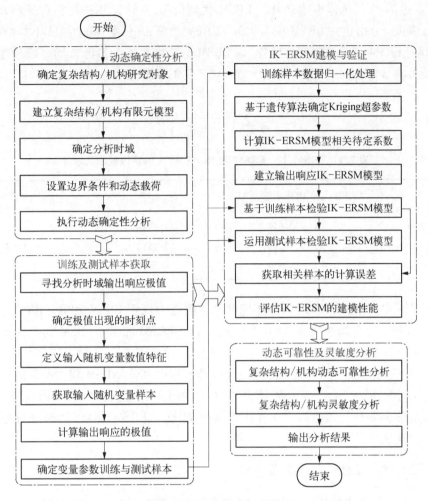

图 7.2　基于 IK‒ERSM 的复杂结构动态概率分析流程图

在求得 Kriging 模型超参数 $\boldsymbol{\theta}$ 的基础上,进而可确定 IK‒ERSM 模型[式(7.3)]中的相关待定系数,最后可建立复杂结构功能函数。

基于所建立的 IK‒ERSM 模型,结合输出响应许用值,其极限状态函数可表示为

$$h_{\text{IK-ERSM}}(\boldsymbol{x}) = y_{\text{allow}} - y_{\text{IK-ERSM}}(\boldsymbol{x}) \tag{7.4}$$

其中,当 $h_{\text{IK-ERSM}}(\boldsymbol{x}) \geqslant 0$ 时,结构是安全的;当 $h_{\text{IK-ERSM}}(\boldsymbol{x}) < 0$ 时,结构发生失效。

复杂结构的动态可靠性及灵敏度分析方法与 3.2.3 节一致,此处不再赘述。

7.3　遗传算法应用

7.3.1　IK‒ERSM 建模特性

为了说明 IK‒ERSM 在建模特性方面的优势,基于低压压气机叶盘径向变形动态分

析问题,通过 21 个训练样本建立 IK‐ERSM 代理模型,并计算其平均相对误差 E_{ar}[如式(7.5)]。同时,分别建立 ERSM 模型和 K‐ERSM 模型,并依据 30 个测试样本和 E_{ar} 进一步说明 IK‐ERSM 在建模精度的优势(以 ERSM 分析结果作为参考),同时通过建模时间对比阐明其在效率方面的优点,其分析结果如表 7.1 所示。

$$E_{ar} = \frac{1}{m}\sum_{j=1}^{m}\left(\frac{|y_{*,j} - y_{true,j}|}{y_{true,j}}\right) \tag{7.5}$$

表 7.1 ERSM、K‐ERSM 和 IK‐ERSM 的建模效率与精度

方　法	建模时间/s	E_{ar}/%	提高精度/%
ERSM	3.679	2.856 4	—
K‐ERSM	1.214	2.265 2	0.591 2
IK‐ERSM	2.446	0.593 9	2.262 5

从表 7.1 中可以看出,IK‐ERSM 模型的预测能力优于 ERSM 和 K‐ERSM 模型,原因是 IK‐ERSM 的平均相对误差(0.593 9%)小于 ERSM 和 K‐ERSM 的平均相对误差(2.856 4%和2.265 2%),且相对于 ERSM 模型,IK‐ERSM 模型的精度提高了 2.253 5%,高于 K‐ERSM 模型 1.671 3%。此外,三种代理模型中,IK‐ERSM 建模所需的时间少于 ERSM 建模时间,但大于 K‐ERSM 建模时间。之所以出现这种情况,是因为 IK‐ERSM 的建模过程中需要执行超参数寻优操作。但是,相较于 ERSM,IK‐ERSM 在建模效率方面具有一定的优势。

7.3.2 IK‐ERSM 的仿真性能

IK‐ERSM 的仿真性能主要包括仿真效率和分析精度两方面。本书结合多种方法对比分析的手段加以说明,所用的方法有直接模拟法、ERSM 和 K‐ERSM。基于输入变量数值分布特征,分别将 4 种方法用于执行不同次数(10^2 次、10^3 次和 10^4 次)的 MCS,实现叶盘径向变形动态可靠性分析。其中,所有的计算都是在相同的计算环境下完成,由于计算限制,没有执行 10^4 次直接模拟。此外,在仿真性能分析过程中,以直接模拟结果作为参考。仿真性能分析结果如表 7.2 和表 7.3 所示。

表 7.2 基于直接模拟法、ERSM、K‐ERSM 和 IK‐ERSM 的仿真时间分析结果

方　法	仿　真　时　间		
	10^2 次	10^3 次	10^4 次
直接模拟法	514 800 s	4 862 000 s	—
ERSM	1.42 s	3.96 s	10.64 s
K‐ERSM	0.43 s	0.94 s	2.56 s
IK‐ERSM	0.32 s	0.40 s	0.57 s

表 7.3　基于直接模拟法、ERSM、K‐ERSM 和 IK‐ERSM 的仿真分析精度结果

模拟样本	可　靠　度				精度/%		
	直接模拟法	ERSM	K‐ERSM	IK‐ERSM	ERSM	K‐ERSM	IK‐ERSM
10^2	0.990 0	0.960 0	0.980 0	0.990 0	96.97	98.99	100
10^3	0.998 0	0.979 0	0.985 0	0.997 0	98.09	98.69	99.99
10^4	—	0.983 6	0.991 7	0.998 4	—	—	—

由表 7.2 可知,代理模型(ERSM、K‐ERSM 和 IK‐ERSM)的分析时间远小于直接模拟法的分析时间;三种代理模型中,IK‐ERSM 具有较高的计算效率,且随着仿真次数的增加,其在计算效率方面的优势愈加明显。由表 7.3 可知,对于不同仿真次数,IK‐ERSM 的分析精度明显优于 ERSM 和 K‐ERSM;IK‐ERSM 分析结果与直接模拟法的分析结果最为接近。因此,IK‐ERSM 在建模特性和仿真性能具有一定的优势,可为复杂结构动态概率分析提供有效支持。

7.4　多种群遗传算法

经典遗传算法凭借其优秀的全局搜索能力而广泛应用于工程计算中,但随着技术的发展与成熟、计算量的增加,经典遗传算法在大量测试中暴露出了以下三种问题。

(1)遗传算子对全局搜索的影响很大。由于遗传算法在种群迭代过程中的变异操作,进化过程的随机性增加,从而影响收敛到最优解的速度;而选择、交叉的操作则有可能使算法陷入于局部最优解,造成早熟收敛。目前,交叉算子、变异算子及重插入算子的选择通常都依赖于研究人员的经验,人为影响较大。

(2)经典遗传算法的进化过程缺乏信息反馈,局部搜索能力较差。经典遗传算法的进化属于单向进化,进化过程中只有种群交叉、选择、变异,缺乏全局可行解域的信息交流;且经典遗传算法的局部搜索能力较差,在进化末期,最优解的搜索效率低,使得算法的搜索、收敛速度较慢,容易陷入局部最优解,失去全局收敛能力。

(3)算法进化对初始种群具有较强依赖性。经典遗传算法的收敛效果与初始种群的选取有着较强的联系,在复杂问题中,初始种群与最优解间的差距越小,算法的收敛速度及效果越好;反之,算法搜索效率低且有可能收敛于局部最优解。

根据上述分析可知,经典遗传算法具有早熟收敛及搜索效率低的缺点,因此不少研究针对这一系列缺点提出改进型算法,其中优化效果较好的一种是多种群遗传算法(MPGA)。

7.4.1　多种群遗传算法的基本原理

MPGA 的基本思想[5,6]是用多个子种群代替经典遗传算法中的单个种群,并利用多个子种群同时对一个目标问题进行优化。在传统的遗传算法中,单一种群在进行进化操作时,只能采用单一的遗传操作策略;而多种群遗传算法则是设置多个子种群,各个子种群

可以设置不同的选择、交叉、变异方法,以及不同的交叉概率和变异概率,各个子种群可以串行进化也可以并行进化,子种群间可以进行信息交互但并不互相干涉,各自不断进化,从而获得子种群最优解,最后对所有子种群的最优个体进行比较并获得整个种群的全局最优解。近年来,常用的多种群遗传算法结构主要有两种:串行双种群结构和并行双种群结构,下面对这两种结构进行详细分析。

1. 串行双种群结构

串行双种群结构是用两个子种群替代经典遗传算法中的单个种群,两个子种群之间是串行的关系,其基本思想是:通过第一层遗传操作(选择、交叉、变异)后得到新一代种群 1,然后以种群 1 为初始种群进行第二层遗传操作,产生新的种群 2,计算新种群的适应值,并不断进行种群 1 和种群 2 的串行操作,直至满足终止条件,得到种群的最优解。串行双种群算法的结构流程如图 7.3 所示。

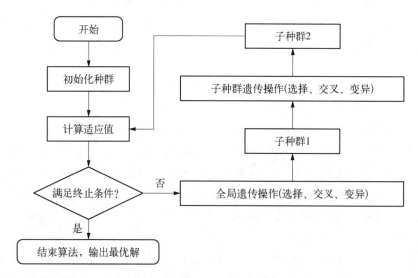

图 7.3 串行双种群算法的结构流程

2. 并行双种群结构

并行双种群结构的基本思想是每个子种群按不同的遗传策略同时进行进化,算法每迭代一次,子种群 1 和子种群 2 都分别进行一次个体评价,若其中某个子种群找到最优解,即可结束算法的运行。

子种群 1 和子种群 2 分别担任着不同的功能:子种群 1 的交叉概率和变异概率较大,称为探测子种群,其全局探索能力较强,作用是克服过早收敛,以提高搜索效率;子种群 2 的交叉概率和变异概率较小,称为开发子种群,其局部搜索能力较强,可以在局部范围内寻找优秀个体,从而防止优良基因遭到破坏。当算法满足个体迁移条件时,两个子种群之间将进行个体迁移操作,促进两个子种群的进化。并行双种群算法的结构流程如图 7.4 所示。

实现并行多种群间协同进化的关键在于通过迁移操作实现各种群间信息的传递。如果没有迁移操作,各种群之间失去联系,则相当于采用不同的遗传算法参数执行多次经典遗传算法,这样就无法避免经典遗传算法早熟的缺点。影响个体迁移的重要因素主要包括子种群规模、迁移率、迁移间隔和迁移策略,简述如下。

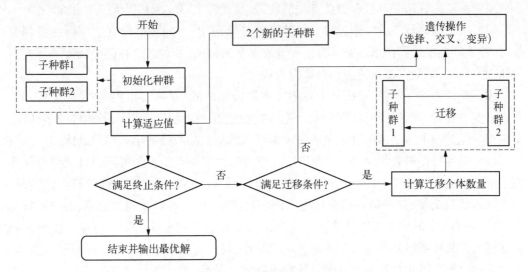

图7.4　并行双种群算法的结构流程

(1) 子种群规模:子种群的规模为各个子种群中个体的数量,一般对所有的子种群设置相同的规模,整个种群的规模则为子种群内包含的个体数量和子种群数量的乘积。对子种群规模的设置不宜过大也不宜过小,过大的规模虽然增加了种群的多样性,同时也增加了算法的消耗,而过小的规模使得算法易陷入局部最优解。因此,应根据实际的测试要求,设置合适的子种群规模。

(2) 迁移率和迁移间隔:迁移率是指所需迁移个体所占子种群总个体的比例,迁移率与子种群规模决定了子种群中一次迁移的个体数量;迁移间隔是指间隔多长时间或者算法迭代多少次后进行个体迁移,它决定了迁移的频率。

(3) 迁移策略:迁移策略是指按照哪种方式进行个体迁移,目前常用的两种迁移策略如下:① 选择适应度较优的一些个体替换掉相邻子种群中一些适应度较差的个体,该迁移策略容易将适应度差的个体淘汰,降低了种群的多样性;② 用随机法选择部分个体替换相邻子种群中适应度较差的一些个体,该方法能够将一些适应度差的个体保留下来,提高了个体的多样性。

多种群遗传算法引入了多个种群协同进化,每个种群可设置不同的控制参数,其计算公式如下:

$$\begin{cases} p_c = p_{co} + cf_{\text{rand}}(G,\ 1) \\ p_m = p_{mo} + mf_{\text{rand}}(G,\ 1) \end{cases} \tag{7.6}$$

其中, G 为种群数目; p_{co} 为初始交叉概率, c 为交叉操作的区间长度, p_c 一般为 $0.7{\sim}0.9$,因此可得 p_{co} 为 0.7 , c 为 0.2 ; p_{mo} 为初始变异概率, m 为变异操作的区间长度,由于 p_m 一般为 $0.001{\sim}0.05$,由此可得 p_{mo} 为 0.001 , m 为 0.499 ; f_{rand} 为产生随机数的函数。

7.4.2　多种群遗传算法所具备的优势

多种群遗传算法是对经典遗传算法的改进,其优势主要体现在以下三个方面。

(1)全面增强算法的搜索能力:多种群遗传算法中,不同种群设置了不同的控制参数,弥补了经典遗传算法依赖交叉算子和变异算子的缺陷,并且各个种群会朝着不同方向进化,兼顾算法的全局搜索能力和局部搜索能力。

(2)保证种群多样性,从根本上克服经典遗传算法的"早熟"问题:多种群遗传算法引入了多个种群,并且各种群之间相互独立进化,这在一定程度上保证了种群的多样性,避免在进化过程中因基因出现大量的丢失而导致算法过早收敛或陷入局部最优。

(3)提高可行解收敛速度:多种群遗传算法最大的特点是各种群间通过迁移操作实现了协同进化。迁移算子的设置可以将各种群的最优个体定期引入其他种群中,实现种群之间的信息交换,这种信息的交换能够使种群更快、更好地收敛到最优值。此外,每次迭代后,MPGA 会通过人工选择的方式挑选出独立种群中的最优个体并传递到优秀种群中保存。优秀种群自身不进行遗传算法进化操作,只负责记录和保留每一代的最优个体,这样能确保算法进化过程中出现的最优解得以完整保留。

7.5　基于移动极值的改进 Kriging 框架模型方法

为了有效克服遗传算法过早熟的问题,同时避免最小二乘法不能合理利用已有样本信息的缺陷,尝试将 MPGA 和移动最小二乘法引入基于 Kriging 模型和 ERSM,介绍基于移动极值的改进 Kriging 框架(modified Kriging-based moving extremum framework, MKMEF)模型方法。

7.5.1　MKMEF 的基本思想

MKMEF 的基本原理是将 ERSM、Kriging 模型、移动最小二乘法和 MPGA 进行有效融合。其中,移动最小二乘法用来确定有效样本点并建立 MKMEF 模型,MPGA 用以替代 GA 或梯度下降法实现超参数寻优,ERSM 用以处理具有动态时变历程的变量,而 Kriging 模型则是结合高斯随机过程修正 ERSM 预测值与真实值之间的误差。基于 MKMEF 的复杂结构动态概率分析流程如图 7.5 所示。

由图 7.5 可知,基于 MKMEF 的复杂结构动态概率分析主要通过动态确定性分析、样本获取、MKMEF 建模与验证、动态可靠性及灵敏度分析四个流程实现。其中,复杂结构动态确定性分析、样本获取、动态可靠性及灵敏度分析流程与前述方法基本一致,而 MKMEF 建模与验证细节存在差异。因此,本节将着重阐述 MKMEF 建模与验证步骤:首先,结合训练样本,运用紧支撑域确定有效样本;然后,将有效样本数据进行归一化处理,采用 MPGA 实现极大似然函数求解获取超参数;其次,计算 MKMEF 相关的待定系数,建立 MKMEF 数学模型;最后,通过测试样本实现模型验证,若不满足精度要求,则需重新生成样本,重复执行相关流程,直至满足要求。

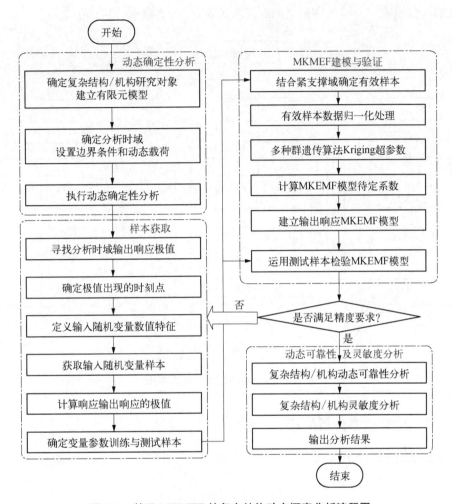

图 7.5　基于 MKMEF 的复杂结构动态概率分析流程图

7.5.2　MKMEF 的数学模型

MKMEF 数学模型可表示为

$$y_{\mathrm{MKMEF}}(\boldsymbol{x}) = y_{\mathrm{MESMS}}(\boldsymbol{x}) + z(\boldsymbol{x}) \tag{7.7}$$

其中，$y_{\mathrm{MESMS}}(\boldsymbol{x})$ 是基于移动最小二乘法建立的；$z(\boldsymbol{x})$ 表示 Kriging 模型高斯随机过程。

MPGA 的原理如图 7.6 所示：将移民算子引入多个种群，使多个种群同时进化实现目标函数寻优。MPGA 的优势体现在：打破了 GA 单个群体遗传进化的框架，可实现多个种群不同控制参数的寻优搜索；多个种群之间通过移民算子建立联系桥梁，实现协同进化；结合人工选择算子实现多个种群每代进化中的最优个体保存，进行判别寻优收敛的依据。

在获取 Kriging 模型超参数的基础上，可确定 MKMEF 数学模型中的待定系数，进而建立复杂结构输出响应与输入变量之间的函数关系,为动态概率分析提供支持。

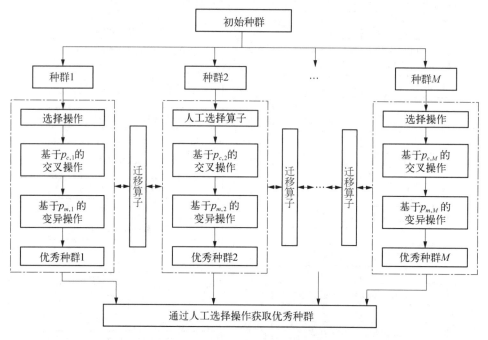

图 7.6　多种群遗传算法的原理图

7.5.3　动态概率分析原理

结合复杂结构的功能函数[式(7.7)],其极限状态方程为

$$h_{\mathrm{MKMEF}}(\boldsymbol{x}) = y_{\mathrm{allow}} - y_{\mathrm{MKMEF}}(\boldsymbol{x}) \tag{7.8}$$

运用 MC 法实现复杂结构动态可靠性分析,进而基于均值实现结构灵敏度分析。

7.6　多种群遗传算法的应用

针对 MKMEF 的建模特性与仿真性能,以非线性函数作为验证对象进行研究。

7.6.1　MKMEF 的建模特性

以非线性函数[式(7.9)]作为验证对象[7],结合 RSM、Kriging 和基于响应面法的改进 Kriging(improved Kriging-based response surface method, IK-RSM)模型,从数学角度对 MKMEF 的建模特性进行有效性验证。

$$y(\boldsymbol{x}) = 2x_1^3 + 3x_2^2 + x_3^2 + 4x_4 + x_1^2 x_2 + 4x_3 x_4 + 2x_1 x_2 x_3 \tag{7.9}$$

其中,随机输入变量的分布特征如表 7.4 所示。

表 7.4 非线性函数相关随机输入变量的分布特征

输入变量	分布特征	均 值	标准差
x_1	正态分布	3	0.1
x_2	正态分布	4	0.1
x_3	正态分布	2.5	0.1
x_4	正态分布	5	0.1

结合表 7.4 中随机输入变量的分布特征,运用拉丁超立方抽样获取 100 组输入变量样本,获取对应的输出响应,组合形成 100 组样本数据。其中,80 组样本数据作为训练样本,结合紧支撑域确定 40 组有效样本,进而运用 MPGA 通过求解极大似然函数获取 Kriging 模型超参数,最后结合移动最小二乘法建立 MKMEF 模型;剩余 20 组样本数据作为测试样本,结合 E_{ar} 和 E_{av},通过方法对比验证 MKMEF 建模特性,其分析结果如表 7.5 所示。此外,通过相同训练样本验证了 MPGA 与 GA 在求解极大似然函数、获取 Kriging 模型超参数寻优方面的优势,如图 7.7 所示。

表 7.5 基于测试样本的 MKMEF 建模特性分析结果

输 入 变 量				真实值 $y_{true}(\boldsymbol{x})$	MKMEF $y_{MKMEF}(\boldsymbol{x})$	RSM $y_{RSM}(\boldsymbol{x})$	Kriging $y_K(\boldsymbol{x})$	IK－RSM $y_{IK-RSM}(\boldsymbol{x})$
x_1	x_2	x_3	x_4					
2.863 8	3.893 5	2.600 0	5.007 9	261.247 0	261.247 4	261.231 3	261.253 9	261.248 3
3.045 5	4.160 3	2.333 5	4.905 1	276.994 8	276.992 1	276.797 7	276.988 7	276.991 2
2.915 1	4.123 4	2.440 9	5.041 1	269.624 0	269.619 9	269.612 6	269.614 2	269.619 3
$\vdots$								
3.062 5	4.124 2	2.494 5	5.082 5	287.437 5	287.437 0	287.260 2	287.454 2	287.432 8
E_{av}					0.001 1	0.056 1	0.006 3	0.002 3

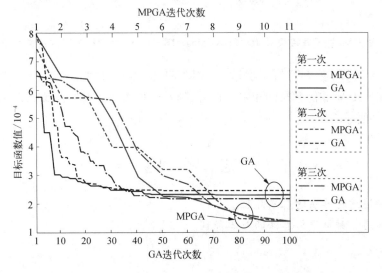

图 7.7 基于 MPGA 和 GA 超参数寻优进化曲线

由表 7.5 可知,MKMEF 模型的平均绝对误差 E_{av}(0.001 1)小于 RSM、Kriging 和 IK‑RSM 模型(分别为 0.056 1、0.006 3 和 0.002 3),且 MKMEF 模型的预测值与真实值之间较为接近。此外,相较于 RSM、Kriging 和 IK‑REM,MKMEF 模型具有较好的鲁棒性。

由图 7.7 可知,MPGA 的寻优能力优于 GA,其原因在于 MPGA 具有全局和局部搜索能力,通过 3 次同样环境下的寻优计算,MPGA 所得的目标函数值小于 GA 所得的目标函数值,并且寻优结果基本一致。此外,基于 MPGA 寻优的迭代次数(11 次)明显小于基于 GA 寻优的迭代次数(100 次)。

7.6.2　MKMEF 的仿真性能

在数学方面,考虑输入变量具有随机性,分布数值特征参见表 7.4,采用直接模拟、RSM、Kriging、IK‑RSM 和 MKMEF,对其进行不同样本数量(10^2 个、10^3 个、$2×10^3$ 个、$5×10^3$ 个和 10^4 个)的 MCS 且计算环境相同,其仿真时间如图 7.8 所示。

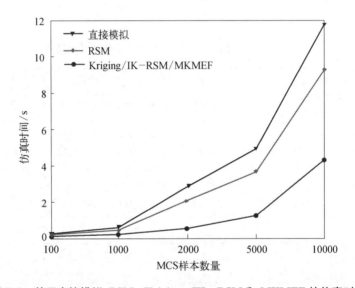

图 7.8　基于直接模拟、RSM、Kriging、IK‑RSM 和 MKMEF 的仿真时间

由图 7.8 可知,在不同仿真次数下,MKMEF 的仿真时间少于直接模拟和 RSM,与 Kriging 和 IK‑RSM 的仿真时间相等。此外,随着仿真次数的增加,MKMEF 在仿真效率方面的优势更加明显。

思　考　题

7.1　简述遗传算法的基本原理。

7.2　简述多种群遗传算法的基本原理。

习 题

7.1. 分别利用遗传算法和多种群遗传算法求解下列函数在$[-60, 60]$的极大值:

$$f(x) = 0.5 + \left[\frac{\sin^2 \sqrt{x^2 + y^2} - 0.5}{1 + 0.001(x^2 + y^2)^2} \right]$$

7.2. 体重约70 kg的某人在短时间内喝下2瓶啤酒后,隔一段时间测量其血液中的酒精含量(mg/100 ml),得到如下所列的数据。

习题7.2表

时间/h	0.25	0.5	0.75	1.0	1.5	2.0	2.5	3.0	3.5	4.0
酒精含量/(mg/100 ml)	30	68	75	82	82	77	68	68	58	51
时间/h	4.5	5.0	6.0	7.0	8.0	9.0	10.0	11.0	12.0	
酒精含量/(mg/100 ml)	50	41	38	35	28	25	18	15	12	

根据酒精在人体血液分解的动力学规律可知,血液中的酒精浓度与时间的关系可表示为

$$c(t) = k(e^{-qt} - e^{-rt})$$

根据表中数据,试利用遗传算法和多种群遗传算法计算求出参数k、q、r。

参 考 文 献

[1] 庄亮东,杨悦,吴桢灏. 遗传算法在Y型偏心支撑组合框架抗震性能优化中的应用研究[J]. 工程力学,2022,39: 1–11.

[2] 陈高远,宋云雪. 改进遗传算法在移动机器人路径规划中的应用研究[J]. 计算机应用与软件,2023,40(2): 302–307.

[3] Coello C A C, Pullido G T. Multiobjective structural optimization using a microgenetic algorithm[J]. Structural and Multidisciplinary Optimization, 2005, 30 (5): 388–403.

[4] Levitin G. Genetic algorithms in reliability engineering[J]. Reliability Engineering and System Safety, 2006, 91(9): 975–976.

[5] 周俊文,刘界鹏. 基于多种群遗传算法的钢框架结构优化设计[J]. 土木与环境工程学报(中英文),2022: 71.

[6] 赵廷红,张赛. 基于MPGA–BP的重力坝变形预测研究[J]. 兰州理工大学学报,2016,42(5): 122–127.

[7] Song S F, Wang L. Modified GMDH–NN algorithm and its application for global sensitivity analysis[J]. Journal of Computational Physics, 2017, 348: 534–548.

第 8 章
基于粒子群优化算法的结构可靠性设计

粒子群优化算法起源于对社会模型的简化模拟,20 世纪 70~80 年代,一些科学家针对鱼群、鸟群及人类社会系统进行研究,提出了 Boids 模型等,以及个体学习与文化传递等概念,证实了群体中个体间的信息共享有助于种群整体的进化。基于以上核心问题,研究人员提出了粒子群优化算法。

粒子群优化算法是由美国的心理学家 Kenndy 和电气工程师 Eberhart 于 1995 年首次在"IEEE 国际神经网络学术会议"上提出来的一种基于群体智能(swarm intelligence, SI)的新型仿生算法,是一种随机、并行的优化算法,通过模拟自然界鸟群、鱼群等生物的群觅食行为中的相互合作机制,从而找到问题的最优解[1,2]。由于 PSO 算法的结构构造简单,需要调节的参数少,易于实现,被优化的函数可以不具备连续、可导、可微等性质,且收敛速度较快,因此一经提出就受到了大量研究人员的青睐,并越来越多地应用于优化函数、神经网络训练、模式分类及其他领域。迄今为止,PSO 算法在单目标优化、约束优化、动态优化、多目标优化、动态多目标优化、信号处理、机器人控制、决策支持及仿真和系统辨识等方面得到了广泛发展,取得了重要成果。

8.1 粒子群优化算法理论

8.1.1 粒子群优化算法原理与标准算法

粒子群优化算法可以有效地对各种函数进行优化,此算法比较依赖随机过程,粒子群优化算法的基本概念源于对鸟群搜寻食物行为的研究:一个鸟群在一个区域内随机搜寻食物,如果区域内只有一份食物且鸟儿们不知道食物位置,那么找到食物最简单的策略就是搜寻距离食物最近的鸟的周围。每只鸟会根据每次搜寻中自身距食物最近的位置和整个鸟群中距食物最近的鸟的位置来确定下一次搜寻的方向和前进的距离,直至找到食物。

粒子群优化算法通过对鸟类的模拟找到最优解。每个个体称为一个"粒子",这些"粒子"没有体积和质量,且每个粒子代表着一个潜在的可行解,粒子的好坏由一个事先给定的适应度函数来判别。每一代粒子群中位置最优的粒子就是鸟群中距离食物最近的鸟,即全局最优解,每个粒子搜寻过程中的个体最优位置就是每只鸟在搜寻过程中自身距食物最近的位置,即个体最优解。在每一次迭代中,粒子通过跟踪两个"极值"来更新自己：第一个就是粒子本身所找到的最优的解，称为个体极值点（用 p_i 表示其位置）；另一个是整个群体迄今为止找到的最优的解，称为全局极值点（用 p_g 表示其位置）。

假设在 D 维空间中，一个由 N 个粒子组成的群体以一定的速度进行搜索，则粒子 i 在时刻 t 的状态如下：

$$\begin{cases} \boldsymbol{x}_i^t = (x_{i1}^t,\ x_{i2}^t,\ \cdots,\ x_{id}^t)^{\mathrm{T}} \\ \boldsymbol{v}_i^t = (v_{i1},\ v_{i2},\ \cdots,\ v_{id})^{\mathrm{T}} \\ \boldsymbol{p}_i^t = (p_{i1}^t,\ p_{i2}^t,\ \cdots,\ p_{iD}^t)^{\mathrm{T}} \\ \boldsymbol{p}_g^t = (p_{g1}^t,\ p_{g2}^t,\ \cdots,\ p_{gD}^t)^{\mathrm{T}} \end{cases} \tag{8.1}$$

其中，$x_{id}^t \in [L_d,\ U_d]$，L_d 和 U_d 分别表示搜索空间的上下限，$1 \leqslant i \leqslant N$ 且 $1 \leqslant d \leqslant D$；$v_{id}^t \in [v_{\min,d},\ v_{\max,d}]$，$v_{\min}$ 和 $v_{\max}$ 分别为最小速度和最大速度；$\boldsymbol{p}_i^t$ 为个体最优位置；$\boldsymbol{p}_g^t$ 为全局最优位置。由此，粒子在 $t+1$ 时刻的基本速度方程和位置方程为

$$v_{id}^{t+1} = v_{id}^t + c_1 \mathrm{rand}_1(p_{id}^t - x_{id}^t) + c_2 \mathrm{rand}_2(p_{gd}^t - x_{id}^t) \tag{8.2}$$

$$x_{id}^{t+1} = x_{id}^t + v_{id}^{t+1} \tag{8.3}$$

其中，v_{id}^t 表示第 t 代种群中第 i 个粒子在第 d 个维度上的速度；rand_1、rand_2 为 $[0,1]$ 的随机数；x_{id}^t 表示第 t 代种群中第 i 个粒子在第 d 个维度上的位置；p_{id}^t 是第 t 代种群中粒子 i 在第 d 个维度的个体极值点的位置；p_{gd}^t 是整个第 t 代种群在第 d 个维度上的全局极值点的位置；c_1、c_2 为学习因子，分别表示向全局最优粒子和个体最优粒子方向的移动步长，若太小，则粒子可能远离目标区域，若太大，则会导致粒子突然向目标区域飞去或飞过目标区域。一般认为，设置较大的 c_1（即认知能力权重较大）时，会使得所有粒子过多地在局部范围内徘徊，不利于算法的全局搜索；而设置较大的 c_2（即社会部分权重较大）时，则会使得粒子过早地陷入局部极值，降低解的精度。合适的 c_1、c_2 可以加快收敛且不易陷入局部最优，通常令 $c_1 = c_2 = 2$。

可以观察到式（8.2）右边由三部分组成：① 第一部分为"惯性"或"动量"部分，反映了粒子的运动"习惯"，代表粒子有维持自己先前速度的趋势；② 第二部分为"认知"部分，反映了粒子对自身历史经验的记忆或回忆，代表粒子有向自身历史最佳位置逼近的趋势；③ 第三部分为"社会"部分，反映了粒子间协同合作与知识共享的群体历史经验，代表粒子有向群体或邻域历史最佳位置逼近的趋势。由此可见，寻优原理充分借鉴了鸟群、鱼群的捕食过程，种群中的各粒子在搜索过程中不仅参考它们自身的经验，而且考虑其他粒子的经验，当其他粒子出现更优解时，它将适应性地加以调整。

为了进一步协调原始 PSO 算法的全局和局部寻优能力，将式（8.2）改写为

$$v_{id}^{t+1} = w v_{id}^t + c_1 \mathrm{rand}_1(p_{id}^t - x_{id}^t) + c_2 \mathrm{rand}_2(p_{gd}^t - x_{id}^t) \tag{8.4}$$

其中，w 为惯性权重，表示粒子保持原先速度的程度，适当的 w 值有利于粒子群优化算法均衡自身的探索与开发能力，其值较大时有助于开展全局寻优，其值较小时则有助于局部的寻优。因此，引入惯性权重 w 的线性递减公式：

$$w = w_{\text{start}} - \frac{w_{\text{start}} - w_{\text{end}}}{t_{\text{max}}} \times t \tag{8.5}$$

其中,t_{max}为最大迭代次数;t为当前迭代次数;w_{start}和w_{end}分别为初始和终止权重。迭代计算过程中,当w按照式(8.5)呈递减变化时,粒子群优化算法前期会有较好的全局寻优性能,而后期会有较好的局部搜索性能,如此一来,该算法不仅能迅速定位最优点所在区域范围,而且能精确找到最优点。一般情况下,w的取值从0.9线性递减到0.4。

与线性递减公式[式(8.5)]相结合的式(8.4)称为标准粒子群优化算法的速度方程,而其位置方程与式(8.3)相同。采用线性递减策略的 PSO 算法即标准 PSO 算法,简称 PSO 算法,PSO 算法的实现步骤如下[3]。

(1)初始化。设定 PSO 算法中所有参数值,如搜索空间的上下限、学习因子、算法最大迭代次数或收敛精度等;设定初始点的位置x_i和速度v_i,当前位置即为每个粒子的p_i,然后找出p_g。

(2)计算适应值。若粒子适应值比该粒子当前的个体极值好,则将p_i设为该粒子的位置,并更新个体极值。若所有粒子的个体极值中的最优值好于当前的全局极值,则将p_g设为该粒子的位置,更新全局极值及其序号g。

(3)更新状态。使用速度方程和位置方程对每个粒子进行更新。为了防止粒子远离搜索空间,粒子的速度都会被限制在$[v_{\text{min}}, v_{\text{max}}]$,超出时则取最大值或最小值,即

$$\begin{cases} v_i = v_{\text{max}}, & v_i > v_{\text{max}} \\ v_i = v_{\text{min}}, & v_i < v_{\text{min}} \end{cases} \tag{8.6}$$

一般来说,如果粒子速度的区间太大,粒子将可能飞离最好解;若速度区间过小,则可能陷入局部最优。

(4)监测是否达到结束条件。如果迭代次数达到预先设定的最大次数或最终结果小于预定收敛精度,则停止迭代,输出最优解i,否则返回步骤(2)。

8.1.2 粒子群优化算法实现

粒子群优化算法有多种实现方式,本节基于程序语言给出标准 PSO 算法的实现思路,关键部分的代码及注解如下:

1)设定各相关参数

UB=函数上界;

LB=函数下界;

PopSize=种群规模;

Dn=维度数;

c1=学习因子;

c2=学习因子:

w_start=惯性权重起始值;

w_end=惯性权重最终值;

Vmax=粒子的最大速度;

```
MaxIter =最大迭代次数;
Iter =初始迭代次数;
```

2）数据初始化

```
X =rand( PopSize,Dn) * (UB-LB)+LB; % 粒子位置随机初始化;
V =rand( PopSize,Dn); % 粒子速度随机初始化;
```

3）设定标准测试函数

4）以当前位置为粒子的最佳位置并记录

```
PBest =X;
FPBest =FX;
```

5）找到最优粒子

```
[Fgbest,r]=min( FX);
CF =Fgbest; % 记录全局最优值
Best =X( r,: );
FBest =Fgbest;
```

6）开始循环

```
while( iter<=Maxiter)
iter =iter+1;
```

7）惯性权重更新

```
w_now =(( w_start-w_end) * (Maxiter-iter) /Maxiter)+w_end;
A =repmat( X( r,: ),PopSize,1) ;
```

8）生成随机数

```
R1 =rand( PopSize,Dn);
R2 =rand( PopSize,Dn);
```

9）速度更新

```
V =w_now * V+cl * R1,* ( PBest-X)+c2 * R2.* (A-X);
```

10）粒子速度的调整,如式(8.6)

```
changeRows =V>Vmax;
VStep( find( changeRows))= Vmax;
changeRows =V<-Vmax;
V( find( changeRows))= -Vmax;
```

11）粒子位置更新

```
X =X+1.0 * V;
```

12）计算新位置的适应度

```
ind =repmat( 1;Dn,PopSize,1);
FX =sum((( X.^A2) /4000)' )' -prod( cos( X./sqrt( ind))' )' +1;
```

13）更新各粒子的最佳位置

```
P =FX<FPBest;
FPBest( find( P))= FX( find( P)); % 适应值更换
```

```
PBest(find(P),:)=X(find(P),:);%粒子位置更换
```

14）保存最佳适应值

```
[Fgbest,g]=min(FPBest);
if Fgbest<CF % 如果本次适应值优于上次则保存
[fBest,b]=min(FPBest);% 最佳适应值为 fBest
Best=PBest(b,:);% 最佳位置为 Best
CF=Fgbest;% 保存本次适应值
```

8.1.3　粒子群优化算法参数分析

为了提升 PSO 算法的性能，需要改进其速度迭代公式中的参数，其中包括惯性权重、学习因子和其他参数。其中，惯性权重是控制 PSO 算法全局探索能力和局部开发能力的重要因素，因此得到了广泛的研究，其中包括惯性权重、学习因子、种群规模等几个方面。惯性权重的调节是关键，因为它能够平衡全局搜索能力和局部搜索能力的关系。当惯性权重值较大时，能够加强全局搜索，但可能无法得到精确解；而当惯性权重值较小时，能够加强局部搜索并得到更精确的解，但需要更多的迭代次数。因此，如何找到合适的惯性权重值是 PSO 算法性能改进的一个重要方面。

首先，惯性权重是 PSO 算法中重要的可调参数之一，它决定了先前速度对当前粒子速度的影响程度。通过调节惯性权重的值，可以实现全局搜索和局部搜索之间的平衡。当惯性权重值较大时，全局搜索能力强，但局部搜索能力较弱，很难得到精确解；当惯性权重值较小时，全局搜索能力较弱，收敛速度慢，且可能会陷入局部极值，但局部搜索能力较强。因此，寻找合适的惯性权重值来实现搜索精度和速度之间的恰当协调可以趋利避害，提升算法的性能和优化能力，并减少迭代次数。显然，找到最优惯性权重值是具有一定难度的。许多学者多年来致力于研究惯性权重，并获得了许多研究成果，主要包括线性策略和非线性策略两种方法。

线性惯性权重策略包括典型线性递减策略［式(8.5)］和线性微分递减策略：

$$w = w_{\text{start}} - \frac{w_{\text{start}} - w_{\text{end}}}{t_{\text{max}}^2} \times t^2 \tag{8.7}$$

其中，典型线性惯性权重策略目前的应用最为广泛，采用该策略，PSO 算法开始时的 w 值较大，因此可以快速定位最优值的大致位置，然后 w 值减小，PSO 算法在最优值附近进行精确搜索，但有时也易出现陷入局部最优的问题，而线性微分递减策略在一定程度上降低了该问题的发生概率。

为了克服线性惯性权重策略的不足，许多学者进行了大量研究，并提出了多种非线性惯性权重策略，其中主要包括：先增后减策略、带阈值的非线性递减策略、带控制因子的非线性递减惯性权重策略、非线性动态改进惯性权重策略、基于正切函数的惯性权重改进策略、基于反正切函数的惯性权重改进策略等。除线性策略和非线性策略两种方法以外，广大学者也开发了如随机调整 w 值策略、模糊调整 w 值策略等，本节不再加以详述。

其次，学习因子 c_1 和 c_2 作为可调参数，决定了粒子在运动轨迹中所受的自身和群体

经验的影响,表达了粒子之间的信息交流,设置过大或过小的 c_1 和 c_2 值都会影响粒子的搜索效果。在理想情况下,搜索初期应让粒子尽可能地探索整个搜索空间,以便找到全局最优解。然而,在搜索快要结束时,粒子应避免陷入局部最优解中,c_1 和 c_2 的一般取值为 $c_1 = c_2 \in [1, 2.5]$。

目前,学习因子的改进策略有标准学习因子($c_1 = c_2 = 2$)、线性变换策略($c_1 = 2.5 \rightarrow 0.5$,$c_2 = 0.5 \rightarrow 2.5$)、反余弦策略($c_1 = 2.5 \rightarrow 0.5$,$c_2 = 0.5 \rightarrow 2.5$)及非对称反余弦策略($c_1 = 2.75 \rightarrow 1.25$,$c_2 = 0.5 \rightarrow 2.25$)等。

此外,种群规模和最大粒子速度等参数也会影响 PSO 算法的性能。增加种群规模会提升算法的可靠性与收敛性能,但会大幅增加计算时间,所以选定种群规模时需要对其进行综合考虑,对于存在大量极值的复杂问题,可适当增大种群规模。当最大速度过大时,粒子可能会飞跃最优解,当最大速度过小时,粒子则更可能陷入局部最优,因此选择最大速度时要根据实际问题进行调整。

8.1.4　粒子群优化算法分类

粒子群优化算法主要分为四类,现分述如下。

1. 标准粒子群优化算法的变形

该类算法主要是对标准粒子群优化算法的惯性权重、收敛因子、认知部分的学习因子 c_1 和社会部分的学习因子 c_2 进行调整,惯性权重由固定值改为采用递减策略取值。在算法开始阶段,较大的惯性权重可使算法不易陷入局部最优;而到算法后期,较小的惯性权重则可以加快收敛速度,使其更平稳,避免出现振荡现象。经过测试,动态减小惯性权重 w 确实可以使算法更加稳定,效果也更好。且经过广大学者研究,线性函数的递减优于凸函数的递减,但凹函数的递减策略又优于线性函数的递减。至于收敛因子,在经过证明后,其取值为 0.729 时可以保证算法收敛,但不能保证得到全局最优解。而对于 c_1 和 c_2,则可采取"c_1 先大后小,c_2 先小后大"的策略。

2. 粒子群优化算法的混合

该类算法是将其他进化算法或传统优化算法或其他技术与 PSO 算法相结合,如与模拟退火算法相混合、与单纯形法相混合、与遗传算法相混合、与马尔可夫链相结合等,或将自然界中的自然选择机制引入粒子群优化算法中。具体地,根据遗传算法的三种不同算子(选择算子、杂交算子、变异算子),可以生成三种不同的混合算法。其中,与选择算子的结合是利用所有粒子适应度的大小给每个粒子赋予被选中的概率,最后依据概率来选择粒子,这种算法可以在运行过程中保持粒子群的多样性,但收敛速度较慢。而与杂交算子的结合可以引入新的粒子,但在算法陷入局部最优解时很难跳出。与变异算子的结合则是将与当前最优位置距离较近的粒子进行随机初始化,以便发现更好的最优值。

3. 离散二进制粒子群优化算法

为了更好地解决工程实际中的组合优化问题而提出的离散二进制粒子群优化算法与遗传算法在形式上非常相似,但实验结果表明,在大多数测试函数中,二进制粒子群优化算法比遗传算法的速度快,尤其是高维问题。

4. 协同粒子群优化算法

协同粒子群优化算法将粒子的 D 维分配到 D 个粒子群中,每个粒子群优化一维向量,然后将这些分量合并为一个完整的向量评价适应度。该类型的粒子群优化算法在某些问题上有更快的收敛速度。

以上为粒子群优化算法的四种基本分类,大多数粒子群改进策略都围绕着这四个分类展开。

8.1.5　粒子群优化算法应用领域

粒子群优化算法的普适性较强,它不依赖于问题的具体领域,对问题的种类有很强的适应性,因此在众多领域都有广泛的应用,主要应用领域包括[4,5]:函数优化、约束优化、工程设计、电力系统、机器人智能控制、交通运输、通信、计算机、生物医学及模糊系统控制等。粒子群优化算法已应用于各种生物化学成分的优化组合、人工合成微生物等场景,同时还在模糊控制器的设计、图像分割、脑电信号模拟、语音识别、烧伤诊断及探测移动目标等方面取得了成功应用的先例。粒子群优化算法对于现实世界有很大的应用潜力,是较为理想的优化算法之一。

1. 函数优化

大多实际工程问题可以转化为函数优化问题,针对函数优化,已经有一些成熟的解决方法(如遗传算法)。但是对于超高维、多局部极值的复杂函数,遗传算法往往在优化的收敛速度和精度上难以达到期望的要求。采用 PSO 算法及其改进算法可以改善上述问题。

2. 约束优化

随着问题的增多,约束优化问题的搜索空间也急剧变换,有时在目前的计算机上用枚举法很难,甚至不可能求出其精确最优解。粒子群优化算法是解决这类问题的最佳工具之一。实践证明,粒子群优化算法对于约束优化中的规划和离散空间组合问题的求解非常有效。

3. 工程设计

对于实际工程设计问题,由于存在诸多复杂因素,简化的数学模型难以替代实际工程情况,或者根据实际问题建立起来的数学模型难以求解,迄今为止,粒子群优化算法已成为解决实际工程问题的有效工具,在电路及滤波器设计、任务分配等方面都得到了一定的应用。

4. 电力系统

在电力系统中,粒子群优化算法主要应用于配电网扩建规划、检修规划、机组组合、经济负荷分配、最优潮流计算和无功优化控制、谐波分析和电容分配、配电网状态估计、参数辨识和优化设计等方面。随着粒子群优化理论的深入研究,该算法也将在电力市场拍卖交易、竞价策略和电力市场仿真等领域发挥巨大作用。

5. 智能控制

机器人智能控制系统是一种复杂的人工系统,对于机器人的控制与协调、移动机器人路径规划等复杂问题,粒子群优化算法也可胜任,因此机器人智能控制也是粒子群优化算法的一个重要应用领域。

6. 神经网络训练

PSO 算法是一种公认的很有潜力的神经网络训练算法,对于神经网络训练这种超高维的优化问题,常用的其他优化算法(如反向传播算法和遗传算法)要么难以克服局部最优问题,要么优化效率低下,而 PSO 算法的搜索速度较快而且可以得到比较好的优化结果,克服了上述缺点,在一些实际应用问题中取得了较高的成功率,目前正在向更多的应用领域推广。

7. 模糊系统控制

对于多输入或多模糊度的控制对象,模糊规则的生成已经证明是 NP*-hard 问题。因此,研究模糊规则的自动生成具有重要的研究和应用价值。相关研究人员已经将 PSO 算法用于优化模糊控制系统的问题上,致力于研究模糊神经网络系统自动提取模糊规则,并在一些典型的问题上取得进展。

此外,PSO 算法在其他实际应用领域也有很好的进展和前景,如交通运输、生物医学、目标问题的优化、系统设计、分类、模式识别、规划问题、信号处理、决策和模拟等。PSO 算法与其他进化算法一样,几乎可以解决所有的优化问题,目前在模糊控制器的设计、图像分割、语音识别、烧伤诊断及探测移动目标等方面已经有成功应用的先例。

8.2　粒子群优化算法改进

为了克服 PSO 算法的局部极值、早熟收敛或停滞现象等不足,各国研究人员提出了多种改进措施,包括:对参数设置的改进、对拓扑结构的改进、混合改进策略等。针对不同的改进策略,下面列举出几种不同的 PSO 改进算法。

8.2.1　参数设置

由前面内容可知,PSO 算法的主要参数包括最大速度、学习因子、惯性权重等,广大研究人员对这些参数加以改进,提出了诸多改进算法。其中,压缩因子法是将压缩因子 K 引入标准PSO 算法中,用其取代传统惯性权重,有助于确保 PSO 算法收敛,这种方法的速度更新公式为

$$v_{id}^{t+1} = K[v_{id}^t + c_1 \text{rand}_1(p_{id}^t - x_{id}^t) + c_2 \text{rand}_2(p_{gd}^t - x_{id}^t)] \tag{8.8}$$

$$K = \frac{2}{|2 - \varphi + \sqrt{\varphi^2 - 4\varphi}|} \tag{8.9}$$

其中,$\varphi = c_1 + c_2$,$\varphi > 4$,φ 在一般情况下的取值为 4.1。压缩因子 K 的引入可以控制粒子群优化算法的收敛,使得粒子有机会搜索空间中不同的区域,并获得高质量的粒子。实验结果表明,它大大提高了粒子群优化算法的收敛速度和收敛精度。

8.2.2　拓扑结构

在 PSO 算法的全局模型中,每个粒子都要与整个种群中的其他粒子进行信息交换,

---

* NP 表示非确定性多项式。

有较快的收敛速度,但容易陷入局部最优,为了克服该问题,研究人员限定每个粒子仅能与相邻区域内的其他粒子进行信息交换,进而提出了诸多 PSO 算法的局部模型。全面学习粒子群优化器(comprehensive learning particle swarm optimizer, CLPSO)算法就是一种考虑了邻域拓扑策略的改进算法。该算法能够进行 D 维空间的搜索,并能够在不同维度上选择不同的学习对象。CLPSO 算法的速度更新公式为

$$v_{ij}^{t+1} = wv_{ij}^t + \varphi r[pf_i(j), j] - x_{ij}^t \tag{8.10}$$

其中,φ 为加速因子;r 为 $[0, 1]$ 内的均匀随机数;$f_i(j)$ 表示粒子在 D 维的学习对象。CLPSO 算法中,每个粒子可以随机地向自身或其他粒子学习,并且每个维度可以有不同的学习对象。这种学习策略增加了每个粒子的学习对象,使其在更大的潜在空间中飞行,有利于全局搜索。相比传统的 PSO 算法,CLPSO 算法可以有效克服因邻域拓扑限制和相邻粒子数量较少而导致的早熟收敛和局部极值问题。

8.2.3 混合策略

将其他进化算法或传统优化算法或其他技术与 PSO 算法相结合的策略即混合策略。

1)基于自然选择机制的粒子群优化算法

将自然界中的自然选择机制引入粒子群优化算法中,形成基于自然选择的粒子群优化算法,其核心思想为,当算法更新完所有的粒子后,计算粒子的适应度值并对粒子进行适应度值排序。然后根据排序结果,用粒子群体中最好的一半粒子替换粒子群体中最差的一半粒子,但是保留原来粒子的个体最优位置信息。实验结果表明,自然选择机制的引入增强了粒子的全局寻优能力,提高了解的精度。

2)基于模拟退火的粒子群优化算法

将模拟退火机制、杂交算子、高斯变异引入粒子群优化算法中,以便更好地优化粒子群体。算法的基本流程是首先随机初始一组解,通过粒子群优化算法的公式[式(8.3)和式(8.4)]来更新粒子,然后对所有粒子进行杂交运算和高斯变异运算,最后对每个粒子进行模拟退火运算。随着迭代的不断进行,温度逐渐下降,接受不良解的概率逐渐下降,从而提高了算法的收敛性。实验结果表明,改进的混合算法不仅保存了标准粒子群优化算法结构简单、容易实现等优点,而且由于模拟退火的引入而提高了算法的全局搜索能力,加快了算法的收敛速度,大大提高了解的精度。

3)时滞跳变粒子群优化算法

在标准 PSO 算法的基础上,引入马尔可夫链和进化因子,自适应地选择跳变策略和延迟信息,其核心思想如下:① 通过评估进化因子,并利用概率转移矩阵,确定非齐次马尔可夫链 $\xi(t)(t \geq 0)$,并使其在迭代中自动更新;② 通过结合进化因子和马尔可夫链,自适应地选择惯性权重、加速度系数和延迟信息,进而调整粒子的速度。

在时滞跳变粒子群优化(switching delayed particle swarm optimization, SDPSO)算法中,各个粒子的速度和位置的更新方程可表示为

$$v_{id}^{t+1} = wv_{id}^t + c_1[\xi(t)]\text{rand}_1(p_{id}^t\{t - \tau_1[\xi(t)]\} - x_{id}^t)$$
$$+ c_2[\xi(t)]\text{rand}_2(p_{gd}^t\{t - \tau_2[\xi(t)]\} - x_{id}^t) \tag{8.11}$$

其中，$c_1[\xi(t)]$ 和 $c_2[\xi(t)]$ 表示加速度系数；$\tau_1[\xi(t)]$ 和 $\tau_2[\xi(t)]$ 表示时滞系数。这些参数可以根据非齐次马尔可夫链确定。马尔可夫链 $\xi(t)$ 值可以取为 1、2、3、4，分别代表优化搜索过程中的收敛、开发、探索和跳出四种状态。而 $\xi(t)$ 值可根据进化因子 E_f 来选择，进化因子 E_f 的定义如下：

$$E_f = \frac{D_g - D_{\min}}{D_{\max} - D_{\min}} \tag{8.12}$$

其中，$D_i = \frac{1}{s}\sum_{j=1}^{s}\sqrt{\sum_{k=1}^{d}(x_i^k - x_j^k)^2}$ 表示粒子群中第 i 个粒子与群内其他粒子的平均距离，s 为群的大小；$D_{\min}$ 和 $D_{\max}$ 分别表示 D_i 中最小值和最大值的平均距离；D_g 表示全局最优粒子与群中其他粒子之间的平均距离。此后，$\xi(t)$ 值可以通过利用概率转移矩阵进行随机地调整。惯性权重 w 的变化趋势与进化因子 E_f 一致。

该改进算法可有效避免 PSO 算法在高维和多峰值寻优问题中的早熟及陷入局部最优的问题。

8.3 实 例 分 析

8.3.1 标准测试函数

以下介绍几种标准测试函数，这些标准测试函数都是经过精心设计且专门用来测试优化算法性能的，一般认为，如果某个优化算法在某个测试函数中表现良好，则可认为该算法在很多问题中都将有良好的表现。PSO 算法基于群体智能（swarm intelligence，SI），其功能与 GA 极为相似，故本节对比标准 PSO 算法与 GA 在下述标准测试函数中的优化效果。

（1）Schwefel 函数：

$$f_1(x) = \sum_i^n |x_i| + \prod_i^n |x_i| \tag{8.13}$$

此函数为单峰函数，且由于 $\prod$ 的存在，各变量之间相互影响，全局最优点 $x = \{0, 0, \cdots, 0\}$，其函数值 $f_1(x) = 0$。

（2）Rastrigin 函数：

$$f_2(x) = \sum_{i=1}^{n}[x_i^2 - 10\cos(2\pi x_i) + 10] \tag{8.14}$$

此函数具有大量的、很深的局部最优点，这些局部最优点在正弦拐点位置排列，优化算法极其容易在某条路径上陷入局部最优。全局最优点 $x = \{0, 0, \cdots, 0\}$，其函数值 $f_2(x) = 0$。

（3）Griewank 函数：

$$f_3(x) = \frac{1}{4\,000} \sum_{i=1}^{n} x_i^2 - \prod_{i=1}^{n} \cos\left(\frac{x_i}{\sqrt{i}}\right) + 1 \tag{8.15}$$

此函数也是一个复杂的多峰函数，各变量之间显著相关，且存在大量局部极小点与高大障碍物，该算法可以检测优化算法跳出局部最优的能力。全局最优点 $x = \{0, 0, \cdots, 0\}$，其函数值 $f_3(x) = 0$。

（4）Quartic(Noise) 函数：

$$f_4(x) = \sum_{i=1}^{n} ix_i^4 + \mathrm{rand}[0, 1] \tag{8.16}$$

式（8.16）为一个含有高斯噪声的 4 次函数。在不考虑噪声时，该函数有一个全局最优值且该函数不可能有其他局部极大值或局部极小值。全局最优点 $x = \{0, 0, \cdots, 0\}$，其函数值 $f_4(x) = 0$。

（5）Rosenbrock 函数：

$$f_5(x) = \sum_{i=1}^{n} \left[100(x_{i+1} - x_i^2)^2 + (x_i - 1)^2 \right] \tag{8.17}$$

该函数也称香蕉函数，因其靠近最优点区域的适应值地形呈香蕉状而得名，也是一个单峰函数，不易求解。该函数在远离最优点区域的适应值地形较为简单，靠近最优点为香蕉状，变量之间有较强的相关性，且搜索方向极易被梯度信息误导。全局最优点 $x = \{1, 1, \cdots, 1\}$，其函数值 $f_5(x) = 0$。

本节基于 Isight 软件，分别使用标准 PSO 算法与 GA 对 Schwefel 函数、Rastrigin 函数、Griewank 函数、Quartic 函数和 QuarticNoise 函数进行 5 次优化，优化结果箱形图如图 8.1 所示，其中迭代次数为 300，粒子数为 100，而表 8.1 则列出了两种算法最优结果的具体值及典型参数。由结果对比可知，虽然迭代次数有限，但 PSO 算法在优化个别函数时的最优解总能趋近于全局最优解，有一定的跳出局部最优的能力。具体地讲，在优化 Schwefel 函数时，GA 的优化结果略优于 PSO 算法，两者的标准差大小相当；在优化 Rastrigin 函数时，PSO 算法的优化结果分布更加集中，但整体结果偏大；在优化 Griewank 函数时，由于 Griewank 函数具有极多的局部最优值及其复杂性（如前面所述），PSO 算法的优化结果表现欠佳；在优化 Quartic 函数时，PSO 算法的最优值及其分布情况全面优于 GA；最后，给 Quartic 函数加入高噪声的 4 次函数（QuarticNoise 函数）后，PSO 算法的最优值表现差于 GA。可见，优化算法有其各自擅长的领域，且证明了标准 PSO 算法有能力解决大量实际问题。值得一提的是，为了弥补标准 PSO 算法存在的弱点，多年来，经过广大学者们的努力，已经相继提出了大量的改进算法，大幅提升了 PSO 算法的优化性能。

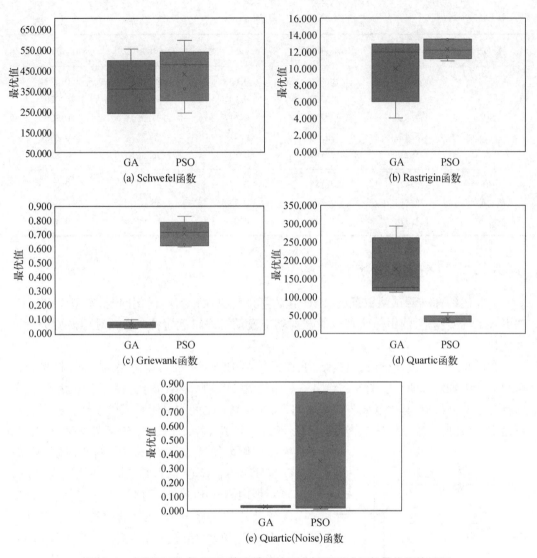

图 8.1　分别用 GA 和 PSO 算法得到的五个标准测试函数最优值箱形图

表 8.1　标准 PSO 算法和 GA 的优化结果对比（迭代次数：300）

算　法	Schwefel 函数	Rastrigin 函数	Griewank 函数	Quartic 函数	QuarticNoise 函数
	355.341	7.972	0.064	229.295	0.021
	237.016	12.935	0.060	293.132	0.028
GA	441.798	12.935	0.052	118.403	0.015
	552.735	3.980	0.097	124.916	0.032
	236.970	11.940	0.036	110.688	0.021
中值	355.341	11.940	0.060	124.916	0.021
平均值	364.772	9.952	0.062	175.287	0.023
标准差	121.661	3.502	0.020	73.144	0.006

算　法	Schwefel 函数	Rastrigin 函数	Griewank 函数	Quartic 函数	QuarticNoise 函数
	356.948	10.896	0.633	27.668	0.022
	238.665	11.393	0.747	30.386	0.020
PSO	477.818	13.479	0.614	31.550	0.007
	475.429	13.565	0.718	55.227	0.838
	595.229	12.187	0.831	36.801	0.827
中值	475.429	12.187	0.718	31.550	0.022
平均值	428.818	12.304	0.709	36.326	0.343
标准差	121.318	1.077	0.079	9.905	0.400

8.3.2　工程实例分析

经前述的标准测试函数证明,PSO 算法可以解决大量实际优化问题,本节将 PSO 算法引入工程实例中,使用标准 PSO 算法对航空发动机涡轮盘简易二维轴对称模型进行尺寸优化。

在涡轮盘概念设计阶段,连接结构、榫槽等结构细节特征可以忽略,进而可将涡轮盘简化为二维轴对称模型。图 8.2 给出了某涡轮盘二维轴对称参数化模型,它由盘缘、辐板和盘心三部分组成,其中盘缘与辐板之间、辐板与盘心之间均采用圆弧线连接。该涡轮盘可由 10 个几何参数唯一确定,分别如下:轮缘半径 R_1、盘心半径 R_2、辐板外侧半径 R_3、辐板内侧半径 R_4、轮缘厚度 H_1、盘心厚度 H_2、轮缘宽度 W_1、盘心宽度 W_2、辐板外侧宽度 W_3 和辐板内侧宽度 W_4。根据涡轮盘与转子轴、转子叶片的连接关系,在优化过程中,参数 H_1、W_1、R_1 和 R_2 始终保持不变,分别为 7.5 mm、40 mm、237 mm 和 83 mm。根据设计需求,选择 R_3、R_4、H_2、W_2、W_3、W_4 作为设计变量,选择涡轮盘最大冯·米塞斯(von Mises)应力小于等于 9.3×10^8 Pa 作为约束条件,选择涡轮盘结构质量作为优化目标。对设计变量的变化范围和初值作如下规定:R_3 取值范围为 202~210 mm,初始值为 206 mm;R_4 取值范围为 150~180 mm,初始值为 165 mm;H_2 取值范围为 15~40 mm,初始值为 30 mm;W_2 取值范围为 80~100 mm,初始值为 90 mm;W_3 取值范围

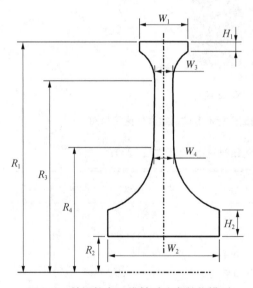

图 8.2　某涡轮盘二维轴对称参数化模型

为 12~17 mm,初始值为 14 mm;W_4 取值范围为 15~19 mm,初始值为 17 mm。

涡轮盘温度场由如下经验公式确定:

$$T(R) = T(R_2) + [T(R_1) - T(R_2)] \times \frac{R^3 - R_2^3}{R^3 - R_1^3} \tag{8.18}$$

其中，$T(R)$表示半径R处的温度；盘缘温度$T(R_1)$为$600\,℃$；盘心温度$T(R_2)$为$300\,℃$。此外，轮盘材料设定为GH4169，其泊松比为0.3，密度为$8\,240\,\text{kg/m}^3$，热膨胀系数为$1\times10^{-5}/℃$，$200\,℃$时的弹性模量为$1.92\times10^{11}\,\text{Pa}$，$400\,℃$时的弹性模量为$1.80\times10^{11}\,\text{Pa}$，$600\,℃$时的弹性模量为$1.65\times10^{11}\,\text{Pa}$。轮盘盘缘处承受均布拉力载荷$1.318\,5\times10^8\,\text{Pa}$，轮盘旋转速度为$12\,885\,\text{r/min}$（可换算为$1\,349.314\,\text{rad/s}$）。

本节提供上述简化二维涡轮盘有限元分析的 APDL 计算语言（19.0 版本），语言文件保存格式为 TXT、Inp、Mac 等，仅供参考。

————————————————！注：英文符号！后为注释语句

```
FINISH                          /PREP7
/CLEAR,NOSTART                  ! 设置参数名称
/PREP7                          *SET,R1,0.237
! 设置单元类型                   *SET,R2,0.083
ET,1,PLANE183                   *SET,R3,0.206
KEYOPT,1,1,0                    *SET,R4,0.165
KEYOPT,1,3,1                    *SET,W1,0.040
KEYOPT,1,6,0                    *SET,W2,0.090
! 设置材料属性                   *SET,W3,0.014
MPTEMP,,,,,,,,                  *SET,W4,0.017
MPTEMP,1,0                      *SET,H0,0.020
MPDATA,DENS,1,,8240             *SET,H1,0.0075
MPTEMP,,,,,,,,                  *SET,H2,0.030
MPTEMP,1,200                    X1=R4
MPTEMP,2,400                    Y1=H0+(W2-W4)/2
MPTEMP,3,600                    X2=R3
MPDATA,EX,1,,1.92E11            Y2=H0+(W2-W3)/2
MPDATA,EX,1,,1.80E11            X3=R3
MPDATA,EX,1,,1.65E11            Y3=H0+(W2+W3)/2
MPDATA,PRXY,1,,0.3              X4=R4
MPDATA,PRXY,1,,0.3              Y4=H0+(W2+W4)/2
MPDATA,PRXY,1,,0.3              X5=R2+H2
MPTEMP,,,,,,,,                  Y5=H0+W2
MPTEMP,1,0                      X6=R2
UIMP,1,REFT,,,20               Y6=H0+W2
MPDATA,ALPX,1,,1E-5            X7=R2
! 进入前处理                     Y7=H0
```

X8 = R2 + H2

Y8 = H0

X9 = R1 - H1

Y9 = H0 + (W2 - W1) / 2

X10 = R1

Y10 = H0 + (W2 - W1) / 2

X11 = R1

Y11 = H0 + (W2 + W1) / 2

X12 = R1 - H1

Y12 = H0 + (W2 + W1) / 2

K1 = -(X4 - X5) / (Y4 - Y5)

K2 = -(X4 - X3) / (Y4 - Y3)

K3 = -(X12 - X3) / (Y12 - Y3)

K4 = -(X3 - X4) / (Y3 - Y4)

X0 = (X4 + X5) / 2

Y0 = (Y4 + Y5) / 2

XP = (X3 + X12) / 2

YP = (Y3 + Y12) / 2

X13 = (K1 * X0 - K2 * X4 + Y4 - Y0) / (K1 - K2)

Y13 = (K1 * K2 * X0 - K1 * K2 * X4 + K1 * Y4 - K2 * Y0) / (K1 - K2)

X14 = (K3 * XP - K4 * X3 + Y3 - YP) / (K3 - K4)

Y14 = (K3 * K4 * XP - K3 * K4 * X3 + K3 * Y3 - K4 * YP) / (K3 - K4)

X15 = X14

Y15 = 2 * H0 + W2 - Y14

X16 = X13

Y16 = 2 * H0 + W2 - Y13

R1O = SQRT((X13 - X4) ** 2 + (Y13 - Y4) ** 2)

R2O = SQRT((X14 - X3) ** 2 + (Y14 - Y3) ** 2)

! 几何建模

K,1,X1,Y1,0

K,2,X2,Y2,0

K,3,X3,Y3,0

K,4,X4,Y4,0

K,5,X5,Y5,0

K,6,X6,Y6,0

K,7,X7,Y7,0

K,8,X8,Y8,0

K,9,X9,Y9,0

K,10,X10,Y10,0

K,11,X11,Y11,0

K,12,X12,Y12,0

k,13,X13,Y13,0

k,14,X14,Y14,0

k,15,X15,Y15,0

k,16,X16,Y16,0

L,1,2

L,4,3

L,6,5

L,6,7

L,7,8

L,9,10

L,12,11

L,10,11

LARC,5,4,13,R1O,

LARC,12,3,14,R2O,

LARC,8,1,16,R1O,

LARC,9,2,15,R2O,

A,1,2,9,10,11,12,3,4,5,6,7,8

! 划分网格

AESIZE,all,0.002,

MSHAPE,0,2D

MSHKEY,0

AMESH,all

! 施加位移约束

DK,7,,0,,0,UY,,,,,,

! 施加载荷

SFL,8,PRES,-1.3158e8

OMEGA,0,1349.314,0,

! 设置温度场

```
*DEL,_FNCNAME
*DEL,_FNCMTID
*DEL,_FNCCSYS
*SET,_FNCNAME,' TempFunc'
*SET,_FNCCSYS,0
! /INPUT,TempFunc.func,,,1
*DIM,%_FNCNAME%,TABLE,6,
19,1,,,,%_FNCCSYS%
! Begin of equation: 300 +
300*(|X|^3-0.083^3)/(0.237^
3-0.083^3)
%_FNCNAME%(0,0,1)=0.0,
-999
%_FNCNAME%(2,0,1)=0.0
%_FNCNAME%(3,0,1)=0.0
%_FNCNAME%(4,0,1)=0.0
%_FNCNAME%(5,0,1)=0.0
%_FNCNAME%(6,0,1)=0.0
%_FNCNAME%(0,1,1)=1.0,-1,
0,3,0,0,2
%_FNCNAME%(0,2,1)=0.0,-2,
0,1,2,17,-1
%_FNCNAME%(0,3,1)=0,-1,0,
0.083,0,0,0
%_FNCNAME%(0,4,1)=0.0,-3,
0,3,0,0,-1
%_FNCNAME%(0,5,1)=0.0,-4,
0,1,-1,17,-3
%_FNCNAME%(0,6,1)=0.0,-1,
0,1,-2,2,-4
%_FNCNAME%(0,7,1)=0.0,-2,
0,300,0,0,-1
%_FNCNAME%(0,8,1)=0.0,-3,
0,1,-2,3,-1
%_FNCNAME%(0,9,1)=0.0,-1,
0,0.237,0,0,0
%_FNCNAME%(0,10,1)=0.0,-2,
0,3,0,0,-1
%_FNCNAME%(0,11,1)=0.0,-4,
0,1,-1,17,-2
%_FNCNAME%(0,12,1)=0.0,-1,
0,0.083,0,0,0
%_FNCNAME%(0,13,1)=0.0,-2,
0,3,0,0,-1
%_FNCNAME%(0,14,1)=0.0,-5,
0,1,-1,17,-2
%_FNCNAME%(0,15,1)=0.0,-1,
0,1,-4,2,-5
%_FNCNAME%(0,16,1)=0.0,-2,
0,1,-3,4,-1
%_FNCNAME%(0,17,1)=0.0,-1,
0,300,0,0,-2
%_FNCNAME%(0,18,1)=0.0,-3,
0,1,-1,1,-2
%_FNCNAME%(0,19,1)=0.0,99,
0,1,-3,0,0
! End of equation: 300+300*
(|X|^3-0.083^3)/(0.237^3-0.
083^3)
! -->
ALLSEL,ALL
BF,ALL,TEMP,%TEMPFUNC%
FINISH
/SOL
/STATUS,SOLU
! 求解
SOLVE
FINISH
! 进入后处理
/POST1
! 提取最大径向应力
NSORT,S,X,0,1,all
*get,SX_MAX,SORT,0,MAX
! 提取最大周向应力
NSORT,S,Z,0,1,all
*get,SZ_MAX,SORT,0,MAX
```

```
！提取最大等效应力              ETABLE, ,VOLU,
NSORT,S,EQV,0,1,all            SSUM
＊get,SEQV_MAX,SORT,0,MAX       ＊GET,DISK_VOL,SSUM,0,ITEM,
！计算轮盘质量                  VOLU
ALLSEL,ALL                     DISK_MASS＝DISK_VOL＊8240
```

PSO 算法的粒子数和最大代数分别设置为 20 和 50。图 8.2 给出了涡轮盘模型尺寸优化时的质量收敛过程。由图 8.2 可知：尺寸优化收敛快速且稳定，得到了满足应力约束的最佳涡轮盘尺寸方案。这表明，PSO 算法是一种高效的适用于该工程优化问题的算法，适用于有约束的实际工程优化问题。经过 PSO 算法的迭代优化，该工程问题的最优解如图 8.3 所示，其中 $R_3 = 210$ mm，$R_4 = 150$ mm，$H_2 = 18.693$ mm，$W_2 = 80$ mm，$W_3 = 12$ mm，$W_4 = 15$ mm，其质量为 32.581 kg，最大 von Mises 应力为 929.993 MPa，符合该工程问题的约束要求。

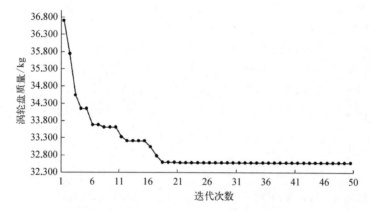

图 8.2　涡轮盘模型尺寸优化时的质量收敛曲线

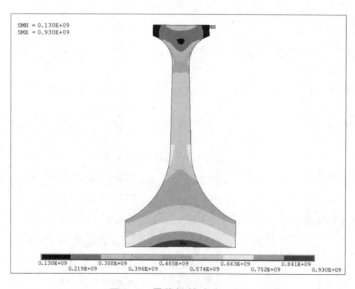

图 8.3　最优解的应力云图

思　考　题

8.1　原始粒子群优化算法和标准粒子群优化算法有何区别?

8.2　举例说明粒子群优化算法的搜索原理。

8.3　粒子群优化算法更新方程中的各部分参数分别有哪些影响?

8.4　简要叙述粒子群优化算法有哪些特点。

8.5　提出几种改进粒子群优化算法的思路。

参 考 文 献

[1]　李丽,牛奔.粒子群优化算法[M].北京:冶金工业出版社,2009.

[2]　杨英杰.粒子群优化算法及其应用研究[M].北京:北京理工大学出版社,2017.

[3]　潘峰,李位星,高琪,等.粒子群优化算法与多目标优化[M].北京:北京理工大学出版社,2013.

[4]　Zeng N Y, Wang Z D, Zhang H, et al. A novel switching delayed PSO algorithm for estimating unknown parameters of lateral flow immunoassay[J]. Journal of Mechanical Engineering, Computation, 2016, 8(2): 143 - 152.

[5]　Yan C, Hao W K, Yin Y Q, et al. Stress optimization of vent holes with different shapes using efficient switching delayed PSO algorithm[J]. Applied Sciences-Basel, 2022, 12(11): 5395.

第9章
基于蚁群优化算法的结构可靠性设计

9.1 蚁群优化算法原理

蚁群优化(ant colony optimization,ACO)算法[1]是一种基于群体行为的随机搜索算法,其灵感来源于真实蚁群的觅食行为。在蚁群中,蚂蚁通过释放信息素来与其他蚂蚁进行通信,并根据信息素的浓度来选择路径。基于这种集体行为的特点,整个蚁群能够有效地探索解空间,并逐步收敛到最优解。

蚁群优化算法的核心思想在于模拟蚂蚁在寻找食物过程中的行为策略。每个候选解都被看作一只蚂蚁在解空间中的位置。蚂蚁通过释放信息素来与其他蚂蚁进行交流,信息素的浓度表示了路径的好坏程度。较好的路径上的信息素浓度较高,会吸引更多的蚂蚁选择该路径。通过不断地调整个体结构和信息素浓度,蚁群能够逐渐找到更优解。

数学上,蚁群优化算法可以用式(9.1)来表示蚂蚁在路径选择过程中的概率:

$$P_{ij} = \frac{\tau_{ij}^{\alpha} \eta_{ij}^{\beta}}{\sum_{k \in N_i} \tau_{ik}^{\alpha} \eta_{ik}^{\beta}} \tag{9.1}$$

其中,P_{ij} 表示从城市 i 转移到城市 j 的概率;τ_{ij} 表示城市 i 到城市 j 的信息素浓度;η_{ij} 表示城市 i 到城市 j 的启发式信息;α 和 β 是用来控制信息素和启发式信息在路径选择中的重要程度的参数;N_i 表示蚂蚁当前所在城市 i 的邻居城市集合。

除了路径选择,蚂蚁还会在路径上释放和更新信息素。信息素的更新规则可以通过式(9.2)表示:

$$\tau_{ij}(t+1) = (1-\rho)\tau_{ij}(t) + \sum_{s=1}^{m} \Delta\tau_{ij}^{s} \tag{9.2}$$

其中,ρ 为信息素的挥发系数,控制信息素的挥发速度;$\Delta\tau_{ij}^{s}$ 是第 s 只蚂蚁在城市 i 到城市 j 路径上释放的信息素增量。

通过不断迭代路径选择和信息素更新的过程,蚁群优化算法能够逐渐搜索到最优解。在实际应用中,可以对算法进行参数调优和启发式信息的设计,以进一步提高算法的性能和收敛速度。蚁群优化算法已广泛应用于求解各种组合优化问题。例如,旅行商问题(traveling salesman problem,TSP)是一种经典的组合优化问题,目标是找到访问一系列城市的最短路径。蚁群优化算法在解决 TSP 上取得了显著的成果。此外,蚁群优化算法还可以应用于指派问题、调度问题等实际工程和优化领域,均取得了良好的效果。蚁群优化算法的流程如图 9.1 所示,工作流程可以概述如下[2]。

（1）初始化蚁群。首先确定蚂蚁的数量,并将每只蚂蚁放置在图的节点上。其次需要初始化路径上的信息素,为每条路径上的信息素设置一个初始值。

（2）蚂蚁移动,即每只蚂蚁根据前面蚂蚁留下的信息素强度和自身的判断来选择路径,蚂蚁会通过一次循环完成对整个解空间的搜索。在路径选择的过程中,蚂蚁可能会倾向于选择具有较高信息素浓度和启发式信息的路径。

（3）释放信息素:一旦完成了一次循环的移动,蚂蚁会根据一定的比例释放信息素。这意味着蚂蚁所经过的路径上的信息素浓度会增加,这样其他蚂蚁会有更大的可能选择这些路径。

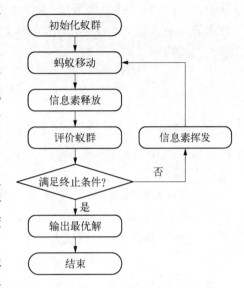

图 9.1　蚁群优化算法流程

（4）评价蚁群:根据设定的目标函数,对每只蚂蚁的适应度进行评价。适应度的评价可以基于问题的特定需求,如最小化路径长度或最大化资源利用率等。

（5）终止条件判断:终止条件可以是达到预设的迭代次数,或者是当蚂蚁找到了一个满足问题要求的解时。信息素的挥发:在算法的执行过程中,信息素会随着时间的推移而不断挥发,是为了保持蚁群优化算法的探索与利用相平衡,防止过早陷入局部最优解。信息素的挥发通过乘以蒸发系数来实现,蒸发系数决定了信息素的挥发速度。

初始时刻,各条路径上的信息素相等,即 $\tau_{ij}(0) = C$（常数）。蚂蚁 $k(k = 1, 2, \cdots, m)$ 在运动过程中根据各条路径上的信息素决定移动方向,在 t 时刻,蚂蚁 k 在节点 i 选择节点 j 的转移概率 P_{ij}^k 为

$$P_{ij}^k = \begin{cases} \dfrac{\tau_{ij}^{\alpha}(t)\eta_{ij}^{\beta}(t)}{\displaystyle\sum_{s \in \text{allowed}_k} \tau_{ij}(t)\eta_{ij}^{\beta}(t)}, & j = \text{allowed}_k \\ 0, & \text{其他} \end{cases} \tag{9.3}$$

其中, $\text{allowed}_k = [1, 2, \cdots, n-1]$ 表示蚂蚁 k 下一步允许选择的节点; η_{ij} 为能见度因子,通常通过某种启发式算法得到,一般取 $\eta_{ij} = \dfrac{1}{d_{ij}}$,其中 d_{ij} 表示节点 i 到节点 j 的距离; α 和 β 为两个参数,反映了蚂蚁在活动过程中信息素轨迹和能见度在蚂蚁选择路径中的相对重要性。

经过 n 个时刻,蚂蚁完成了一次循环,在这个过程中各路径上的信息素根据式（9.4)进行调整:

$$\tau_{ij}(t + 1) = (1 - \rho)\tau_{ij}(t) + \Delta\tau_{ij}(t) \tag{9.4}$$

其中，$\tau_{ij}(t)$表示在时刻t节点i到节点j上的信息素浓度；ρ为信息素的挥发系数，控制信息素的挥发速度；$\Delta\tau_{ij}(t)$是蚂蚁在时刻t释放在路径$i\to j$上的信息素增量，可以通过式(9.5)计算：

$$\Delta\tau_{ij}(t) = \sum_{k=1}^{m} \frac{Q}{L_k} \tag{9.5}$$

其中，m为蚂蚁的数量；Q为一个常数，表示每只蚂蚁释放的总信息素量；L_k为蚂蚁k的路径长度。值得注意的是，根据具体算法不同，$\Delta\tau_{ij}$、$\Delta\tau_{ij}^k$和P_{ij}^k的表达形式可以不同，要根据具体问题而定。

通过信息素的调整和挥发，蚁群优化算法能够逐渐引导蚂蚁在解空间中搜索，以找到更好的解。信息素的增量取决于蚂蚁走过的路径长度，路径长度越短，释放的信息素越多，对路径更新的影响也就越大。

9.2　蚁群优化算法的特点

蚁群优化算法具有以下优点[3]。

（1）它本质上是一种模拟进化算法，结合了分布式计算、正反馈机制和贪婪式搜索算法。在搜索的过程中，蚁群优化算法不容易陷入局部最优解。即使在适应函数不连续、非规划或存在噪声的情况下，蚁群优化算法仍能以较大的概率发现最优解。同时，贪婪式搜索有利于快速找出可行解，缩短了搜索时间。

（2）蚁群优化算法采用自然进化机制来模拟复杂的现象。通过信息素合作而不是个体之间的直接通信，使得算法具有较好的可扩展性，能够快速可靠地解决困难的问题。

（3）蚁群优化算法具有很高的并行性，非常适用于大规模并行计算。

然而，蚁群优化算法也存在缺陷：通常情况下，该算法需要较长的搜索时间。由于蚁群中个体的运动是随机的，当群体规模较大时，要找出一条较好的路径，需要较长的搜索时间。此外，蚁群优化算法在搜索过程中容易出现停滞现象，即搜索到一定阶段后，所有解趋向一致，无法进一步搜索解空间，不利于发现更优解。

因此，在实际工作中，针对不同优化问题的特点，需要设计不同的蚁群优化算法，并选择合适的目标函数、信息更新策略和群体协调机制，以尽可能避免算法的缺陷。

9.3　蚁群优化算法的改进

9.3.1　自适应蚁群优化算法

经典蚁群优化算法在构造解的过程中使用随机选择策略，这种策略导致进化速度较慢。正反馈原理旨在强化性能较好的解，但容易导致停滞现象，这是蚁群优化算法不足的根本原因。因此，可以从选择策略方面进行修改，采用确定性选择和随机选择相结合的策略，并在搜索过程中动态调整确定性选择的概率。当进化到一定代数后，进化方向已经基本确定,此时对路径上的信息素量进行动态调整,缩小最优路径与最差路径上信息素量的差异,并适当增加随机选择的概率,有利于更全面地搜索解空间,从而有效地克服经典蚁群优化算法的两个不足之处,这就是自适应蚁群优化算法。

在自适应蚁群优化算法中,蚂蚁由城市 i 转移到下一个城市 j 的概率可以根据式 (9.6) 确定:

$$P_{ij}^{k}(t) = \rho \left\{ \frac{[\tau_{ij}(t)]^{\alpha}[\eta_{ij}]^{\beta}}{\sum_{l \in \text{allowed}_k} [\tau_{il}(t)]^{\alpha}[\eta_{il}]^{\beta}} \right\} + r \left(\frac{1}{|\text{allowed}_k|} \right) \tag{9.6}$$

其中, $P_{ij}^{k}(t)$ 表示蚂蚁 k 在时刻 t 从城市 i 转移到城市 j 的概率; ρ 是一个控制确定性选择概率的参数,也称信息素的挥发系数; r 是 $(0,1)$ 范围内的均匀分布随机数。这种组合的选择策略可以在一定程度上平衡确定性选择和随机选择的影响,使得算法更具探索性和利用性。

当进化到一定代数后,进化方向已经基本确定。为了更好地搜索解空间,采用自适应蚁群优化算法动态调整路径上的信息素量,缩小最优路径和最差路径上信息素量的差异,并适当增加随机选择的概率,这样可以有效克服基本蚁群优化算法的两个不足之处。

采用自适应蚁群优化算法, ρ 也是需要进行自适应调整的。当问题规模较大时,通过调整 ρ 的初始值和更新规则可以控制全局搜索的能力。初始时,可以将 ρ 设置为 1;当算法求得的最优解在一定循环内没有明显改进时,通过式 (9.7) 来更新 ρ:

$$\rho(t) = \rho_{\min} + (1 - \rho_{\min}) \frac{t - t_0}{N - t_0} \tag{9.7}$$

其中, $\rho_{\min}$ 是 ρ 的最小值,可以避免 ρ 过小而导致算法收敛速度过慢; t 表示当前循环次数; t_0 表示在循环次数达到 t_0 之前, ρ 保持初始值为 1; N 为设定的总循环次数。

通过改进自适应蚁群优化算法,可以加快算法的进化速度,增强对全局最优解的搜索能力,并更好地平衡确定性选择和随机选择的影响,从而提高算法的效果和效率。

9.3.2　蚁群神经网络

蚁群优化算法作为一种启发式算法,在求解优化问题时表现出了良好的性能。然而,基本蚁群优化算法仍存在一些局限性,如搜索速度较慢和容易陷入局部最优等问题。为了进一步提升蚁群优化算法的性能,研究人员提出了一种改进方法——蚁群神经网络。蚁群神经网络结合了蚁群优化算法和神经网络的优势,通过增加自适应性和学习能力,使得算法能够更有效地搜索解空间并快速收敛到全局最优解。

蚁群神经网络的核心思想是将神经网络引入蚁群优化算法的各个阶段,包括路径选择、信息素更新和解的构建。通过神经网络的学习和自适应调整,蚁群能够根据问题的特性来动态调整策略和参数,从而提高搜索效率和解的质量。

首先,考虑蚁群中蚂蚁的路径选择过程。传统蚁群优化算法使用信息素和启发式信息来确定路径选择的概率。在蚁群神经网络中,可以利用神经网络来学习和估计路径选择的概率分布。神经网络可以根据历史经验和问题特征进行训练,从而得到更准确的路

径选择概率。路径选择的概率可以通过式(9.8)计算:

$$P_{ij}^k = \frac{e^{z_{ij}^k}}{\sum_{l \in \text{allowed}_k} e^{z_{il}^k}} \qquad (9.8)$$

其中, P_{ij}^k 表示蚂蚁 k 在节点 i 选择节点 j 的概率; z_{ij}^k 表示神经网络输出的关于路径选择的值。神经网络的输入可以包括信息素浓度、启发式信息和其他问题相关的特征。

其次,蚁群神经网络可以通过神经网络来更新信息素。传统蚁群优化算法中,信息素的更新主要依赖于蚂蚁的路径选择和解的质量。而在蚁群神经网络中,神经网络可以根据蚂蚁的反馈和问题特征来动态调整信息素的更新策略。信息素的更新可以通过式(9.9)进行:

$$\tau_{ij}(t+1) = (1-\rho)\tau_{ij}(t) + \Delta\tau_{ij}(t) \qquad (9.9)$$

其中, $\tau_{ij}(t)$ 表示 t 时刻城市 i 到城市 j 的信息素浓度; ρ 是信息素的挥发系数; $\Delta\tau_{ij}(t)$ 表示由神经网络输出的关于信息素更新的增量。

最后,蚁群神经网络还可以利用神经网络构建解空间中的解。传统蚁群优化算法中,解的构建主要依赖于蚂蚁的路径选择。而在蚁群神经网络中,神经网络可以输出解的特征向量,并根据问题的约束和限制将特征向量转化为可行解。通过神经网络构建解空间中的解,可以得到更优质的解,并且能够更灵活地应对复杂的优化问题。

综上所述,蚁群神经网络通过引入神经网络的学习和自适应能力,充分发挥了蚁群优化算法和神经网络的优势。它能够更准确地选择路径、更新信息素和构建解空间中的解,从而提高蚁群优化算法的搜索效率和解的质量。在实际应用中,可以根据具体问题的特点设计和训练适应的蚁群神经网络,进一步优化算法的性能和效果。

9.4 实例分析

9.4.1 函数优化问题

实例1:试用蚁群优化算法对二元函数[式(9.10)]进行优化:

$$\min f(x, y) = (x-1)^2 + (y-2,2)^2 + 1 \qquad (9.10)$$

采用蚁群优化算法对以上二元函数求解的过程如下。

(1)初始化蚁群参数。设置蚂蚁数量、迭代次数、信息素参数等,例如,设定蚂蚁数量为50,迭代次数为100,信息素挥发率为0.5,启发式因子 α 和 β 为1。

(2)初始化蚂蚁和信息素。将蚂蚁随机放置在搜索空间中的各个位置,并初始化路径上的信息素浓度。设定搜索空间的范围为 $x \in [0,5]$, $y \in [0,5]$,随机生成蚂蚁的初始位置。

(3)蚂蚁移动:每只蚂蚁根据路径选择规则和信息素浓度选择下一步的移动方向,直至所有蚂蚁完成一次循环。假设蚂蚁当前所在位置为 (x_i, y_i),计算下一步移动的概率 $P_{ij}^k(t)$:

$$P_{ij}^k(t) = \frac{\pi_{ij}^\alpha \eta_{ij}^\beta}{\sum\limits_{j \in \text{altowed}_k} \pi_{ij}^\alpha \eta_{kj}^\beta} \tag{9.11}$$

其中，τ_{ij}^α 表示路径上信息素浓度的权重；η_{ij}^β 表示启发式因子的权重；allowed_k 表示蚂蚁 k 下一步允许选择的节点。

（4）释放信息素：每只蚂蚁根据目标函数的值和信息素更新规则，释放信息素到路径上。假设蚂蚁 k 在路径 (i, j) 上的信息素增量为

$$\Delta \tau_{ij}^k = \frac{1}{f(x_i, y_i)} \tag{9.12}$$

（5）信息素的挥发：路径上的信息素在每次迭代后进行挥发，使得搜索过程具有更多的探索性。信息素的更新采用式(9.13)：

$$\tau_{ij}(t+1) = (1-\rho)\tau_{ij}(t) + \sum_{k=1}^m \Delta \tau_{ij}^k(t) \tag{9.13}$$

其中，$\tau_{ij}(t)$ 表示在时刻 t，路径 (i,j) 上的信息素浓度；ρ 为信息素的挥发系数；m 为蚂蚁数量；$\Delta \tau_{ij}^k(t)$ 为蚂蚁 k 在路径 (i,j) 上的信息素增量。

（6）更新最优解：在每次迭代过程中，记录全局最优解和对应的目标函数值。

（7）终止条件判断：根据设定的终止条件(如达到最大迭代次数或目标函数值收敛)，判断是否终止算法。如果满足终止条件，则输出最优解和对应的目标函数值；否则，返回步骤 3 进行下一轮迭代。

（8）输出结果：输出找到的最优解和对应的目标函数值。

基于以上叙述的求解思路，使用 Python 语言进行编程求解，最终优化结果如图 9.2 所示。

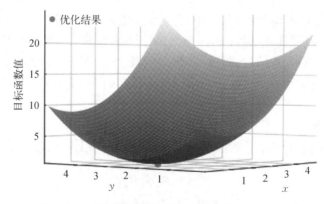

图 9.2　二元函数优化问题蚁群优化算法求解结果

实例 2：按照枚举法，我国(不含港澳台)31 个直辖市、省会和自治区首府的巡回路径应有约 1.326×10^{32} 种，试用蚁群优化算法寻找一条最佳或者较佳的路径。

1）问题建模

将问题转化为求解 TSP，即在给定的城市集合中找到一条最短路径，使得所有城市都

被访问一次且回到起始城市。这里的城市集合为我国(不含港澳台)的 31 个直辖市、省会和自治区首府。

2）定义问题参数

（1）城市数量：$n = 31$。

（2）城市坐标：用经纬度或其他坐标系统表示城市的位置信息。

（3）蚂蚁数量：m（根据实际情况设定，一般选择较大的值）。

（4）迭代次数（iterations）：根据实际情况设定，一般选择足够大的值。

（5）信息素初始浓度：$\tau_{ij}(0)$（根据实际情况设定，可以为一个较小的正数）。

（6）信息素挥发系数：ρ（控制信息素的挥发速度，根据实际情况设定，一般取值在 $[0, 1]$ 范围内）。

（7）信息素重要程度参数：α（控制信息素在路径选择中的重要程度，根据实际情况设定，一般取较大值）。

（8）启发式信息重要程度参数：β（控制启发式信息在路径选择中的重要程度，根据实际情况设定，一般取较大值）。

3）初始化蚁群

随机将 m 只蚂蚁分布在城市集合的各个城市上，并初始化路径上的信息素浓度为 $\tau_{ij}(0)$。

4）蚂蚁移动

根据信息素和启发式信息，每只蚂蚁选择下一个要访问的城市，并更新路径和信息素。蚂蚁 k 在 t 时刻选择下一个要访问的城市 j 的概率 $P_{ij}^k(t)$ 根据式（9.14）计算：

$$P_{ij}^k(t) = \frac{[\tau_{ij}(t)]^\alpha \eta_{ij}^\beta}{\sum_{l \in allowed_k} [\tau_n(t)]^\alpha \eta_n^\beta} \tag{9.14}$$

其中，$\tau_{ij}(t)$ 表示在时刻 t，城市 i 到城市 j 上的信息素浓度；α 和 β 分别为信息素重要程度参数和启发式信息重要程度参数；$allowed_k$ 表示蚂蚁 k 当前允许选择的城市集合；η_{ij} 则表示城市 i 到城市 j 的启发式信息，一般可以取为两城市之间的距离的倒数。

根据概率分布选择下一个要访问的城市，并更新路径和信息素。重复上述步骤，直至所有蚂蚁都完成一次循环。

5）释放信息素

根据蚂蚁的路径，释放信息素。每只蚂蚁经过的路径上释放的信息素量按照以下公式计算：

$$\Delta\tau_{ij} = \sum_{k=1}^m \frac{Q}{L_k} \tag{9.15}$$

其中，$\Delta\tau_{ij}$ 表示路径上信息素的增量；Q 为常数，表示信息素的总量；L_k 为蚂蚁 k 所经过路径的总长度。

6）信息素挥发

对路径上的信息素进行挥发，即降低信息素的浓度：

$$\tau_{ij}(t+1) = (1-\rho)\tau_{ij}(t) \tag{9.16}$$

其中，ρ 为信息素的挥发系数。

7）评价蚁群

根据目标函数（路径长度）对每只蚂蚁的适应度进行评价。

8）终止条件判断

判断是否满足终止条件，如达到预设的迭代次数。

9）输出结果

输出找到的最佳路径和对应的最短路径长度。

基于以上叙述的求解思路，使用 Python 语言进行编程求解，绘制城市的散点图，并将找到的最优路径用黑色线段连接起来，以直观展示解决 TSP 的结果，最终结果如图 9.3 所示。

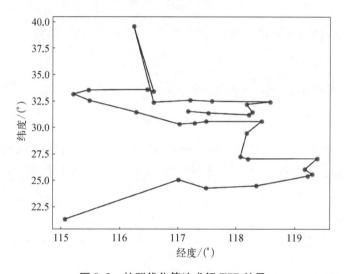

图 9.3　蚁群优化算法求解 TSP 结果

9.4.2　工程实例

蚁群优化算法模拟了蚂蚁的行为，在结构可靠性设计领域具有广泛的应用，以确保结构在各种负载条件下安全运行。本小节以轮盘疲劳可靠性优化设计为例，采用 Waker 模型预测结构的疲劳寿命，并使用一次二阶矩法计算结构的可靠度。通过引入基于蚁群优化算法，将轮盘转速和弹性模量作为随机变量，开展结构疲劳可靠性优化设计。并通过与 ANSYS 优化结果进行对比验证了基于蚁群优化算法的优化方法的有效性。

在进行结构设计可靠性优化任务时，首要步骤是建立结构的疲劳寿命预测模型。随后，通过结合可靠性理论，选定适当的随机变量，并采用一次二阶矩法进行结构的可靠性分析。最后，基于前面提到的蚁群优化算法步骤，编制相应的语言程序。这一过程确保了在优化过程中考虑了结构的疲劳寿命，并利用蚁群优化算法进行可靠性的评估。

针对涡轮盘结构，其寿命模型可以选用改进型 Walker 应变寿命预测模型：

$$\varepsilon_{\mathrm{W}} = uN_f^{-v} \tag{9.17}$$

其中,u 和 v 为两个拟合常数;ε_W 为 Walker 应变。

$$\varepsilon_W = \left(\frac{\sigma_{max}}{E}\right)\left(\frac{\Delta\varepsilon \cdot E}{\sigma_{max}}\right)^m \tag{9.18}$$

其中,m 为材料常数;σ_{max} 为最大应力;E 为弹性模量;$\Delta\varepsilon$ 为应变范围。

对于由 GH4169 合金材料制作的涡轮盘结构,参照《中国航空材料手册》相关数据,拟合得到 Walker 应变寿命预测模型表达式为

$$\varepsilon_W = 0.030\,97 \times N_f^{-0.186\,1} \tag{9.19}$$

将式(9.18)代入式(9.19),得到 GH4169 涡轮盘的寿命预测模型为

$$N_f^{-0.186\,1} = 32.362 \times \Delta\varepsilon^{0.55} \cdot \frac{\sigma_{max}^{0.45}}{E} \tag{9.20}$$

在分析结构的疲劳寿命可靠性时,不妨设疲劳寿命可靠度功能函数为

$$Z = \lg N_f - \lg N_0 \tag{9.21}$$

其中,N_0 为设计寿命;N_f 为在一定载荷谱下的寿命。从而得到可靠度的表达式为

$$p_s = p(Z \geqslant 0) \tag{9.22}$$

通过上述分析,便可通过一次二阶矩法或 MC 法计算结构的疲劳可靠度。绘制基于蚁群优化算法的疲劳可靠性优化方法流程如图 9.4 所示。该程序以基于踪迹的蚁群优化

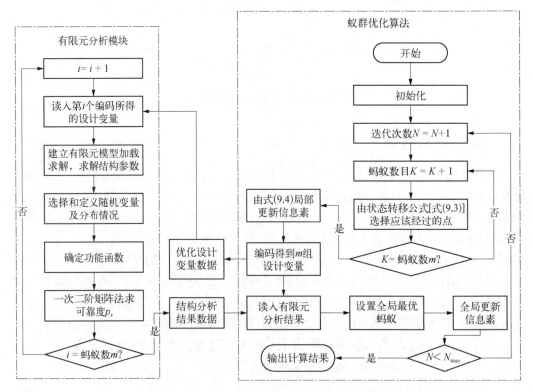

图 9.4　基于蚁群优化算法的疲劳可靠性优化方法

（trail-based ant colony optimization，TACO）算法为主程序，以 ANSYS 的 APDL 语言编制的有限元模块为子程序，数据交换采用文本文件完成[1]。

图 9.5　轮盘有限元模型

已知轮盘所用材料为 GH4169，轮缘温度为 600℃，轮心温度为 300℃。将叶片和轮缘凸块所产生的离心力等效为均布载荷加载在榫槽底部，大小为 131.85 MPa；转速和弹性模量均为正态分布，其基本输入随机变量如表 9.1 所示。在有限元分析中，建立盘体的轴对称模型，采用 8 节点轴对称单元，几何模型及有限元网格模型如图 9.5 所示。

表 9.1　涡轮盘的基本输入随机变量

取　值	等效均布载荷/MPa	最大工作转速(r/s)	材料密度/(kg/m³)	泊松比
平均值	131.85	1 348	8 240	0.3
标准差	1.32	13.48	164.8	0.006

该优化问题的数学模型为

$$\min f(X) = M \tag{9.23}$$

$$\begin{cases} \sigma_{r\max} \leqslant [\sigma_{r\max}] \\ \sigma_{\theta\max} \leqslant [\sigma_{\theta\max}] \\ p_s \geqslant p_r \end{cases} \tag{9.24}$$

其中，M 表示涡轮盘的质量；$[\sigma_{\theta\max}]$ 和 $[\sigma_{r\max}]$ 分别表示许用周向应力和许用径向应力，分别取为 724 MPa 和 939 MPa；p_s 为疲劳寿命可靠度；p_r 为可靠度容许值，取 0.99。

选取的设计变量如表 9.2 所示，其对应的位置关系如图 9.6 所示。TACO 算法的参数如下：蚂蚁数 $m = 17$，最大循环数为 400 次，$q = 0.2$，$p = 0.4$，$Y = 0.1$。

表 9.2　涡轮盘的设计变量及其变化范围

设 计 变 量	下　限	上　限	设 计 变 量	下　限	上　限
喉部宽度 W_3	10 mm	17 mm	轮毂高度 H_7	15 mm	40 mm
设计点 4 宽度 W_4	12 mm	17 mm	P 点位置系数 C_{PR}	0.98	1.02
设计点 5 宽度 W_5	15 mm	19 mm	P 点位置系数 C_{PW}	0.75	0.9
设计点 6 宽度 W_6	17 mm	28 mm	Q 点位置系数 C_{QR}	0.98	1.02
喉部半径 R_3	202 mm	210 mm	Q 点位置系数 C_{QW}	0.5	0.8
设计点半径 R_6	150 mm	180 mm	角度 $2\theta_2$	50°	80°
轮毂宽度 W_8	80 mm	100 mm	角度 $7\theta_7$	50°	80°

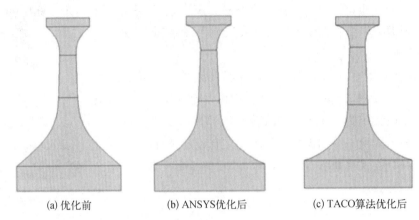

(a) 优化前　　　　　　　(b) ANSYS优化后　　　　　　(c) TACO算法优化后

图 9.6　涡轮盘结构可靠性优化前、后几何模型图对比

经过 TACO 算法的疲劳可靠性优化,优化结果如表 9.3 所示。

表 9.3　涡轮盘的设计变量及其变化范围

变 量 名 称	优化前	ANSYS 优化后	TACO 算法优化后
最大周向应力$[\sigma_{\theta max}]$/MPa	745	735	732
最大径向应力$[\sigma_{r max}]$/MPa	717	722	718
疲劳可靠度	0.93	0.99	0.99
轮盘质量 M/kg	43.32	40.33	38.89

由表 9.3 可知,优化后,涡轮盘的性能有显著改善。质量方面,优化后的涡轮盘质量从 43.32 kg 降低到 38.89 kg,降低了 10.23%。同时,其疲劳可靠度也得到了显著提高,从优化前的 0.93 增加到 0.99,满足了设计要求的周向应力和径向应力。为了验证 TACO 算法的有效性,还将其与优化模块中的一阶法进行了比较。结果显示,在优化后的涡轮盘中,质量从 43.32 kg 降低到 40.33 kg,减少了 6.9%。

综上所述,TACO 算法在涡轮盘优化中表现出了出色的效果,使得涡轮盘的质量得以减小,并且优化结果显著可观[2,3]。

需要说明的是,由于蚁群优化算法的智能化,该优化算法有较大概率收敛于全局最优解,其优化效果相对较理想;另外,蚁群优化算法本身属于随机优化算法,而 ANSYS 软件内嵌的是确定性优化算法,导致蚁群优化算法的优化效率相对较低,这也一定程度地限制了该算法的工程应用。因此,如何提高蚁群优化算法的优化效率是一个亟待解决的问题。

参 考 文 献

[1] 崔海涛,贾瑞,温卫东,等.基于蚁群算法的轮盘疲劳可靠性优化方法研究[J].机械科学与技术,2009,28(3): 291-294.

[2] 贾瑞.基于蚁群算法的结构疲劳可靠性优化方法研究[D].南京：南京航空航天大学,2008.

[3] 宋锋.基于蚁群算法—有限元的结构优化方法研究[D].南京：南京航空航天大学,2007.

第 10 章
基于捕食者算法的结构可靠性设计

10.1 捕食者算法的基本思想

海洋捕食者算法(marine predators algorithm, MPA)是由 Faramarzi 等于 2020 年提出的一种新型元启发式优化算法[1, 2],其灵感来源于海洋适者生存理论,即海洋捕食者在莱维飞行(Lévy flight)或布朗运动(Brownian motion)之间选择最佳觅食策略,模拟了海洋中捕食者和猎物的进化演绎。捕食者算法通过模拟捕食者的行为和策略来解决优化问题,算法中的个体被视为捕食者,它们在解空间中搜索潜在的解,并采用一系列的策略来追踪和捕食最佳解。

捕食者算法的基本原理包括以下几个关键点。① 搜索和追踪策略。捕食者根据问题的特征和目标函数,采用搜索和追踪策略来定位潜在解的位置。这些策略可以包括随机搜索、局部搜索、集群行为等,以实现在解空间中的广泛探索和精确定位。② 适应度评估。捕食者根据问题的目标函数值对潜在解进行评估,以确定其适应度。适应度评估指导捕食者在搜索过程中的方向和速度调整,使其能够朝着更优解的方向前进。③ 个体间的交流和合作。捕食者之间通过交流信息和经验,实现合作和协同进化。这种交流可以包括信息传递、共享最优解和探索策略等,以提高整个种群的搜索效率和优化能力。

MPA 的基础是布朗运动和莱维飞行。标准布朗运动是一种随机过程,其步长从以零均值和单位方差定义的高斯分布的概率函数中抽取;而莱维飞行是一种随机运动,其步长由莱维分布(具有幂律尾巴)定义的概率函数决定。布朗运动和莱维飞行的数学定义决定了其特征:莱维策略的运动主要通过小步长和长跳跃来遍布领域,而布朗运动可以通过更均匀和可控的步长覆盖领域的更大面积。无论是莱维飞行还是布朗运动,都不能单独有效地全局和局部搜索一个域,然而,其结合和每种策略的适当使用可以提供一个系统的探索者-开发者框架,相比单独使用每种策略更有效。MPA 正是利用了布朗运动和莱维飞行各自的特点,将这些运动结合起来,实现更全面地探索和开发一个域。

海洋捕食者算法认为定级捕食者具有最强大的搜索能力,可以寻找到最优解对应的最舒适环境。在该算法中,涉及一些相关定义和术语的解释,如下所示:猎物指种群中的所有个体,精英是指种群中的捕食者,需要注意的是,猎物和捕食者的身份在算法的迭代过程中可能会互换,因为其角色是不断更新的;猎物矩阵是由种群中的个体数据和个体属性维度构成的矩阵;布朗随机运动是指任何无规则行走者所具有的守恒量,它们分别对应着不同的扩散运输定律;涡流及鱼类聚集效应是指鱼群倾向于聚集在某个地方的现象,这可以类比为局部最优解。

基于海洋捕食者算法的优化流程可以描述如下:首先,设定算法的参数并初始化种群。然后,计算猎物矩阵的适应度值,并记录最优位置,同时计算精英矩阵。接下来,根据迭代阶段,捕食者会选择相应的更新方式来更新其位置。在迭代初期,进行全局搜索,通过布朗随机运动来更新猎物矩阵。在迭代中期,将种群分为两部分,其中猎物进行莱维飞行,负责在搜索空间内进行开发;而捕食者进行布朗运动,用于复杂算法在搜索空间内的探索。在迭代后期,主要目标是提高算法的局部开发能力,此时猎物的策略为莱维飞行。然后,计算适应度值并更新最优位置。为了解决涡流形成的鱼群聚集效应,算法在迭代过程中会尽可能跳出局部最优解。最后,判断是否满足停止条件,如果不满足,则重复上述步骤,否则输出算法的最优结果。

10.2　海洋捕食者算法的数学模型

MPA 是一种基于种群的方法,随机在搜索空间范围内初始化猎物位置来启动优化过程:

$$X_0 = X_{\min} + \mathrm{rand}(X_{\max} - X_{\min}) \tag{10.1}$$

其中,$X_{\min}$ 和 $X_{\max}$ 分别为变量的下限和上限;$\mathrm{rand}(\ )$ 是 0~1 的均匀随机向量。

根据适者生存的理论,自然界中的顶级捕食者在觅食方面更具天赋。因此,最适解被指定为顶级捕食者来构造一个矩阵,称为精英矩阵(**Elite**),这个矩阵的阵列根据猎物的位置信息来监督搜索和寻找猎物:

$$\mathbf{Elite} = \begin{bmatrix} X_{1,1}^l & X_{1,2}^l & \cdots & X_{1,a}^l \\ X_{2,1}^l & X_{2,2}^l & \cdots & X_{2,a}^l \\ \vdots & \vdots & \vdots & \vdots \\ \vdots & \vdots & \vdots & \vdots \\ X_{n,1}^l & X_{n,2}^l & \cdots & X_{n,d} \end{bmatrix}_{n \times d} \tag{10.2}$$

其中,X^l 表示顶级捕食者向量,它被复制 n 次,以构建 **Elite** 矩阵;n 为搜索种群的数量;d 是维度的数量(优化问题的变量个数)。需要注意的是,捕食者和猎物都被视为搜索种群,因为当一个捕食者寻找猎物时,猎物也在寻找自己的食物。在每次迭代的结束时,如果更优质的捕食者替换了顶级捕食者,**Elite** 将会更新。

另一个与 **Elite** 具有相同维度的矩阵称为 **Prey**,捕食者根据它来更新位置。简单来说,初始化创建了初始 **Prey** 矩阵,其中最适应的个体(捕食者)构建了 **Elite** 矩阵。**Prey** 矩阵表示为

$$
\textbf{Prey} = \begin{bmatrix} \boldsymbol{X}_{1,1} & \boldsymbol{X}_{1,2} & \cdots & \boldsymbol{X}_{1,d} \\ \boldsymbol{X}_{3,1} & \boldsymbol{X}_{2,2} & \cdots & \boldsymbol{X}_{2,d} \\ \boldsymbol{X}_{3,1} & \boldsymbol{X}_{3,2} & \cdots & \boldsymbol{X}_{3,d} \\ \vdots & \vdots & \vdots & \vdots \\ \vdots & \vdots & \vdots & \vdots \\ \boldsymbol{X}_{n,1} & \boldsymbol{X}_{n,2} & \cdots & \boldsymbol{X}_{n,d} \end{bmatrix}_{n \times d}
\tag{10.3}
$$

其中,$\boldsymbol{X}_{i,j}$ 表示猎物 i 的第 j 维。需要注意的是,优化的整个过程主要与这两个矩阵直接相关。

10.3　海洋捕食者算法的优化过程

MPA 的优化过程分为三个主要阶段,考虑不同的速度比,同时模拟捕食者和猎物的整个生命周期:① 高速度比或猎物移动速度快于捕食者时;② 单位速度比或捕食者和猎物以几乎相同的速度移动时;③ 低速度比时,捕食者的速度比猎物快。针对每个定义的阶段,指定并分配了一段特定的迭代时间,这些步骤是基于模仿捕食者和猎物在自然界中移动的规律而定义的。

10.3.1　高速度比或猎物速度大于捕食者时(阶段 1)

在优化的迭代初期,当猎物速度大于捕食者或速度比较高时,全局搜索的重要性变得突出。在这个阶段,在高速度比($v \geqslant 10$)下,捕食者采取的最佳策略是维持当前位置,以等待猎物靠近。这个规则的数学模型应用如下:

$$
\begin{cases}
\text{While Iter} < \dfrac{1}{3}\text{Max\_Iter} \\
\textbf{stepsize}_i = \boldsymbol{R}_B \otimes (\textbf{Elite}_i - \boldsymbol{R}_B \otimes \textbf{Prey}_i), \quad i = 1, \cdots, n \\
\textbf{Prey}_i = \textbf{Prey}_i + P. \boldsymbol{R} \otimes \textbf{stepsize}_i
\end{cases}
\tag{10.4}
$$

其中,$\boldsymbol{R}_B$ 是包含基于正态分布的随机数的向量,表示布朗运动的随机向量;符号 $\otimes$ 表示逐个元素的乘法,将 $\boldsymbol{R}_B$ 与猎物相乘模拟猎物的移动;$P = 0.5$,是一个常数;$\boldsymbol{R}$ 是一个在 $[0,1]$ 范围内的均匀随机数向量;$\textbf{stepsize}_i$ 表示第 i 个种群步长;Iter 表示当前迭代次数;Max_Iter 表示最大迭代次数。

这种策略可以确保捕食者有足够的时间和机会捕捉到快速移动的猎物,从而提高全局搜索的效果。通过稳定位置,捕食者可以观察和评估猎物的分布情况,为后续的追逐和捕食做好准备。

10.3.2　单位速度比或捕食者和猎物以几乎相同的速度移动时(阶段 2)

该阶段模拟了它们都在寻找猎物的情况,这一部分出现在优化的中间阶段,探索试图短暂地转变为开发。在这个阶段,探索和开发都很重要。因此,一半的种群被指定为探索,另一半为开发。在这个阶段,猎物负责开发,捕食者负责探索。根据规则,在单位速度比($v \approx 1$)下,如果猎物以莱维分布移动,对捕食者来说,最好的策略是布朗运动。因此,当捕食者以布朗运动移动时,考虑猎物以莱维分布移动,即

$$\begin{cases} \text{While } \dfrac{1}{3}\text{Max\_Iter} < \text{Iter} < \dfrac{2}{3}\text{Max\_Iter} \\ \textbf{stepsize}_i = \boldsymbol{R}_L \otimes (\textbf{Elite} - \boldsymbol{R}_L \otimes \textbf{Prey}_i), \quad i = 1, \cdots, n/2 \\ \textbf{Prey}_i = \textbf{Prey}_i + P. \boldsymbol{R} \otimes \textbf{stepsize}_i \end{cases} \tag{10.5}$$

其中,$\boldsymbol{R}_L$ 是基于莱维分布的随机数向量,表示莱维飞行的随机变量。$\boldsymbol{R}_L$ 与 **Prey** 的积模拟了 **Prey** 以莱维方式的运动,同时将步长加到 **Prey** 的位置上模拟了 **Prey** 的运动。由于大部分莱维分布的步长都与小步长相关,这一特征有助于开发利用。

对于种群的后半部分,假设:

$$\begin{cases} \text{While } \dfrac{1}{3}\text{Max\_Iter} < \text{Iter} < \dfrac{2}{3}\text{Max\_Iter} \\ \textbf{stepsize}_i = \boldsymbol{R}_B \otimes (\boldsymbol{R}_B \otimes \textbf{Elite}_i - \textbf{Prey}_i), \quad i = n/2, \cdots, n \\ \textbf{Prey}_i = \textbf{Elite}_i + P. \text{CF} \otimes \textbf{stepsize}_i \end{cases} \tag{10.6}$$

其中,$\text{CF} = \left(1 - \dfrac{\text{letter}}{\text{Max\_lter}}\right)^{2\frac{\text{letter}}{\text{Max\_lter}}}$ 是一种自适应参数,用于控制捕食者移动的步长。$\boldsymbol{R}_B$ 和 **Elite** 的乘积模拟了捕食者以布朗运动方式移动,而猎物根据捕食者的布朗运动移动来更新自己的位置。

在迭代的中期阶段,当捕食者和猎物以几乎相同的速度移动或速度比接近于 1 时,捕食者和猎物都在积极地寻找彼此。这个阶段的策略是猎物与捕食者之间的互动和交流。捕食者通过感知猎物的位置和方向,并利用自身的移动能力来追逐猎物。同时,猎物也在尽力逃离捕食者的追逐。这种策略的目标是使捕食者尽快捕获猎物,从而提高优化的效果。在这个阶段,捕食者和猎物之间的交互作用非常重要,可以通过引入交流机制来促进信息传递和位置调整。

10.3.3　低速度比且当捕食者速度大于猎物时(阶段 3)

迭代的后期阶段发生在低速度比的情况下,即捕食者的速度比猎物快时。这种情景通常发生在优化过程的最后阶段,这一阶段主要与高利用能力相关。在低速比($v = 0.1$)时,捕食者的最佳策略是莱维飞行,这个阶段的表现为

$$\begin{cases} \text{While Iter} > \dfrac{2}{3}\text{Max\_Iter} \\ \textbf{stepsize}_i = \boldsymbol{R}_L \otimes (\boldsymbol{R}_L \otimes \textbf{Elite}_i - \textbf{Prey}_i), \quad i = 1, \cdots, n \\ \textbf{Prey}_i = \textbf{Elite}_i + P. \text{CF} \otimes \textbf{stepsize}_i \end{cases} \tag{10.7}$$

将 $\boldsymbol{R}_L$ 和 **Elite** 相乘模拟了掠食者在莱维策略中的运动,同时将步长添加到 **Elite** 位置上模拟了掠食者移动,以帮助更新猎物位置。在这个阶段,算法应重点关注局部开发,以避免

陷入局部最优解。捕食者的最佳策略是采用莱维飞行,这是一种随机步长的移动方式,可以帮助捕食者在解空间中进行探索。莱维飞行提供了一种非常灵活的方式,可使捕食者跳出局部最优解,并继续搜索更好的解决方案。通过引入莱维飞行,捕食者可以在优化的后期阶段持续地进行局部搜索,以进一步优化解的质量和精度。

根据从不同文献中提取的规则和要点,模拟了捕食者和猎物根据自然界中发生的情况而进行的移动。这些阶段模拟了捕食者为捕食猎物而采取的步长。根据这些规则,合理地假设捕食者在其寿命期间采取相同比例的莱维飞行和布朗运动。在第一阶段中,捕食者根本不移动;而在第二阶段中,它进行布朗运动;最后在第三阶段中采用莱维策略。同样,猎物也遵循这种情况,因为猎物也是另一种潜在的捕食者,如丝鲨和金枪鱼,它们都被视为海洋捕食者。但是对于丝鲨来说,金枪鱼是猎物;而对于硬骨鱼类和海洋无脊椎动物来说,金枪鱼是捕食者。在第一阶段中,猎物采用布朗运动;而在第二阶段中,它遵循莱维行为。将 1/3 的迭代次数分配给每个阶段的策略在实验中被证明是优化的,并且与在这些阶段之间进行切换或循环重复阶段的策略相比,其结果稍微更优。由于这是该方法的第一个版本,有兴趣的读者可以通过定义其他标准来改进,以确定算法何时及如何使用每个阶段进行更新。

通过这样的优化流程,海洋捕食者算法能够充分利用定级捕食者的搜索本领,以及不同阶段的搜索和追踪策略,从而在解决优化问题时表现出较好的性能和效果。由于 MPA 在优化过程中表现出寻优能力强的特点,该方法被广泛应用至各领域,包括结构可靠性设计[3-13]。

10.4 涡的形成和海洋的记忆

10.4.1 涡的形成和 FAD 效应

导致海洋捕食者行为变化的另一个因素是环境问题,如涡旋形成或鱼类聚集装置(fish aggregation device,FAD)的影响。根据 Filmalter 等[14]的研究,鲨鱼超过 80% 的时间都在 FAD 附近,而剩下的 20% 时间则会进行更长距离的跳跃,可能是为了找到另一种猎物分布的环境。FAD 被视为局部最优解,其效果是在搜索空间中陷入这些点中。在模拟过程中考虑这些更长跳跃可以避免陷入局部最优解而停滞不前。因此,FAD 效应可以在数学上表示为

$$\textbf{Prey}_i = \begin{cases} \textbf{Prey}_i + \text{CF}[X_{\min} + \boldsymbol{R} \otimes (\boldsymbol{X}_{\max} - \boldsymbol{X}_{\min})] \otimes \boldsymbol{U}, & r \leqslant \text{FAD} \\ \textbf{Prey}_i + [\text{FAD}(1 - r) + r](\textbf{Prey}_{r_1} - \textbf{Prey}_{r_2}), & r > \text{FAD} \end{cases} \tag{10.8}$$

其中,FAD = 0.2,表示 FAD 对优化过程的影响的概率;向量 $\boldsymbol{U}$ 是包含 0 和 1 的二进制向量,它通过在 [0,1] 范围内生成一个随机向量,并将其数组改为 0(如果数组小于 0.2)或者改为 1(如果数组大于 0.2)来构建;r 是 [0,1] 范围内的均匀随机数,r_1 和 r_2 下标表示猎物矩阵的随机索引;$X_{\min}$ 和 $X_{\max}$ 分别为包含维度的下界和上界的向量。

10.4.2　海洋的记忆

根据突出的观点,海洋捕食者在提醒它们成功觅食的地点方面有很好的记忆,这种能力通过 MPA 中的记忆保存来模拟。在更新猎物并安装 FAD 之后,将评估此矩阵以确定适应度并更新精英(Elite)。将当前迭代的每个解决方案的适应度与先前迭代中的相应解决方案进行比较,如果当前解决方案更适应,则替换先前的解决方案。随着迭代的进行,这个过程还可以提高解决方案的质量[15],同时模拟捕食者返回到有丰富猎物的地区,进行成功觅食的情况。MPA 的迭代伪代码见表 10.1

表 10.1　MPA 的迭代伪代码

算法 1:基于海洋捕食者原理的优化方法
1　**初始化搜索猎物(Prey)群体** $i=1,\cdots,n$;
2　while 不符合终止条件 do
3　　计算适应度,构造精英矩阵,实现内存节省;
4　if 迭代次数<最大迭代次数的1/3 then
5　　└根据式(10.4)更新猎物矩阵;
6　if 最大迭代次数的1/3<迭代次数<2 * 最大迭代次数的1/3 then
7　　对于前一半的群体:
8　　根据式(10.5)更新猎物矩阵;
9　　对于另(后)一半的群体:
10　　根据式(10.6)更新猎物矩阵;
11　else
12　if 迭代次数>2 * 最大迭代次数的1/3< then
13　　根据式(10.7)更新猎物矩阵;
14　else
15　if End then
16　　实现内存节省和精英更新;
17　　└应用 FAD 的效果并基于式(10.8)更新;

10.5　MPA 的阶段、探索与开发

MPA 优化的三个阶段以图 10.1 的形式展示。在优化的第一阶段(在图中表示为阶段 1),猎物以布朗运动方式移动。由于在初始迭代中,猎物均匀分布在搜索域中,而且捕食者和猎物之间的距离相对较大,布朗运动可以帮助猎物分别探索其附近的区域,从而实现对领域的良好探索。然后,评估具有新位置的猎物的适应度,并在新位置适应度更好时进行替换。猎物的适应位置可以理解为丰富的食物区域,保存过程相当于猎物记住了丰富的食物区域。如果猎物在觅食方面更加成功,它可以被视为捕食者。这意味着计算猎物的适应度值,并在适应度更好时替换掉顶级捕食者。此时,捕食者开始觅食,而猎物仍在寻找食物,这就是优化的第二阶段开始的地方。

这个阶段旨在实现从探索到利用的良好过渡。因此,为了在这个阶段中充分利用探索和开发,捕食者和猎物都在寻找食物。在这个阶段,一半的种群负责探索,另一半负责开发。捕食者开始以布朗运动方式寻找猎物,而猎物则切换到莱维策略,以高效地搜索其附近的区域,并在找不到食物时进行长跳跃。图10.1中显示的第二阶段以示意图的方式描述了这个优化阶段,其中捕食者以蓝色轨迹进行布朗运动,以更好地搜索领域,而猎物以绿色运动展示了莱维策略。由于捕食者和猎物的位置彼此接近,并且步长将比之前的阶段更小,自适应扰动搜索效果及莱维策略的长步长有助于有效避免局部最优停滞,并提高了算法的性能。

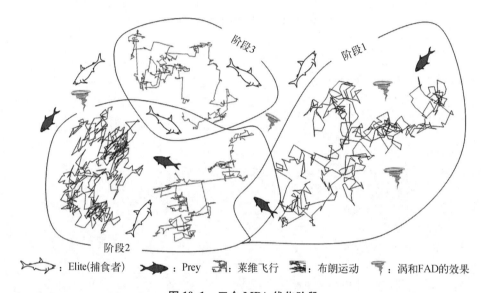

图 10.1　三个 MPA 优化阶段

当优化达到最后阶段(阶段3)时,MPA需要具有较高的利用能力。在这个阶段,捕食者开始将其行为从布朗运动切换为莱维策略,以更有效地搜索特定的邻域。自适应定义的收敛因子 CF 在这个阶段极大地帮助捕食者将搜索区域限制在特定的邻域内进行利用,并避免浪费一些来自莱维策略的长步长对域中不具有潜力的区域进行搜索。

值得注意的是,所提出的方法的计算复杂度为 $O[t(nd + \mathrm{Cof} \times n)]$,其中 t 为迭代次数,n 为代理数量,Cof 为函数评估的成本,d 为问题的维度。

10.6　海洋捕食者 Kriging 模型方法

MPAKM 是一种融合了 MPA 和 Kriging 模型的技术,旨在实现涉及嵌套目标的复杂结构可靠性分析。该方法的核心思想是利用 MPA 替代传统的梯度下降方法来求解目标函数,以实现模型的超参数寻优;同时,利用 Kriging 模型来建立输入参数和输出响应之间的关系,从而对复杂结构进行分析和预测。基于 MPAKM 的复杂结构可靠性分析流程可以描述如下。

（1）构建模型：首先,需要构建研究对象的三维模型和相应的有限元模型。这些模型将作为分析的基础,并提供结构的几何形状和物理特性信息。

（2）动态确定性分析：在构建好有限元模型之后,需要设置边界条件和载荷参数,以实现复杂结构的动态确定性分析。这一步骤有助于了解结构在给定条件下的行为和性能。

（3）随机输入变量的采样：为了进行可靠性分析,需要定义相关输入变量的数值分布特征。常见的方法是采用 LHS 策略,从定义的分布中抽取随机输入变量的样本,并获得相应的输出响应样本。

（4）MPA 目标函数求解和 Kriging 模型的超参数计算：借助 MPA,利用已获得的训练样本,对目标函数进行求解,以获得模型的超参数。这些超参数将用于建立 Kriging 模型,以更好地反映输入参数与输出响应之间的关系。

（5）复杂结构功能函数构建：根据求解得到的模型超参数,构建复杂结构的功能函数。该函数将作为可靠性分析的基础,并用于对结构性能和可靠性的评估。

（6）MPAKM 验证和重新样本生成：为了确保模型的建模精度和效率,需要基于测试样本对 MPAKM 进行验证。如果验证结果不满足要求,可能需要重新进行样本生成,以提高模型的可靠性和准确性。

（7）复杂结构可靠性分析：在完成 MPAKM 的验证后,可以进行复杂结构的可靠性分析。这包括对结构的可靠性指标进行计算和评估,以了解其在不同工况下的可靠性水平。

Manson-Coffin 方程常用于低周疲劳寿命预测,其原理可表达为

$$\frac{\Delta \varepsilon_t}{2} = \frac{\Delta \varepsilon_e}{2} + \frac{\Delta \varepsilon_p}{2} = \frac{\sigma'_f - \sigma_m}{E} (2N_f)^b + \varepsilon'_f (2N_f)^c \tag{10.9}$$

其中, $\Delta \varepsilon_t$ 为总应变幅; $\Delta \varepsilon_e$ 为弹性应变幅; $\Delta \varepsilon_p$ 为塑性应变幅; E 为弹性模量; σ'_f 和 ε'_f 分别为强度系数和延性系数; σ_m 为平均应力; N_f 为低周疲劳寿命; b 和 c 分别为疲劳轻度指数和疲劳延性指数。

为了描述疲劳寿命与相关参数之间的关系,采用 Kriging 模型进行关系模型构建,即

$$\begin{cases} N_f(\boldsymbol{x}) = f(\boldsymbol{x}) = a_0 + \boldsymbol{b}_0 \boldsymbol{x} + \boldsymbol{x}^{\mathrm{T}} \boldsymbol{c}_0 \boldsymbol{x} + z(\boldsymbol{x}) \\ \boldsymbol{x} = (\Delta \varepsilon_t, \ \sigma_m, \ \sigma'_f, \ \varepsilon'_f, \ b, \ c)^{\mathrm{T}} \end{cases} \tag{10.10}$$

其中, a_0 为常数项; $\boldsymbol{b}_0$ 和 $\boldsymbol{c}_0$ 分别为一次项系数向量和二次项系数矩阵,可描述为

$$\begin{cases} \boldsymbol{b}_0 = \begin{pmatrix} b_{0,1} & b_{0,2} & b_{0,3} & b_{0,4} & b_{0,5} & b_{0,6} \end{pmatrix} \\ \boldsymbol{c}_0 = \begin{pmatrix} c_{0,11} & c_{0,12} & c_{0,13} & c_{0,14} & c_{0,15} & c_{0,16} \\ c_{0,21} & c_{0,22} & c_{0,23} & c_{0,24} & c_{0,25} & c_{0,26} \\ c_{0,31} & c_{0,32} & c_{0,33} & c_{0,34} & c_{0,35} & c_{0,36} \\ c_{0,41} & c_{0,42} & c_{0,43} & c_{0,44} & c_{0,45} & c_{0,46} \\ c_{0,51} & c_{0,52} & c_{0,53} & c_{0,54} & c_{0,55} & c_{0,56} \\ c_{0,61} & c_{0,62} & c_{0,63} & c_{0,64} & c_{0,65} & c_{0,66} \end{pmatrix} \end{cases} \tag{10.11}$$

此外,$z(\boldsymbol{x})$ 为高斯随机过程,满足如下条件:

$$\begin{cases} \mathrm{cov}[z(\boldsymbol{x}^i),\ z(\boldsymbol{x}^j)] = \sigma^2 R(\boldsymbol{\theta},\ \boldsymbol{x}^i,\ \boldsymbol{x}^j) \\ R(\boldsymbol{\theta},\ \boldsymbol{x}^i,\ \boldsymbol{x}^j) = \prod_{k=1}^6 R_k(\theta_k,\ x_k^i - x_k^j) \\ E[z(\boldsymbol{x})] = 0,\quad \mathrm{var}[z(\boldsymbol{x})] = \sigma^2 \\ \boldsymbol{\theta} = (\theta_1\quad \theta_2\quad \theta_3\quad \theta_4\quad \theta_5\quad \theta_6) \end{cases} \tag{10.12}$$

其中,$k=1,\ 2,\ \cdots,\ 6$;$i,j=1,\ 2,\ \cdots,\ m$,m 为样本数量;σ^2 为方差;$R(\cdot)$ 为相关函数;$\boldsymbol{\theta}$ 为超参数向量;$R_k(\theta_k,\ x_k^i - x_k^j)$ 为第 i 个相关函数分量的核函数,其形式如下:

$$R(\boldsymbol{\theta},\ \boldsymbol{x}^i,\ \boldsymbol{x}^j) = \exp\Big(- \sum_{k=1}^6 \theta_k (x_k^i - x_k^j)^2 \Big) \tag{10.13}$$

采用梯度下降法对似然函数 $L(\boldsymbol{\theta})$ 最大化:

$$\underset{\theta}{\mathrm{maximize}} L(\boldsymbol{\theta}) = - (m\ln(\hat{\sigma}^2) + \ln|\boldsymbol{R}|) \tag{10.14}$$

其中,$\hat{\sigma}^2$ 为预测方差。

由于梯度下降不能保证是高非线性问题的全局最优解,应用 MPA 来解决这个最大化优化问题,将式(10.14)转化为最小化优化问题,并找到超参数的最优值,即

$$\begin{cases} \underset{\theta}{\mathrm{minimize}}\ \varphi(\boldsymbol{\theta}) = |\boldsymbol{R}|^{\frac{1}{m}} \hat{\sigma}^2 \\ \mathrm{s.t.}\quad \theta_k > 0 \end{cases} \tag{10.15}$$

基于获取的超参数,运用最小二乘法进行 MPAKM 待定系数的求解,其原理为

$$\boldsymbol{d} = (\boldsymbol{F}^{\mathrm{T}}\boldsymbol{R}^{-1}\boldsymbol{F})^{-1}\boldsymbol{F}^{\mathrm{T}}\boldsymbol{R}^{-1}\boldsymbol{Z} \tag{10.16}$$

其中,$\boldsymbol{F}$ 和 $\boldsymbol{Z}$ 分别为基函数和输出响应的矩阵。

对于任一点 $\boldsymbol{x}_*$,$z(\boldsymbol{x}_*)$ 为

$$z(\boldsymbol{x}_*) = \boldsymbol{r}_z^{\mathrm{T}}(\boldsymbol{x}_*)\boldsymbol{R}^{-1}(\boldsymbol{Z} - \boldsymbol{Fd}) \tag{10.17}$$

其中,$\boldsymbol{r}_z(\boldsymbol{x}_*)$ 为 $\boldsymbol{x}_*$ 和 $\boldsymbol{x}$ 之间的相关关系,具体为

$$\boldsymbol{r}(\boldsymbol{x}_*) = [R(\boldsymbol{\theta},\ \boldsymbol{x}_*,\ \boldsymbol{x}^1)\quad R(\boldsymbol{\theta},\ \boldsymbol{x}_*,\ \boldsymbol{x}^2)\quad \cdots\quad R(\boldsymbol{\theta},\ \boldsymbol{x}_*,\ \boldsymbol{x}^m)] \tag{10.18}$$

通过上述分析,采用 MPAKM 实现涉及嵌套目标的复杂结构疲劳寿命预测建模。基于 MPAKM,构建复杂结构疲劳寿命极限状态函数为

$$g(\boldsymbol{x}) = N_f(\boldsymbol{x}) - N_{f,\,\mathrm{allow}} \tag{10.19}$$

其中,$N_{f,\,\mathrm{allow}}$ 为疲劳寿命许用值;$N_f(\boldsymbol{x}) \geqslant 0$ 说明安全;$g(\boldsymbol{x}) < 0$ 则代表失效。

基于式(10.11),采用蒙特卡罗抽样进行复杂结构疲劳寿命可靠性分析,其可靠性指标为

$$
\begin{cases}
p_r = \displaystyle\int_r g(\boldsymbol{x})\,\mathrm{d}\boldsymbol{x} = \int I_r\big[g(\boldsymbol{x})\big]g(\boldsymbol{x})\,\mathrm{d}\boldsymbol{x} \\[2mm]
\quad = E\{I_r[g(\boldsymbol{x})]\} = \dfrac{1}{N}\sum I_r\big[g(\boldsymbol{x})\big] = \dfrac{N_r}{N} \\[2mm]
\mathrm{s.t.}\quad I_r\big[g(\boldsymbol{x})\big] = \begin{cases} 0, & g(\boldsymbol{x}) < 0 \\ 1, & g(\boldsymbol{x}) \geqslant 0 \end{cases}
\end{cases}
\tag{10.20}
$$

其中,r 为安全域;$I_r(\cdot)$ 为示性函数;N_r 为满足要求的样本数量,N 为样本总量。

10.7 实例分析

高压涡轮叶盘承受来自多个物理场的复杂载荷,是一种循环对称结构,为了模拟高压涡轮叶盘的低周疲劳寿命,建立了 1/48 高压涡轮叶盘的三维模型,并以覆盖三个叶片的流场为研究对象,用四面体单元生成了有限元模型(图 10.2)。

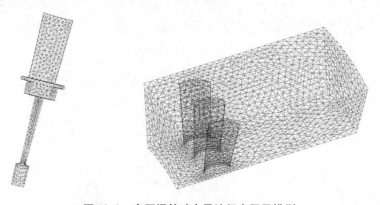

图 10.2 高压涡轮叶盘及流场有限元模型

为了获得高压涡轮叶盘的低周疲劳寿命,选择[0 s, 215 s]作为研究时域,包括 12 个临界点。采用 GH4133 作为高压涡轮叶盘的材料,密度为 8 560 kg/m³、弹性模量为 1.61×10¹¹ Pa、泊松比为 0.322 4。假设进口流速和进口压力为常数,分别为 124 m/s 和 588 000 Pa。此外,燃气温度和速度是随时间变化的变量。通过确定性分析,可以得到高压涡轮叶盘的最小低周疲劳寿命,其分布云图如图 10.3 所示。

影响因素具有很强的随机性,将平均应力、应变幅值、强度系数、延性系数、疲劳强度指数和疲劳延性指数作为高压涡轮叶盘低周疲劳寿命的随机输入参数。假设所有输入相互独立,其数值属性和分布特征由工程实践确定。

此外,采用拉丁超立方抽样方法提取 150 个输入样

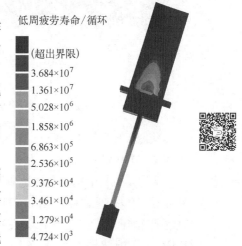

低周疲劳寿命/循环

(超出界限)
3.684×10⁷
1.361×10⁷
5.028×10⁶
1.858×10⁶
6.863×10⁵
2.536×10⁵
9.376×10⁴
3.461×10⁴
1.279×10⁴
4.724×10³

图 10.3 高压涡轮叶盘低周疲劳寿命分布云图

本,通过确定性分析获得高压涡轮叶盘低周疲劳寿命。随机选择 100 个样本作为训练样本来构建高压涡轮叶盘低周疲劳寿命的数学模型,剩余的样本作为测试样本来验证 MPAKM 的有效性。

结合 100 组训练样本建立高压涡轮叶盘低周疲劳寿命的 MPAKM,如式(10.21)所示:

$$
\begin{cases}
a_0 = -0.438\,0 \\
b_0 = (0.683\,3 \quad 0.573\,1 \quad 0.929\,8 \quad 0.136\,9 \quad -0.214\,9 \quad -0.411\,9) \\
c_0 = \begin{pmatrix}
0.158\,3 & 0.062\,3 & 0.191\,2 & 0.025\,8 & -0.062\,3 & -0.061\,5 \\
0.062\,3 & 0.133\,3 & 0.048\,5 & 0.044\,0 & -0.015\,3 & -0.009\,4 \\
0.191\,2 & 0.048\,5 & 0.211\,7 & 0.013\,0 & -0.076\,7 & -0.065\,2 \\
0.025\,8 & 0.044\,0 & 0.013\,0 & -0.130\,5 & -0.005\,1 & 0.008\,8 \\
-0.062\,3 & -0.015\,3 & -0.076\,7 & -0.005\,1 & 0.120\,9 & -0.096\,3 \\
-0.061\,5 & -0.009\,4 & -0.065\,2 & 0.008\,8 & -0.096\,3 & 0.246\,2
\end{pmatrix} \\
r = (0.043\,9 \quad 0.078\,5 \quad \cdots \quad -0.110\,5)_{1 \times 100}
\end{cases}
$$

$$(10.21)$$

根据极限状态函数,应用 MC 法进行 10 000 次仿真,进行高压涡轮叶盘低周疲劳寿命的可靠性分析,其分析结果如图 10.4 所示。

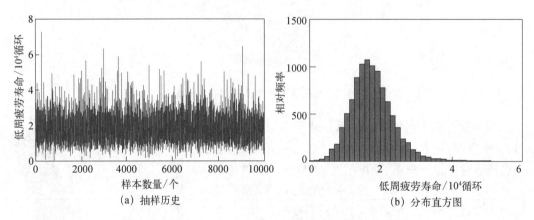

图 10.4 高压涡轮叶盘低周疲劳寿命抽样历史和分布直方图

从图 10.4 中可以看出,高压涡轮叶盘的低周疲劳寿命服从对数正态分布,当许用值等于 2 957 次循环时,高压涡轮叶盘低周疲劳寿命的可靠度为 0.997 9。

为了说明 MPAKM 在建模性能方面的有效性,通过比较 RSM 和 Kriging 模型,验证了 50 个测试样本的建模时间和预测精度。其中,采用均方根误差(RMSE)评估预测精度,并以基于有限元的高压涡轮叶盘低周疲劳寿命真值作为参考。此外,RSM 的分析结果作为研究 Kriging 模型和 MPAKM 提高效率和精度的参考,结果如表 10.2 所示。

表 10.2　RSM、Kriging 和 MPAKM 建模性能对比分析结果

方　法	建模时间/s	提高效率/%	RMSE	提高精度/%
RSM	1.67	—	412.458 1	—
Kriging 模型	1.46	12.57	268.154 4	34.98
MPAKM	0.79	52.69	102.451 2	75.16

由表 10.2 可以看出,MPAKM 的建模时间(0.79 s)少于 RSM 和 Kriging 模型的建模时间(1.67 s 和 1.46 s),并且与 RSM 和 Kriging 模型相比,MPAKM 的效率分别提高了52.69%和 40.12%;MPAKM 的 RMSE(102.451 2)小于 RSM 和 Kriging 模型(412.458 1 和268.154 4),MPAKM 的精度相对于 RSM 和 Kriging 模型分别提高了 75.16%和 40.18%。

思　考　题

10.1　简述海洋捕食者算法的基本思想。

10.2　海洋捕食者算法优化分为几个阶段?简述各阶段的工作过程。

10.3　海洋涡是如何形成的?

10.4　简述海洋捕食者算法优化过程。

参　考　文　献

[1] Faramarzi A, Heidarinejad M, Mirjalili S, et al. Marine predators algorithm: a nature-inspired metaheuristic[J]. Expert Systems with Applications, 2020, 152: 113377.

[2] Islam M Z, Othman M L, Wahab N I A, et al. Marine predators algorithm for solving single-objective optimal power flow[J]. Plos One, 2021, 16(8): e0256050.

[3] 胡顺强,崔东文.基于海洋捕食者算法优化的长短期记忆神经网络径流预测[J].中国农村水利水电,2021(2):78 - 82.

[4] 张磊,刘升,高文欣,等.多子群改进的海洋捕食者算法[J].微电子学与计算机,2022,39(2):51 - 59.

[5] 于涵,刘财,王典,等.基于改进海洋捕食者优化算法和瑞雷波频散曲线的近地表地层参数反演[J].地球物理学报,2023,66(2):796 - 809.

[6] 朱学敏,刘升,朱学林,等.多策略混合改进的海洋捕食者算法及其工程应用[J].国外电子测量技术.

[7] 李守玉,何庆.改进海洋捕食者算法的特征选择[J].计算机工程与应用,2023,59(11):1 - 14.

[8] 张贝,闵华松,张新明.改进海洋捕食者算法和插值平滑的机器人路径规划[J].计算机应用研究,2023,40(7):2082 - 2089.

[9] Al-Qaness M A A, Ewees A A, Fan H, et al. Marine predators algorithm for forecasting

confirmed cases of COVID – 19 in Italy, USA, Iran and Korea[J]. International Journal of Environmental Research and Public Health, 2020, 17(10): 3520.

[10] Abd Elminaam D S, Nabil A, Ibraheem S A, et al. An efficient marine predators algorithm for feature selection[J]. IEEE Access, 2021, 9: 60136 – 60153.

[11] 付华,刘尚霖,管智峰,等.阶段化改进的海洋捕食者算法及其应用[J].控制与决策, 2023,38(4): 902 – 910.

[12] 张孟健,王德光,汪敏,等.求解工程约束问题的新型智能优化算法及展望[J].计算机应用,2022,42(2): 534 – 541.

[13] Abdel-Basset M, El-Shahat D, Chakrabortty R K, et al. Parameter estimation of photovoltaic models using an improved marine predators algorithm [J]. Energy Conversion and Management, 2021, 227: 113491.

[14] Filmalter J D, Dagorn L, Cowley P D, et al. First descriptions of the behavior of silky sharks, Carcharhinus falciformis, around drifting fish aggregating devices in the Indian Ocean[J]. Bulletin of Marine Science, 2011, 87(3): 325 – 337.

[15] Parouha R P, Das K N. A memory based differential evolution algorithm for unconstrained optimization[J]. Applied Soft Computing, 2016, 38: 501 – 517.

第 11 章
结构可靠性设计的其他仿生智能算法

11.1 人工蜂群算法

11.1.1 背景

在 2005 年,国外学者 Karaboga 首次提出了人工蜂群(artifical bee colony, ABC)算法(以下简称蜂群算法),该算法详细描述了蜜蜂在觅食过程中展现的各种行为,并归纳出了一种群体智能算法——蜂群算法。蜂群算法是一种模拟蜜蜂采蜜行为的算法,旨在解决生活中涉及多维和多模优化问题的挑战。最初,蜂群算法主要应用于数值优化问题,但自从该方法提出以来,即引起了众多学者的广泛关注,并在神经网络、数据挖掘、工程应用、图像识别等多个领域得到广泛应用。

蜂群算法具有很多优点,其中之一是它的并行性。蜜蜂可以同时搜索多个解决方案,这使得蜂群算法在处理大规模问题时具有较好的性能。此外,蜂群算法不依赖于问题的具体形式,适用于各种类型的优化问题。它还具有一定的鲁棒性,能够在解空间中灵活地搜索,并且对于初始解的选择并不敏感。

随着时间的推移,蜂群算法得到了不断的改进和扩展,从最初的基本蜂群算法发展到了许多变体和混合算法。这些改进包括引入新的搜索策略、优化算子和适应性机制,以进一步提高算法的性能和收敛速度。

11.1.2 原理及推导过程

蜜蜂是一种高度智能和协作的生物,它们通过与其他蜜蜂进行沟通和信息交换,有效地找到最佳的花蜜源,研究人员正是受到了这种自然界中的智慧启发而研究了蜂群算法。在算法中,蜜蜂的觅食行为被抽象为一个优化问题,其中每个潜在的解决方案都被看作蜜蜂在搜索空间中的一个位置。蜜蜂通过沟通和舞蹈语言传递蜜蜂群体中发现的有关更佳解决方案的信息,从而引导其他蜜蜂前往这些潜在的更优位置。通过不断的迭代和信息交流,蜜蜂群体逐渐收敛到全局最优解,从而解决了优化问题。

传统蜂群算法是由观察自然界中蜜蜂种群内的各种行为活动而产生的蜂群算法,注重的是对群体中个体之间的信息共享与分布式协同的模拟。从生物学功能的角度对蜜蜂行为活动进行分类,共包括两类:繁殖行为和觅食行为,受这两种行为的启迪,出现了两类蜂群算法,下面将对这两类算法进行详细分析。

1. 受繁殖行为启发的蜂群算法

在雄蜂的选择过程中,常用使用模拟退火算法等来估计第 i 个雄蜂 D 被蜂后 θ 选择的概率 $P(\theta, D)^i$,只有当这个概率 $P(\theta, D)^i$ 达到蜂后交配可接受的度,则被选择,计算公式如下:

$$P(\theta, D)^i = \mathrm{e}^{\frac{-\Delta(f^i)}{v(t)}} \tag{11.1}$$

其中,$\Delta(f^i)$ 为雄蜂与蜂后之间基因类型的匹配程度(取正值),即适应度的绝对差值。

$$P(\theta, D)^i = \frac{f^i(\theta, D)}{\sum_{i=1}^{N} f^i(\theta, D)} \tag{11.2}$$

式(11.1)中,$v(t)$ 代表蜂后在时间为 t 时的飞行速度,随交配进行,蜂后速度按照一定衰减系数 $\alpha \in (0, 1)$ 消减,计算公式如下:

$$v(t + 1) = \alpha \times v(t) \tag{11.3}$$

相对于 t 时刻,$(t + 1)$ 时刻的能量 $E(t + 1)$ 衰减如下:

$$E(t + 1) = E(t) - r \tag{11.4}$$

其中,r 代表每次能量的衰减量。

交叉交配优化方法:

$$Q_i' = \beta Q_i + (1 - \beta)D_i \tag{11.5}$$

其中,Q_i 表示蜂后的第 i 位新基因值(遗传因素);D_i 表示雄蜂的第 i 位基因值(遗传因素);β 为(0,1) 区间的随机数。

带有第 i 位遗传因素的幼蜂基因 B_i' 优化的局部搜索:

$$B_i' = B_i + e_i(B_iQ_i) \tag{11.6}$$

其中,B_i 表示要优化的遗产信息;$e_i \in [-1, 1]$ 用来调控搜索邻域。蜂群种族繁衍后代的过程主要可以归纳为以下四点:第一,蜂后的择优更替;第二,蜂后的择偶交配;第三,幼蜂之间的竞争搜索;第四,种群多样性的保持。具体过程归纳如下:

(1) 对种群进行初始化操作;

(2) 蜂后选择优质雄蜂进行交配,直至达到能量阈值或者达到囊的最大容量;

(3) 随机选择精子与蜂后的基因按式(11.3)进行交叉遗传,同时按照一定概率进行变异;

(4) 工蜂照顾受精卵和未受精卵,按照式(11.6)提高幼蜂质量;

(5) 计算幼蜂的评估函数值,挑选评估值最高的幼蜂,比较 $f(B)$ 与 $f(Q)$,若 $f(B) > f(Q)$,则该幼蜂成为新的蜂后,同时杀死其他候选幼蜂,跳转到(2);

(6) 达到迭代中止条件,则最终的蜂后即是问题的全局最优解。

2. 受觅食行为启发的蜂群算法

对于蜜蜂觅食行为,也即是寻找最优食物点的过程。食物点可近似抽象为复杂问题的一个可行解,食物点品质的优劣对应评估函数值的高低。类比于其他仿生群智能优化算法,该算法的初始阶段也是通过随机原理生成一个群体并展开迭代搜索过程。

假定食物点的数量为 F_N，其中第 i 个食物点的数量为

$$F_i = (f_{i,1}, f_{i,2}, \cdots, f_{i,D}) \in S = \prod [L_l, U_l], \quad i \in (1, 2, \cdots, F_N) \tag{11.7}$$

其中，D 代表问题的计算维度；L_l 表示搜寻范围的下限；U_l 表示搜寻范围的上限。

随机生成初始食物点：

$$f_{i,l} = L_l + R(0, 1) \times (U_l - L_l) \tag{11.8}$$

以蜜蜂的分类为研究对象，分析算法过程如下。

召唤蜂根据式（11.9）在食物点 i 的邻域内探索新的食物点：

$$f_{i,l} = f_{i,l} + \lambda(f_{i,l} - f_{j,l}) \tag{11.9}$$

其中，l 可以随机取区间 $[1, D]$ 中的任意整数，也即召唤蜂可以在多维空间任意选择其中一维去探索食物点信息；$j \neq i$ 规定了召唤蜂只能搜索除当前食物点外的 $F_N - 1$ 个食物点；λ 表示取 $[-1, 1]$ 均匀分布的随机数。

倘若新的食物点 f_i' 经比较后优于之前的食物点，则进行食物点更新操作，注明这里的比较原则采用贪婪选择法。跟随蜂判断召唤蜂带回的食物点信息的优劣，作出是否响应号召的行为，计算公式如下：

$$P^i = \frac{S^i}{\sum_{i=1}^{F_N} S^i} \tag{11.10}$$

对食物点进行优劣估计后，采用优化方式产生一个介于 0 和 1 的数 r，比较 r 与 P^i 的大小，若 $r < P^i$，则主动跟随。同时，按照式（11.9）探索新的食物点，对信息进行保存；否则继续等待或者转变为侦察蜂。为了避免陷入局部最优解，规定若在一个食物点邻域经过有限（limit）次搜索后，蜜蜂保存的食物点没有发生变化，则自动舍弃当前食物点，转变角色为侦察蜂：

$$f_i^{t+1} = \begin{cases} L_t + R(0, 1) \times (U_l - L_l), & t \geqslant \text{limit} \\ f_i^t & t < \text{limit} \end{cases} \tag{11.11}$$

根据以上蜂群算法原理，该算法的实现步骤如下：

（1）种群初始化；

（2）对食物点分配召唤蜂，并按式（11.9）探索食物点；

（3）对新旧食物点做出评估，保留优质食物点信息，准备返回；

（4）跟随蜂按式（11.10）评估，共享信息，做出抉择；

（5）跟随蜂同样按式（11.9）探索新食物点，根据贪婪选择思想进行食物点信息的存储；

（6）判断是否有要舍弃的食物点，如有，则发生角色转变；若无，则跳转到（8）；

（7）作为侦察蜂探索新的食物点；

（8）迭代次数+1，输出当前时刻最优食物点信息；

（9）判断是否达到算法终止条件，若满足，则输出，否则跳转到（2）。

11.1.3 使用及其优缺点

1. ABC 算法的优缺点

1）ABC 算法运算简单、局部搜索能力较弱

GA 和 DE 是采用杂交的方式来产生新解,而 ABC 算法却不是。ABC 算法产生新解只是基于其父解(旧解),并且运算简单,适用于局部搜索调频,但这也导致好的信息无法在种群中快速传播,同时每次变异只修改父解的一个维度,并且改变幅度较小,所以这导致 ABC 算法的局部寻优能力较弱,收敛速度较慢,尤其在解决约束问题、复合函数、不可分函数时的性能欠佳。

2）ABC 算法具有较好的探索能力

探索蜂可以跳出原有解集,随机找到一个新解来完全代替旧解,这个特征也减弱了算法对于群规模的依赖性及受初始解集的影响,保证群体的多样性,防止早熟收敛问题,使得 ABC 算法适用于解决高维、多模问题。

3）ABC 算法参数较少

除了最大循环次数和种群规模,ABC 算法只有一个控制参数 limit,而 limit 的值又依赖于种群数量和问题维度,即 limit=SN×D,最终 ABC 算法只有两个控制参数,即最大循环次数(maximum number of cycles,MCN)和蜂群数量(SN)。

2. ABC 算法的应用

1）神经网络

人工神经网络是人工智能研究领域的重要分支之一,在控制、预测、优化、系统辨识、信号处理和模式识别等领域有广泛的应用。鉴于神经网络的传统训练方法存在的缺陷,很多研究者开始将包括 ABC 算法在内的智能启发式算法应用到神经网络的设计和参数优化中。例如,采用 ABC 算法来优化基于信息粒化的模糊径向基神经网络,用来解决影像融合的问题;采用 ABC 算法来优化人工神经网络中神经元的连接权重,并应用于短期电力负荷预测。通过在原 ABC 算法搜索新蜜源的机制中添加交叉率和适应性系数来提高收敛速度,并应用于数值优化问题和训练基于自适应网络的模糊推理系统(adaptive-network-based fuzzy inference system,ANFIS)来确定非线性动态系统。

2）无线传感网

利用 ABC 算法对传感器节点进行最优化部署,以求在指定的覆盖范围内获得最大网络生存期。可将紧凑 ABC 算法用于无线传感网的拓扑优化,有助于开发小型和低成本的嵌入式设备。可将 ABC 算法用于稀疏无线传感网中移动机器人的路径规划;将 ABC 算法应用于无线传感网中中继节点的优化配置,以减少中继节点配置个数,同时延长网络的生存时间。

3）决策、规划与调度

自动决策、规划与调度是人工智能的一个分支,已广泛应用于生产、管理、电力等多个领域,ABC 算法作为启发式智能算法,在该问题上有较多的应用。合理的车间调度能极大提高生产效能,车间调度是一个求解最优资源分配的离散问题,而标准 ABC 算法是处理连续函数的优化方法,所以大部分用于车间调度的 ABC 算法都是改进的离散型 ABC 算法,相关的文献中涉及的计算有最小化加权延误的车间作业调度、基于工序排序的流水车

间调度、以完工时间最少为目标的流水车间调度、平行化处理车间作业调度、多目标柔性作业车间调度等。除此以外,还有其他领域的应用,如制造厂物料流优化、飞机智能着陆决策、周期车辆路径规划问题,以及前述的多目标电力潮流优化调度、多目标水火电系统短期调度、发电机组经济排放调度、基于混沌理论的改进 ABC 算法求解电力非凸排放/经济调度、采用带局部搜索的增量 ABC 算法求解带阀点效应的非凸经济调度问题、采用自适应混沌 ABC 算法求解短期水热发电调度等。

4) 图像、信号处理

ABC 算法在图像、信号处理上也得到了广泛的应用。在图像处理上的应用有核磁共振图像脑肿瘤识别、卫星图像分割、2D 图像处理、基于蜂群优化补偿的小波域图像水印算法、图像对比度增强、气象卫星图像无监督分类。在信号处理上,有多普勒信号降噪、滤波器优化设计等。

11.2　量子遗传算法

量子遗传算法(quantum genetic algorithm,QGA)是一种以量子计算的一些概念和理论为基础,将量子计算和遗传算法相结合,利用量子位编码来表示染色体,用量子旋转门作用更新种群来完成进行搜索的概率优化方法,具有很重要的意义和研究价值。和传统的遗传算法相比,QGA 具有以下三个优点:

(1) 可以以很少的个体数表示较大的解空间,即使一个个体也可以搜索到最优解或者接近最优解;

(2) 具有较强的全局搜索能力;

(3) 具有较快的收敛速度,可以在较短的时间间隔内搜索到全局最优。

11.2.1　产生背景

量子计算的概念最早是由 Feynman 于 1982 年提出的,其最本质的特征就是利用了量子态的叠加性和相干性,以及量子比特之间的纠缠性,是量子力学直接进入算法领域的产物。量子计算与其他经典算法最本质的区别就在于,它具有量子并行性。我们也可以从概率算法去认识量子算法,在概率算法中,系统不再处于一个固定的状态,而是对应于各个可能状态有一个概率,即状态概率矢量。如果知道初始状态概率矢量和状态转移矩阵,通过状态概率矢量和状态转移矩阵相乘可以得到任何时刻的概率矢量。量子算法与此类似,只不过需要考虑量子态的概率幅度,因为它们是平方归一的,所以概率幅度相对于经典概率放大了 N 倍,状态转移矩阵则用沃尔什-阿达马(Walsh – Hadamard)变换、旋转相位操作等酉正变换实现。

1. 状态叠加

在经典数字计算机中,信息被编码为位(bit)链,1 比特信息就是两种可能情况中的一种,即 0 或 1、假或真、对或错。例如,一个脉冲可以表达 1 比特信息:上升沿表示 1,而下降沿表示 0。在量子计算机中,基本的存储单元是一个量子位(qubit),一个简单的量子位是一个双态系统,如半自旋或两能级原子:自旋向上表示 0,向下表示 1;或者基态代表 0,激发态代表 1。不同于经典比特,量子比特不仅可以处于 0 或 1 的两个状态之一,而且可

以更一般地处于两个状态的任意叠加形式。一个 n 位的普通寄存器处于唯一的状态中，而由量子力学的基本假设，一个 n 位的量子寄存器可处于 2^n 个基态的相干叠加态 $|\Phi\rangle$ 中，即可以同时表示 2^n 个数。叠加态和基态的关系可以表示为

$$|\Phi\rangle = \sum C_i |\Phi_i\rangle \tag{11.12}$$

其中，C_i 表示状态 $|\Phi\rangle$ 的概率幅度，$\sum |C_i|^2 = 1$。

2. 状态相干

量子计算的主要原理之一就是：使构成叠加态的各个基态通过量子门的作用发生干涉，从而改变它们之间的相对相位。例如，一个叠加态为

$$|\Phi\rangle = \frac{2}{\sqrt{5}}|0\rangle + \frac{1}{\sqrt{5}}|1\rangle = \frac{1}{\sqrt{5}}\binom{2}{1} \tag{11.13}$$

设量子门 $\hat{U} = \frac{1}{2}\begin{bmatrix} 1 & 1 \\ 1 & -1 \end{bmatrix}$ 作用其上，则两者的作用结果是 $|\Phi'\rangle = \frac{3}{\sqrt{10}}|0\rangle + \frac{1}{\sqrt{10}}|1\rangle$。可以看出，基态 $|0\rangle$ 的概率幅增大，而 $|1\rangle$ 的概率幅减小。若量子系统 $|\varphi\rangle$ 处于基态的线性叠加的状态，则称系统为相干的。当一个相干的系统与其周围的环境发生相互作用（测量）时，线性叠加就会消失，具体坍塌到某个 $|\varphi\rangle$ 基态的概率由 $|C_i|^2$ 决定。例如，对上述 $|\Phi'\rangle$ 进行测量，其坍塌到 0 的概率为 0.9，这个过程称为消相干。

3. 状态的纠缠

量子计算的另一个重要机制是量子纠缠态，它违背我们的直觉。对于发生相互作用的两个子系统中所存在的一些态，若不能表示成两个子系统的张量积，即每个子系统的状态不能单独表示出来，则两个子系统彼此关联。量子态是两个子系统共有的状态，这种量子态就称为纠缠态。例如，对于叠加状态 $\frac{3}{\sqrt{2}}|01\rangle + \frac{1}{\sqrt{2}}|10\rangle$，因为无论采用什么方法都无法写成两个量子比特的乘积，所以为量子纠缠状态。

对处于纠缠态的量子位的某几位进行操作，不但会改变这些量子位的状态，还会改变与其相纠缠的其他量子位的状态。量子计算能够充分实现，也是利用了量子态的纠缠特性。

4. 量子并行性

在经典计算机中，信息的处理是通过逻辑门进行的。量子寄存器中的量子态则是通过量子门的作用进行演化，量子门的作用与逻辑电路门类似。在指定基态条件下，量子门可以由作用于希尔伯特空间中向量的矩阵描述。由于量子门的线性约束，量子门对希尔伯特空间中量子状态的作用将同时作用于所有基态上，对应到 n 位量子计算机模型中，相当于同时对个数进行运算。而任何经典计算机为了完成相同的任务，必须重复相同的计算，或者必须使用各不相同的并行工作的处理器，这就是量子并行性。换言之，量子计算机利用了量子信息叠加和纠缠的性质，在使用相同时间和储存量的计算资源时提供了巨大的增益。

11.2.2 基本理论

量子的重叠和牵连原理产生了巨大的计算能力。普通计算机中的 2 位寄存器在某一

时间仅能存储 4 个二进制数(00, 01, 10, 11)中的一个,而量子计算机中的 2 位量子位寄存器可同时存储这 4 个数,因为每一个量子位可以表示两个值。如果有更多量子位,计算能力就呈指级数提高。量子计算具有天然的并行性,极大地加快了对海量信息的处理速度,使得大规模复杂问题在有限的指定时间内完成。

1. 量子信息

用量子比特来存储和处理信息,称为量子信息。区别量子信息与经典信息最大的不同是在于:在经典信息中,比特只能处在一个状态,非 0 即 1;而在量子信息中,量子比特可以同时处在 $|0\rangle$ 和 $|1\rangle$,对应经典状态的 0 和 1。

量子比特不仅可以表示 0 和 1 两种状态,也可以同时表示两个量子的叠加态,即"0"态和"1"态的任意中间态。一般情况下,用 n 个量子位就可以同时表示 2^n 个状态,其叠加态可以描述为

$$|\varphi\rangle = \alpha|0\rangle + \beta|1\rangle \tag{11.14}$$

其中,(α, β) 是一对复数,表示相应比特状态的概率幅度,且满足归一化条件,即 $|\alpha|^2 + |\beta|^2 = 1$;$|0\rangle$ 和 $|1\rangle$ 分别表示两个不同的比特态,且 $|\alpha|^2$ 表示 $|0\rangle$ 的概率,$|\beta|^2$ 表示 $|1\rangle$ 的概率。利用不同的量子叠加态记录不同的信息,量子比特在同一位置可拥有不同的信息。

量子态可用矩阵的形式表示。一对量子比特 $|0\rangle \equiv \begin{pmatrix} 0 \\ 1 \end{pmatrix}$ 和 $|1\rangle \equiv \begin{pmatrix} 0 \\ 1 \end{pmatrix}$ 能够组成 4 个不重复的量子比特对 $|00\rangle$、$|01\rangle$、$|10\rangle$、$|11\rangle$,其张量积的矩阵表示如下:

$$
\begin{cases}
|00\rangle \equiv |0\rangle \otimes |0\rangle = \begin{bmatrix} 1 \\ 0 \end{bmatrix} \otimes \begin{bmatrix} 1 \\ 0 \end{bmatrix} = \begin{bmatrix} 1 \times \begin{bmatrix} 1 \\ 0 \end{bmatrix} \\ 0 \times \begin{bmatrix} 1 \\ 0 \end{bmatrix} \end{bmatrix} = \begin{bmatrix} 1 \\ 0 \\ 0 \\ 0 \end{bmatrix} \\[20pt]
|01\rangle \equiv |0\rangle \otimes |1\rangle = \begin{bmatrix} 1 \\ 0 \end{bmatrix} \otimes \begin{bmatrix} 0 \\ 1 \end{bmatrix} = \begin{bmatrix} 1 \times \begin{bmatrix} 0 \\ 1 \end{bmatrix} \\ 0 \times \begin{bmatrix} 0 \\ 1 \end{bmatrix} \end{bmatrix} = \begin{bmatrix} 0 \\ 1 \\ 0 \\ 0 \end{bmatrix} \\[20pt]
|10\rangle \equiv |1\rangle \otimes |0\rangle = \begin{bmatrix} 0 \\ 1 \end{bmatrix} \otimes \begin{bmatrix} 1 \\ 0 \end{bmatrix} = \begin{bmatrix} 0 \times \begin{bmatrix} 1 \\ 0 \end{bmatrix} \\ 1 \times \begin{bmatrix} 1 \\ 0 \end{bmatrix} \end{bmatrix} = \begin{bmatrix} 0 \\ 0 \\ 1 \\ 0 \end{bmatrix} \\[20pt]
|11\rangle \equiv |1\rangle \otimes |1\rangle = \begin{bmatrix} 0 \\ 1 \end{bmatrix} \otimes \begin{bmatrix} 0 \\ 1 \end{bmatrix} = \begin{bmatrix} 0 \times \begin{bmatrix} 0 \\ 1 \end{bmatrix} \\ 1 \times \begin{bmatrix} 0 \\ 1 \end{bmatrix} \end{bmatrix} = \begin{bmatrix} 0 \\ 0 \\ 0 \\ 1 \end{bmatrix}
\end{cases} \tag{11.15}
$$

显然,集合 $|00\rangle$、$|01\rangle$、$|10\rangle$、$|11\rangle$ 是 4 维向量空间的生成集合。

2. 量子比特的测定

对于量子比特,给定一个量子比特 $|\varphi\rangle = \alpha|0\rangle + \beta|1\rangle$,通常不可能正确地知道 α 和 β 的值。通过一个称为测定或观测的过程,可以把一个量子比特的状态以概率幅度(概率区域)的方式变换成 bit 信息,即 $|\varphi\rangle$ 以概率 $|\alpha|^2$ 取值 bit 0,以概率 $|\beta|^2$ 取值 bit 1。特别地,当 $\alpha = 1$ 时,$|\varphi\rangle$ 取值 0 的概率为 1;当 $\beta = 1$ 时,$|\varphi\rangle$ 取值 1 的概率为 1。在这样的情况下,量子比特的行为与经典比特的行为完全一致。从这个意义上讲,量子比特包含了经典比特,是信息状态更一般性的表示。

3. 量子门

在量子计算中,某些逻辑变换功能是通过对量子比特状态进行一系列的幺正变换来实现的。而在一定时间间隔内实现逻辑变换的量子装置称为量子门,它是在物理上实现量子计算的基础。

量子门的作用与经典计算机中的逻辑电路门类似,量子寄存器中的量子态则是通过量子门的作用进行操作的。由于量子态具有可以叠加的物理特性,量子门可以由作用于希尔伯特空间中的矩阵描述,量子门对希尔伯特空间中量子状态的作用将同时作用于左右基态上。描述逻辑门的矩阵都是幺正矩阵,即 $U^*U = I$,其中是 U^* 的 U 伴随矩阵,I 为单位矩阵。根据量子计算理论可知,只要能完成单比特的量子操作和两比特的控制非门操作,就可以构建对量子系统的任一幺正操作。

量子门的类型很多,分类方法也不相同,按照量子逻辑门作用的量子比特数目,可以把其分为单比特门、二比特门和三比特门等。

4. 单比特门

常见的单比特门主要有量子非门(quantum not gate)、阿达马门(Hadamard gate)和量子转移门(quantum rotation gate)。在基矢 $|0\rangle \equiv \begin{bmatrix} 0 \\ 1 \end{bmatrix}$ 和 $|1\rangle \equiv \begin{bmatrix} 0 \\ 1 \end{bmatrix}$ 下,可以用矩阵来表示这几个常见的单比特门。

1) 量子非门 X:

$$X = |0\rangle\langle 1| + |1\rangle\langle 0| = \begin{bmatrix} 0 & 1 \\ 1 & 0 \end{bmatrix} \tag{11.16}$$

2) Hadamard 门:

$$H = \begin{bmatrix} \dfrac{1}{\sqrt{2}} & \dfrac{1}{\sqrt{2}} \\ \dfrac{1}{\sqrt{2}} & -\dfrac{1}{\sqrt{2}} \end{bmatrix} \tag{11.17}$$

3) 量子转移门:

$$\Phi = \begin{bmatrix} 1 & 0 \\ 0 & e^{i\varphi} \end{bmatrix} \tag{11.18}$$

5. 量子转移门

量子"异""或"门是最常用的二比特门之一,其中的两个量子位分别为控制位 $|x\rangle$ 与

目标位 $|y\rangle$，其特征是控制位 $|x\rangle$ 不随门操作而改变。当控制位 $|x\rangle$ 为 $|0\rangle$ 时，它不改变目标位 $|y\rangle$；当控制位 $|x\rangle$ 为 $|1\rangle$ 时，它将随翻转目标位 $|y\rangle$，所以量子异或门又可称为量子受控非门。在两量子位的基矢下能组成 4 个不重复的量子比特（位），其张量积的矩阵表示为

$$|00\rangle \equiv |0\rangle \otimes |0\rangle = \begin{bmatrix} 1 \\ 0 \\ 0 \\ 0 \end{bmatrix}, \quad |01\rangle \equiv |0\rangle \otimes |1\rangle = \begin{bmatrix} 0 \\ 1 \\ 0 \\ 0 \end{bmatrix}$$

$$|10\rangle \equiv |1\rangle \otimes |0\rangle = \begin{bmatrix} 0 \\ 0 \\ 1 \\ 0 \end{bmatrix}, \quad |11\rangle \equiv |1\rangle \otimes |1\rangle = \begin{bmatrix} 0 \\ 0 \\ 0 \\ 1 \end{bmatrix}$$

可用矩阵表示为

$$C_{C_{\text{not}}} = \begin{bmatrix} 1 & 0 & 0 & 0 \\ 0 & 1 & 0 & 0 \\ 0 & 0 & 0 & 1 \\ 0 & 0 & 1 & 0 \end{bmatrix} \tag{11.19}$$

6. 三比特门

三比特门，即三比特量子逻辑门，是由作用到三个量子位上的所有可能的幺正操作构成的。它有三个输入端 $|x\rangle$、$|y\rangle$、$|z\rangle$，两个输入量子位 $|x\rangle$ 和 $|y\rangle$（控制位）控制第三个量子位 $|z\rangle$（目标位）的状态，两控制位 $|x\rangle$ 和 $|y\rangle$ 不随门操作而改变。当两控制位 $|x\rangle$ 和 $|y\rangle$ 同时为 $|1\rangle$ 时，目标位改变，否则保持不变。三比特门用矩阵表示为

$$C_{C_{\text{not}}} = \begin{bmatrix} 1 & 0 & 0 & 0 & 0 & 0 & 0 & 0 \\ 0 & 1 & 0 & 0 & 0 & 0 & 0 & 0 \\ 0 & 0 & 1 & 0 & 0 & 0 & 0 & 0 \\ 0 & 0 & 0 & 1 & 0 & 0 & 0 & 0 \\ 0 & 0 & 0 & 0 & 1 & 0 & 0 & 0 \\ 0 & 0 & 0 & 0 & 0 & 1 & 0 & 0 \\ 0 & 0 & 0 & 0 & 0 & 0 & 1 & 0 \\ 0 & 0 & 0 & 0 & 0 & 0 & 0 & 1 \end{bmatrix} \tag{11.20}$$

因为三比特门只有当 $|x\rangle$ 和 $|y\rangle$ 同时为 $|1\rangle$ 时，$|z\rangle$ 才变为相反的态，所以又称为"受控门"。

11.2.3　量子遗传算法流程

量子计算具有天然的并行性，极大地加快了对海量信息的处理速度，大规模复杂问题能

够在有限的指定时间内完成。利用量子计算的这一思想,将量子算法与经典算法相结合,通过对经典表示方法进行相应的调整,使得其具有量子理论的优点,从而成为有效的算法。

量子遗传算法是在传统的遗传算法中引入量子计算的概念和机制后形成的新算法。目前,融合点主要集中在种群编码和进化策略的构造上。种群编码方式的本质是利用量子计算的一些概念和理论,如量子位、量子叠加态等来构造染色体编码,这种编码方式可以使一个量子染色体同时表征多个状态的信息,隐含着强大的并行性,并且能够保持种群多样性和避免选择压力,以当前最优个体的信息为引导,通过量子门作用和量子门更新来完成进化搜索。在量子遗传算法中,个体用量子位的概率幅度编码,利用基于量子门相位旋转实现个体进化,用量子非门实现个体变异,以增加种群的多样性。

与传统的遗传算法一样,量子遗传算法中也包括个体种群的构造、适应度值的计算、个体的改变及种群的更新。而与传统遗传算法不同的是,量子遗传算法中的个体是包含多个量子位的量子染色体,具有叠加性、纠缠性等特性,一个量子染色体可呈现多个不同状态的叠加。通过不断迭代,每个量子位的叠加态将坍塌到一个确定的态,从而达到稳定,趋于收敛。量子遗传算法就是通过这样的一个方式,不断地进行探索、进化,最后达到寻优的目的。量子遗传算法的流程图如图 11.1 所示。

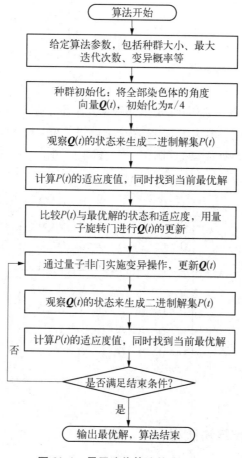

图 11.1　量子遗传算法的流程图

11.3　人工鱼群算法

2003 年,浙江大学的李晓磊在其毕业论文中将基于行为的人工智能思想通过动物自治体的模式引入优化命题的解决中,构造了鱼群模式这一解决问题的架构,并由此产生了一种高效的智能优化算法——人工鱼群算法(以下简称鱼群算法)。

11.3.1　背景

传统的优化方法在处理复杂的数学模型时面临着一些挑战。当模型涉及高维变量、大量约束条件或强非线性时,采用传统方法往往无法有效地求解问题,或者求解时间过长,或者无法达到理想的结果。为了解决这些问题,人们从生物进化机理和物理现象中汲取灵感,并结合人工智能和人工生命领域的发展,逐渐实施了一些高级计算方法,并将这些思路转化为现实和实用的解决方案。

在鱼群算法提出之前,已经出现了许多新型的优化算法,如遗传算法、蚁群优化算法和粒子群优化算法等。这些算法通过模拟生物行为或物理现象,以一种群体智能的方式来解决优化问题。而鱼群算法正是在这样的背景和基础上提出的一种新型算法。

鱼群算法借鉴了鱼群在觅食和迁徙过程中的行为模式。在鱼群中,鱼个体通过相互观察和交流信息,快速找到适宜的觅食位置。类似地,人工鱼群算法中的鱼个体代表潜在解决方案,它们通过观察周围环境和交流信息来调整自身的行为,以便在解空间中搜索最优解。

鱼群算法具有较好的全局搜索能力和自适应性,能够在搜索过程中平衡探索和利用,从而避免陷入局部最优解。此外,鱼群算法还具备较好的并行性,能够同时搜索多个解决方案,从而提高算法的效率和收敛速度。

近年来,鱼群算法已在许多领域得到广泛应用。例如,在工程优化中,人工鱼群算法可应用于电力系统调度、水资源管理和智能交通等方面。在数据挖掘和机器学习中,人工鱼群算法可以应用于特征选择、聚类分析和分类问题等。此外,鱼群算法还可应用于图像处理、模式识别和金融风险评估等领域。

11.3.2　原理

鱼群算法是一种基于动物自治体概念的优化算法,它采用了自下而上的思路,并应用基于行为的人工智能方法,形成了一种全新的问题解决模式。由于算法的灵感来源于对鱼类活动的分析,因此称为鱼群模式。这种模式在寻优问题中得到了应用,并演化为鱼群算法。

在自然界的水域中,鱼群会聚集在富含营养物质最多的地方,因为那里有最好的生存条件。鱼群算法基于这一特点,模仿鱼群的觅食行为,以实现全局寻优。算法的基本思想是将候选解看作水域中的鱼群个体,它们通过相互交流和行为调整来寻找最优解。

在鱼群算法中,每个候选解都被视为一个人工鱼,它们通过特定的行为规则进行移动和交互,这些行为规则包括觅食行为、追尾行为、聚群行为和迁徙行为等。觅食行为使人工鱼在搜索空间中寻找适应度更高的解,追尾行为使人工鱼受到适应度较高的邻近解的影响,聚群行为使人工鱼形成合作群体并共享信息,迁徙行为使人工鱼在解空间中不断探索。

通过不断迭代和调整行为,鱼群算法能够逐渐收敛到全局最优解或者接近最优解的解空间区域。这种算法具有良好的自适应性和灵活性,能够适应不同类型的优化问题,并在多个领域得到应用,如工程优化、数据挖掘、智能控制等。

总体来说,鱼群算法通过模仿鱼群的觅食行为和相互交流,提供了一种有效的全局寻优方法,为解决复杂优化问题提供了一种新的途径。在接下来的章节中,将进一步探讨鱼群算法的具体实现和应用案例。

11.3.3 推导过程

1. 人工鱼模型

人工鱼的模型可以用以下类来描述,并使用 Python 语言进行说明:

```
1.  class ArtificialFish:
2.   def __init__(self):
3.     self.n = 0   #人工鱼的数量
4.     self.AF_step = 0.0   #人工鱼的移动步长
5.     self.AF_visual = 0.0   #人工鱼的视野范围
6.     self.try_number = 0   #尝试次数
7.     self.delta = 0.0   # delta 值
8.    def init(self, n: int, AF_step: float, AF_visual: float, try
    _number: int, delta: float) -> None:
9.      self.n = n
10.     self.AF_step = AF_step
11.     self.AF_visual = AF_visual
12.     self.try_number = try_number
13.     self.delta = delta
14.     self.AF_init()
15.   def AF_init(self):
16.     #初始化人工鱼的位置、速度等
17.   def AF_foodconsistence(self) -> float:
18.     #计算人工鱼所在位置的食物浓度
19.   def AF_move(self):
20.     #人工鱼的移动行为
21.   def AF_follow(self) -> float:
```

```
22.        #人工鱼的追尾行为
23.    def AF_prey(self) -> float:
24.        #人工鱼的捕食行为
25.    def AF_swarm(self) -> float:
26.        #人工鱼的聚群行为
27.    def AF_evaluate(self) -> int:
28.        #评估人工鱼的适应度
```

在上述代码中,每个方法的具体实现需要根据人工鱼算法的原理进行编写。这些方法涉及人工鱼的初始化、移动、追尾、捕食、聚群等行为,以及评估人工鱼的适应度。根据具体问题的要求,可以在这些方法中添加适当的算法逻辑和数学计算,以实现人工鱼算法的功能。

2. 相关定义

人工鱼个体的状态可以表示为向量 $X = (x_1, x_2, \cdots, x_n)$,其中 $x_i(i = 1, 2, \cdots, n)$ 为待优化的变量。

人工鱼当前所在位置的食物浓度表示为 $Y = f(X)$,其中 $f(X)$ 为目标函数,用于评估当前位置的适应度或者优劣程度。

人工鱼个体之间的距离定义为欧氏距离,即 $d_{i,j} = || X_i - X_j ||$,其中 X_i 和 X_j 分别表示第 i 个和第 j 个人工鱼的位置向量。

人工鱼的感知距离表示为 Visual,它定义了人工鱼能够感知到其他人工鱼的范围。在这个范围内,人工鱼可以通过交流和观察获取其他人工鱼的信息。

人工鱼移动的最大步长定义为 Step,它决定了每次移动的最大距离。在搜索过程中,人工鱼可以根据自身状态和周围环境进行移动,但移动的距离不会超过 Step。

拥挤度因子定义为 δ,它是一个控制人工鱼群体在解空间中探索和利用信息的参数。较小的 δ 值会促使人工鱼进行更多的探索,而较大的 δ 值则会使人工鱼更多地依赖周围的信息和合作。

这些定义构成了鱼群算法的基本框架,通过调整和优化上述参数,可以对算法的性能和搜索效果进行调控。在算法的实现中,还需要结合具体问题的特点和目标函数的形式,进一步完善和调整算法的细节。

3. 行为描述

1) 觅食行为

由于极大和极小问题可以相互转换,以下均以求极大问题进行讨论。

设人工鱼当前的状态为 X_i,在其感知范围内随机选择一个状态 X_j,如果 $Y_i < Y_j$,则向该方向前进一步;否则重新随机一个状态 X_j,判断是否满足条件;反复尝试 try_number 次后,如果仍找不到满足条件的状态,就随机移动一步,其伪代码描述如下:

```
1. def AF_prey(self)-> float:
2.    for i in range(0,try-number):
```

3. $\quad X_j = X_i + \mathrm{Rand}() * \mathrm{Visual}$

4. $\quad \mathrm{if}\,(Y_j > Y_i):$

5. $\quad\quad X_i = X_i + \mathrm{Rand}() * \mathrm{Step} * \dfrac{X_j - X_i}{||\,X_j - X_i\,||}$

6. $\quad \mathrm{else}:$

7. $\quad\quad X_i = X_i + \mathrm{Rand}() * \mathrm{Step}$

2）聚群行为

设人工鱼当前的状态为 X_i，探索当前邻域内（即 $d_{i,j} < \mathrm{Visable}$）的伙伴数目 n_f 及中心位置 X_c，如果 $\dfrac{Y_c}{n_f} > \delta Y_i$，表明伙伴中心具有较高的食物并且不太拥挤，则朝伙伴的中心位置方向前进一步，否则执行觅食行为，其伪代码描述如下：

1. $\mathrm{def}\ \mathrm{AF\_swarm}(\mathrm{self})\text{->}\mathrm{float}:$

2. $\quad n_f = 0; X_c = 0$

3. $\quad \mathrm{for}\ j\ \mathrm{in}\ (0, \mathrm{friend\_number}):$

4. $\quad\quad \mathrm{if}\,(d_i, j < \mathrm{Visual}):\{n_f + +; X_c + = X_j\}$

5. $\quad\quad X_c = \dfrac{X_c}{n_f}$

6. $\quad \mathrm{if}\left(\dfrac{Y_c}{n_f} > \delta Y_i\right):$

7. $\quad\quad X_i = X_i + \mathrm{Rand}() * \mathrm{Step} * \dfrac{X_c - X_i}{||\,X_c - X_i\,||}$

8. $\quad \mathrm{else}:$

9. $\quad\quad \mathrm{AF\_prey}();$

10. $\quad \mathrm{return}\ \mathrm{AF\_foodconsistence}(X;);$

3）追尾行为

设人工鱼当前的状态为 X_i，探索当前邻域内（即 $d_{i,j} < \mathrm{Visable}$）的伙伴中 Y_j 最大的伙伴，如果 $\dfrac{Y_j}{n_f} > \delta Y_i$，表明伙伴 X_j 所处的状态具有较高的食物浓度并且周围不太拥挤，则朝伙伴 X_j 的方向前进一步，否则执行觅食行为，其伪代码描述如下：

1. $\mathrm{def}\ \mathrm{AF\_follow}:$

2. $\quad Y_{\max} = -\infty$

3. $\quad \mathrm{for}\ j\ \mathrm{in}\ \mathrm{range}(0, \mathrm{friend\_number}):$

4. $\quad\quad \mathrm{if}\,(d_{i,j} < \mathrm{Visual}\ \&\&\ Y_j > Y_{\max}):\{Y_{\max} = Y_j; X_{\max} = X_j\}$

5.　　　　$n_f = 0$

6.　　　for j in range(0,friend_number):

7.　　　　if $(d_{max,j}, <$ Visua$) : \{n_f ++\}$

8.　　　　if $\left(\dfrac{Y_{max}}{n_f} > \delta Y_i \right)$:

9.　　　　　　$X_i = X_i +$ Rand( ) $*$ Step $* \dfrac{X_{max} - X_i}{|| X_{max} - X_i ||}$;

10.　　　else:

11.　　　AF_preyO

12.　　return AF_ foodconsistence(X)

4）随机行为

随机行为是觅食行为的一个缺省行为,人工鱼将在其视野中随机选择一个状态,然后朝该方向移动。

4. 行为选择

根据所需解决的问题的性质,需要对人工鱼当前所处的环境进行评价,以选择合适的行为。在鱼群算法中,常用的评价方法是根据各行为使得人工鱼朝着最优方向前进的程度来进行选择。希望选择那些能够使人工鱼的下一个状态更加优化的行为,如果在当前环境中无法找到使下一个状态优于当前状态的行为,则采用随机行为。

在行为选择过程中,可以引入一些策略来平衡探索和利用的关系。例如,可以设置一个探索参数,使算法在探索阶段更加注重探索新的解空间,而在利用阶段更加注重利用已经发现的优良解。通过调整参数的值,可以灵活地调控算法在搜索过程中的探索和利用的比例。

此外,行为选择还可以考虑人工鱼之间的相互影响和合作。人工鱼可以通过观察周围的鱼群成员的行为和状态来获取信息,并借鉴其他鱼群成员的经验。这种合作机制可以帮助人工鱼更好地探索解空间,避免陷入局部最优解,并加速收敛到全局最优解的过程。

通过综合考虑问题性质、环境评价、行为选择策略和合作机制,采用鱼群算法能够有效地搜索解空间,并找到问题的优化解。在实际应用中,可以根据具体问题的特点和要求,进行行为选择策略的定制和优化,以提升算法的性能和搜索效果。

11.3.4　算法描述

根据以上描述的人工鱼模型及其行为,每个人工鱼通过探索当前环境的状况来选择行为。随着算法的迭代进行,人工鱼将逐渐聚集在几个局部极值的周围。通常情况下,当讨论求解极大值问题时,具有较大 AF_foodconsistence 值的人工鱼往往位于值较大的极值域周围,这有助于判断和获取全局极值域。而值较大的极值区域周围通常会聚集较多的人工鱼,这进一步增强了获取全局极值的能力。因此,可以将全局极值域中各个人工鱼的重心作为极值的估计值。

通过算法的迭代过程,人工鱼会通过不同的行为相互交流和调整位置,以寻找更优的解。在搜索的过程中,人工鱼会根据周围的食物浓度信息进行移动,较大的食物浓度值会吸引更多的人工鱼聚集在该区域。这种集聚效应有助于判断可能存在的全局极值,并通过人工鱼群体的合作来进一步优化搜索过程。

总的来说,鱼群算法通过人工鱼的交流和行为选择,使得群体在解空间中寻找可能的极值域。通过合理的选择行为和集结策略,可以利用人工鱼群体的聚集性来判断和获取全局极值。进一步优化算法的参数和策略,可以提高算法的搜索效果和收敛性,从而更好地解决复杂的优化问题。

11.3.5　使用与结论

1. 仿真实验研究

仿真实验研究的对象是以下的非线性目标函数:

$$\max f(x, y) = \frac{\sin(x)}{x} \frac{\sin(y)}{y}, \quad \text{s.t.} \quad x \in [-10, 10], y \in [-10, 10]$$

$$(11.21)$$

该函数的极值点位于原点处,且该函数的全局极大值附近密布着许多局部极值。

1) 聚群行为仿真

当利用鱼群算法的聚群行为进行仿真时,人工鱼能很快聚集到局部极值点附近,并且可以较快地跳出局部极值点,从而较快地找到全局极值。

2) 追尾行为仿真

当利用鱼群算法的追尾行为进行仿真时,人工鱼迅速聚集到最近的局部极值点附近,并且又迅速向附近的极值点聚集,最终会有部分人工鱼到达全局极值点附近,即人工鱼能很快聚集到某个极值点,但是可能陷入其中。

3) 完整算法仿真

人工鱼能迅速向全局极值点附近聚集,人工鱼能很快搜索到全局极值点并较快稳定在满意解域内。

4) 结论

(1) 聚群行为能够很好地跳出局部极值,并尽可能地搜索到其他极值,最终搜索到全局极值。

(2) 追尾行为有助于快速地向某个极值方向前进,加快寻优的速度,并防止人工鱼在局部振荡而停滞不前。

(3) 鱼群算法会在评价上述两种行为后,自动选择合适的行为,形成一种高效快速的寻优策略。

2. 现实应用

鱼群算法具有广泛的现实应用,特别是在解决典型的组合优化问题方面,如旅行商问题。采用分解协调的思维,可以有效地处理大规模系统的优化问题。这种方法将大系分解为多个子系统,并对每个子系统进行优化和协调运算。采用鱼群算法,可以较好地解决传统算法(如目标协调法、模型协调法等)在计算速度、收敛性和初值敏感性等方面存在的问题。

鱼群算法在解决组合优化问题方面具有许多优势。首先,它能够全局搜索解空间,通过人工鱼的移动和交互,可以发现全局最优解或者接近最优解的解空间区域。其次,算法具有较好的自适应性和灵活性,能够适应不同类型的优化问题和复杂的约束条件。此外,鱼群算法在处理大规模问题时,通过分解协调的思想可以降低问题的复杂性,提高计算效率。

在实际应用中,鱼群算法已经成功应用于各个领域。在物流和交通规划领域,采用鱼群算法可以优化路线规划、货物配送等问题,提高运输效率和降低成本。在电力系统调度中,鱼群算法可以优化电力的分配和调度,提高电网的稳定性和效率。此外,鱼群算法还可以应用于机器学习、图像处理、智能控制等领域,以解决相应的优化问题。

总的来说,鱼群算法在解决组合优化问题方面具有广泛的应用前景。通过其独特的搜索机制和优化思想,鱼群算法能够有效地克服传统算法存在的一些问题,并为实际问题的求解提供一种有效的手段。随着研究的深入和应用的推广,鱼群算法有望在更多领域展现出其强大的潜力和应用价值。

3. 算法对照

将鱼群算法与遗传算法进行对照可以发现一些有趣的差异:当人工鱼个体的数量较少时,可能无法充分展现鱼群算法的优势(尽管不能否认遗传算法在种群数量较少时仍然可能陷入局部极值和出现早熟现象);然而,当人工鱼个体的数量增加时,鱼群算法的收敛速度显著提高,而遗传算法则因为种群数量的增加而减缓了进化速度,这表明鱼群算法中蕴含着集群智能的优势。

与传统的遗传算法相比,鱼群算法在解决复杂优化问题时具有独特的优势。鱼群算法中的人工鱼个体能够通过观察和交流来共享信息,以获得全局最优解的探索能力更强。相比之下,遗传算法依赖于种群中个体的遗传变异和选择来寻找更好的解,虽然在一些问题上表现出色,但在处理高维、多模态或具有大规模搜索空间的问题时可能受到限制。

鱼群算法具有集群智能特性,使其在大规模问题和复杂优化中具备优势。随着人工鱼个体数量的增加,该算法能够更好地探索解空间,并以更快的速度收敛到全局最优解。此外,鱼群算法还具备自适应性和灵活性,可以根据问题的特点进行调整和优化。

4. 优缺点

鱼群算法具有简单易用的特点,仅需利用目标问题的函数值即可进行优化。它通过模拟鱼群的行为,在解空间中快速搜索并跳出局部极值,具有很强的全局优化能力。算法能够迅速找到全局极值的邻域,并在搜索过程中灵活地跟踪极值点的变化,从而有效地适应问题的动态变化。

然而,需要注意的是,鱼群算法在求取高精度的数值解方面存在一定的限制。由于算法的基本思想是通过模拟鱼群的觅食行为进行搜索,它在解决复杂问题时可能无法达到非常高的精度要求。对于某些问题,特别是具有复杂约束或高维度的优化问题,鱼群算法可能需要更多的迭代和调整参数才能取得令人满意的结果。

　　然而,这些限制并不意味着鱼群算法没有应用价值。实际上,该算法在多个领域中都获得了成功应用,尤其在处理复杂优化问题时,鱼群算法的优势得到了充分发挥。它在工程设计、数据挖掘、智能控制等领域都有广泛的应用,为解决实际问题提供了一种有效的优化工具。

　　总的来说,鱼群算法具有简单易用、全局优化能力强和适应问题动态变化等优点。然而,对于某些复杂问题,可能需要注意算法的收敛精度和参数调节的问题。在实际应用中,根据具体问题的特点和需求,可以结合其他优化方法或进一步优化算法的细节,以获得更好的性能和结果。